『山东大学中文一流学科建设经费』资助项目

山东大学中文专刊

马龙潜美学——文艺学文选

马龙潜 著

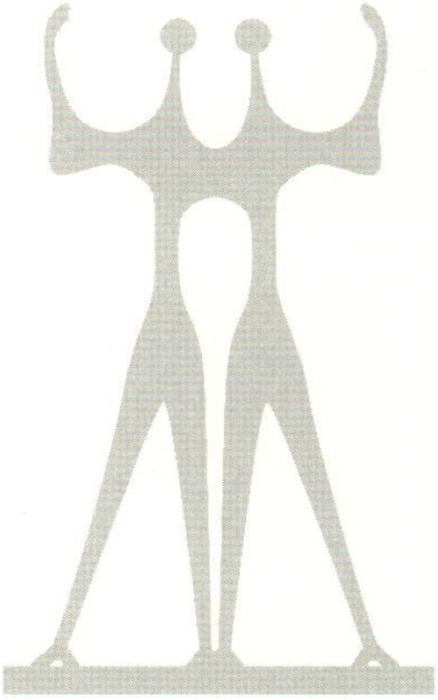

山东大学出版社
SHANDONG UNIVERSITY PRESS

图书在版编目(CIP)数据

马龙潜美学—文艺学文选/马龙潜著.—济南:山东大学出版社,2023.11

ISBN 978-7-5607-7994-2

Ⅰ.①马… Ⅱ.①马… Ⅲ.①美学—文集 ②文艺学—文集 Ⅳ.①B83-53 ②I0-53

中国国家版本馆CIP数据核字(2023)第206084号

责任编辑　张铭芳
封面设计　泽坤广告

马龙潜美学—文艺学文选
MA LONGQIAN MEIXUE—WENYIXUE WENXUAN

出版发行　山东大学出版社
社　　址　山东省济南市山大南路20号
邮政编码　250100
发行热线　(0531)88363008
经　　销　新华书店
印　　刷　山东新华印务有限公司
规　　格　787毫米×1092毫米　1/16
　　　　　32.25印张　4插页　373千字
版　　次　2023年11月第1版
印　　次　2023年11月第1次印刷
定　　价　146.00元

马龙潜

1945年生，辽宁沈阳人。1982年于山东大学中文系毕业后留校任教，历任山东大学文学院助教、讲师、副教授、教授，硕士研究生导师和博士研究生导师，国家重点学科“山东大学文艺学学科”基础美学与文艺美学研究方向学术带头人，教育部人文社会科学重点研究基地“山东大学文艺美学研究中心”副主任。兼任中国作家协会会员，中国社会主义文艺学会、中华美学学会理事，全国毛泽东文艺思想研究会副会长。系享受国务院政府特殊津贴专家。

已出版《实践建构美学初论》、《当代文艺学—美学观念引论》、《主客体结构论文艺学的观念与体系构架》、《论邓小平文艺思想》（合著）、《方法论意识与问题化意识》等多部学术专著。在《文学评论》《文艺研究》《文艺理论与批评》《文艺报》《文史哲》《学术月刊》等刊物发表学术论文百余篇。其中多篇被《中国哲学年鉴》《中国文学年鉴》《中国文艺年鉴》《新华文摘》和国内各大网站评介和转载。主持完成多项国家社会科学基金项目和教育部社会科学基地重大项目。论著曾多次获山东省社会科学优秀成果奖、山东省刘勰文艺评论奖、山东省高等学校优秀科研成果奖。2015年获第九届山东省社会科学突出贡献奖。2018年被授予“山东省社会科学名家”称号。

《山东大学中文专刊》编辑出版说明

《山东大学中文专刊》，是山东大学中文学科学者著述的一套丛书。由山东大学文学院主持编辑，邀请有关专家担任编纂工作，请国内有经验的专业出版社分工出版。山东大学中文学科与山东大学的历史同步，在社会巨变中，屡经分合迁转，是国内历史悠久、名家辈出、有较大影响的中文学科之一。1901年山东大学堂创办之初，其课程设置就包括经史子集等中文课程。1926年省立山东大学在济南创办，设立了文学院，有中国哲学、国文学两系。20世纪30年代至40年代，杨振声、闻一多、老舍、洪深、梁实秋、游国恩、王献唐、张煦、丁山、姜叔明、沈从文、明义士、台静农、闻宥、栾调甫、顾颉刚、胡厚宣、黄孝纾等著名学者、作家在国立山东（青岛）大学、齐鲁大学任教，在学术界享有盛誉。新中国成立后，山东大学中文学科迎来新的发展时期，华岗、成仿吾先后担任校长，陆侃如、冯沅君先后担任副校长，黄孝纾、王统照、吕荧、高亨、高兰、萧涤非、殷孟伦、殷焕先、刘泮溪、孙昌熙、关德栋、蒋维崧等语言文学名家在山东大学任教，是国内中文学科实力雄厚的学术重镇。改革开放以来，新中国培养的一代学术名家周来祥、袁世硕、董治安、牟世金、张可礼、龚克昌、刘乃昌、朱德才、郭延礼、狄其骢、葛本仪、钱曾怡、曾繁仁、张忠纲等，以深厚的学术功力和开拓创新精神，谱写了山东大学中文学科新的辉煌。总结历史成就，整理出版几代人用心血和智慧凝结而成的著述，是对学术前辈最大的尊敬，也是开拓未来、创造新知、更上一层楼的最好起点。2018年4月16日，山东大学文学院新一届领导班子奉命成立，20日履任。如何在新的阶段为学科发展做一些有益的工作，是摆在面前的首要课题。编辑出版《山东大学中文专刊》是新举措之一。经过一年的紧张工作，一批成果即将问世。这其中既有历史成就的总结，也有新时期的新著。相信这是一项长期的任务，而且长江后浪推前浪，在未来的学术界，山东大学中文学科的学人一定能够创造出无愧于前哲、无愧于当代、无愧于后劲的更加辉煌的业绩。

山东大学文学院

2019年10月11日

序

在这里看到的，是我在漫长而艰辛的学术道路上所留下的追求学术真理和人生价值的脚印。这些文字发表于我不同的学习和发展阶段，散见于国内多家报刊，大致反映了我学术思想发展和变化的一些历史轨迹和研究领域的整体面貌。

注重理论研究的方法论意识和问题化意识，是山东大学美学和文艺学学科的一个学术传统，也是周来祥先生和狄其骢先生对学生们提出的基本要求。我研究生毕业已四十余年，但先生们的这一学术理念却一直在影响着、鞭策着我，使我在学术研究上始终追寻着、努力实践着这一理念。收入本书的这些文章，可以说比较集中地体现了我做出的这些努力。

这些年来，我一直比较关注我国当代美学和文艺学研究的一些基本理论问题，特别是新时期文艺思想发展和演变的历史过程。因为我始终认为在目前的美学和文艺学研究中，有一种反本质主义的理论倾向值得注意。

近年来在美学和文艺学转型过程中，一种轻视基础理论研究、轻视基本理论问题和基本研究方法的倾向越来越突出。有人认为后现代社会具有个人存在“碎片化”和个体经验“零散化”的特点，这就决定了旨在探求普遍必然性和客观规律性的基础理论研究已丧失了现实的支撑。也有人认为以往那些似乎作为“定理”存在的范畴，如本质与现象、主体与客体之类，不过是人们基于对它们之间关系的假设而产生的理论误区，因此，对“本质”之类的研究是徒劳的。还有人提出了美学和文艺学理论的转型，就是要从逻辑的论证、概念体系的建构，转向非逻辑的当下判断，转向对审美和艺术经验的描述，唯有这种学术立场和学术思路的彻底转变才能体现出理论的现代创新。在这些观点的影响下，一些基本的概念范畴已经淡出人们的理论视野，如存在与思维、本质与规律、主体与客体、感性与理性等；一些基本的理论问题被悬置，如美和艺术的本质问题、文艺产生和发展的规律问题等；有些最基本的理论研究方法也逐渐不被提及，如辩证逻辑的思维方法、历史与逻辑统一的原则等。于是，美学和文艺学理论在对感性现象和经验的描述中，失去了人们可以相互讨论的话题，失去了与后现代语境下的各种理论话语对话和交流的依据和条件。

在具体的研究领域，这种反本质主义思潮还表现为有些学者效仿西方的反本质主义，试图走一条放弃抽象的物质与精神、绝对的本质与规律等理性基础问题的形而上讨论，以现象即本质的人的存在为起点，用对偶然性、随机性的研究来代替对客观必然性研究的学术路径。这看似是因为对基础理论问题懒于思索、无力解决而采取的一种逃避现实、掩饰自己的理论策略，而实质上却是对美学、文艺学学科本体的根本性颠覆和对其学科本性的彻底消解。这种理论倾向丢弃了学术研究赖以存在的历史主义立场和辩证思维的方法论原则。持这一态度的学者在把本质理解为绝对主义方法论的同时，否定了事物存在的本质规定性，在方法论上堵塞了对文学艺术进行深入研究的学术路径。由此可见，把科学性作为美学和文艺理论的基本属性的规定以及体现这种属性的在概念和范畴的运动中把握事物普遍必然性的基本理论特征，正在受到前所未有的挑战和颠覆。

显然，要重新回归美学和文艺学学科的理论本体、科学本性，最根本的就是要准确阐释和重新确立马克思主义辩证思维的方法论原则。美学和文艺学只有建立在这个坚实的方法论基础上，才能真正形成一个不同理论观念互相协调、不同研究方法相互补充的理论格局，才能进一步推动美学和文艺研究的健康发展。我们要坚持的马克思主义，是当代有中国特色的马克思主义。这里的“中国特色”，就在于它必须立足于当代中国正在发生的重大社会转型和思想文化的激烈震荡这一历史现实，从中寻找问题并将其作为所研究的对象，而不是或不只是重复研究西方学者所研究的问题，走西方学者研究的老路。与此同时，我们对这些“中国问题”的研究，也必须首先确立作为理论支撑点的最根本的哲学观和方法论。即在辩证唯物论和历史唯物论思想原则的指导下，汲取包括西方当代哲学文化在内的一切人类优秀文化成果和研究方法为我所用，以形成自己独特的学术立场、学术路径和学术眼光。正是基于这种对理论研究的方法论意识和问题化意识基本内涵的理解，这些年我零星地写作并发表了一些大大小小的粗糙的文章，现选择其中自己感到还有一些理论价值和现实意义的篇章，编成此书。它们虽长短不一，研究对象和范围也不尽一致，但总体上还是试图体现理论研究的方法论意识和问题化意识的这一学术理念。

在这些年的研究工作中，我一直试图从美学和文艺学这两门学科交叉和融合的角度，来把握当代文学艺术及当代美学和文艺学发展的一些基本理论问题。实践证明，当代美学与文艺学的发展日呈综合化和一体化的趋势，尤其在对文艺问题的研究上，更表现出了二者在概念、范畴和思维方法上的共同性和互补性，以至有人提出了“文艺美学”这门横跨它们二者的新的学科。虽然目前学界对文艺美学的对象和范围尚无定论，有人把它划入文艺学的范围，有人则认为它属于美学的分支学科。但无论怎样，它们都在相对的范围里，把美学、文艺学放在了自己的学术视野之中，这客观地反映了美学与文艺学难解难分的关系。正是基于这种认识，我使用了“美学—文艺学”的表述方式，希求不仅在研究对象上，而且在方法论和概念、范畴上也把它们沟通起来、综合起来。这种美学—文艺学的研究视角，或许可以使我们在对美学和文艺学的辩证综合中，在一个更广阔的理论视野里，较全面地把握本来就交织在一起的美学和文艺学的诸多领域和理论问题。

这些年来，我在学术上如果还算取得了一点成绩的话，那么这是与我的导师周来祥先生、狄其骢先生多年来对我的精心培养，与山东大学文学院的领导和诸位同仁对我的支持和帮助密不可分。对此，我会铭记于心，永世不忘！限于我的学识水平，且由于书中各篇章写作时间的不一致，成书时仅对个别地方和文字作了些修订，书中的不妥、谬误之处一定不少，敬请专家和广大读者批评指正。

马龙潜

2022年仲秋于山东大学文学院

目 录

一

二

三

四

一

周来祥的美学思想

周来祥自述 我对美学、文艺学的探索和研究，一刻未停。起初阅读较多的是别林斯基、车尔尼雪夫斯基和马、恩、列、斯经典作家的论著，接着就由马、恩上溯到康德、黑格尔、费尔巴哈的美学和哲学。我重视辩证逻辑思维，学习《资本论》，在一定程度上是为了学习《资本论》的逻辑。但起初偏重于抽象上升到具体，不久就更侧重于逻辑与历史的统一。我觉得从某种意义上说，美学、文艺美学的逻辑不过是修正了和凝缩了的历史，而中国美学史和西方美学史不过是生动的展开了的逻辑。因此，我在探索美学理论时，很重视中外美学史的研究。而在研究中外美学史时，也希望能把握住历史的逻辑。我已出版的《马克思列宁主义美学的原则》①、《美学问题论稿》、《论美是和谐》、《文学艺术的审美特征和美学规律》、《论中国古典美学》（即出）、《鲁迅文艺思想》、《乘风集》等7本专著和发表的100多篇论文，都希望达到这一点。我对美与艺术本质的研究、对美和艺术三大历史形态的研究，以及对一切细节的阐述，也都基于这一点。但有的体现得好一些，有的就差一些，是不平衡

① 原文记为《马列主义的美学原则》。

的，我自己也很不满意。

1984年，国际美学会主席麦柯米克教授邀请我参加在加拿大蒙特利尔举行的第十届国际美学会议，我提交大会的论文《中西方美学理论比较研究》，选入第十届国际美学会议文集，在加拿大出版。在加拿大期间，曾与大会主席麦柯米克教授和一些外国同行畅谈，他们对中国古典美学和我们对中西美学的比较研究，都非常有兴趣。这更进一步增强了我们的责任感，我们有责任、有义务系统地深入研究我们丰富的美学遗产。这一方面是我们理论建设自身的需要；一方面也是为了把它介绍给世界人民，变成全人类的共同精神财富。我现在一方面在系统地研究中国美学史，加强中西美学的比较研究；一方面在致力于用马克思主义哲学去研究现代自然科学方法，以期丰富和发展马克思主义的辩证思维，把自己的思维模式和认识结构真正提高到现代人的水平。这样，我们不论是研究现代美学理论，或者研究古代美学历史，写出的著作才可能真正既是马克思主义的，又是民族的、具有现代水平的。我努力着，也期望着这一天的到来。

1987年3月18日于山东大学

一、主要阅历

周来祥，1929年农历七月生于山东小清河畔青城（今高青县）。1935年入青城第一小学读书。1941年考入青城师范学校。师范学校毕业以后，他又断断续续地读完高中。1949年6月入华东大学这所培养革命干部的学校。一年多较系统的马列主义理论学习，对他的人生观和世界观产生了深刻的影响。华东大学转入正规业务学习后，他被分配到文学系学习。1951年，华东大学与山东大学合并，周来祥转入山东大学中文系。他爱读马雅可夫斯基的诗，想做一位马雅可夫斯基式的诗人。但是，当代著名经济学家吴大琨教授“政治经济学”课的开设，特别是他所讲的《资本论》中展示出来的巨大的逻辑力量，把周来祥带进了另一个天地，他终于发现自己的逻辑思维胜于形象思维，志趣转到美学和文艺学研究上来。

1953年从山东大学中文系毕业后，周来祥被分配到沈阳二十三中任语文教师。1955年，他调到沈阳中学教师进修学院。1956年他调回山东大学，又师从萧涤非和黄公渚先生研究魏晋隋唐文学，半年后接替肖先生讲隋唐文学史课。这个时期的周来祥，从美学和中国古代文学两个方面展开研究，史论互补，为他以后逻辑地、历史地研究东西方美学，建立自己的美学体系打下了基础。

1961年6月，他参加了高教部组织的高等学校美学教材的编写工作。在王朝闻同志的主持下，他与李泽厚、马奇、叶秀山、刘纲纪、杨辛、甘霖等中青年学者朝夕相处，共同切磋学问，并经常就教于朱光潜、宗白华二位美学界老前辈。就是在这个时期，他开始潜心研究康德、黑格尔、谢林，探索从德国古典美学向马克思主义美学的转化，以及二者的批判继承关系。1963年回山东大学后，他给中文系高年级学生开设“美学原理”课。党的十一届三中全会后，短短7年中，他以惊人的毅力和速度，发表了100多篇美学和文艺学论文，撰写了《美学问题论稿》（下简称《论稿》）、《论美是和谐》和《文学艺术的审美特征和美学规律》三部论著。其中《文学艺术的审美特征和美学规律》一书是他的文艺美学体系的基本逻辑构架。这三部学术著作，已形成了较完整的美学体系。

周来祥是中华全国美学学会第一届、第二届理事，山东大学原美学研究所负责人，中文系教授，博士研究生导师。

二、周来祥的美学思想

周来祥的美学是建立在主体实践哲学基础上的建构主义美学。他的建构主义美学的构架，包括美的本质论和美的形态论、审美建构论和审美类型论，以及自成体系的建构主义文艺美学。

（一）建构主义的美的本质论及现象形态论

周来祥在马克思主义社会实践论的基础上，吸收皮亚杰建构主义发生认识论的合理成分，提出了他的建构主义的美的本质论。他说："关于美（广义的）的本质（或者说审美对象的属性）我主要有两点看法，一是作为美的根源说，我认为它是人类实践活动的产物；二是作为现实的美的对象说，它是由审美对象和审美主体相互对应而形成的审美关系决定的。在这个意义上，没有审美对象就没有审美主体，没有审美主体，也就没有审美对象。在第一点上我同自然说和主客观统一说有分歧，在第二点上，我同美的客观性和社会性统一说也有差别。"[①]

周来祥在社会实践基础上的建构主义的美的本质论，可概括为"和谐自由关系"说。"和谐自由关系"说包括两个层次的内容：从美之所以为美的根源讲，美是由实践关系和认识关系对立统一所构成的审美关系决定的，美的本质在审美关系之中，在审美关系以外寻求不到美的本质。审美关系具有双重的性格，

① 周来祥：《论美是和谐》，贵州人民出版社1984年版，"序"，第1页。

就它内通实践关系而言，它具有物质性，就它内通认识关系而言，它具有精神性。但作为审美对象的属性的美的本质，它却是美的主客体关系在对象上的统一，因此可以把美的本质规定为“主客体的客观关系”（这种客观关系是物质性的关系）。从美的本质特征看，美是“和谐自由的关系”。“和谐自由的关系”是通过主体的内化建构和外化建构实现的，它具体地表现为主客体的同步“互反的同化”，也就是客体的内化和主体的外化的对立统一。这种主客体对应交叉的同构关系，本质上是一种“自由和谐的关系”，它体现了美的本质特征。正是从这种意义上，我们说周来祥的美的本质观，是主体实践论基础上的建构主义的美的本质观。

周来祥根据马克思《1844年经济学哲学手稿》中所讲的人以思维和感觉的方式掌握世界，即“人不仅通过思维，而且以全部感觉在对象世界中肯定自己”[①]，以及在《〈政治经济学批判〉导言》中的更成熟的科学语言所概括的“理论掌握”和“艺术的、宗教的、实践——精神的”两大掌握方式，把它们放在马克思所讲的人同自然的劳动实践、社会实践关系的基础上，提出了实践、认识、审美三大关系。他认为，美和审美的本质就在三大关系的相互区别和联系之中。[②]首先，周来祥对对象性关系的自然和非对象性关系的自然（广义的）作了严格的区分。他认为非对象性的自然，是客观存在的物质世界，它是永恒的、绝对的，在时间空间上是无限的，它是不依赖于人类的客观存

① 《马克思恩格斯全集》第42卷，人民出版社1979年版，第125页。

② 参见周来祥：《文学艺术的审美特征和美学规律》，贵州人民出版社1984年版，第174～175页。

在的，它对于主体活动具有本体论的性质，是人类实践和认识的物质前提。对象性关系的自然则不同。对象性关系的自然即马克思所说的“人化的自然”，“人化的自然”是人的本质力量的对象化、客观化，是经过主体实践改造了的自然；它是对人的本质力量的确认。美是客观社会属性论，建立在“人化的自然”的基础上，而且仅限于此。客观社会属性论，把美界定为“就内容而言，美是现实的自由的形式对实践的肯定，就形式而言，美是现实肯定实践的自由形式”。周来祥也认为，“自然的人化”是论证美的本源的哲学基础，但“人化的自然”却不就是美。因为“人化的自然”是整个物质生产和精神生产的过程和本质，是对人的本质力量对象化的总概括。“人化的自然”是社会主体活动的共同的对象，不只是审美的对象；它只是“对美的本质的最一般的规定，但还不是美和审美关系的特殊的质的规定性”[①]。因此要寻求和探索美的特质，关键是分清人化的自然如何成为审美的对象，而不再是认识的对象和实践的对象。而要弄清这个问题，就涉及主体的自身本质以及主体的本质力量与对象的性质的关系。作为自然人化的物质实践活动，它不但是对客观自然对象的改造，也是对主体自然的改造，对客观自然的人化和对主体内在自然的人化是一种“互反的同化”。所以在自然的人化的同时，人也具有了各种掌握世界的本质力量和能力。马克思把人的本质力量概括为视觉、听觉、嗅觉、味觉、触觉、观照、感情、意志、活动等。人就是凭借这些自身的力量，通过自己和对象的关系而占有对象。因此，人的任何活动都不是对对象的被动掌握，而是一种同化对象的掌握，也

① 周来祥:《论美是和谐》,贵州人民出版社1984年版,第127页。

就是以自身本质力量为中介的对世界的掌握。所以在人的各种活动中，认识世界要凭借主体的思维模式（康德称之为认识图式），实践要凭借价值观念图式，审美通过心理结构图式（接受美学称之为“期待视界”）。主体自身这些各种不同的结构图式，是主体与客体发生关系的中介。正是因为人对世界的掌握要以主体自身的本质力量为中介，人以不同的自身本质为中介对世界的掌握就形成了人与自然的各种不同的对象性关系，而各种不同的对象性关系受到主客体两方面的规定。审美关系也是这样。周来祥说：“人作为实践主体，他的一切感性活动（广义的实践）就是现实的物质力量，这种力量（包括他凭借工具、手段所拥有的力量）所作用的极限之内的客观世界，就是实践对象。人作为认识主体，他的五官感觉（以及凭借各种科学工具）所反映所认识的极限之内的客观世界，就是人的认识对象。”①人作为审美主体，周来祥认为，它介乎实践主体（感性活动）和认识主体（理性活动）之间，是感性和理性的直接统一体。人们以这种感性和理性统一的情感直观的方式去掌握客观对象，这样的对象便是一种审美对象。情感的直观，作为内在的结构，就是一种心理图式（它是以情感为中介的包括感知、想象、理解的动态结构）。审美对象是主体以审美心理结构图式为中介掌握的对象。这是从审美主体的审美对象方面对美的本质的规定。从客体方面看，审美对象介于实践对象和认识对象之间。认识所追求的对象的合规律性，是真。实践所追求的是对象的合目的性，即善。审美所追求的既是对象的规律性，又是对象的合目的性，因而是真与善的统一。正是美的这种主客

① 周来祥:《论美是和谐》,贵州人民出版社1984年版,第128页。

体的双重规定性，决定了美不只是真对善的肯定和善的实现，也就是说美不只是客观的社会属性，更不是主客观统一说所讲的美是主体结构的“物化”。美只能形成于主客体的本质力量相互对应、交叉作用的审美关系之中，美是一种客观关系的属性。[①]就是从这种意义上，周来祥把美的本质规定为“主客体的客观关系”，或者说，主客体的客观关系就是美。

美是“主客体的客观关系”说，实质上是一种建构主义理论。这一理论源于皮亚杰的发生认识论。皮亚杰指出，“传统”的认识论只涉及高级水平的认识，只研究认识的最后结果，而看不到认识本身的建构过程。而他的发生认识论则是一种继续不断的建构。建构的功能在主体，而主体的建构首先是中介物的建构问题。在皮亚杰发生认识论那里，联结主客体的中介物是动态结构的“格局”。它通过双重的“同化”方式——“活动”和“运算”即“实作性动作’和“精神性动作”，进行外化建构和内化建构，使主体与客体发生内在的联系，建立起认识关系。内化建构为外化建构提供格局，因而它制约着外化建构；外化建构丰富并改变实行动作本身，反过来导致格局的更新，因而促进着内化建构的发展。内化建构导致思维形式的变更，而外化建构导致思维内容的演化。就是以这种动态结构的“格局”为中介的主客体的互反同化、对应交叉的运动，使认识不再是静止的反映，而是一种动态的不断的建构。皮亚杰说：“认识既不起因于一个有自我意识的主体，也不起因于业已形成的（从主体的角度看）会把自己烙印于主体之上的客体。认识起因

① 参见周来祥:《论美是和谐》,贵州人民出版社1984年版,第127～129页。

于主客体之间的相互作用，这种作用发生于主体和客体之间的中途，因而同时既包含着主体又包含着客体。”[①]周来祥根据马克思的自然人化学说，吸收和改造皮亚杰的建构主义学说，并运用于美学研究，提出了他的建构主义的美的本质观和审美观。周来祥在《再论美是和谐》一文中说：“美的本源不在纯然的客观对象（既不在绝对的客观自然界的属性，也不全在事物的客观社会性）；同时美也不在纯然的主观世界（既不在人的主观意识，也不在主观统一的意象），而是根源于主体和客体的关系之中……主体和客体之间形成一种客观的关系，这种主客体关系成为一个中介，成为主体和客体之间互相转化，互相过渡的一个环节。虽然我们不能在物质和意识的对立中提出第三世界……但是在人与客观世界的对象性关系的范围内（非世界本体论的范围）却有一个第三种因素，它既不是单纯的客体对象，也不是单纯的活动主体，而是既包含有客体因素，又包含有主体因素的第三种因素，是主客体相互作用而产生的关系范畴。”周来祥把这种审美对象性关系称作主体建构起来的“第三王国”。它类似各种实物之间互相作用所形成的关系“场”的存在形态，如“引力场”“电磁场”“统一场”等。“场”就既不单在此物，也不单在彼物，而是在此物和彼物的相互关系中。“场”就是各种关系相互作用的中介。审美关系“场”也具有既规定着主体的特殊性，又规定着对象的特殊性的中介性质。因此在周来祥看来，既不存在所谓的审美客体，也不存在所谓的审美主体，也不存在建立在主客体之上的中介物，中介物就存

① ［瑞士］皮亚杰：《发生认识论原理》，王宪钿等译，商务印书馆1985年版，第21页。

在于主客体的关系之中。但是不能把这种中介物看作主客体产生之后的产物，而应该把主客体看作这种中介的产物。这种中介物是什么呢？从形式上看，就是审美关系本身，关系就是中介；从内容上看，则是审美主体以对自身的反映形式反映对象，以同化客体的方式顺应客体，主体通过超越自我把握对象。因此，中介的潜在动力是主体心理结构图式，即马克思所说的主体自身的本质力量。审美主体的确立正是以主体审美心理结构图式同化客体和顺应客体，经过内化建构和外化建构，主客体在循环往复的通路中交互作用而被确立起来。审美主客体只能是一种相互交叉对应的同构关系。周来祥在《再论美是和谐》中说："有什么样的特殊主体，才有什么样的特殊对象。有了审美主体，并以感性与理性直接统一的情感观照的审美形式去把握对象，对象才能以审美对象而呈现给审美主体，或者说才能形成为现实的审美对象；主体审美能力的高低，制约着审美内容的丰富和深广。"也就是说，审美客体对审美主体来讲，客体只能是显示于主体的那个样子，而不能是别的什么。因此审美主客体不是静止不变的，它是一种动态结构，一个不断建构的过程。任何审美主体都有自己的审美对象，而同一主体在这种思想情态下是审美主体，处于另一种思想情态下，就可能不是审美主体，它与对象构成的就不是审美关系，而是其他的关系。这是从主体看对象。如果从对象看主体，就会看到某一具有审美性质的客观存在（物质的或精神的），它与不同的主体发生关系，会变成具有不同性质的审美对象。主体和客体不是一种静止不变的关系结构，而是在内化结构和外化结构中不断改变着自己的形态。具有客观关系属性的美是流动的，美的本质只存在于不断变动的审美关系之中。因此，周来祥的美的本质观，是一种动态的美的本质论。它不同于关于美的静态本质论。美的静态观，本质是一种无主体的客观论。客观自然属性论，离开主体看美，把“物的形态”等同于“物的形态的美”，它只能强调客体对主体的调节，而看不到主体格局对客体的同化、主体的建构性。客观社会属性论，注意了主客体之间的相互作用，但忽视了连接和沟通主客体的“中介”、主客体的同步相互作用、互反的同化，因而把美归结为客体与主体发生相互作用的物的属性。因此，客观的社会属性论，仍然是一种静态的美的本质论。

周来祥主张美的本质是主客体的客观关系，它的本质特征是“关系的和谐自由”。周来祥认为，在审美这种独特的把握对象肯定自身的方式中，主体与客体、主观与客观达到了和谐自由的统一。他说：“科学认识主要回答世界是什么，客观世界的本来面貌是怎样的，它的自由仅在于受动地掌握和反映客观的规律，感性实践主要回答世界应该是什么，未来世界应该是怎样的，它的自由在于有目的地利用自然界和客观对象服务于人类的需要。而审美活动则不但再现客体对象的规律，而且表现主体的需要、目的，不但回答客观世界是什么，而且回答世界应该是什么，这是主体与客体、主观与客观、人与对象、自然与社会的和谐统一。”马克思主义认为，人的任何活动都是一种自由的活动，人的自由源于受动的客体和主动的主体关系之间。人们往往只注意到主体的能动性的自由，相对忽视了受动的客体的自由，实际上人的任何活动都是主动性和受动性的统一，离开受动性的主动性不是人的主动性，受动性是人的主体自由的深层结构。但在人的不同活动中，受动的自由和主动的自由却是不平衡的。认识以探索和发现客观规律为目的，因此它是受动的主动性的自由；意志实践以善为目的，主体的能动性得到充分的发挥，它是主动性的受动性的自由。但不论偏于客体的自由还是偏于主体的自由，都是一种片面性的自由。只有主客体交叉对应统一的审美活动，达到了客体的主体化和主体的客体化、主客体互反同化的对应同构，才把客体的受动性变为主体的能动性，把主体的能动性变为客体的受动性，实现了受动性的主动性和主动性的受动性的统一，也就是主体自由和客体自由的统一。正是从这种意义上，周来祥提出美是“关系的和谐自由”。周来祥对美是“关系的和谐自由”作了种种规定，他说：和谐是一个深刻的美学和哲学范畴，它起码包括这样紧密联系的四个方面。(1) 形式的和谐。人物、艺术外在因素的大小、比例及其组合的均衡和谐（形式美）。(2) 内容的和谐。即主观与客观、心与物、情感与理智的和谐（内容美）。(3) 形式和内容的和谐统一（生活美，特别是艺术美更以此为主要的要求)。从唯物主义说，内容的和谐要求着形式的和谐，并规定着内容和形式之间的和谐统一。(4) 内容的和谐又决定于主体和客体、人与自然、个性与社会的和谐自由关系，这些和谐自由关系集中体现为完美的全面发展的人。所以，和谐为美归根到底是以全面发展的人为理想。可见，周来祥是从审美主客体对应交叉的同构关系规定美是和谐的，其本质上不同于古代亚里士多德的美在对象形式的和谐，也不同于近代大陆唯理派所讲的精神的和谐，也不同于我国古代朴素的唯物主义讲的理智与情感的和谐。周来祥的“美是和谐”说，是以马克思的辩证唯物主义和历史唯物主义为其哲学基础，以现代自然科学为其科学基础的新的美学观。

周来祥根据自己的“美是‘和谐自由关系’说”，按照量和质两大原则，对美进行了逻辑与历史交叉统一的分类。按照量的原则，也就是偏于内容还是偏于形式，偏于内容的是社会美，偏于形式的是自然美。量的原则同样适用于艺术美的分类，从艺术美与现实美的关系来说，艺术美是社会美和自然美的统一，从艺术的审美本质来说，它是认识论的内容和心理情感形式的统一，因而可以把艺术分为偏于内容的艺术和偏于形式的艺术；或者分为偏于理智认识的再现艺术和偏于情感的表现艺术。按照质的原则，也就是内容和形式偏于统一还是偏于矛盾，内容和形式偏于统一的是优美（狭义的美），内容和形式偏于矛盾的是崇高和滑稽（广义的美），崇高是内容压倒形式，滑稽则是形式压倒内容。质的原则同样适用于对艺术美的分类。按质的原则，艺术中主体与客体、主观与客观、理智与意志、必然与自由等因素在对立中偏于和谐的是美的艺术，在统一中偏于对立的是崇高的艺术。①

周来祥对美的质的分类和量的分类都是一种逻辑的分类，按照逻辑和历史相统一的原则，逻辑的分类同时也是历史的分类。这里特别值得一提的是周来祥提出的“三大美学”，所谓“三大美学”，即古典主义的和谐美、近代的对立崇高、现代社会主义对立统一的和谐美。周来祥认为，不论东方和西方，古代人（奴隶社会和封建社会）都以和谐为美，以不和谐为丑。“和谐”既是古代人的宇宙观，也是其美学观。周来祥在《论美是和谐》一书中，对这个重大美学问题作了系统的历史的考察和逻辑的论证。他认为，西方从古希腊、文艺复兴再到启蒙运

① 参见周来祥:《美学问题论稿》,陕西人民出版社1984年版,第133～134页。

动，各种美学流派林立，但以和谐为美却是它们的共同理想；中国从先秦到清末的各派美学家，从主导倾向看，也都把和谐作为美的根本原则。因此，和谐美是一种历史形态的美，它具有历史的规定性。和谐美的本质特征是，稳定、平衡、对称、有序、主客体同形同构的和谐统一。古代人只能遵循和谐美的原则进行审美观照和艺术创造，不能超越这个历史的界限。近代（资本主义社会）所打破的就是这种和谐的原则。近代以崇高为其美学理论，对立是其美学和艺术的哲学根源。崇高是主客体处于对立、主体力求掌握客观规律，但客观规律对抗它，主体与规律之间形成对立，在对立中主体趋于对规律的掌握。崇高的本质特征是打破平衡、稳定、对称、有序。但崇高作为一种广义的美，却不能完全处于不平衡、不对称、不稳定、无序的状态中，而是从不平衡趋向平衡，从不稳定趋向稳定，从无序趋向有序，也可以说是不和谐的和谐。浪漫主义和现实主义艺术（以及现代主义艺术）就是两种不同的崇高型艺术。浪漫主义和现实主义虽然是两种对立的艺术，但它们的内在的本质都是对立的崇高。因此，周来祥认为，古代没有现实主义和浪漫主义艺术，浪漫主义和现实主义只能产生于近代。①

周来祥认为，当代社会主义人们追求的美的理想，既不是朴素的古典主义的和谐美，也不是对立的崇高，而是对立统一的和谐美。对立统一的和谐美，形式上是向古典和谐美的复归，但内容上却包含着崇高的对立，或者说它是对对立崇高的直接否定和对古典主义和谐美的间接肯定，是对二者的否定性的统

① 参见周来祥:《美学问题论稿》,陕西人民出版社1984年版,第395～420页。

一，因此，它是一种新型的美学观。对周来祥的“三大美学”，笔者将在文艺美学部分作更详尽的评介，这里仅从美的本质论的角度作一提示性的论述。

（二）审美建构论及审美类型

周来祥的美的本质论和审美论是他的以实践为基础的建构主义美学的两翼。在他看来，美和审美都是关系属性，所不同的是美是主客体的客观关系，而作为主客体客观关系在主观上反映的审美则是一种主观关系。审美不是静态的，而是动态的，它不是反映对象，而是再造对象，审美是反映性和建构性的统一。周来祥对审美的研究，就是在审美客观关系和主观关系的对应交叉运动中，揭示了审美的本质和特征、审美感受的二重组合，以及不同类型审美的特点。

1.审美的本质及特征

周来祥美学思想的核心概念是审美关系。他在实践关系和认识关系之间分析和考察审美关系的性质，揭示了美和审美的本质和特征。他说，实践性关系是一切对象性关系产生的基础，它是一种客观的物质性的关系（虽然也有主观的方面，如实践总以主体目的、主体认识为条件）。认识关系，它本质上是一种主观关系、一种意志关系（虽然它也有客观的方面，如以客观事物的规律为内容）。审美关系则介乎实践关系和认识关系之间，具有鲜明的二重性格。一方面是审美主体和审美对象的客观关系，这种主客体关系在客观对象上的统一，即构成美的本源。这种主客体相互作用的活动即人的能动的实践活动，这是物质性的关系。另一方面是主体和客体的主观关系，这是主客体客观关系在主观上的反映，它构成审美意识，这是一种主客观相互作用的活动，即人的审美的精神活动。什么是审美，就是主观关系反映客观关系，因此主观关系的性质，就是审美的本质。审美主观关系的特质是什么？就是它的物质实践和它的精神认识性，周来祥把它叫作“实践——精神性”。周来祥对审美本质的规定，从形式上看似乎与对美的本质的界定没有什么不同，但深入地研究就会看到，二者仍具有质的差异，因为美的本质是主客体客观关系的属性，审美则是主观关系的属性。正是审美的这种双重性格，使审美不再是静观的反映，同时也是对主体的建构。周来祥认为，审美和认识具有内通性，他们本质上都是一种精神性的活动，他们都不只是对客观对象的感觉、知觉的关系，都要求感性深化到理性，美感就是感性的形式具有超感性的理性内容。但审美的感性到理性与认识的感性到理性所遵循的路线以及主体所具有的内在机制是不同的。认识的感性到理性是遵循粉碎个别，感性上升到理性，它凭借的是主体的思维模式，以思维模式同化建构主体认识的客体（不同于客观存在的客体自身）。审美的感性到理性则是理性渗透到感性，它凭借的是主体心理结构图式。审美心理结构图式是以情感为网络点，包括理解、想象、感知诸因素的动态结构，它具体地表现为自身生理状态和心理状态的感知和体验，并以此为基础产生对审美对象的理解和体验。用皮亚杰的建构主义理论分析，就是以审美心理结构图式同化和顺应客体，在主客体的交叉作用中，化情感为想象，化感知为理解，达到感性与理性的辩证融合。在这里主体所进行的主要是内化建构。周来祥认为，审美不但具有精神性、认识性，而且也有主体与客体的功利价值内容、物质实践性。审美内在地具有自觉的、理性的意志目的和价值观念，审美意识可以说是未来实践产品的一种趋前反映，是实践结果在实践前的观念的存在，或者说是实践活动在观念世界中的预演。审美不只是对第一客体的欣赏，也是对第二客体的欣赏，从某种意义上说审美主要是对第二客体的欣赏。周来祥举例子说，所谓有一个读者就有一个哈姆雷特，读者心中的哈姆雷特与莎士比亚创造的哈姆雷特是不一样的，读者心中的哈姆雷特是经过主体的内化建构和外化建构同步发展再造的对象。读者欣赏的就是这个再造的哈姆雷特。周来祥就是用实践关系和认识关系界定审美关系，又从实践——精神的双重品格界定审美活动，认为审美是感性的，但又渗透着理性的内容，它是个体的，具有非功利性，却又包含着社会的功利性，它是感性与理性、情感与理智、理智与意识目的辩证的融合、互反的同化所构成的一种动态结构，是各种心理功能（知觉、理解、想象、情感）在内化建构和外化建构中合规律的自由运动。[①]那么，具体地考察，人类的审美活动究竟有什么特点和规律呢？周来祥从审美活动与认识活动和实践活动的对比中，揭示了审美运动特殊规律。

从审美活动与认识活动的关系来看，美是一种无概念的认识。审美具有认识性，但它不通过概念、不以思维模式为中介，而是以心理结构图式为中介，通过情感体验和知觉形式深化到一种理性的精神境界。他认为康德对审美无概念而具有认识性这一特征把握得很准确。他在《德国古典美学家论美是自由》一文中指出，康德把审美判断看作一种无概念的情感判断，无概念的情感判断之所以具有普遍性，就因为它是判断在先，愉快在后，无概念却涉及概念。他说："康德首先对感官判断、概

---

① 参见周来祥：《文学艺术的审美特征和美学规律》，贵州人民出版社1984年版，第171～180页。

念判断、审美判断进行了严格的区分；他认为感官判断，是先有愉快，后有判断；概念判断，是先有概念，后有判断；而审美判断则是先有判断，后有愉快。就是说，审美判断不像感官判断那样，是由于个人主体感受的愉快而进行的判断（它因人而异，没有普遍性），而是先有判断而后有愉快，这种快感不是指个人的主观感受，而是指人的心理的‘共通感’，这里突出强调的正是普遍必然性。同时，审美判断也不像概念判断那样先有概念后有判断，要求符合对象实在（内容），而是涉及客观对象的形式分快与不快的主观感受。康德就是从这个角度讲审美判断，因而它既不同于知性和理性，却又具有知性和理性的性质。”[①]周来祥认为，康德的美学是唯心主义的，但他对审美是种无概念的认识的思想却是有价值的，应该批判地借鉴。

从审美活动与实践活动的关系看，审美是无目的的合目的性。人以自觉自由的活动为特点，人类的一切活动都是有目的的活动，而审美的活动的特点则恰恰在于它形态上的感受形式的无目的性。但以自身为目的的审美却又包含着某种目的性。“人的活动有两种无目的，一种是本能的无目的，一种是理性的自由的无目的的活动。也可以说，一种是没有掌握必然规律的无目的，一种是从必然到自由的深化，是把必然的活动转化为自由的活动。”[②]审美活动的无目的性就是这种有目的的无目的性。黑格尔说，人是“作为一个有自我意识的存在”[③]。马克思

① 周来祥：《论美是和谐》，贵州人民出版社1984年版，第202页。

② 周来祥：《文学艺术的审美特征和美学规律》，贵州人民出版社1984年版，第39页。

③ [德]黑格尔：《小逻辑》，贺麟译，商务印书馆1980年版，第92页。

说:“人和绵羊不同的地方只是在于:他的意识代替了本能,或者说他的本能是被意识到了的本能。”①审美作为先判断对象为美,然后感到审美的愉快,美感本身就潜藏着理性的内容。审美可以说酝酿于无意识,成熟于有意识。审美是种多个自我的活动,是显意识和无意识的互反作用。意识像湍急的河流,显意识是河面,无意识是潜流。无意识可以说是个能量收容器,为了意识的消耗而积蓄。周来祥说:“目的是同明确的概念相联系的,有概念就是有目的,否则就无目的。”②审美不以概念为中介,不像实践那样具有明确的目的性,它在感受形式上表现出无意识、无目的性。但无意识的感受中却积蓄着大量的有意识的能量,在审美观照过程中不断释放出来,因而使审美“潜在地包含着一种目的”③。但周来祥认为,审美活动的目的性却不像实践的目的那样要求有直接的现实性,要求占有对象。如欣赏齐白石活灵活现的虾,并不是为了吃;观赏徐悲鸿虎虎有生气的马,也不是为了骑,而是为了获得一种精神的满足,达到一种无目的的自由的化境。因此,审美活动中的目的性,仍然是一种以自身为目的的目的性。

从审美关系与实践关系、认识关系的异同,探索审美的本质、特点和规律,是周来祥美学思想的一个鲜明的特点。从这一立场立论,便使他的某些观点即便在形式上似乎与其他美学

---

① 《马克思恩格斯选集》第1卷,人民出版社1972年版,第35页。

② 周来祥:《文学艺术的审美特征和美学规律》,贵州人民出版社1984年版,第37页。

③ 周来祥:《文学艺术的审美特征和美学规律》,贵州人民出版社1984年版,第40页。

家的观点类似，内容却往往有质的差异。周来祥认为审美的特质是情感，非逻辑推理的情感规律是审美的主要规律。有的同志也持这一论点。但周来祥认为，情感不是西方心理学家所说的“黑暗的感觉”。情感是主客体之间关系的反映、理智和意识的统一，它既涉及主体又涉及客体。因此在审美中情感的流动虽然不像逻辑推理那样有明确的发展轨迹，但仍然是一种具有心理定向的发展。当激越的情感驾临的时候，有意识的主体就会知觉到情感上甚至情绪激动上的特别模式的变化，对情感模式变化的感知，就是对情感流动的定向。主体对自身情感的感知，是一种理解性的感知，并在想象中得到深化。想象是走向历史的（任何审美对象的存在都是一种历史的存在），但它的本质却是携带着朝前开放的视野走向未来，想象是朝前反映的朝后反映；情感就是在感知、理解、想象中沿着一定的轨迹向前发展。审美不要求对象完全符合现实生活的真，但要求必须符合情感的真。梁山伯与祝英台死后化蝶比翼双飞，审美者之所以不认为它荒诞不真实，就是因为它符合审美主体情感的定向发展。因此，周来祥说，审美以情感为特质，但并不是仅仅限于情感，它是“介于认识和实践、认识和心理、理智和意志之间的活动，是以情感为中介、为焦点的各种心理能力（感知、想象、思考）的和谐统一的活动”[①]。正因为这样，审美情感的发展才具有逻辑性，这种逻辑性相对于逻辑判断来说是一种非逻辑的逻辑。

2.对不同形态美的审美心理组合

周来祥认为，审美活动是主客体的对应交叉运动、内化建

① 周来祥：《美学问题论稿》，陕西人民出版社1984年版，第226页。

构与外化建构的同步反应。在这样一种过程中的审美感受必然要受客体的双重制约，美感心理诸因素的结构形态呈现为一种不确定的确定性。总的来说，审美是感知、理解、情感、想象综合的心理结构，但由于审美对象的结构不同，主体的美感心理结构也要求作对应的组合，以便形成一种同构关系。他也根据自己对美的分类，对美感的心理构成作了动态的分析。

他认为，社会美和艺术美中的再现艺术，它们偏于客观、感性、必然、内容，这就规定了对它们的审美必然偏于理智、认识、思维，要求在感知的基础上，在对审美对象的直接观照中，深刻地把握对象的本质必然的内容。在这里，直接感知与自由想象、情感体验与理性认识几乎是同时出现的，难以分出先后，表现了不加思索、一眼望穿的直觉的特点，呈现为直观的独特形态。因此，周来祥把这种审美形式称作直观的审美感受。直观的审美不是感觉的直觉，不是非理性的，恰恰相反，它以突出理性、以感知和理解的直接契合为根本特征。但审美的无意识的有意识性，无目的的有目的性的本质特征，却内在地规定着突出理性的审美直观必须具有无目的性、无意识性的特点。直观的审美就是一种内容是理性的、形式是无意识的审美活动。审美直观是不加思索地迅速地把握美的对象的本质，它实质上是一种无目的性的有目的观赏，也就是无意识地达到对对象的有意识的把握。因此，它不但不排除情感体验，而且更强调情感体验，以使它不超出审美的领域进入科学认识范围，保持感性和理性、情感与理智的审美平衡。①

① 参见周来祥:《文学艺术的审美特征和美学规律》,贵州人民出版社1984年版,第147～148页。

相对于直观审美说，周来祥提出了对自然美和艺术中表现艺术的品味的审美说。自然美和表现艺术偏于主体、理性、自由、形式，偏于形式的美，其形式规律显得极为重要。情感内容凝结于形式上，在抽象形式上表现一种宽泛、朦胧、深邃的境界。因此，对自然美和表现艺术的审美，必须在把握形式规律的过程中把握内容，在对形式规律的不断品味中领悟朦胧而又深邃的境界。品味的审美心理诸要素的组合，在这里主要表现为知觉与想象，认识与体验、反映与评价不是直接的契合，而是明显地分为两个阶段，有一个逐步发展融合的过程。在对这类美的欣赏中，因为内容以情感为主，它较少受到对象的限定，情感体验是宽泛的，结合抽象的形式及其规律进行的想象可以较自由地飞翔。因而情感想象在这类审美中扮演了主要的角色。理解因素、理性内容相对地不突出，它只是渗透情感、想象的深层，作为它们的基础而发挥作用。但如前面所说，任何审美形式都要保持感性与理性的平衡，就是为实现这种审美心理的不平衡的平衡，对这类美的观赏反而要强调保持清醒的理智态度。[①]品味的审美就是一种有意识、有目的的观赏。人们在这类审美活动中反复吟咏、咀嚼玩味，不断探索和发现那朦胧境界的意趣就表现为一种有意识的活动。因此，可以说品味是有目的的无目的的审美，从有意识的表面深入到无意识的深层，达到心领神会的化境。

周来祥把对和谐统一的美（包括艺术）的审美称作优美的审美；把对偏于矛盾对立的崇高（包括艺术）的审美称作崇高

① 参见周来祥：《文学艺术的审美特征和美学规律》，贵州人民出版社 1984 年版，第 148～156 页。

的审美。优美的审美和崇高的审美彼此之间的美感性质有什么不同呢？美感心理诸因素各自按照什么方式组合呢？他认为，美作为主客体关系在客观对象上的统一，感性和理性、必然和自由、内容和形式的交叉融合，对它的审美，即主观关系与客观关系的对应同构，也必然是理智和意志、认识与心理、知觉、想象、情感、理解均衡和谐的统一。在这里，美感是一种感觉愉快的情感，一种想象力和理解力自由和谐的活动。因此，对美的观赏不杂有痛感和不舒服的感觉，它轻松自如、毫不费力地感受着、体验着、理解着、想象着，一直处于一种自由的境界。对崇高的审美则不同。由于主体与客体处于一种对立的状态，主观关系与客观关系在不平衡之中趋向平衡，主观关系与客观关系的对应同构也就在双方的矛盾中展开，客观关系中的感性与理性、必然与自由、内容和形式（包括形式的诸因素）的对立，相应地也就产生了主观关系中理智和意志、情感与理解、知觉与想象的对立。但崇高感各种心理因素的对立，却因审美内在地要求诸心理要素的不平衡中的平衡，而使理智与意志的矛盾转化为统一，情感与理解、想象力和知觉力的不和谐，转化为和谐。周来祥说："没有对立和不和谐感，就没有崇高的欣赏，而没有统一与和谐的愉快，也就超出了审美范畴。"[①]他认为，崇高感有两个发展阶段：在第一个阶段中，是理智与意志的矛盾，情感、想象与无限理性的矛盾，产生一种压抑感、痛感；想象力紧张而又努力地去掌握理性规律，但又掌握不住，在掌握与不掌握之间，心中产生一种无底的恐惧感，理性抗拒

① 周来祥:《文学艺术的审美特征和美学规律》,贵州人民出版社 1984 年版,第 152 页。

着想象力，压抑着想象力，这种无限规律的威力又给人一种敬畏感。夹杂着恐怖、敬畏的痛感是崇高审美的特点。然而，崇高感却不只是一种恐惧和压抑的痛感、不自由感，而是不自由的自由，一种复杂的痛感和快感的混合情感。周来祥说，在崇高审美的“知觉、想象力与理性的矛盾之中，在恐怖与敬畏之中，唤醒了欣赏者的理性世界。欣赏者的理性能自由地把握规律，从而使规律的压抑转化为人对规律掌握和支配的乐观与自信。使对规律的敬畏转化为对人自身理性力量的自尊和自豪。终于由不自由转化为自由，由压抑的痛感转化为胜利解放的快感”[①]。

对美感心理及其组合方式的研究，我们认为李泽厚的考察和分析达到了相当的深度。但李泽厚还偏重于整体的客观研究。周来祥则更偏重于对美的类型的微观研究，而且研究的角度也不尽相同。李泽厚是用马克思的实践哲学改造格式塔的“同构说”，以此为理论基础探讨美感根源、美感的层次及其组合方式。周来祥则是以马克思的实践观为哲学的理论基础，以皮亚杰的建构主义为科学根据，从实践、认识、审美三大关系的角度，把审美看成是反映与建构的同一，主客体的对应同构只是反映和建构的存在方式。因此在对美感的发生、构成及其组合方式的分析和研究上，也就有着不同于李泽厚的鲜明的特点。

（三）周来祥的文艺美学思想

文艺美学在传统美学中隶属于一般美学，未构成独立的美学分支科学。文艺美学在周来祥的整个美学构架中，别有洞天，

① 周来祥：《文学艺术的审美特征和美学规律》，贵州人民出版社1984年版，第152～153页。

自成格局。周来祥以他的主体实践哲学为基础的建构主义美学观，分析艺术活动的本质特征，深入探索和研究艺术的独特规律，初步建立起了一个较完整的文艺美学体系。这个体系就是以艺术为研究的特殊对象，由艺术的审美本质、现象形态艺术的创造与欣赏，以及艺术自身所具有的规律组成的结构整体。

1.艺术审美本质的研究

什么是艺术的本质？在纷纭多变的观点中，“认知说”和“表情说”似乎最有生命力，其他的观点大都是这两种观点的演绎或翻版。认知论是从认识论的角度把握艺术的本质，它把艺术论归结为认识论的特殊形态，情感说则从心理学的角度考察艺术的本质，艺术在他们那里变成了“情感象征”。周来祥认为这两种观点从某些方面讲是有合理性的，但用于对整个艺术本质的规定则是片面的。他打破单面认识的思维方式，把认识论和心理学的研究方法结合起来，从审美关系的双重性即主观关系对客观关系的反映和建构中揭示审美艺术的本质，从审美意识的角度考察艺术的本质，提出了艺术是认识论的内容和心理形式统一这一重要论点。他说：“审美意识的本质，或者说艺术的本质（因为它不过是审美情感、审美意识的物化形态），从认识论看是感性和理性的统一，是感性中理性内容的表现；从心理学看，是理智（物的本质）和意志（人的目的要求）的结合，情感、想象和理解的结合，因而也可以说是认识的内容和心理的形式的统一。”[①]正因为艺术本质上是认识论的内容和心理学形式的统一，所以说艺术是认识但又不只是认识，是情感但又

① 周来祥:《文学艺术的审美特征和美学规律》,贵州人民出版社1984年版,第189页。

不单纯是情感。也可以说艺术是理智的情感和情感的理智，因为它是理智的情感，它才是一种无概念的认识，因为它是情感的理智，它才无目的又符合目的性，这就是周来祥对艺术本质的基本看法。

周来祥的美和审美观都是关系说，艺术本质论也是关系说，黑格尔说："存在之反映他物与存在之反映自身不可分……存在……包含有与别的存在之多方面的关系于其自身，而他自身却反映出来作为根据。这样性质的存在便叫做'物'……凡物莫不超出其单纯的自身，超出其抽象的自身反映，进而发展为反映他物。"[①]周来祥从审美关系的主观关系反映客观关系的角度，研究审美意识的本质和艺术的本质，就是强调存在之反映他物与存在之反映自身不可分。通过主观关系对自身的反映，主观才能反映客观关系，同时客观关系又反馈于主观关系，从而形成主客观关系的相互反映。在这主客观关系互相反映中，客体的本质同化为主体的本质，主体的本质外化为客体的本质。艺术的本质就是这样，在主客关系的相互反映作用的交叉点上得到规定。周来祥说，艺术的本质是"客观美的对象和主观审美把握的对立统一。正是这个主客观相互对应的审美关系，决定着艺术的特殊对象和内容，同时也决定着审美把握的特殊形式……艺术对象的特殊性规定着艺术把握的特殊性，艺术意识的特殊形式又制约着艺术对象和内容的特殊性。离开了审美关系，离开了主客观互为前提辩证法，就既没有艺术的特殊对象和内容，也没有艺术把握的特殊形

① ［德］黑格尔：《小逻辑》，贺麟译，生活·读书·新知三联书店1958年版，第275～276页。

式”[1]。别林斯基关于艺术对现实生活的形象反映的定义之所以缺乏足够的说服力，就是因为他离开艺术的特殊对象和内容的规定性，仅仅从反映形式上区别艺术和科学；而另外有的同志提出的“文学是人学”（艺术把握完整的人，科学片面地分割地把握人），则离开审美关系的制约性，单从艺术特殊对象和内容上寻求艺术和科学的独特性，因而也同样不能说明艺术是什么。周来祥认为，艺术是客观的美（客观关系）和主观审美（主观关系）把握的统一，也就是真与善的相统一的美和理智与意志相统一的审美交叉对应的统一。正因为美的本质内含于审美主客观关系的交叉对应的统一之中，它也就内在地与科学认识相联系。认识也是一种关系，是主观反映客观的关系。这种反映也不是直接的、单向的，而是间接的、双向的，主观对客观的反映是通过主体对自身的自我意识的反映为中介实现的。感性向理性的转化不是自在的完成，而是主体以自身的思维模式同化对象，经过选择与建构，主客体交互作用的结果。艺术也内含着客观的真（客观规律性），要求从感性深化到理性，只是艺术不是否定了直接性（感性）的间接性的认识，而是直接性和间接性直接统一的认识：“它从感性直观开始，就一直不脱离对象的个体形式，或者说不脱离感觉、知觉（表象）的心理形式。”[2]也可以说，艺术的认识是在主体理性思维和丰富的实践经验基础上的理性直观。这种理性直观当然与美的对象客体有关，但它实质上仍然来自主体，来自主体的同化建构或者说来自客体的内化和主体的外化。它以心理结构图式同化客体，也

① 周来祥：《论美是和谐》，贵州人民出版社1984年版，第324页。
② 周来祥：《论美是和谐》，贵州人民出版社1984年版，第326页。

就是以理智的情感和情感的理智结构图式同化客体，同化中伴随着感知和想象，想象作为深化情感、以感知为理解的连接主客体的载体，使审美中的感性与理性有机地结合起来。经过这样一种心理过程，审美才变成一种理性的直观，因此，周来祥说："艺术直觉作为艺术感受和理性因素的直接统一，不是单一的，而是和情感、想象等心理形式结合在一起的，离开了情感、想象等心理形式，就失去了艺术直觉的审美特质。"[①]

艺术的本质内在地规定着艺术的特点和它的特殊规律。因而对艺术的本质的看法不同，对艺术特征的认识也就有异。认知说认为艺术是现实生活的反映，因而认定艺术的特征是形象；表情说离开理智的内容讲情感，艺术变成本能的情绪的宣泄，因而要求艺术无形象。因为周来祥认为艺术的本质是认识论的内容与心理学形式的统一、理智与情感的交互融合，因此在对艺术特征的认识中，他提出了艺术以情感为特征，不以形象为特征。周来祥说，无形象可以成为艺术（如没有鲜明形象、只有节奏、韵味、气势的议论文，本质上没有摹拟客观对象的表现艺术）；而有形象的也可能不是艺术（如植物标本、建筑设计图）。但艺术不论有无鲜明的形象都必须有情感，可以说世界上找不出无情感的艺术，所以"情感是艺术的根本，是艺术审美特征的所在"。但如前面所说，艺术以情感为特质，却不是情感表现就是艺术，根据周来祥的观点，他这里讲的情感应是理智与意志相统一的审美情感，是以情感为中介的包括理解、想象、感知在内的心理结构形态，它通过内化建构和外化建构，不但同化客体，而且顺应客体，反映美的对象，因此总有一定的形

---

① 周来祥:《论美是和谐》,贵州人民出版社1984年版,第327页。

象性。因而，艺术的特征似乎应该概括为无形象的有形象。这一点周来祥似乎强调得不够。因而有人对他的艺术情感特征说常常困惑莫解，似有主观情感说之嫌。

从另一方面分析，周来祥也不可能完全舍弃艺术的形象性。周来祥认为艺术作为人的本质的外化，是人类的一种能动的创造、一种人类自觉的有目的的活动，是朝前反映的朝后反映。他说："艺术……本质上也是一种主观意志目的的实现，是人的主体力量的对象化，是主体本质力量在他所创造的'第二自然'上的肯定。这个过程同样是自然人化和人的对象化的过程。"[①]只是艺术创造的主体力量的对象化，是在想象中实现的。它不是一种物质性的活动。艺术是假定的存在，但这种假定的存在也同客观的存在的事物一样，需要有一定的形象性，只是这种形象性已经不再是客观事物的形象性，它具有了新的质。形象在这里已经是肯定主体本质力量的形式，这种对形象的肯定与形象特征说显然是不同的。形象说强调的是主体对对象的反映，周来祥所说的艺术形象性则是反映性与建构性的统一，它仍然是一种主客体关系的规定，这与他的情感特征观是一个问题的两个方面。

2.艺术现象形态的研究

周来祥从审美主客体关系的交叉对应性规定艺术的本质。这已突破静态的反映论，具有鲜明的动态感、立体感。而对艺术本质展开的现象形态分析，达到了纵横交错的网络结构的立体性思维。周来祥对复杂的艺术现象的考察，是质和量的交叉统一的分类和逻辑与历史的交叉统一的分类的融合，两方面纵

① 周来祥：《论美是和谐》，贵州人民出版社1984年版，第330页。

横交织，形成一个动态的网络结构，下面根据他对艺术的分类，分别加以评论。

（1）再现艺术与表现艺术及其发展规律

他根据量的原则，把艺术分为再现艺术和表现艺术。再现艺术和表现艺术既是现实的又是历史的。任何时代都有再现艺术和表现艺术，但从艺术自身的发展看却是以再现走向表现，再走向再现与表现的融合，这是艺术历史的发展规律。周来祥认为，再现和表现作为艺术内在矛盾的两个方面，只能是再现的表现和表现的再现的内在统一。但是由于艺术内在矛盾的不平衡性，矛盾的双方面可以有所偏重，或者客体占据矛盾的主导方面，或者主体占据矛盾的主导方面，于是形成了偏重于客观的再现艺术和偏重于主观的表现艺术。艺术创造主要是把个体提高到本质必然的高度，塑造典型人物。艺术典型是什么？它有什么本质的特征和规律？这是美学和文艺理论界长期争论不休的问题。但大都是从个性与共性的单向统一规定艺术典型的本质。周来祥站在更为深广的辩证逻辑思维的高度，用个性与一般、本质与现象、原因与结果、必然与偶然、现实与可能、绝对与相对的辩证范畴自身的矛盾运动，对共性与个性相统一的艺术典型作了多向多层次的规定。艺术典型不再是共性大于阶级性或小于阶级性，或者是经验类型的普遍性，个性也不再只是有独特的、鲜明的特征，而是有着更极为复杂的内涵和外延，具有深广的历史规定性的现象的本质化。在这里，对典型的认识像对真理的认识一样，也成了一个过程。这种对艺术典型的辩证逻辑的思考，应该说是有一定深度的。但我们认为，这种对艺术典型的研究方式仍然是一种客观化的研究，它相对地忽视创作主体的作用。艺术典型本质是现实生活中形形色色的人物，受到艺术家审美心理结构的同化，从而升华为艺术典型。主体对对象的同化决定了艺术家总是把自我的灵魂用不同的方式给予他们的人物，即马克思所说的主体的本质对象化。这方面周来祥似乎注意得不够，这与他的以主体实践为基础的建构主义美学理论不一致，或者说，他没有把这种思想贯穿到各个研究领域，对艺术典型的研究必须借助对艺术创作主体的研究打开通道。

再现艺术创造的典型人物包括创作主体，但就主导倾向而论，人物更接近客体，而且在创作手段上也就多用造型性想象，注重把时间凝结在空间上，把时间空间化，在相对静止中感受绝对的运动，以创造涵盖着深广思想内容的双重形式结构的艺术形象。周来祥说："因为有摹拟的客观对象，形式分内、外两层。人物、情节、场面是内形式。"[①]内形式对外形式来说也是作品的内容，是形式化了的内容，因此，再现艺术注重的是内容，而不是形式（外形式）。由艺术媒介组成的物化内形式的外形式，所强调的也主要是媒介的摹拟因素、认知性功能。一般来说，色彩（光线）、线条、形体偏重在空间展开，诉诸视觉，认知功能高于表情功能，因而以色、线为媒介的绘画，达到了空间再现艺术的极致。语言是思想的直接现实，以观念符号的语言为媒介的文学，更易于在想象中达到对感性和理性的高度统一，本质地揭示历史时代的风貌，提出和回答时代的问题，启迪人们去思考和探索，导向对真理的认识。所以，再现艺术更接近于科学。从这种意义上讲，艺术以形象反映现实生活的定义，虽然是片面的，但仍然具有合理性，不能一概否定。

---

① 周来祥:《论美是和谐》,贵州人民出版社1984年版,第339页。

周来祥认为，表现艺术在以主客体建立起来的审美双重关系中，偏重于主观关系，主体自身反映自身，它不是由外向内地对客观对象的摹拟和再现，而是由内向外地表现主体（唯物主义反映论的最终根源还是由外向内，以对外界事物的反映为基础）。因此，在主体内化建构和外化建构的同步反应中，它更注重外化建构对艺术意境的创造。意境与典型是同等程度的美学范畴，具有内向和外向的双重规定，是内在与外在的多结构的反馈系统。就外向结构来说，它是人与自然、情与景的结合，就内向结构来说，则是情与理的结合。内向结构和外向结构的中介体都是情感，因为外向结构中的“景”，不是客观自然的景物之景，而是以情观物的情感化了的景，是情中之景，而作为内向结构的情、理的结合，理虽然规范着情，节制着情，但理必定包融于情感之中，是情中之理。内在情感的外在形式，内向结构中情、理的结合，也以情为主，是理在情中，所以意境本质上是一种情感境界。因为表现艺术是一种情感的客观化、物态化，意境的创造主要不是用造型性想象，而是用流散的想象或抒情想象，以便把空间时间化，通过在时间中流转的情感深化为人生、宇宙的理性真理，以及高尚的人格道德情操。因此，在表现艺术之中一般没有人物、情节、场面的内形式，情感内容凝结在富有表情性的感性材料上（外形式），即情感内容和艺术媒介组合的外形式直接结合。表现艺术所具有的情感内容，由于强调感性材料的表情性，因而偏重在时间中流动，以点、线形式展开的最富表情性的声音，也就成了表现艺术之冠的音乐的感性材料。具有较强认知性功能的色彩、线条，在表现艺术中也要求把认知性因素情感化。表现艺术偏重于表现意志、情感，它与伦理实践更为接近。

再现艺术和表现艺术作为艺术的两种不同的现象形态，存在于人类历史发展的每个时期，但从艺术自身的发展来看，随着人类从偏重于对外部世界的考察和研究走向对人主体自身的探查，两种不同的艺术现象也在作着历史的更替，表现出自身发展的逻辑。对再现艺术和表现艺术做历史发展的考察，是周来祥艺术现象形态研究的一个根本特点。它表明周来祥从对艺术现象形态的封闭性的研究，进入了对艺术自身发展规律的探索。他说："人类的认识、思维由认识客体、自然、对象，转向认识主体、社会、意识，然后又趋向二者的综合。人类的艺术在本质上、主流上也是由客观向主观、由感性到理性、由必然到自由、由再现艺术，转向表现艺术，再转向综合艺术。"①

周来祥提出的艺术从再现走向表现，再走向二者统一的论断，是以历史地考察东西方的美学和艺术为根据的。就西方而论，从古希腊柏拉图的艺术是概念的影子的影子说、亚里士多德的摹仿论，到别林斯基的"诗是直观形式中的真理"，车尔尼雪夫斯基的艺术是再现、认识、判断生活的教科书，以至克罗齐的"形象直观"说，形成了一股强大的再现说的理论思潮，成为整个欧洲古代、近代（前期）艺术创造的灵魂。康德浪漫主义理论，对传统的再现说是一个猛烈的冲击和突破，但西方美学和艺术真正否定再现走向表现的标志却是现代派（实质上仍属近代）美学和艺术的出现。现代美学的主要成就就是对审美主体的研究。五光十色的各种现代派艺术，一个根本的特点就是表现。

中国艺术似乎与西方艺术沿着恰恰相反的方向发展，是从

① 周来祥：《论美是和谐》，贵州人民出版社1984年版，第337页。

表现走向再现，从主情走向主智。但仔细分析起来，却仍然是从再现走向表现。我国古典艺术从根本性质上来说，是表现艺术，但在总的表现原则下又分成“言志”和“缘情”两派。这两派在不同的时期相互消长转化，周来祥认为大体上经历了这样一个过程：晚唐以前，以“诗言志”为主导倾向；晚唐以后，以“缘情”为主导倾向。“言志”偏重于思想，这同晚唐之前艺术崇尚写实的倾向是一致的。写实注重主观对客观对象的反映，它与理智有内在的联系。因为对客体的反映总要以对主体自身的自我意识的反映为中介，是内化建构的外化建构。当然，“言志”和“缘情”彼此是可以内通的，晚唐以前也有“缘情说”，但与“言志说”相比它不占主导地位。“言志”向“缘情”的转化以司空图为界线。司空图论诗讲“诗味”“韵外之致”，严羽讲“兴趣”“妙语”，李贽讲“童心”，王士祯倡“神韵”，表现出一股不可抗拒的偏于表现的美学思潮。当然，明代诸家讲的写意表情渗透着浪漫主义精神，具有新的思想因素，但在偏于表现这一点上却是共同的。康乾之际批判现实主义的崛起，把抒情写意的思潮扭向了对客观现实的冷静观察和思考，但它并没有从根本上使我国的表现美学改弦易张。直到近代的王国维把叔本华、尼采的思想糅进中国古典主义表现美学思想，提出他的“境界说”，仍然表现出表现论是中国美学的主潮。五四前后，中国新文化的主将鲁迅由《摩罗诗力说》《斯巴达之魂》的浪漫主义转向《狂人日记》《阿Q正传》的现实主义，崇尚客观、再现、认识日益成为主导的思潮。[①]周来祥认为，至此，偏于表现的美学思潮才处于从属的地位。

① 参见周来祥：《美学问题论稿》，陕西人民出版社1984年版，第201页。

周来祥认为，艺术由再现向表现的发展，现在正走向表现和再现的对立统一的新阶段。在西方资本主义世界虽然还不存在把再现和表现辩证统一起来的条件，但西方已开始出现对心理学方法的厌倦情绪，人们又开始重新回到对美和艺术的客体研究上来，有人在追求一种新的古典主义（即新的再现和表现相结合的艺术）。可以预言，随着共产主义运动在全世界的发展，表现主义将被否定，代之而重新出现的将是表现和再现和谐统一的艺术。[①]就我国目前情况看，我们认为，可以说还没有出现成熟的把再现表现化和把表现再现化二者辩证地结合起来的崭新的艺术，理论上也没有做出完整的概括。但人的思维的辩证性，以及艺术创作上透出的再现与表现对立融合的曙光，似乎为周来祥所做的预言提供了一定的理论和事实的根据。就以再现性较强的小说来说，对艺术典型的创造，作家已不满足于对人物的集中提炼、概括和客观的刻画，而是从外向转而内向，在客观的摹拟再现中顽强地拥抱感性、心理性格代替逼真的客观性格的现象，或者说心理性格和客观性格要求达到某种程度的对立统一。文学不再单纯是现实生活的镜子，同时是作家灵魂的折射。

（2）艺术的历史形态及其逻辑发展

周来祥根据艺术分类的质的标准，把艺术分为和谐美的艺术、崇高的艺术和对立统一的新型的和谐美的艺术。这是逻辑的分类，但逻辑也是历史的，因此它同样是对艺术的历史的分类。这三种不同类型美的艺术，是艺术在不同历史阶段存在的三种形态。和谐美的艺术属于古代的艺术（为奴隶社会和封建

---

① 参见周来祥:《论美是和谐》,贵州人民出版社1984年版,第354页。

社会），崇高的艺术属于近代的艺术（整个资本主义），对立统一的和谐美的艺术属于社会主义共产主义时代的艺术。

周来祥对古代、近代、现代艺术特质的看法与学术界流行的传统观点有了重大的分歧。例如古代社会存在不存在现实主义和浪漫主义，我们的各类教科书都讲现实主义和浪漫主义是与艺术同降人世、和艺术发展共存亡的，所不同的只是不同时代有着不同时代的现实主义和浪漫主义。超越现实主义、超越浪漫主义的艺术是不存在的。所以现实主义和浪漫主义是两个普遍适用的概念。但周来祥认为这不符合历史唯物主义所讲的作为意识形态的美学和艺术的实际。在周来祥看来，世界上没有超时代、超历史的美学，也没有超时代、超历史的艺术，“只有古代的美学，近代的美学和现代的美学；古代的美，近代的美（广义的）和现代的美（包括艺术）”[①]。古代没有现实主义，也没有浪漫主义，因为奴隶社会和封建社会中不可能产生近代浪漫主义和现实主义的崇高型艺术，古代只能是古典主义艺术。对古典主义这个概念，周来祥的理解与一般人的理解也不同，就古典主义的一般含义来说，它或指典范的、作为后人楷模的佳作，或指17世纪法国以高乃依、莫里哀为代表的文学艺术。周来祥所讲的古典主义内涵要深，外延要宽，它指的是整个奴隶社会和封建社会的固有的美和文艺理论思潮，是一种以和谐为美的艺术形态。东西方古代艺术都以和谐为美，美是古代社会共同的审美理想。所以不论欧洲还是中国的古代艺术，都应划入古典主义这个大范围，称作古典主义艺术，以便从根本性质上与近代现实主义和浪漫主义相区别。周来祥认为，在

---

① 周来祥：《美学问题论稿》，陕西人民出版社1984年版，“序言”，第1页。

西方，从柏拉图到大陆理性派，从亚里士多德到英国经验主义、法国的启蒙派美学，虽然在哲学和美学的根本点上表现为唯心和唯物两军对垒，但却都以和谐为美、不和谐为丑，两大派美学都没有跑出它们所处的和谐圈。从古希腊以至整个封建社会都以人和自然的实质性合一作为他们的宇宙观（中国是天人合一），他们以这种素朴的辩证法观察事物，便把人与自然的和谐统一作为美。

和谐美是东西方古代艺术共同的审美本质。我国古代思想家和艺术家很少讲美与不美，主要讲一个东西、一件艺术品和谐不和谐，和谐就美，不和谐就不美，甚至以为是丑。周来祥说："我国远在《尚书·尧典》中就提出了'八音克谐''人神以和'的思想，据朱自清《诗言志辨》的考证，中和之美是殷周以来传统的理想。"[①]中国以和谐为美，源自我国古代的"天人合一"的宇宙观。"天人合一"要求解决人与整个宇宙的关系，也就是探求世界的统一性问题，"天人合一"的宇宙观表现了古代人不是把人与自然分开，而是从总体上观察和把握事物，所以它不重内向矛盾的分析，而注重直接的描述，因而它是一种直观的总体观念。这一点与古代希腊人的宇宙观有共同之处，构成东西方古代美学的共同的哲学基础。但我国"天人合一"的基本思想是"体用如一"，它不仅把天道看作僵化的、没有生命的，而且认为人道也是天地之心，天地没有人则无理性、无道德，因此我国哲学家便从"天人合一"导向了"道德的人本观念"，这又是中国古代哲学和美学与西方的不同。西方把人与自然的合一统一于自然（客体），我国则把"天人合一"统一于

① 周来祥：《论美是和谐》，贵州人民出版社1984年版，第356页。

人。我国讲和谐则偏重于美和善的结合。孔子以“尽善尽美”评价《韶乐》，以“乐而不淫，哀而不伤”评价《诗经》，就是强调善美统一。虽然善不就是美，但美绝不能允许欢乐的情绪表达到放肆的程度，哀悲的感情须保持稳定的平衡。所以它必定不像亚里士多德所要求的那样，从难以抑制的宗教迷狂的发泄达到心理情感的平衡。而本质上则要求人与自然、主体与客体、感性与理性、情感与理智的和谐，这才是东西古代美学和艺术的实质，这是周来祥对古代美和古代艺术的基本观点。

周来祥认为，近代艺术不同于古代，它本质是崇高的。所谓近代艺术就是浪漫主义和现实主义艺术。浪漫主义和现实主义虽然属于两种不同类型的艺术，但它们却具有共同的审美本质，即它们都以崇高作为自己的审美理想。崇高是主客体的统一，偏于对立，对立是崇高的实质。以崇高为其美的理想的浪漫主义和现实主义所坚持的就是这种对立的原则。崇高是作为古典美的对立面而出现在历史舞台上的。崇高艺术之所以产生于近代而不能产生于古代，是因为近代资本主义的崛起使它与凝固不变的封建社会秩序发生了尖锐的冲突。资产阶级在政治上要求破坏等级森严的封建社会制度，在艺术上也就必然出现以追求资产阶级的个性解放和情感的自我表现为特征的浪漫主义。浪漫主义强调情感和理性，以打破强调统一重于对立的古典主义和谐美的理想为己任。周来祥认为，崇高艺术不但与古典主义艺术是对立的，就是在崇高艺术自身也是对立的。正是这种对立构成了崇高艺术的本质。在主客体关系的矛盾中，浪漫主义执着于主体，现实主义执着于客体，浪漫主义以追求超现实的理想为特征，它要求审美理想在与审美感受的对立冲突中得到直接的表现，感性不足而理性的、情感的因素却极为突出。现实主义注重审美感受的客观现实性，审美理想似乎就形成于客观的审美感受之中。但它却与古典主义把审美理想沉浸于肯定性的审美感受之中不同，现实主义对客观的审美感受予以否定的性质，它排除审美感受中的理想的因素，追求感性对象的真实，赤裸裸地鞭挞和暴露现实中的丑（批判现实主义认为真就是丑）。因此现实主义理性、情感不足，但感性现实和冷静的理智思考却极为突出。浪漫主义和现实主义的这种对立恰恰反映了崇高的两极性，反映了它们内在本质的共同性。因此周来祥反复强调，浪漫主义和现实主义之间的对立与它们同古典主义的对立相比，后者显得更重要、更本质。因为这两种艺术都要求打破古典美的内容和形式的和谐统一，追求不和谐、不稳定、不平衡、不对称、不合比例，在形式上也追求丑（形式上的不和谐），这与古典主义从内容到形式都要求美是根本不同的。[①]

这里值得一提的是，与周来祥对古代艺术、近代艺术的看法相关联，他提出了两个重要观点：一是古代艺术中的壮美不是崇高；二是古代悲剧本质上是壮美的。多数美学家把壮美和崇高视为相同的美学范畴，因而把我国古典美学中所讲的阳刚说成是崇高的艺术。周来祥则认为："中国古典艺术中的壮美不是崇高，它是介于优美和崇高之间的过渡形态。因为崇高是主客对立，内容和形式的对立，不遵守形式规律，夹杂着痛感，而我们的壮美没有这些。'黄河之水天上来，奔流到海不复回'，'长风几万里，吹度玉门关'。这个风大不大，但你感到矛盾没有？感到对立没有？感到痛感没有？感到不自由没有？没有。时空无限，气势很

① 参见周来祥:《美学问题论稿》,陕西人民出版社 1984 年版,第 390～408 页。

大，却很自由，很从容，一点不感到紧张，不感到不和谐。这就是特点。”[①]壮美不像崇高那样存在着主客体的尖锐对立和因主客体的分裂而内含着丑。中国古典美有两种形态，一种是优美，一种是壮美。优美是在差别之中追求和谐，壮美是在和谐中包含着斗争。优美偏重于柔，但柔中有刚；壮美偏重于刚，但刚中有柔，正因为它包含着柔，它就不是太刚，未达到剑拔弩张的程度，因而它仍然是美的，在根本性质上是不同于崇高的。

按照一般的概念，悲剧的本质就是崇高。周来祥则以为，由于中国古代的悲剧受和谐美的理想的制约，因而它多是壮美的，不是崇高的。我国古典悲剧总体结构是从对立开始，最后走向统一，大团圆结局是中国古典悲剧的基本形式。唐明皇和杨玉环在白居易的《长恨歌》中还是“上穷碧落下黄泉，两处茫茫皆不见”，“此恨绵绵无绝期”，到了洪昇的《长生殿》便幻想出一个神话般的月宫相会。中国古代最悲的悲剧要称《窦娥冤》，血溅白练，六月飞雪，可谓惊天地动鬼神，充分显示了窦娥的冤屈之深。但作者笔锋一转，却来了个窦天章为女儿伸冤昭雪，由悲转喜。西方古典悲剧所坚持的也是这个原则，悲剧性的冲突和大团圆的结局是法国17世纪悲剧的一个鲜明而又突出的特点。高乃依的著名悲剧《熙德》就是最典型的例证。古希腊悲剧在形式上与中国古典悲剧不同，它们的悲剧人物大多要遭受厄运和不幸，充满痛苦和死亡。俄狄浦斯无法逃脱杀父娶母的命运，最后不得不刺瞎双眼，忍痛离开心爱的故国，悲惨地死于异乡；普罗米修斯在暴风雨中坠入悬崖和深涧；安提戈涅为兄妹之情而冒犯国法，被国王克瑞翁处以死刑，国王的

① 周来祥:《美学问题论稿》,陕西人民出版社1984年版,第406～407页。

儿子因未婚妻的惨死而自杀身亡，王后也因其子死而归身黄泉，可谓恐怖而悲惨。正是基于这种情况，大多数美学家把古希腊悲剧说成是与近代悲剧一样的崇高艺术。周来祥认为这是只见其形同而不见其质异，没有把握住古代悲剧的根本特质。在他看来，东西方古典悲剧都以和谐美为其共同的理想，只是追求和达到和谐美的途径不同。他说："中国古典主义美以儒家思想为圭臬，以中庸之道为哲学基础，它强调以理导情，以礼节乐，通过情理统一、情理平衡的途径实现和谐美的理想。而古希腊艺术创作深受远古神话的影响，象马克思所说，希腊神话是古希腊艺术的土壤。激烈的迷狂的宗教情感需要经过难以抑制的情感发泄进而达到情感的'净化'，恢复情感和理智的平衡，实现和谐美的理想。"[①]因此东西方古典悲剧尽管在表现方式上有明显的差异，但都跳不出古典主义的大范围。这与近代的悲剧，如席勒的《阴谋与爱情》、雨果的《巴黎圣母院》等浪漫主义悲剧，托尔斯泰的《安娜·卡列尼娜》、奥斯特洛夫斯基的《大雷雨》等现实主义悲剧在性质上是根本不同的。因为它们都以对立的崇高为原则，它们才是严格意义上的悲剧。

周来祥认为：艺术的历史发展，从古代和谐美的艺术，到近代的崇高，再到现代社会主义共产主义的对立统一和谐美的艺术，是一个否定之否定的过程、一个开放的不封闭的圆圈。对立统一和谐美的艺术在形式上似乎又复归于古典主义艺术，但内容上却包含着对立的崇高，因此它是一种新型美的艺术。这种对立统一和谐美的艺术是一个多层次的对立统一关系的网

① 周来祥:《论古典主义的类型性典型》,《河北大学学报》(哲学社会科学版)1981年第4期。

络结构，具体表现为双重主客观关系的对立交叉统一，即思想内容的对立统一、形式诸因素的对立统一；人与自然、个体与社会、自由与必然的对立统一。这多层次矛盾关系又集中体现在完满的、全面的、发展的社会主义和共产主义新人身上，“或者说这些共产主义新人，把外在的人与自然、人与人之间的和谐自由关系转化为自身全面发展的和谐自由的内在本质。这些共产主义新人在艺术中就体现为理想的美，或者说理想的典型和意境”[①]。社会主义艺术不绝对地排斥丑，但丑不像在崇高艺术中那样是一种本质的属性，而是将丑作为美的对立面和陪衬而存在。形式丑也可被利用，不过应包含在整个和谐美的大氛围中，以不破坏美的境界为限度。因此对立统一的和谐美的艺术，从本质上说，属于新型美的艺术，既不同于古典主义艺术，也不同于近代崇高型艺术。

周来祥从审美双重主客观关系规定艺术的本质，从艺术的内在本质考察再现艺术和表现艺术的特征及其自身的发展规律，从艺术存在的历史形态的对比分析中揭示古典主义艺术、对立崇高的艺术和对立统一的和谐美艺术的特质，探索它们的否定继承关系。其观点是新颖的，许多观点属于开创性的。论证也是有力的，他不拘泥于现象的描绘和说明，而是运用辩证思维的方法，对所提观点进行内向观察，从逻辑自身的力量论证自身。但是凡属于开创性的工作，所走的都是一条艰难困苦的路，有成功也会有不足。从总体上来说，周来祥的文艺美学还只是一个逻辑构架的雏形，对复杂的文艺现象多限于总体的概括。

① 周来祥：《文学艺术的审美特征和美学规律》，贵州人民出版社 1984 年版，第 71 页。

微观的分析往往尚缺乏透明度。

三、结束语

周来祥是新中国培养出来的美学家。20世纪50年代，他在美学舞台上崭露头角，以极大的热忱积极参加了持续多年的我国美学第一次大讨论，运用马列主义的基本观点撰写了不少富有学术价值的论文。他治学的突出特点是不拘泥于各派之说，长于从各派对立的观点中吸收合理的成分，作独立的思考和探索。因此，有人说很难把周来祥划为哪一派。他提出的以主体实践论为基础的审美关系说，以及他的美论、审美论、文艺美学，在整个美学界都有醒人耳目的独到之处。他是国内最早开展中西比较美学研究的学者之一。对他提交给第十届国际美学大会的《中西方美学理论的比较研究》的论文，美国纽约州立大学的拉扎林博士曾撰专文评述，称之为“开创性的比较美学研究”。除此而外，他在中国古典美学、西方美学等研究领域，也都提出了不少独到的理论观点。周来祥常说，学术论争有如助燃器，能点燃人们心底潜在的思想火花。他的研究也多得益于同行学者的助燃。

探索真理的道路既通向过去又指向未来；步入花甲之年的周来祥是面向未来的，他在美学田地里像个辛勤的园丁，在万紫千红的美的世界里，他是会浇更多的水，施更多的肥，收获更多的果实的。

（原载《中国当代美学家》，河北教育出版社1989年版，与栾贻信合写）

周来祥美学思想的体系框架

近年来出版的周来祥的四部美学论著（《美学问题论稿》《论美是和谐》《文学艺术的审美特征和美学规律》《论中国古典美学》），是他多年来致力于美学研究的成果。在这些美学论著中，周来祥大致完成了自己独特的美学体系的构筑，并以其独特的探索向人们展示了一个富于新意的美学世界。

以审美关系为轴心的美学体系

在周来祥的美学世界中，首先值得注意的，是其独特的体系结构。这是一个逻辑与历史纵横交叉的网络式结构：从逻辑上看，它是以实践观为基础，以审美关系为轴心，把美、审美和艺术三者融为一体；从历史的角度看，则是站在逻辑的高度对美学历史的考察，即以逻辑发展的规律揭示不同时期美和艺术发展变化的必然性，以及通过对美和艺术的历史形态的考察来丰富和印证逻辑结论的科学性。

作为一种相对完整的美学体系，它不能回避对“美的本质”这一问题发表看法。周来祥对美的本质提出了自己的看法，他肯定了“美是和谐”的观点，并对这一观点做出了独特的解释。

他认为，“和谐说”以实践为基础，它有两个鲜明的特点：一是认为美不单纯在客体，也不单纯在主体，而是在审美主体和审美对象相互对应所形成的审美关系中；二是认为审美关系有别于认识关系和伦理关系，即审美关系“主要不是人与对象客体本身的关系”，而“是人与自身的关系”。周来祥花费了大量的精力来阐述审美关系的特异性，正是通过对审美关系与认识关系和伦理关系的区别的阐述，对常被人们混淆界限的真、善、美的内涵作了清楚的界定。不仅如此，周来祥还就审美关系的主客观性问题发表了独特见解。他认为这种关系既不是单纯的客体对象因素，也不是单纯的活动主体因素，而是含二者在内的“第三种因素”，是主客体相互作用而产生的一种新的“关系范畴”。这种看法，既不同于朱光潜的“主观吞并客观”的主客观统一说，也不同于李泽厚的“客体自然的感性自由形式”说。

从审美关系的特异性出发，周来祥进一步论述了由审美关系的特殊本质所规定的审美对象的审美特性和审美主体的活动特点。周来祥指出：“人作审美主体，似乎介于实践主体（感性活动）和认识主体（理性活动）之间，是感性和理性的直接统一体。人们这种感性和理性直接统一的、情感直观的方式去掌握客体对象，这样的对象便是一种审美对象。这是从审美主体的审美对象的制约方面看；另一方面，从客体方面看，审美对象介于实践对象和认识对象之间。认识所追求的是对象的合规律性，是真。（只反映对象）实践所追求的是对象的合目的性，即善（实用价值和伦理社会价值，侧重于对象对主体的关系意义）。审美所追求的却是对象和主体的和谐统一，是真和善的统一，既包括客观对象的规律性，又包括主体的合目的性（对象对主体的关系、意义)。”[①]这里，周来祥始终紧紧扣住审美关系来论述审美主体与审美对象，因而他所谓的审美对象“已不单纯就客观对象而言”，而是与人的“审美主体”“相联系”的客观对象；他所谓的审美主体，也不是一般的主体，而是处于与审美对象这一特定关系中的审美主体。离开了审美关系，则客观对象不构成审美对象，主体也不构成审美主体。由此，周来祥认为纯粹的“美在主观”派或“美在客观”派，纯粹的“美在自然”派或“美在社会”派，都是片面的。周来祥指出，美只能存在于审美关系之中，审美关系是一种自由和谐的关系，自由是美的本性，所谓“美是和谐”的结论，正是从这里得出的。

周来祥的“美是和谐”说，既是一个逻辑的结论，同时也是一个历史的结论。他考察了大量的美的历史现象，并透过现象错综复杂的表面特点，概括出美的一般本质。周来祥在对历史的考察与沉思中发现，虽然不同时代对美有不同的解释和规定，但狭义的美都有一个根本的特性，即“自由、和谐”。这种历史考察得出的结论，与逻辑的结论有着惊人的一致性，从而使“美是和谐”这一命题具有了坚实的历史依据。

周来祥还就审美关系所规定的审美对象的属性以及审美关系中的主观方面分别作了更为详细的阐述。周来祥认为，审美关系规定的审美对象，“是人与自然，合目的性与合规律性，真与善的矛盾统一，同时也就是内容和形式的矛盾统一。美的内容是感性对象（真）对善的肯定，美的形式是肯定善的感性对

① 周来祥:《论美是和谐》,贵州人民出版社1984年版,第128～129页。

象（真）”[①]。周来祥据此确立了美的分类的质和量的标准。他指出，按照量的标准，可把美分为偏重于内容的社会美和偏重于形式的自然美；按照质的标准，可把美分为内容和形式在对立中偏重于统一的优美（狭义的美），以及在统一中偏重于对立的崇高与滑稽、悲剧与喜剧。崇高、悲剧是内容压倒形式，滑稽、喜剧是形式压倒内容。从美的量的规定性和质的规定性来界定美的现象形态和一系列美的范畴，这有其独特性。而这种独特性与周来祥美学体系构架的独特性是分不开的。

审美关系从客观关系来说，是审美主体和审美对象在客观对象上的统一，因而在探讨客观关系时，周来祥集中探讨了审美对象的属性问题。但同时，周来祥认为，对人的审美的精神活动的探讨同样是重要的。他认为，主观的审美关系可以从对审美意识的本质规定、对审美类型的分析、对审美理想的分析这三个方面来理解。周来祥是从审美主体和审美对象的客观关系在主观上的反映，即从主体和客体的主观关系来规定审美意识的本质的。他认为，审美关系作为审美主体和审美对象之间的一种人与自然（包括社会）的特殊对象性关系，不仅以客观的物质关系规定着美的本质，而且以主观的精神关系规定着审美的本质。审美的根本特性是始终守在知觉的感性形式之中，它以情感体验和知觉形式为中介，深化到一种理性的精神境界。这种对审美意识本质的认识，既不同于把审美仅仅归结为一般认识论的理智派，又不同于把审美仅仅归结为主体情感的情意派，而是在对二者的否定形式中，把理智派和情意派辩证地统一了起来。从对审美意识的本质规定出发，周来祥对审美类型作了分析。他认为，从量的角度来看，可以把偏重于理性、理

① 周来祥：《论美是和谐》，贵州人民出版社1984年版，第131页。

解、客观方面的审美活动规定为直观的审美感受，把偏重于情感、想象、主观方面的审美活动规定为品味的审美感受；从质的角度来看，则可以把在理智与意志的对立统一中，想象力趋于理性并与理性相矛盾的理解为崇高感；把在理智与意志的对立统一中，二者偏于和谐，想象力与理解力和意志力得以自由地统一在一起的理解为优美感。从这种分类中可以看出周来祥对审美感受的不同现象形态做出科学界定的努力。周来祥还对审美理想问题作了精到的分析。他认为，审美理想以审美感受为基础，但又是对审美感受的超越，“相对地说审美感受是更偏重于感性方面，可以说是理性统一于感性；而审美理想则更侧重于理性方面，也可以说是感性统一于理性”①。周来祥还指出，审美理想作为客观现实美的能动的集中和概括，比现实美更具有普遍性和理想性，同时它又与某一历史时代的社会理想和道德理想有更深广的联系、更具体的历史规定性。因此，审美理想本质上是经验的普遍性和历史必然性的统一。可以看出，周来祥对审美关系中的主观方面的阐述，恰好是与其对客观方面的阐述一一对应的，这多少体现出周来祥美学体系结构的完整性和协调性。

以审美关系为轴心的艺术美学体系

在周来祥的整个美学思想体系中，对文艺美学的研究，可说是最有特色的部分。他对美的本质、审美关系、审美对象、审美意识的研究结论，在其文艺美学研究中得到了进一步的验

① 周来祥:《论美是和谐》,贵州人民出版社1984年版,第318～319页。

证，并在对艺术美的阐述中起着理论指导的作用。而且，从周来祥对艺术美学的研究中，还能看到他在方法、角度等方面与他在一般美学问题研究中的一贯性。

周来祥对艺术美学的研究，是以艺术审美本质的研究为出发点的。

艺术的审美本质是具有理论价值和艺术实践意义的重大课题，也是美学界和艺术理论界观点尖锐对立的场所。认知说和表情说就是各种对峙观点的集中表现。认知说是从认识论的角度把握艺术的本质，把艺术论归结为认识论的特殊形态；表情说是从心理学角度考察艺术的本质，把艺术在他们那里变成了“情感的象征”。周来祥则把认识论和心理学的研究方法结合起来。他指出：“审美意识的本质，或者说艺术的本质（因为它不过是审美情感、审美意识的物化形态），从认识论看是感性和理性的统一，是感性中理性内容的表现；从心理学看，是理智（物的本质）和意志（人的目的要求）的结合，情感、想象和理解的结合，因而也可以说是认识的内容和心理的形式的统一。”[①]正因为艺术本质上是认识论的内容和心理学形式的统一，所以艺术是认识但又不只是认识，是情感但又不单纯是情感，而只能是理智的情感和情感的理智的结合。

周来祥主张从认识论、心理学、伦理学的有机结合中来考察艺术的审美本质，从各个不同的角度展开艺术的内在本质的内容。他认为，艺术的本质是对客观美的对象和主观审美把握的对立统一，“正是这个主客观相互对应的审美关系，决定着艺

① 周来祥：《文学艺术的审美特征和美学规律》，贵州人民出版社1984年版，第189页。

术的特殊对象和内容，同时也决定着审美把握的特殊形式……艺术对象的特殊性规定着艺术把握的特殊性，艺术意识的特殊形式又制约着艺术对象和内容的特殊性。离开了审美关系，离开主客观互为前提的辩证法，就既没有艺术的特殊对象和内容，也没有艺术把握的特殊形式”。别林斯基的“艺术是对现实生活的形象反映”这一观点之所以缺乏足够的说服力，就在于他离开艺术的特殊对象和内容的规定性，单从反映形式上区别艺术和科学；而有人提出“文学是人学”（艺术把握完整的人，科学片面地分割地把握人），则又离开了审美关系的制约性，单从艺术的特殊对象和内容上寻求艺术和科学的差异，因而也同样不能说明艺术是什么。周来祥从“艺术是客观的美和主观审美把握的统一”这一观点出发，从而得以清楚地阐明科学与艺术的联系和区别。他指出，艺术与科学认识有着深刻的内在联系，艺术和科学“都要求对生活现实作本质必然的反映，都追求真理性的内容，都要回答世界是什么这个根本问题，都要由感性认识深化到理性认识”[①]。但艺术不是否定了直接性的间接的认识，而是直接性和间接性直接统一的认识，“它从感性直观开始，就一直不脱离对象的个体形式，或者说不脱离感觉、知觉（表象）的心理形式”[②]，它是在深刻的理性思维和丰富的实践经验基础上的理性直觉。然而艺术直觉在本质上不同于旨在发现真理的科学直觉，因为“艺术直觉作为艺术感受和理性因素的直接统一，不是单一的，而是和情感、想象等心理形式结合在一起的，离开了情感、想象等心理形式，就失去了艺术直觉

① 周来祥：《论美是和谐》，贵州人民出版社1984年版，第325页。

② 周来祥：《论美是和谐》，贵州人民出版社1984年版，第326页。

的审美特质"[1]。周来祥认为艺术的根本特征是情感而不是形象。因为无形象可以成为艺术（如没有鲜明形象，只有节奏、韵味、气势的议论文，本质上没有摹拟客观对象的表现艺术），有形象的可能不是艺术（植物标本、建筑设计图），但艺术不论有无形象都必须有情感，可以说世界上找不出没有情感的艺术。"情感是艺术的根本，是艺术审美特质之所在。"[2]但艺术情感不同于动物式的情绪，也不同于伦理实践中的感情。前者不包含社会理性的内容，后者则以理性为基础，要受理性的规范和引导；伦理情感与明确的功利目的相联系，艺术中的情感却与想象相联系，是借助想象实现的。艺术不但包含着客观的认识，而且也是人类的一种能动的创造，是人类的自觉的有目的的活动，它同样具有超前反映的性质，要回答世界应该是什么的问题。周来祥说，艺术"本质上也是一种主观意志目的实现，是人的主体力量的对象化，是主体本质力量在他所创造的'第二自然'上的肯定。这个过程同样是自然人化和人的对象化的过程"。这一点使艺术更接近伦理实践，更显出与科学认识有质的不同。但艺术本质上是想象中的人的本质力量的对象化，它与创造对象世界并在对象中实现自己目的的物质实践活动不同。艺术只是一种假定的存在，它不要求外部的现实性，不把作品当作现实，"作品就是目的的本身"（马克思语）。但以自身为目的的艺术，却来自无目的之前的有目的的活动，它本身就潜藏着一种目的性，艺术的无目的可以说是有目的性的升华，是必然化成的自由。正是艺术这种介乎认识和伦理实践、认识和心

① 周来祥:《论美是和谐》,贵州人民出版社1984年版,第327页。

② 周来祥:《论美是和谐》,贵州人民出版社1984年版,第327～328页。

理、有目的和无目的之间的根本特性，使它成了既是直接的诉之视觉、听觉和想象的，又是超感觉的，具有深刻的理性内容的第三种意识（席勒称之为“第三王国”）。这种特殊的意识，就它包容着理性内容来说是确定的，但就理性积淀于感性形式来说，它又是不确定的、多义的、不可穷尽的。也可以说是不确定的确定，有限中的无限，包含了必然又扬弃了必然的自由。这种以审美关系为轴心，多层次、多侧面地对艺术本质的揭示，就构成了周来祥艺术本质观的特点。

周来祥以艺术本质的研究为其艺术美学的基础，根据“艺术本质上是客观美的对象和主观审美把握的对立统一”，“艺术介于科学认识和伦理实践，认识论和心理学之间”这一特点，对艺术作了质和量交叉统一的分类。他认为，从量的角度说，偏重于客观、理智、认识的属于再现艺术（雕塑、绘画、文学）；偏重于主观、心理、情感的属于表现艺术（工艺、建筑、书法、音乐、舞蹈）；二者在量上接近平衡的是综合艺术（戏剧、电影）。从质的角度说，在主观和客观、认识和心理、理智和意志的对立统一中，偏重于对立中的和谐是美的艺术，偏重于和谐中的对立是崇高艺术，以及扬弃崇高、形式上向和谐美的艺术复归的对立统一和谐美的艺术，对艺术所做的量和质对立交叉的分类，同时也就是逻辑和历史交叉统一的艺术分类。不论是量的艺术还是质的艺术，都有其自身的历史发展过程，都走过了一条“之”字形的路，都经过了一个否定之否定的辩证发展的圆圈。

如果说周来祥对再现艺术和表现艺术的美学特征的把握和分析有不同于他人的鲜明特点的话，那么，他对艺术自身从再现走向表现，再走向再现和表现融合统一的历史分析，就更别开生面，别具一格。他认为再现和表现作为艺术内在矛盾对立的两方，只能是再现的表现和表现的再现的内向性的统一，但是由于艺术内在矛盾的不平衡性，矛盾的双方可以有所偏重，或者客体占据着矛盾的主导方面，或者主体占据矛盾的主导方面，于是形成了偏重于客观的再现艺术和偏重于主观的表现艺术。“从总的本质特性看，再现艺术偏重于客观、感性、必然，表现艺术偏重于主观、理性、自由；前者重再现、认识，由外向内，对象的摹拟是本质必然的……后者重表现、情感，由内向外（作为唯物论反映论的最终根源说，还是由外向内），本质上不摹拟现实对象（摹拟对象常常是对表现的一种限制）。”[①]由于再现艺术以反映客观对象为己任，以形象地揭示客观本质必然为主要宗旨，艺术的创造主要是把个体提高到本质必然的高度，塑造典型人物。艺术典型是什么？它有什么本质的特性和规律？这是美学和文艺理论领域长期争论不休的大问题，几乎所有的名家、学者都对此发表过宏论，但大都只是从共性和个性的单向统一规定艺术典型的本质。李泽厚曾用个别与一般、本质与现象两对范畴揭示艺术典型的内在规定性，对平直的共性与个性统一论有所突破。周来祥则站在更为深广的辩证逻辑思维的高度，用一般与个别、本质与现象、原因与结果、必然与偶然、现实与可能、绝对与相对六对辩证范畴自身的矛盾运动，对共性和个性相统一的艺术典型作了多向的、多层次的、立体化的规定。艺术典型不再是共性大于阶级性或小于阶级性，或者是经验类型的普遍性；个性也不再只是有独特而鲜明的特征，而是有着极为复杂的内涵和外延，具有深广的历史规定性

① 周来祥:《论美是和谐》,贵州人民出版社1984年版,第338页。

的现象本质化，也可以说是偶然化的有血有肉的忠于现实又高于现实的艺术形象。对典型的认识，像对真理的认识一样真正成了一个过程。这种对艺术典型立体化的辩证逻辑的思考可能还有疏漏和瑕疵，但方法毕竟是可取的，理论上也有一定的深度。由于再现艺术创造的典型人物更接近客体，主要是对个性的社会本质的概括，在创作手段上也就多用造型性想象，注重把时间凝结在空间上，把时间空间化，在相对静止中感受绝对的运动，以创造涵盖着深广的思想内容的双重形式结构的艺术形象。“因为有摹拟的客观对象，形式分内、外两层。人物、情节、场面是内形式，艺术媒介组成的物化形式是外形式。”内形式对外形式来说也是作品的内容，是形式化了的内容，因此，再现艺术注重的是内容而不是形式（外形式）。由艺术媒介组成的物化内形式的外形式，所强调的也主要是媒介的摹拟因素、认知性功能。一般来说，色彩（光线）、线条是面，是立体，偏重于在空间展开，诉诸视觉，认知性功能高于表情功能，因而以色、线为媒介的绘画便达到再现空间艺术的极致。语言是思想的直接现实，以观念符号的语言为媒介的文学，更容易在想象中达到感性和理性的高度统一，本质必然地揭示历史时代的风貌，提出和回答时代的问题，启迪人们去思考和探索，导向对真理的认识。所以再现艺术更接近于科学，因此也正是在这种意义上，艺术以形象反映现实的定义，虽然是片面的，但仍有其合理性，不能一概予以否定。

关于表现艺术，周来祥指出，在以主客体建立起来的审美关系中，它偏重于主体，它不是由外向内地对客观对象的摹拟和再现，而是由内向外的主体的表现（作为唯物主义的反映论的最终根源说，还是由外向内；以对外在事物的反映为基础）。

所以，表现艺术偏重于意境的创造。意境与典型是同等程度的美学范畴，它也具有内向和外向的多重规定，是内在和外在多层结构的反馈系统。就外向结构说，它是人与自然、情与景的结合；从内向来说则是情与理的结合。而内向和外向结构的中介环节则都是情感外向的景，不是一般的自然景物之景，即以情观物的情感化了的景，是情中之景；而作为内向结构的情与理的结合，理虽然规范着情，节制着情，但理包融于情感之中，是情中之理。因此，外向结构的情与理结合，也是以情为主，是理在情中，所以意境本质上是一种情感境界。因为表现艺术主要是一种情感的客观化、物态化，因而意境的创造主要不是靠造型性想象，而是主要用疏散的想象或抒情想象，以便把空间时间化，通过在时间中流转的情感深化为人生、宇宙的理性真理及高尚的人格道德情操。因此，在表现艺术中一般没有人物、情节、场面的内形式，情感内容凝结在富有表情性的感性材料上（外形式），即情感内容和艺术媒介组合的外形式直接组合。追求表情性的艺术，要求表情性的感性材料具有较强认知性功能的色彩、线条，也要求把其认知因素情感化；因为表现艺术偏重于在时间中流动，以点、线形式展开的声音，其表现功能远远超过色彩和线条，因此，声音成为表现艺术之冠——音乐的主要材料。表现艺术偏重于表现意志情感，因而它与伦理实践更为接近。它虽然不能给人更多的真理性认识，却富有内在的力量，能陶冶人的性情，提高人的精神境界，鼓舞人的斗志，从而导向意志实践活动。

周来祥认为，再现艺术和表现艺术作为艺术的两种不同的现象形态，存在于人类发展史的每个历史时期，但从艺术的自身发展来看，随着人类从偏重于外部世界的考察和研究走向对人主体自身的探查和心理结构的分析，两种不同的艺术现象也在作着历史的更替，出现了自身发展的逻辑。他说："思维由认识客体、自然、对象，转向认识主体、社会、意识，然后又趋向二者的综合。人类的艺术在本质上、主流上也是由客观向主观、由感性到理性、由必然到自由、由再现艺术，转向表现艺术，再转向综合艺术。"①

周来祥提出的艺术从再现走向表现再走向二者统一的论断，是历史地考察东西方美学、艺术的结果。就西方而言，从古希腊柏拉图的艺术是理念的影子的理论，亚里士多德的摹仿论，到别林斯基的"诗是直观形式中的真理"，车尔尼雪夫斯基的艺术是再现、认识、判断生活的教科书，以至克罗齐的"形象直觉"说，形成了一股强大的再现说的理论思潮，成为整个欧洲古代、近代（前期）艺术创造的灵魂。康德的浪漫主义理论对传统的再现说是一个猛烈的撞击和突破，但西方美学和艺术真正否定再现、走向表现的标志却是现代派（实质上仍属于近代）美学和艺术的出现。李斯托威尔在《近代美学史述评》中所说的"什么是美学呢？它是关于人类各个方面、各种程度以及各个领域中的美感经验的科学和哲学"，就是对现代（实质是近代）美学特点的一个比较准确的概括。现代美学的主要成就是对审美主体的研究，五光十色的各种现代派艺术，其根本的特点就是"表现"。中国艺术似乎与西方艺术沿着恰恰相反的方向发展，它从表现走向再现，从主情走向主智。但仔细分析起来却仍然是从再现走向表现。我国古典艺术从根本性质上来说是表现艺术，但在总的表现原则下，又分成"言志""缘情"两

① 周来祥:《论美是和谐》,贵州人民出版社1984年版,第337页。

派。这两派在不同时期互相消长转化，大体经历了这样一个过程：晚唐以前，以“诗言志”为主要倾向，“言志”偏重于思想（朱自清《诗言志辨》：“志”偏重于“政教”和“人生义理”），这同晚唐以前崇尚写实、以写实为主要倾向是一致的。“言志”和“缘情”是可以内通的，晚唐以前，也有缘情说，但与“言志”说相比不占主导的地位。“言志”向“缘情”的转化，主要以司空图为界碑。康乾之际批判现实主义的崛起，把抒情写意的思潮扭向了对客观现实的冷静的观察和思考，但它并没有从根本上使我国的表现美学改弦易张，直到近代的王国维把尼采、叔本华的思想糅进他那根深蒂固的中国古典主义表现美学的思想灵魂，轻理智重“境界”，仍然是王国维美学思想的主要特色。五四前后，以鲁迅为代表的新文化，开始由《摩罗诗力说》《斯巴达之魂》的浪漫主义转向《狂人日记》《阿Q正传》的现实主义，尊崇客观、再现、认识日益成为主导的潮流，但历史的辩证法常常是肯定的东西会走向被否定，但被否定的东西却往往会重新走向被再度肯定，但这次的被肯定已具有新的性质，它是包含着否定的肯定，或者说肯定和否定的统一。周来祥认为艺术由再现向表现的发展，现在正在走向再现和表现的对立统一的新阶段。在西方资本主义世界，虽然还不存在把再现和表现辩证统一起来的条件，但“西方已开始出现对心理学方法的厌倦情绪，人们又重新回到对美和艺术的客体研究上来，也有人在追求一种新的古典主义（即新的再现和表现相结合的艺术）。那么是否可以预言，随着共产主义运动在全世界的发展，表现主义将被否定，代之而重新出现的将是表现和再现和谐统一的艺术呢?”[1]周来祥的答案是肯定的。就我国目前的情况来看，虽然还没有出现成熟的把再现表现化和把表现再现化二者达到辩证结合的崭新艺术，理论上也没有做出完整的概括，但毛泽东1958年提出革命的现实主义和革命的浪漫主义相结合的创作原则，已是这种理论的雏形。在艺术创作上，再现与表现的对立融合也初露曙光。就再现性较强的小说来说，在艺术典型的创造方面，作家们已不满足于对人物的集中提炼、概括和客观的刻画，而是从外向转向内向，在客观的摹拟再现中顽强地表现着主观，甚至出现了用理性炽热地拥抱感性，心理性格代替逼真的客观的性格，或者说心理性格和客观性格要求达到某种程度的对立统一。现实生活的实践和我国人民未来的前途，要求人与自然、主体和客体、现实和理想、个性和共性的对立达到解决，也必然要求艺术的再现和表现在更高的基础上达到一种新的结合，这是逻辑的预测，也是历史发展的必然。因此，周来祥对艺术自身历史发展规律的探讨，不但具有重大的理论价值，而且有着极为重要的实践意义。

三大艺术的历史发展

周来祥从量的角度把艺术分为再现艺术和表现艺术，从质的角度把艺术分为和谐美的艺术、崇高的艺术和对立统一的新型的和谐美的艺术，这是逻辑的分类，但逻辑也是历史的，因此它同样是历史的分类。从历史的角度看，和谐美的艺术、崇高的艺术、对立统一和谐美的艺术，是三种不同历史形态的艺

① 周来祥:《论美是和谐》,贵州人民出版社1984年版,第354页。

术。和谐美属于古代艺术，崇高属于近代现实主义和浪漫主义的艺术，对立统一的和谐美属于现代社会主义的艺术。这三大历史形态的艺术是各自独立的，又是辩证发展的，近代崇高艺术是对古典主义和谐美的否定，而社会主义对立统一和谐美的艺术又是对崇高艺术的否定，所以形式上是向古代艺术的复归，实质上却是包含着对立崇高的一种新型的艺术，或者说是古代和谐美的艺术和近代对立崇高艺术的否定性的统一。周来祥对古代、近代、现代艺术特质的这种看法与学术界流行的传统观点产生了重大的分歧。古代社会（奴隶制和封建制社会）有没有现实主义和浪漫主义，这在大多数专家、学者来说，早已是一个有定论的问题。他们认为，浪漫主义和现实主义与艺术同降人世，是和艺术发展共存亡的，所不同的只是不同时代有不同时代的现实主义和浪漫主义。这样，浪漫主义和现实主义就成了一个超越历史时代的普遍的概念和范畴，没有具体的历史规定性。周来祥认为，这不符合历史唯物主义所讲的作为意识形态的美学和艺术都根植于被它所决定的社会关系的基本原则。在他看来，世界上没有超时代、超历史的美学，也没有超时代、超历史的艺术，“只有古代的美学、近代的美学和现代的美学，古代的美、近代的美（广义的）和现代的美（包括艺术）”①。古代没有现实主义，也没有浪漫主义，因为奴隶和封建社会中不可能产生近代的崇高，古代只能产生古典主义的艺术。对古典主义这个概念，周来祥认为，它或者是指典范的、为后人楷模的文学艺术佳作，或者指17世纪法国以高乃依、莫里哀为代表的文学艺术。他所讲的古典主义内涵要深，外延要宽，指的

① 周来祥:《美学问题论稿》,陕西人民出版社1984年版,“序言”,第1页。

是整个奴隶社会和封建社会所固有的美学和文艺理论思潮，是一种以和谐为美的艺术的历史形态。东西方的古代艺术都以和谐为美，美是古代社会共同的审美理想，所以不论欧洲还是中国的古代艺术都应划入古典主义这个大范围，都应称作古典主义艺术，以便从根本性质上与近代现实主义艺术相区别。古典主义和谐美的突出特点就是自然感性契合着淡淡的理性，认识融于情感之中，感性与理性、情感与理智稳定而和谐，因而在这样的世界里，人们有一种悠然自得的幸福之感。亚里士多德说："不论这个认为我们的自然的统治者和指导者、并思考着高贵和神圣的事物的因素是理性还是别的东西，不论它本身也是神圣的或只是我们之中最神圣的因素，总之，这因素的符合于其本身的美德活动，将是完满的幸福。"①这就是古希腊艺术对自然的摹仿为什么会产生领悟神性的快感，悲剧性的结局为什么会在人心的骚动之后却得到净化，《拉奥孔》为什么在苦难和蹂躏之中不流露出恐惧和哀绝。不但在西方，在古代中国也是这样，思想家很少讲美与不美。主要讲一个东西、一件艺术品和谐不和谐，和谐就美，不和谐就不美，甚至认为是丑。即如周来祥所说的："我国远在《尚书·尧典》中就提出了'八音克谐''人神以和'的思想。"中国以和谐为美，来自我国古代人的天人合一的宇宙观。"天人合一"要求解决人与整个宇宙的关系，也就是探求世界的统一性的问题。"天人合一"的宇宙观表现了古代人不是把人与自然分开，而是从总体上观察和把握事物，所以它不注重内向的矛盾分解，而注重于直观的表达，因

① 北京大学哲学系外国哲学史教研室编译:《古希腊罗马哲学》,商务印书馆1961年版,第326页。

此它是一种直观的总体观念。这一点与古希腊人的宇宙观有共同之处，构成东西方古代美学的共同的哲学基础。但中国古代哲学和美学又与西方有所不同。西方把人与自然的合一统一于自然（客体），我国则把“天人合一”统一于人（主体），因而西方讲和谐美偏重于美与真的结合，我国讲和谐美则偏重于美与善的结合。孔子以“尽善尽美”评价《韶乐》，以“乐而不淫，哀而不伤”评价《诗经》，就是强调善与美的关系。善虽然不就是美，但美绝不能离开善，情感的表现必须受道德理性的控制，不允许欢乐的情感表现达到放肆的程度、哀怨的情感表现达到难以自拔的程度，情感和道德理性必须保持稳定的平衡。但东西方古典主义美学和艺术差异毕竟只是量的差异，而本质上却都要求人与自然、主体与客体、感性与理性、情感与理智的和谐。这才是东西方古代美学的实质。

周来祥认为近代艺术不同于古典主义艺术，近代艺术本质上是崇高的。所谓近代艺术就是浪漫主义和现实主义艺术。勃兰兑斯在《十九世纪波兰浪漫主义文学》中说：“本世纪开始时是一种陈腐的古典主义，不久即遭抛弃，一种浪漫主义风靡本世纪的大半个世纪，到了七十和八十年代则是曙光初露的现实主义。”这一艺术和美学思潮发展的基本历程，“在欧洲是共同的”。浪漫主义和现实主义虽然属于两种不同类型的艺术，但它们却具有共同的审美本质，即它们都以崇高作为美的理想（广义的）。崇高是主客体的统一，偏于对立，它具体表现为主体实践努力掌握规律，但受到规律的抗拒，主体在与客体的对立中趋于对规律的把握。以崇高为其美的理想的浪漫主义和现实主义所坚持的就是这种对立的原则，对立是它们共同的哲学基础。从崇高艺术与古典主义艺术的关系来看，崇高是作为古典主义的对立面而出现在历史舞台上的。崇高艺术之所以产生于近代而不可能产生于古代，是因为近代资本主义的兴起，使它与凝固不变的封建的社会秩序发生了尖锐的冲突。资产阶级在政治上要求破坏等级森严的封建的社会制度，在艺术上也就必然要以资产阶级的个性解放、情感的自我表现为特征的浪漫主义，来破除封建社会以严格的等级秩序为理性的原则以及强调统一重于多样的感性和理性、情感和理智统一的古典主义审美理想。不但崇高艺术与古典主义艺术是对立的，而且崇高艺术自身也是对立的，正是这种对立构成了崇高艺术的本质。在主客体的矛盾中，浪漫主义执着于主体，现实主义执着于客体。浪漫主义以追求超现实的理想为特征，它要求审美理想形成于审美感受之外，审美理想在与审美感受的对立冲突中得到直接的表现，感性不足，而理性的、情感的因素却极为突出。现实主义注重审美感受的客观再现，审美理想似乎就形成于客观的审美感受之中，但它却与古典主义把审美理想沉浸于肯定性质的审美感受之中不同，现实主义对客观的审美感受予以否定的性质，它排除审美感受中理想的因素，追求感性对象的真实，赤裸裸地鞭挞和暴露现实中的丑（批判现实主义认为真实就是丑）。因此，现实主义理性、情感虽然不足，但感性的现实和冷静的理智思考却尤为突出。但浪漫主义和现实主义的这种不同却只是崇高艺术内部的差异，而不是性质的根本对立。崇高艺术和古典主义艺术才是两种不同性质的艺术，因此浪漫主义和现实主义与古典主义的对立显得更重要、更根本。因为它们的宗旨都在于打破古代美的内容和形式的和谐统一，追求不和谐、不稳定、不平衡、不对称、不合比例。崇高艺术不但内容中包含着丑的因素，在形式上也要求丑（形式上的不和谐），这与古典主义从内容到形式都要求美是根本不同的。

与以上这一根本观点相关联，周来祥提出了两个重要观点：一是古代艺术中的壮美不是崇高，二是古代悲剧本质是美的(狭义的)。多数美学家把壮美和崇高视为相同的美学范畴，因而把我国古典美学中所讲的阳刚之美（壮美）说成是崇高，把表现壮美的艺术说成是崇高艺术。周来祥则认为："中国古典艺术中的壮美不是崇高，它是介于优美和崇高之间的过渡形态。因为崇高是主客对立，内容和形式的对立，不遵守形式规律，夹杂着痛感，而我们的壮美没有这些。'黄河之水天上来，奔流到海不复回'，'长风几万里，吹度玉门关'。这个风大不大，但你感到矛盾没有？感到对立没有？感到痛感没有？感到不自由没有？没有。时空无限，气势很大，却很自由，很从容，一点不感到紧张，不感到不和谐。这就是特点。"[①]壮美不像崇高那样存在着主客体的对立，因主客体分裂而含着丑。壮美不内含着丑，壮美是美的一种特殊的存在方式。中国古典美有两种形态，一种是优美，一种是壮美。优美是在差别中追求和谐，壮美是在和谐中包含着斗争。优美偏重于柔，但柔中有刚；壮美偏重于刚，但刚中有柔。正因为它含着柔，它就不是太刚，未达到剑拔弩张的程度，因而它仍然是自由的、美的，它在根本性质上不同于崇高的艺术。就中国古典悲剧而言，大多是开始对立，最后走向统一。大团圆结局是中国古典悲剧的基本形式。唐明皇和杨玉环在白居易的《长恨歌》中还是"上穷碧落下黄泉，两处茫茫皆不见"，"此恨绵绵无绝期"，到了洪昇的《长生殿》便幻想出一个神话般的月宫相会。古代最悲的悲剧要算

① 周来祥:《美学问题论稿》,陕西人民出版社1984年版,第406～407页。

《窦娥冤》，剧中不但有血溅白练，而且还有六月飞雪，可谓惊天地泣鬼神，充分显示了窦娥的冤屈之深。但作者笔锋一转，却来了个窦天章为女儿伸冤昭雪，由悲转喜。古希腊悲剧在形式上与中国古典悲剧不同，它们的悲剧人物大多要遭受厄难和不幸，充满痛苦和死亡。俄狄浦斯无法逃脱杀父娶母的命运，最后不得不刺瞎双目，忍痛离开心爱的故国，悲惨地死于异乡；普罗米修斯在暴风雨中堕入悬崖和深涧；安提戈涅为兄妹之情而犯国法，被国王克瑞翁处以死刑，国王的儿子因未婚妻安提戈涅的惨死而自杀身亡，王后也因其子死而身归黄泉，可谓恐怖而又悲惨。正是因为这一点，大多数美学家把古希腊悲剧说成是与西方近代悲剧一样的崇高艺术。周来祥不同意这种看法，他认为这是只见其形同而不见其质异，没有把握住古代悲剧的根本特质。在他看来，东西方古典悲剧都以和谐美为其共同理想，只是追求和达到和谐美的途径不同。他说："中国古典主义美以儒家思想为圭臬，以中庸之道为哲学基础，它强调以理导情，以礼节乐，通过情理统一、情理平衡的途径实现和谐美的理想。而古希腊艺术创作深受远古神话的影响，象马克思所说，希腊神话是古希腊艺术的土壤。激烈的迷狂的宗教情感需要经过难以抑制的情感发泄进而达到情感的'净化'，恢复情感和理智的平衡，实现和谐美的理想。"[①]因此，东西方古典悲剧尽管在表现方式上有明显的差异，但都跳不出古典主义范围（确切地说属于壮美的类型）。这与西方近代的悲剧，如席勒的《阴谋与爱情》、雨果的《巴黎圣母院》诸浪漫主义悲剧，托尔斯泰的

① 周来祥:《论古典主义的类型性典型》,《河北大学报》(哲学社会科学版)1981年第4期。

《安娜·卡列尼娜》、奥斯特洛夫斯基的《大雷雨》等现实主义悲剧在性质上是根本不同的，因为它们都以对立的崇高为原则，它们才是严格意义上的悲剧。

古代以美为理想，近代以崇高为理想，这是衡量古代艺术和近代艺术的根本尺度。正因为古代和近代审美理想不同，所以在艺术的审美本质上、艺术典型和意境的创造上、艺术的教育作用上也都有极大的不同。以和谐美为理想的古代艺术，在美的本质问题上要求再现和表现的统一。中国很早就提出的"赋""比""兴"相统一的原则，实质上就是再现和表现相统一的原则。中唐以后提出"诗面本一律""诗中有画""画中有诗"，诗是言志表情的，画是摹拟再现的，诗画统一可以说是对再现和表现统一这一我国古代艺术本质的美学概括。古代的西方艺术也以再现和表现的统一为原则，普鲁塔克说："诗是有声的画，画是无声的诗。"贺拉斯在《诗艺》中也说，诗歌就像绘画。所不同的只是中国以表现为基础与再现结合，以诗为基础与画结合，是表现的再现化；西方则以再现为基础与表现结合，以画为基础与诗结合，是再现的表现化。古典主义强调再现和表现的结合而不是分离，也要求现实和理想的结合。古典主义认为，现实之中就有理想，就有美，理想不在现实之外。艺术家只是觉得现实中的美不充分，需要把现实中分散的美集中起来、概括起来，以创造一个兼取众美的范本式的美的形象。这样创造的美，既是现实的（不在现实之外，在现实中都可以找到它），又是理想的（不是任何一个现实事物所完全符合的）。也可以说，古典主义的理想是对现实的理想化。由于古典主义要求把再现表现化，把表现再现化，在感性材料的使用上，也就出现了再现艺术中强调感性材料表现功能的特点。而在表现艺术中则要强调感性材料的摹拟认识功能。绘画中的线条表情性、理性较强，色彩、光线的再现性、感性较强，而中国再现艺术的绘画却重线不重彩，强调线条的表现功能，把书法融于绘画，使绘画书法化。声音富于表情性，而重再现的亚里士多德却强调声音的再现性，把音乐看成是最善于摹拟的艺术。崇高艺术就不同了，浪漫主义和现实主义在艺术的审美本质问题上强调："把再现和表现、物与我分裂对立起来，浪漫主义强调表现、主观；现实主义则强调再现、客观。浪漫主义偏于内向，向自我心理世界探求；现实主义偏于外向，朝对象感性世界开掘。"[①]浪漫主义艺术所表现的人物是自我，在小我中见大我；现实主义则要求化自己为表现的对象，自我要在对象中隐蔽起来。因此浪漫主义者乔治·桑指责福楼拜不应该在作品中隐蔽自己，要大胆地表现自我；福楼拜则认为他没有这样的权力，"艺术家不应该在他的作品里露面，就像上帝不应该在自然里露面一样"。主体和客体的对立、再现与表现的分离，必然把现实和理想也尖锐地对立起来。浪漫主义追求超现实的理想，不论缅怀过去的消极浪漫主义还是追求未来的积极浪漫主义，都以追求现实没有的理想为根本特征。现实主义执着于失去了理想的现实，这种失去理想照耀的暗淡无光的现实，只能是没有善和美的丑；痛斥和揭露丑恶的现实，也就成了现实主义的主要特征。"把再现和表现对立起来，在感性材料上也把表情和认识功能对立起来。浪漫主义强调材料的表情性，尤其发挥了音乐、舞蹈、抒情诗等艺术表情的特长……现实主义则强调感性材料的认识性，特别发挥了绘画、文学（小说）等艺术的认识再现

① 周来祥:《论美是和谐》,贵州人民出版社1984年版,第370页。

的特长。”[①]

不难看出，周来祥对古典主义、浪漫主义、现实主义艺术的审美本质的研究，确实提出了一些醒人耳目的看法。特别对古代艺术审美本质的探查，跳出了人们把古代艺术囿禁于浪漫主义和现实主义之中的观点；在对浪漫主义和现实主义艺术的审美本质特征的考察中，他所看到的不是浪漫主义和现实主义艺术的本质不同（当然有质的内在差异），而是它们之间质的共同性。正因为这样，它们才同属于近代的艺术，而不是一个不受任何历史条件限制的普遍范畴。应该说这是周来祥对美和艺术的一个极有意义的探索。但我们所注重的却不能只是他所提出的某种观点，而是应该注意到他为什么能提出这样的观点、他的研究所具有的方法论意义。周来祥对古典主义、浪漫主义和现实主义艺术的审美本质的看法，从某种意义上说不是来自对这三大艺术的独立考察。从内向的规定来说，它们来自周来祥对艺术的一般审美本质的看法；从更直接的规定来说，则来自他对古代艺术和近代艺术所具有的不同的美的理想的看法。三大艺术从它们与艺术一般本质的联系来说，都是对艺术一般审美本质的深化。它在逻辑上表现为从抽象到具体，或者说是对审美本质一般的特殊化。因为艺术的审美本质作为客观的美和主观的审美把握的统一，它自身就具有量和质两种规定，只是在对古代和近代艺术的审美本质的分析中，更加具体地把二者统一起来。古代艺术是主客体的矛盾偏重于和谐，和谐美成为它的理想；近代艺术是主客体统一之偏重于对立，对立的崇高成为它的审美理想。这是对古代和近代艺术的质的规定。但

① 周来祥:《论美是和谐》,贵州人民出版社1984年版,第373页。

如黑格尔所说，质是事物的内在规定性，量是事物的外在规定性，内在的质的规定要通过外在的量的规定表现出来。这就是周来祥研究问题的方法，也是他对古往今来不断重复研究的老问题能做出新的解释、提出新的看法的关键所在。

以上我们着重从美学体系的角度对周来祥的文艺美学思想进行了考察和研究，剖析了他美学思想的若干特征，肯定了他在美学研究中的贡献。但不是说他所构架的体系及提出的观点就无懈可击。如一些理论观点尚没有用更具体的文字进行表达，容易引起读者的疑问。另外，就整个逻辑概念、范畴之间的联系和区别来说，大的方面是很清楚的，但细微之处尚需进行内通和外连，以便使其理论更严密、更合理、更具有科学性。

（原载《中国当代美学思想概观》，江苏教育出版社 1993 年版）

周来祥中国古典美学研究评介

周来祥同志的《论中国古典美学》一书（齐鲁书社出版），是继他近几年出版的三部论著后推出的又一部力作。著者运用辩证逻辑的科学方法，对灿烂辉煌的中国古典美学进行了宏观的考察，深入揭示了中国古典美学的性质、特点及独特的发展规律。

本书最突出的特征是对中国古典美学的宏观考察、对其性质的总体认识。著者认为："要批判地继承祖国美学的丰富遗产，首先对它要有一个总体的认识。虽然没有个别的、局部的研究，就难以有总体的认识，但没有总体的认识，就更难以准确地把握个别的、局部的问题。"（《序言》）因此，他首先致力于中国古代美学和文论的根本性质和基本风貌的思考和探索。他明确提出，中国古典美学既不是现实主义的，也不是浪漫主义的，更不是现实主义和浪漫主义的结合，而是古典主义的以和谐美为特征的美学和艺术形态。提出这一论点，绝非著者有意超凡脱俗，自立门户，而是基于对东西方古代浩繁的美学思想的梳理和丰富的文艺审美现象的分析。他认为，奴隶社会和封建社会的中西古典美学和艺术，有着共同的经济、政治和思想基础，都以朴素的唯物主义和辩证法为指导，强调差异、杂多的统一，以和谐为美，以人与自然、物与我、主体与客体、再现与表现、感性与理性的和谐结合作为艺术的理想。它既要求形式的和谐（形式美），更重视社会伦理的和谐，并且追求内容和形式的稳定、平衡、有序、和谐。黑格尔在《哲学史讲演录》中谈到古希腊人以何为美的时候曾指出："希腊人以自然与精神的实质合一为基础，为他们的本质；并且以这种合一为对象而保有着它、认识着它——不过并非沉没在对象之中，而是回复到自身之内——他们并没有退回到形式主观性的极端，而是与自身为一体，因此是自由的主体，仍以那最初的合一为内容、本质与基质——作为自由的主体，将其对象陶铸为'美'。希腊人的意识所达到的阶段，就是'美'的阶段。"[①]古代中国同古希腊一样，也处于美的阶段，古代中国是一个美的国度，因为古代中国也讲"天人合一"，讲人与自然（道家）、人与社会（儒家）的和谐。当然，这不是说在古代人与自然、人与社会之间不存在矛盾和冲突，没有对立的崇高，而是像黑格尔所说的，这只是一种古典的美的崇高，崇高在古典理想中，显然和美融成一片，就直接转化美。[②]也就是说，在古代社会这个古典和谐美的世界里，一切都服从于美，和谐美是它们的最高原则。对立的崇高（在艺术中它表现为现实主义和浪漫主义）不是古代社会的一个独立的美学范畴，崇高是近代资本主义社会的产物。因此，周来祥同志把中国古代美学和文论规定为古典

---

① [德]黑格尔：《哲学史讲演录》第1卷，北京大学哲学系外国哲学史教研室译，生活·读书·新知三联书店1956年版，第160页。

② 参见[德]黑格尔：《美学》第2卷，朱光潜译，商务印书馆1979年版，第228页。

主义的是符合历史实际的，是一个重大突破。

《论中国古典美学》一书的另一鲜明的特点是对中国古典美学自身性质、特点和发展趋势的把握。周来祥对中国古典美学研究的总的方法是首先把握东西方古典美学的总的特征、一般发展过程和规律，然后在共同规律的指导下，研究中国古典美学和文论的特殊本质和规律。周来祥认为，东西方古典美学都属于古典主义这个大范围。但由于中国古代社会和西方古代社会的经济、政治条件不同，人们的文化—心理结构相异，审美情趣也各有特点，于是东西方古典主义美学出现了一水分流、交互辉映的两大美学体系。具体地说，中西方都以古典的和谐美为理想，但西方偏于感情形式的和谐，而中国则偏于情感与理智、心理与伦理的和谐。中西方都强调主体与客体、再现与表现的均衡、有序、稳定、和谐的统一，但西方更偏于客体摹拟的再现美学，中国则更偏于主体抒情的表现美学；西方以塑造艺术典型为核心，中国则以创造艺术意境为最高目标。中西都强调真、善、美的统一，但相对地说，西方更偏重于美与真的统一，偏重于美学和哲学认识论的统一；中国则更偏重于美与善的结合，偏重于美学与伦理学、心理学的结合。当然，中国古典主义表现美学并不是在一个平面上发展，前后没有多大变化，而是在总的表现倾向下，有一个从偏重于写实向偏重于写意的深化过程。周来祥把中国古典美学的发展从总体上分为三大阶段。从先秦到中唐，是第一阶段。这一时期从社会学观点看，虽有奴隶社会和封建社会的不同，但从美学上说，它们都偏重于壮美的理想，在表现的基础上更偏重于写实，它在根本性质上仍然属于表现主义。从晚唐到明中叶，美的理想由壮美（阳刚之美）转向优美（阴柔之美），由偏于写实转向偏于写意。明中叶以后，随着资本主义萌芽的出现，在神州大地上兴起了带有近代特色的浪漫主义思潮和具有近代批判性质的现实主义思潮，审美理想又由优美发展到有近代崇高特色的壮美，由偏重于写意表现的诗词逐渐发展到以再现写实为主的小说。明中叶以降的中国美学，也可以说是世界近代美学的先声。但从根本性质上说，由于这时崇高型的美学还没有完全从和谐美的形态中独立出来，它并没有获得近代崇高美学的独立地位，因此它并没有改变整个中国古典美学的风貌，也没有改变中国古典美学体系的根本特性。

周来祥对中国古典美学的特殊本质、总的发展规律和趋势的描述，定性准确，分析精当，具有很高的学术价值。在国际上研究中国古典美学的专家中，对于中国古典美学的特殊本质也曾有人提出过类似的看法，如日本著名美学家今道友信，就说过西方美学是再现美学，东方中国美学是表现美学。但今道友信的立论，是从中西方古代美学相异性比较中得出的。周来祥则是从中西方古代美学的相同相异性比较中得出的，因此有着更广阔的立论基础。

《论中国古典美学》的另一个鲜明的特点是研究方法和体系结构上所表现出的开创精神。李泽厚的《美的历程》和叶朗的《美学史论纲》，都是我国近年来出版的研究中国古典美学的成功之作。这两部论著运用的主要是历史的方法。而《论中国古典美学》运用的是逻辑与历史相结合的方法，并以逻辑的方法为主，历史浓缩于逻辑之中。该书分三大部分，第一部分是对中国古典美学的性质和风貌的考察，这可以说是对中国古典美学的定性研究；第二部分是论述中国古典美学的民族特色和独特规律，可以说是在定性研究基础上的定量研究；第三部分是对中国古典美学发展的管窥，属于质、量统一的综合研究，是在更高的层次上对中国古典美学的一般规律和特殊规律进行的整体性考察。这三者相互联系，浑然为一，形成了独特的结构和体系。这样研究中国古典美学既有巨大的历史感，又使人对中国古典美学的一般性质、自身特点、特殊的发展规律有着深刻的理解和把握。这是广与深的渗透、纵与横的结合。著者在纵的比较中，着重划分古代和谐美的艺术和近代崇高型艺术，古典主义美学和近代浪漫主义、现实主义美学的本质差别，以具体地认识中国古典美学的历史的规定性。在横的比较中，着重划分西方古典美学和中国古典美学、西方古典和谐美艺术和中国古典和谐美艺术的差异。在这里，逻辑成了历史的，历史成了逻辑的，逻辑与历史真正实现了辩证的统一。

该书对于我们批判地继承祖国丰富的美学遗产，建立具有中国特色的马克思主义美学，促进社会主义精神文明建设，也有重要的启迪意义。随着西方哲学和美学不断地涌入神州大地，某些对中国传统文化和美学性质、特点理解不深的同志，有意无意地否定中国文化思想的传统和美学思想，而对西方现代主义美学则盲目崇拜，甚至把西方现代美学中的微弱闪光视为神灵。周来祥同志在论著中指出，要建立中国化的马克思主义美学体系，不能离开祖国美学传统这个基地。他说："世界古代美学有两大高峰，一个是古希腊，另一个就是中国。"（《序言》）中国古代文化注重人的生理与心理、情理与伦理、内与外、个体与群体达到和谐统一，这种于不平衡中寻求平衡的文化思想，对维护安定团结，在社会主义条件下发挥个人的聪明才智，实现自我的价值，仍具有重大的意义。"建立崭新的现代的社会主义文化，引进西方近代文化……绝不是让西方近代文化来代替中国的现代文化，用西方资本主义文明代替中国的社会主义精神文明建设。这是不可能代替的，因而，以西方为现代文化，全盘引进，全盘西化的说法，更是不妥当的。”[①]

人无完人，书无完书。因为周来祥的《论中国古典美学》主要是对中国美学的宏观考察，所以其在微观方面虽然也不乏精彩动人之论，但与宏观研究相比，却显得薄弱，这似乎要等待以微观考察为主、宏观考察为辅的论著来弥补。

（原文标题为《一部富有特色的中国古典美学论著——评周来祥的〈论中国古典美学〉》，原载《山东社会科学》1987年第3期）

① 周来祥:《论中国古典美学》,齐鲁书社1987年版,第166页。

新中国成立以来美的本质问题研究述略

审美对象普遍地存在于人类的社会生活中，然而，美的本质是什么，却似乎成了美学领域里的哥德巴赫猜想。在人类几千年的文明史上，人们不断地对其探求着、追索着，诸家学说互相辩难，仁者见仁，智者见智，并且都以此为出发点，建立起了面目各异的美学理论体系。

新中国成立以来，我国美学界对美的本质问题给予了足够的重视，从不同角度对其进行了有益的探索。在多年的商讨论辩中逐步形成了美在主观说，美在自然、美在典型说，美在客观与主观的统一说，美在客观性与社会性的统一说，美在和谐自由的关系说这五种代表性观点。

通过历史的回顾和总结，统观新中国成立后对美的本质问题的探讨历程，在对比中分析各派学说的正误得失，对于促进我们在进一步的探讨中沿着正确的途径前进，也许是不无价值和意义的。

一、关于美之起源的探寻

美起源于哪里？弄清此问题是探求美的本质的基础。新中国成立后我国美学界继承中外先人的研究成果，开始了新的思考。

吕荧认为："美是人的观念，不是物的属性，人的观念是主观的。""自然界的事物或现象本身无所谓美丑，它们美或不美，是人给它们的评价。"①高尔太把话说得更为直接明白："客观的美并不存在。""美产生于美感，产生以后，就立即溶解在美感之中，扩大和丰富了美感，由此可见，美与美感虽然体现在人物双方，但是绝不可能把它们隔裂开来。美，只要人感受到它，它就存在，不被人感受到，它就不存在。要想超美感地去研究美，事实上完全不可能。超美感的美是不存在的，任何想要给美以一种客观性的企图都是与科学相违背的。如果一定要把美说成是物的属性，得加上一个注解：这属性是欣赏者暂时附加给对象的。"②正是这个原因，吕、高两人都是在人的主观观念中寻求美之起源。

作为一派学说，其重视美感这一主观因素的作用，重视美的对象中合目的性的因素，见出客观的物质世界并不等于审美的对象，这确有某种令人思考的价值和意义。但是，单从主观观念寻求美之起源，其出发点和整个思想倾向却是片面的。在他们看来，不是主观的美感源于客观的美，而是相反。这就颠倒了存在与意识的位置，在理论思维中也就很难划清美与美感的界限，自然更无法说明其各自的本质了。

美在主观说，实际上蹈袭了历史上美是理念、美是理性的

① 吕荧：《美学书怀》，作家出版社1959年版，第117、127页。

② 文艺报编辑部编：《美学问题讨论集》第2集，作家出版社1957年版，第132、134～135页

完善说的故辙。唯心主义美学的祖师柏拉图认为："美的东西之所以是美的，乃是由于美本身。"美本身源于哪里？它源于美的理念。中世纪神学、美学无法解释美的理念源泉，只好把它归之于神，"事物之所以美，是由于神住在他们里面"。17～18世纪欧洲的理性派，力图否定神对于人的主宰而强调人的理性，认为美是预定的和谐，感性的完善是一种先验理性的美。先验理性何以产生？他们便无法回答了。美在主观说认为美是人的观念，是欣赏者暂时附加给对象的。人之观念的源泉是什么？持此论者同样也是无法回答的。

与美在主观说相反，蔡仪等主张"物的形象是不依赖于鉴赏者的人而存在的，物的形象的美也是不依赖于鉴赏者的人而存在的"①。"美的东西就是典型的东西，就是个别之中显现着一般的东西；美的本质就是事物的典型性，就是个别之中显现着种类的一般。"②这种曾作为我国主要美学派别之一的美在自然、美在典型说，力图坚持美在客观、美感是美的反映，艺术美是生活美的反映，力图排除唯心主义对美学研究的有害影响，此种意愿是可钦佩的。但其离开主客体在社会实践中形成的对象性关系，单从物的自然属性中寻求美，就使其对美之起源与本质的探讨背离了辩证的观点，带上了机械唯物论的色彩，实际上重走了美学史上形式派美学的旧路，混淆了美与美的具体形式特征的界限。

欧洲形式派美学自亚里士多德始，肯定美是客观事物的自然属性，美在形式，"美依靠体积与安排"。17～18世纪英国经

① 蔡仪：《唯心主义美学批判集》，人民文学出版社1958年版，第56页。

② 蔡仪：《新美学》，群益书店1947年版，第68页。

验派美学从对事物和谐形式和对先验理性的研究，转到对美的现象感性特征和审美心理的分析。柏克从感性经验走向机械唯物论，休谟则从感觉经验走向主观唯心主义。这正好说明，在机械唯物主义和唯心主义之间，是没有严格界限的。

美在自然、美在典型说，力图从脱离人的、脱离自然存在的自然对象上去寻求美，出发点虽像是有一定的根据和道理，但其沿着像是正确的方向前进却步入了歧途。为什么狩猎时期的人们不以自然界中满山遍野、争艳斗奇的鲜花为美，只有随着农耕时代的到来，植物才日益进入人们的审美领域？为什么有些东西本身是够典型的，但它却没有什么美可言？而有些东西本身并不能说是典型的，人们却几乎公认它美？还有，世间任何事物都显示着种类的一般，照此说推论就都应是美的，但事实并非如此。换言之，倘说事物种类的一般只能由一个典型来显现，那么此典型外的同类就不能有美存在了，然而事实也并非如此。很显然，此种对美的本质的抽象规定对解释复杂的美学现象是无能为力的。美在自然、美在典型说的根本缺陷，是它在理论把握中不能划分客观存在着并发展着的整个物质世界同已经现实地变为人类审美对象的世界这两个有内在联系却又根本不同的范畴；没有认识到前者是永恒的、绝对的，在空间和时间上是无限的，而后者只有随着人类实践活动的发展，随着人类对自然的控制力和支配力的增长，才日益广泛和丰富起来。随着现代科学的飞速发展、人类征服自然能力的迅速提高，从宏观到微观，人的审美对象打开了一个无限宽广瑰丽的世界。美不能离开人，也就是说不能离开人类的社会实践而存在。尚未与人建立对象性关系的世界，还只是外在于人的单纯的粗糙的自然界，而不能成为人的审美对象。人的审美对象，人的认识对象、实践对象，包括人的一切对象世界，必然是与人发生了对象性关系的自然，审美对象只能是主客体之间和谐自由的关系凝结于其上的客观世界。因此，单从物的自然属性中寻求美，单从客观物质世界而不是审美对象中寻求美，这条路是难以走通的。照美在自然、美在典型说看来，美是客观物质世界的一种自然属性，其特征是事物的典型性，而物质世界之自然属性是亘古如此的，典型是显现着种类一般的固定模式，那么，美便成了超时代、超阶级的永恒不变的概念。这显然是不符合实际的。

机械唯物论在本质上与主观唯心论是相通的。它们都违背了事物发展的客观辩证法。美在自然、美在典型说与美在主观说，都因其片面性使对美之起源的探讨步入了困境，这恰好说明，美既非源于客观对象的自然属性，也非源于纯主观的意识心理，美的本质（审美对象的属性或对象的审美属性）既不在主体，也不在客体，而是由对象和主体之间所形成的对象性关系来规定的，美的起源也只能从此种关系中去探求。

二、对主客体的对象性关系如何现实生成的研究

经长期商讨论辩，许多同志已看出美（广义的）在人与自然的对象性关系之中。然而，人与审美对象的对象性关系是如何现实地生成的，却成了长期纠缠不清的学术公案。

朱光潜认为，“美是客观与主观的统一”，“美是客观方面某些事物、性质和形状适合主观方面意识形态，可以交融在一起

而成为一个完整形象的那种特质”。[①]他曾致力于区分自然形态的“物”和意识形态的“物的形象”，也就是区分“美的条件”和“美”。他认为“物的形象”是“夹杂着人的主观成分的物”，它是客观的物反映于主观意识的结果，美感的对象只能是“物的形象”，而不是客观的“物”本身。物本身只有美的条件却没有美，物之所以美是人对它评价的结果，美必须通过主观社会意识的评价才能产生。他力图避免机械唯物论却陷入了主观唯心论，他的种种努力在于研究“美的条件”怎样加上人对它的评价而成了“美”。朱先生早期的美学观点，混淆了美感与美的本质，并由此进而走到美感决定美、产生美，用美感经验吞并和代替美。朱先生的迷失在于，他未能跳出德国古典美学和克罗齐直觉主义的圈子。

德国古典美学看出了美学史上感性派和理性派各自的偏颇之处，把美视为感性与理性、对象与主体、人与自然、个人与社会的和谐。何以实现这种和谐？康德把它统一于主观。他深刻地指出，经验派混淆了美感与快感的界限，理性派混淆了美感与完善的界限，但前者强调审美的感性基础，后者强调审美的理性因素，又各有其片面的正确性。康德揭示了美与审美的内在矛盾，但因其美论偏重于主观的情感或心理，其所谓的审美又是静态的观照，所以他的努力只是使矛盾双方达到了一种主观唯心主义的嵌合。席勒由主观唯心主义转向客观唯心主义，一方面认为美和审美是感性和理性统一的自由，另一方面又认为审美是由感性的人到理性的人、自然的人到道德的人的中间

① 文艺报编辑部编:《美学问题讨论集》第3集，作家出版社1959年版，第35～36页。

环节，自我的能动性把先验的人的理性在客观存在中实现出来。前者接近于康德，后者则使其成为黑格尔美学的先导。黑格尔认为，“美是理念，即概念和体现概念的实在二者直接的统一，但是这种统一须直接在感性的实在的显现中存在着，才是美的理念”。但“感性的客观因素在美里并不保留它的独立自在性，而是要把它的存在的直接性取消掉（或否定掉），因为在美里这种感性存在只是看作概念的客观存在与客观性相”。[①]感性是为了显现理性的感性，理念是显现为感性的理念，这就把感性与理性、主体与客体、个体与社会在理念基础上统一了起来，构成了其头足倒立的客观唯心主义美学体系。

朱先生由德国古典美学得到不少启示，因而他对美在对象的客观物质属性的机械唯物论的批判是机智、深刻、切中要害的。但也不能不看到，他的美是客观与主观的统一说，既有对康德主观唯心主义美学的保留，又有对黑格尔“美是理念的感性显现”的继承。倘说朱先生早年受德国古典美学的影响，是以潜移默化的形式实现的，那么他自觉地使其作为自己的理论支柱的则是克罗齐的直觉主义。他企图以克罗齐的学说将其他各家观点统一起来，但这一目的又根本不可能实现，因而他的美学思想时常自相矛盾。为克服上述矛盾，朱先生在长期艰苦思索的基础上，提出了美是客观与主观的统一说。显然，这较之过去的美是主观心灵创造说有了很大进步，较之机械唯物论美学也有明显的优点。但直到这时，他仍坚持，“美感在反映外物界的过程中，主观条件却起很大的甚至是决定性的作用”[②]。

---

① [德]黑格尔:《美学》第1卷,商务印书馆1979年版,第149、142页。

② 朱光潜:《美学怎样才是唯物的又是辩证的》,《新华半月刊》1957年第2期。

这几乎无异于说美是人们主观评价的结果，“美是欣赏者附加给对象的”。这样，朱先生虽然由美在主观发展到美在客观与主观的统一，像是前进了一步，但在兜了一个圈子后，实际上几乎又回到了原地。他于早年曾说：“美不完全在外物，也不完全在人心，它是心物婚媾后所产生的婴儿。美感起于形象的直觉。形象属性却不完全属于物，因为无我即无由见出形象；直觉属于我却又不完全属于我，因为无物则直觉无从活动。美之中要有人情也要有物理，二者缺一都不能见出美。”[①]后来他仍然讲：“美是主观与客观的辩证统一，现实事物必须先有某些产生美的客观条件，而这些客观条件必须与人的阶级意识、世界观、生活经验这些主观因素相结合，才能产生美。”前后惊人的相似之处，恐怕不是出于偶然的巧合吧？当然，朱先生强调审美中的主观能动性和意识形态的作用，对研究人与审美对象的对象性关系如何现实地生成，是具有某种可供后人思考的价值的。

朱先生毕生对美的本质孜孜不倦地探索着，晚年尚努力学习马克思主义，力图从实践观点出发重新探讨美学问题，这是难能可贵的。然而在实际上却没有把握住实践观点的真谛，这不是没有原因的。一方面是由于他的某些探讨，目的在于用马克思主义的个别论述，进一步阐发说明其唯心主义美学思想；另一方面是由于朱先生对人与审美对象的对象性关系的现实的形成过程，并没有抓到其实质，因而也就不可能把美的本质和一系列美学问题真正弄清楚。人与自然的对象性关系，是在人类以物质资料生产为基础的社会实践活动中现实地生成的，而人的实践活动是一种主客体交互作用的活动。人类的社会实践，

① 朱光潜：《谈美》，开明书店1932年版，第60～61页。

一方面使自然人化，改造着对象世界，创造着人的对象；另一方面也在人化自然过程中改变着人类自身，创造着对象的主体，从而形成了人与自然的对象性关系。人们的社会实践，是一个主观见之于客观的极其复杂的过程，在此过程中，人一方面要依靠客观世界的必然规律，另一方面又按照人的主观意愿、目的、理想来加工自然，使人的本质力量对象化，改变自然对象的性质、形态、面貌，使之适应于人类的某种需要。这样，对象世界就成人化的自然。这种不同于原始自然的“第二自然”，也就成为人的本质力量的体现，成为对人的智慧、才能、理想的现实的肯定，成为人的本质力量的自我确证，成为“属人的自然”，成为人的“非有机的躯体”。人对它的观照，实际上就是对体现于其上的人的本质力量的自由观照。朱先生理解的美的创造，还只是一种意识活动，而不是以客观物质实践活动为基础的社会实践。他虽然希图重视社会实践在人与审美对象的对象性关系在现实生成中的作用，但是，由于他单纯强调了实践中主观见之于客观的特点，单纯强调了人们的社会意识在美的创造中的巨大作用，单纯抓住了审美中主观心理的因素，因而坚持客观的“物甲”必须加上主观的社会意识构成“物乙”的形象时才美，如李泽厚所言，朱先生由于在“主观”的概念下，混淆了主体两种不同的活动——意识活动与实践活动；在“能动性”“人化的自然”概念下，混淆了两种不同的能动性——意识的能动性与实践的能动性；在“实践”“生产”“劳动”的概念下，混淆了两种不同的实践，生产、劳动——生产实践与艺术实践、物质生产（劳动）与精神生产（劳动）；因而在理论把握中，把“美是客观与主观的统一”的内涵变成了客观物质存在与主观社会意识的统一。在他看来，似乎不是主体的现实的实践活动创造了人与自然之间审美的对象性关系，人类主体不是从客观的审美对象上感受到、观照到美，而是在精神世界中、在客观的事物适合主观的意识而实现的所谓主客观统一中、在主客观统一创造出的那个类似精神实体的美的对象的观照中，才能感受到美。这样，他就把客观的美在主观上的反映当成了美本身，因而搞乱了思路，步入了歧途。

三、什么是探求美的本质的正确途径

任何科学研究要想取得有价值的成果，其探求问题的途径必须是正确的。长期以来，我国美学界对什么是探求美的本质的正确途径，进行了卓有成就的思考和探讨。马克思的《1844年经济学哲学手稿》（以下简称《手稿》）引起了人们普遍的重视和浓厚的研究兴趣，但对《手稿》所阐述的美学思想的内涵及其意义和价值，学者们的理解分歧不小。不过，对《手稿》所奠定的研究问题的基础，所涵盖的基本内容，形成了一种大体一致乃至居于主导地位的意见。这种意见可以概括为下述几点：（1）认为马克思讲“自然人化”和“人的本质力量对象化”是有人类以来就存在着的一种社会现象，美就在这种以对象化和人化为本质的劳动过程中和劳动产品当中；（2）认为“自然人化”和“人的本质力量对象化”是马克思从人在生产实践中所产生的人与自然的对象性关系角度提出来的命题，人创造了对象，也创造了自身，把对象与主体区别开来，从而形成了人与自然的对象性关系；（3）认为马克思讲“人的本质，是一切社会关系的总和”，因此个人的本质即是人的族类的本质，个人的审美享受具有普遍的社会意义；（4）认为人与自然的对象性关系的现实水平，是随着人类社会实践水平的发展而发展的。

这就充分肯定了“自然人化”和“人的本质力量对象化”的思想，奠定了美的本质研究的科学基础，开辟了研究问题的正确道路。事实证明，这种居主导地位的意见，确实使我国美学界对美的本质的研究迈入了一个新的阶段，出现了一个前所未有的活跃局面。那么，如何沿着这条正确的道路走下去呢？李泽厚和周来祥的两种不同的观点具有代表性。

李泽厚遵循马克思“人类社会生活的本质是实践的”这一根本观点进行长期思考，看到了人与自然的对象性关系是在社会实践中现实地生成的，社会实践中自然的人化，是人与客观对象之间审美的以及其他各种关系的共同的自由的本质，并由此出发，“从实践对现实的能动作用的探讨中，来深刻地论证美的客观性和社会性。从主体实践对客观现实的能动关系中，实即从‘真’与‘善’的相互作用和统一中，来看‘美’的诞生”[①]。这种正确的出发点值得肯定。但是，李泽厚的观点离开了审美主体的特殊的本质力量，离开了特定的对象性关系对审美对象的特殊的规定性，笼而统之地从客观对象本身去规定美的本质属性。他认为：“美不是物的自然属性，而是物的社会属性。美是社会生活中不依存于人的主观意识的客观现实的存在。”“美是形象的真理，美是生活的真实，真和美在现实生活中，本应是完全一致的、不可分的统一的存在。”[②]美的本质的特征就在于它的客观社会性和具体形象性。李泽厚没有看到审美对象不是一般的人化自然，而是由审美客体的本质与相应的审美主体的本质力量构成的特定的对象性关系——审美关系规

① 李泽厚:《美学论集》,上海文艺出版社1980年版,第161页。

② 李泽厚:《美学论集》,上海文艺出版社1980年版,第29、32页。

定的对象，把一般当成了特殊，混淆了真、善、美的界限，混淆了审美对象与认识对象、实践对象的本质区别，这就很难把握住美的特质。

经过多年的沉思，周来祥既看到了无客体美论和无主体美论各自的优点与偏颇，也看到了实践美论的创建意义和其论述上的简单和浮泛，他博采众长又独辟蹊径，在美的本质的问题上发表了自己的意见。首先，他对什么是马克思《手稿》所开创的探求美的道路表达了独到的见解。他认为，人们的社会实践使自然界人化，即使人的本质力量对象化，并在此过程中现实地生成着人与自然的对象性关系，这是人与自然的一切自由关系的根源和基础，其中当然包含着人与自然的审美关系和对美的本质的最一般的规定，但还不是美的特殊的质的规定。客观现实的对象对人来说，何以成为审美对象而不是认识对象、实践对象？这必须从人与自然的特殊的审美关系的规定性中去探求。马克思说："随着对象性的现实在社会中对人说来到处成为人的本质力量的现实，成为人的现实，因而成为人自己的本质力量的现实，一切对象对他说来也就成为他自身的对象化，成为确证和实现他的个性的对象，成为他的对象，而这就是说，对象成了他自身。对象如何对他说来成为他的对象，这取决于对象的性质以及与之相适应的本质力量的性质；因为正是这种关系的规定性形成一种特殊的、现实的肯定方式。眼睛对对象的感觉不同于耳朵，眼睛的对象不同于耳朵的对象。每一种本质力量的独特性，恰好就是这种本质力量的独特的本质，因而也是它的对象化的独特方式，它的对象性的、现实的、活生生的存在的独特方式。”[①]这就是说，任何特定的对象都是人的本质力量中某一特殊的本质力量的对象，因而这个特殊的对象和人主体的某一特殊的本质力量是相对应的，只有在这种对应中才构成了现实的特定的对象性关系。所以弄清审美对象是人的哪一种特殊的本质力量对象化的结果，即需要哪一种特殊的本质力量与之对应，才能现实地构成特定的对象性的审美关系，使人们从中感受、观照到美，这才是研究审美对象特质的正确途径之所在。

沿着马克思《手稿》开拓的道路深入思考后，周来祥认为：“人与对象自然，主体和客体之间，起码有三种主要关系，人类主体和对象客体，自然也都具有三重性格。人作为实践主体，他的一切感性活动（广义的实践）就是现实的物质力量，这种力量（包括他凭借工具、手段所拥有的力量）所作用的极限之内的客观世界，就是实践对象。人作为认识主体，他的五官感觉（以及凭借各种科学工具）所反映所认识的极限之内的客观世界，就是人的认识对象。人作为审美主体，似乎介于实践主体（感性活动）和认识主体（理性活动）之间，是感性和理性的直接统一体。人们以这种感性和理性直接统一的情感直观的方式去掌握客体对象，这样的对象便是一种审美对象。这是从审美主体对审美对象的制约方面看；另一方面，从客体方面看，审美对象介于实践对象和认识对象之间。认识所追求的是对象的合规律性，是真（只反映对象）。实践所追求的是对象的合目的性，即善（实用价值和伦理社会价值，侧重于对象对主体的关系意义）。审美所追求的却是对象和主体的和谐统一，是真和

① 《马克思恩格斯全集》第42卷，人民出版社1979年版，第125页。

善的统一，既包括客观对象的规律性，又包括主体的合目的性（对象对主体的关系、意义）。”[①]周来祥同时还看到：“把对象区分为审美对象、实践对象和认识对象，已经不是单纯地就客观对象自身而言，而是与人的审美主体、实践主体、认识主体相联系，就其主—客体之间形成的特定的关系而说的。若单就人的一般对象世界说，它是真的、善的，也是美的，是认识对象、实践对象，也是审美对象，这是一个统一的对象世界。这个统一的对象，只有在人的特定关系中，才能规定其是认识对象、实践对象，还是审美对象。”[②]

他因此得出结论说，人的社会实践，人的本质力量对象化，是美的普遍本质，和谐自由则是美的根本特征。审美对象（广义的美的本质）由其审美关系来界定，“美的本质，就是在人和自然的关系之中所取得的一种自由”[③]。美不完全在客体，也不完全在主体，而在主体和客体之间形成的关系上面。这种关系是客观的，不是主观的，具有不依人的主观意志为转移的客观品格。但它是一种关系属性，是人和自然、主体和客体、感性和理性、自由和必然、实践活动的合目的性和客观世界的规律性的和谐统一。周来祥的上述观点，同美在主观说、美在主观与客观的统一说相比较，在美的本源上主张主体与客体关系的客观性，坚持了唯物主义的思想路线；同美在自然、美在典型说，美在客观性与社会性的统一说相比较，在美的本质特征上主张主体和客体关系的和谐自由说，坚持了对美之本质特征探

① 周来祥：《论美是和谐》，贵州人民出版社1984年版，第128～129页。

② 周来祥：《论美是和谐》，贵州人民出版社1984年版，第129页。

③ 周来祥：《美学问题论稿》，陕西人民出版社1984年版，第7页。

讨中的辩证法，表现了既唯物又辩证的理论特点。

周来祥在对美的本质的探讨中，不仅善于从具体上升到抽象，而且还善于在思维的辩证运动中导致具体的再现，而且也把问题提到一定的历史范畴上来解决。谈到美，他总是把它具体为古代（指奴隶制和封建制时期）的美、近代（指资本主义时期）的美、现代（指社会主义时期）的美，并给予它们以不同的新的规定性。和谐自由的美在历史的发展中呈现为三种历史形态，古代的美偏重于古典的素朴的和谐，近代的美偏重于对立的崇高（在整体上不越出和谐，其发展又趋向于和谐），我们现代的美则是对立的和谐统一，是对前两种形态的扬弃，又是螺旋式的上升和发展。他还进一步研究了审美对象的类型（美的诸形态），指出美作为真与善、内容和形式的矛盾统一，内在地规定着自己的分类，美的分类有质和量两个原则。按照量的原则，偏重于内容的是社会美，偏重于形式的是自然美（当然其界限又是相对的、可以互相转化的），艺术美作为社会美和自然美的统一（以社会美为内容，以自然美为外形式）与能动反映，比现实美更高、更典型、更理想，而艺术的量的分类，自然也有偏重于内容或形式的。按照质的原则，内容和形式在对立中偏重于统一的是优美（狭义的美），在统一中偏重于对立的是崇高与滑稽、悲剧与喜剧。崇高与悲剧是内容压倒形式，滑稽与喜剧是形式压倒内容，质和量又是统一的，只是各有所偏重而已。这样就把现实具体存在的美的诸种形态与范畴，都纳入了辩证逻辑的范畴之中。我们认为，周来祥在对美之本质特征的探讨中，坚持了辩证唯物主义世界观，坚持了辩证逻辑的思维方法，既充分借鉴了中外古人和当代人的研究成果，又有着开拓性的探索研究和自己独到的见地。当然，我们并不认为，美是和谐自由的关系说是美之本质特征的唯一或一劳永逸的表述方式，也不想过早断定它的价值和意义，因为这有赖于美学界经过长期的思考再做出判断。但是我们感到，这种沿着马克思所开拓的探讨美之本质的唯一正确的途径继续前进的求索精神，是应该得到肯定的。这是因为，“沿着马克思的理论的道路前进，我们将愈来愈接近客观真理（但决不会穷尽它）；而沿着任何其他的道路前进，除了混乱和谬误之外，我们什么也得不到”[①]。

（原文标题为《建国以来美的本质问题研究述略》，原载《当代文艺学—美学观念引论》，山东大学出版社2000年版）

① 《列宁全集》第18卷，人民出版社1988年版，第145页。

新中国成立以来艺术本质问题研究概观

艺术本质问题，是美学的一个重要理论问题，也是艺术理论的一个核心的问题。对这个问题的理解，不仅直接关系到艺术本身的发展和繁荣，而且对文艺政策的制定和执行，对培养人们的审美情操、指导人们的审美活动，都具有重大的意义。因此，在美学史上它一直是美学家们探索和争论的主要对象，也一直是一个分歧最为众多的问题。新中国成立以后，我国美学界对这个问题是重视的，并进行了有意义、有成效的研究。三十多年来，我们的美学和文艺理论专著里写的，大学讲坛上传授的，被文艺批评家们千百次重复的，几乎多是如此结论："艺术是形象地反映、认识现实的一种形式。"这就表明了我国对艺术本质问题研究的总的倾向：偏重于理智、客观、再现的理论一直居主导和统治地位。但情况也在变化。

一

从新中国成立至五十年代后半期，我国美学界面临的情况是服从当时政治斗争的需要，把意识形态的宣传任务，把在意识形态领域里同一切资产阶级和封建主义的敌对理论进行斗争的任务放在首位。这时的艺术理论的建立，是同批判《武训传》、胡适思想以至资产阶级右派的斗争联系在一起的。论述唯物主义的艺术观，阐明辩证唯物主义和历史唯物主义的基本原理，划清进步与反动的界限，是当时理论家们的主要任务。这就决定了他们在美学方法上，多半采用社会学的一般方法，运用包括政治、经济、伦理、哲学等观点，来解决艺术本质问题。这是一个方面的情况。

另一方面，五十年代初期，我国的思想理论界，从哲学到一般社会科学都受着苏联的影响。当时苏联的美学用的是社会学的方法，对艺术本质的探讨，往往是为了完成某种论战和宣传的任务，基本上忽视了艺术的审美本性。苏联的美学方法论对我国的影响是很深的。这段时期，可以说是我国研究艺术本质方法论的第一阶段。

在这一阶段里，确实取得了毋庸置疑的理论成就。首先是辩证唯物主义和历史唯物主义的世界观和方法论，在艺术领域里取得了主导的地位，唯心主义的艺术理论，受到了应有的批判；马克思主义在艺术领域的影响日益深入人心。其次是艺术的社会本质得到了较深入的探讨，艺术同经济基础以及同其他上层建筑领域之间的关系、艺术在社会生活中的地位和作用等一系列理论问题，得到了具有科学性的阐释。但也存在一些问题，如研究中的教条主义思想方法；美学研究方法的单一性和保守性——局限于社会学的方法，而对于别的如心理学的方法，则很少有人问津；只注重研究艺术同其他意识形态的共同本质，而忽略了研究艺术的特殊本质，以艺术的社会本质来代替它的审美本质。此外，对我国丰富的古典美学遗产，有的学者也采取了妄自菲薄、不屑一顾的态度。

从二十世纪五十年代末到六十年代中叶，是我国研究艺术本质的第二阶段。在这段时期里，开始注意克服前一阶段的片面性，开始注意美学方法的改变。当时持续出现的对一系列美学和文艺理论问题的讨论，如对现实主义问题，形象思维问题，典型问题，美的本质问题，艺术美、自然美和形式美问题，美感问题等的讨论，就充分体现了这种方法论上的转变。这些讨论实质上也是从不同角度，自觉或不自觉地在对艺术本质问题发表各自的看法。在对问题的研究中，人们用的是哲学认识论的方法。人们把艺术问题纳入哲学认识论的轨道，把集中点放在艺术的客观方面，即艺术对现实的认识方面。极力寻找艺术反映和认识生活的规律、寻找艺术与科学在认识现实的方法上的差别，成了解决问题的关键。

用这种方法论所取得的理论成果是应该得到肯定的。如坚持了唯物论的反映论的基本原则，把艺术同社会意识的其他种类、同社会科学的各个部门联系得更加紧密。更值得重视的一点是，它在艺术的客观方面，在艺术本质的认识方面作了较深的揭示，肯定了艺术的认识性和思维性。但是，这一阶段的研究也存在一些问题。艺术本质问题是一个复杂的美学问题，对它的解决应该有它所适应的独特的方法，即把艺术哲学的方法、审美心理学的方法和艺术社会学的方法综合在一起的美学方法。而当时我国美学界没有注意到研究方法的特殊性，没有搞清楚认识论与艺术把握的区别和联系，限制了对艺术本质的全面认识。再者，忽视方法特殊性的同时，也忽视了研究对象的特殊性。认为艺术与科学在对象和内容上是相同的，只是认识方式不同。

“文革”后，这几年我国对艺术本质的研究，出现了新中国成立以来最活跃的局面。人们解放思想，勇于探索，一些以往不被注意的美学方法论受到重视，研究进入了一个新阶段。从单纯的社会学或哲学认识论的方法，转为趋向采取包括哲学的、生理学的、心理学的、社会学的、结构—系统的等方法来进行综合研究；不再局限于艺术的意识形态性质和认识性质方面，而对艺术的审美性质方面的研究大大加强了，人们从只注意对审美客体方面的探讨，转向审美主体方面的探讨。

一些美学家着手研究西方古典和近、现代美学的各种方法论的特点，并从中汲取合理的因素，而不是如以前那样仅仅局限于别林斯基等人的美学思想范畴。这就打开了我们的眼界，活跃了我们的学术研究。同时，美学家们也把手伸向中国古典。他们正在有计划、有步骤地挖掘和研究中国古典美学的丰富遗产。这不仅大大增强了我们的民族自信心，而且也通过同西方古典美学的比较研究，探讨了我国古典美学发展的独特规律。

人们开始注意对问题作多种学科、多种方法的综合研究。这既适应了美学本身发展的需要，也推动了其他有关学科的发展。在马克思主义基本原理的指导下，人们深入到艺术独具的审美本质方面，深入到艺术创作和欣赏的主体心理功能方面，开辟解决问题的广阔途径。当然，这一切仅仅是个开端。伴随着这股新的美学潮流，也出现了一些新的问题。其中主要的一点就是，有的人轻视客观，偏重主观；轻视理智，偏重情感。在对艺术本质的主观方面、情感方面侧重研究的时候，有些人却忘却了艺术的客观方面、认识方面，进而用前者来抹杀后者。

总之，新中国成立以来我国研究艺术本质的美学方法论的发展，大致可以分为以上所说的三个阶段。我们认为，三十多年来我国艺术本质理论基本的倾向，是偏于理智、客观、再现。虽然在它发展的过程中，也间或有某种对立观点出现，特别是近几年来不同意见更多些，但是直至今日，这个理论倾向仍然居于主导的地位。

二

所谓对于艺术本质的偏于理智、客观、再现的理论，就是把艺术只看作一种认识，把艺术创作和欣赏活动仅仅看成是一种理智的认识活动，把艺术论归结为是认识论的一种特殊形态的理论。中国古典美学对艺术本质的理解，是偏重于情感、主观、表现的理论。显而易见，新中国成立以后的艺术本质论是与之截然不同的。这种偏于再现的艺术本质论倾向根源在哪里呢？大概是以下几个方面的缘故。

第一，任何美学思潮都是受其时代的历史条件制约的。新中国成立以后，我们砸碎了旧的国家机器，建立了与以往一切时代都不同的经济基础和上层建筑。这种经济和政治上的重大转折，给整个思想文化战线带来的根本变化，是马克思主义的思想体系取代了资产阶级和封建主义的思想体系，成为指导我们一切思想的理论基础。当时思想战线上的主要任务是批判形形色色的唯心论，宣传唯物主义的反映论，因而在艺术理论中也与之相适应地强调艺术是客观现实的反映和认识。但由于人们对马克思主义的理解不够全面，掌握得尚不纯熟，因而往往把认识论的一般原理机械地运用到艺术中来。这就使人们在对理智和情感、客观和主观、再现和表现的关系的理解上，出现了只强调前一方面的偏向。

第二，这种社会历史的重大转折，也带来了人们审美理想的根本性变化。那种古典静穆的和谐美，那种“怨而不怒”“温柔敦厚”的审美理想，在新中国成立初期被现实中豪壮崇高的思潮所冲破、所代替。

第三，苏联美学理论对艺术本质的理解，基本因袭了别林斯基等理论家强调理智、客观、再现的“认识说”。我国对艺术本质的偏于再现的理论，的确同苏联美学思想的影响有着密切的关系。

我国美学界是以首先确立艺术和科学在本质上的一致为起点，再以寻找这二者在对象、内容、形式方面的差异为途径，逐步建立起了自己偏于理智、客观、再现的艺术本质论的。人们确信哲学认识论是包罗万象的，因而科学和艺术当然都是对现实的认识，都以认识现实的规律为己任。这就确定了它们在本质上是一样的这个大前提。至于它们各自所具有的特殊性，唯一途径是到它们本质以外的差异性中去寻找。既然艺术与科学在本质上都是对现实的认识，其内容都是客观的，那么它们所涉及的就只能是认识与被认识的关系，无须再去涉及其他问题。这就圈定了研究问题的起点和范围。

人们通过对别林斯基的艺术“认识说”的阐释、引申和发展来建立艺术本质论。这种理论把艺术和科学的相似之处放在首位。它包括两个要点，一是“人们认识和掌握世界的形式是多种多样的，而艺术（包括文学）也是人们认识和掌握世界的一种特殊形式”，“反映社会生活是文学艺术和科学（这里指的是社会科学）所共同的”。也就是说，艺术与科学一样，都是认识现实的形式，它们的对象和内容基本上是一致的。二是“文学艺术和科学的重要区别，首先就是它们反映社会生活的方式的不同”，“哲学、社会科学以抽象的概念的形式反映客观世界；文学、艺术则以具体的、生动感人的形象的形式反映客观世界”。艺术与科学的不同被归结为反映的方式、认识形式上的差别。这就把艺术与科学的不同归之于形象，从而得出形象的认识是艺术的本质的结论。可以肯定，科学和艺术在最广泛的意义上说都是对生活的反映，都程度不同地起着认识生活的作用，都是整个文化体系的组成部分。这就决定了它们在内容和对象上确有某些共同之处。但能以艺术与科学在对象和内容上的共性来说明艺术的本质吗？虽然可以肯定，从基本倾向来看，艺术确乎是在形象中反映生活，科学也的确是通过概念来认识现实，但形象是不是艺术所独有的呢？不是。简单地把形象性说成是艺术的本质特征，显然不能令人信服。再者，任何形式都是由内容决定的，形式不过是事物特定内容的表现。不同内容的事物要求有自己相应的不同的形式。如果说艺术和科学内容是相同的，那么它们的形式又为何不同了呢？换言之，既然艺术和科学具有不同的形式，何以它们反映的对象、表现的内容又相同了呢？而事实上，艺术在人类的文化体系中，具有独立的地位和自己的领域；艺术不论在对象、内容还是形式上，都秉具自己固有的本质特点。

由于这种强调艺术与科学在对象和内容上同一的理论，不能科学地解决艺术本质问题，这就促使人们开始从艺术的对象和内容的特殊性方面去寻求答案，从而形成了艺术是认识的理论潮流的另一股支流。这派理论以高尔基“文学是人学”的主张为基础，并通过对它的引申，提出了“文学的对象，文学的题材，应该是人，应该是时时在行动中的人，应该是处在各种各样复杂的社会关系中的人”的观点。这一理论较之对象同一的理论有新的意义。它基本上接触到了一些实质性的问题。但是，这种理论也有很大的缺陷。一是它的抽象性和宽泛性。人的生活有许多方面，包括物质生活和精神生活、自然生活和社会生活，而社会生活又包括政治的、经济的、伦理的、艺术的等。这就产生了从各个方面把人当作研究对象的科学学科，如生理学、心理学、人类学、社会学、政治学等。既然如此，那么以人为对象的艺术同也是以人为对象的其他科学的界限和特点在哪里呢？为了找到这种界限和特点，于是又出现了“艺术是完整地把握人”的观点。其实这种观点也没能弥补前一论点的缺陷，没能改变它抽象的性质。大量的艺术实践证明，艺术总是忽略人的某些方面，甚至许多方面，而在具体的、有限的范围里去揭示人的社会特性。它根本没有必要也不可能达到对人的完整的把握。另外，这种理论把人单纯当作被艺术认识的对象、反映的对象。可是艺术除了对对象的反映之外，更重要的是要用主体的审美态度和审美情感去对对象进行重新改造。不探讨艺术的这种特殊属性，就难正确说明艺术的本质。

这种偏于理智、客观、再现的艺术本质论，在其发展中，一方面不时地对相异的理论观点进行坚决的排斥；另一方面又不断地对自身进行补充和修正。西方近、现代美学的艺术“表现说”，认为美或艺术或艺术品，都是以情感为其源泉的，作家创作一件东西，体现着自己的情感。这种观点把艺术仅仅看成是主观、心理、情感的表现，否认它是对现实的认识，否认了它的理性内容，显然是走到了另一个极端。但是，它看到了情感之于艺术的重要作用这一具有真理性的方面，却渐渐地引起了人们的重视。这使有些理论家在近几年提出了一些至为重要的理论问题，如情感在艺术中的重要作用、艺术中情感和理智的关系等。这些观点虽然是在“艺术是认识”的这个大前提下提出来的，虽然仍坚持偏于理智、客观、再现的理论原则，但却预示了新的发展趋向。

三

近几年来，我国对艺术本质问题的研究，出现了一种新的理论倾向，即开始向感性和理性、主观和客观、情感和理智、表现和再现统一的方向发展。

在探讨艺术特性的过程中，有的同志从艺术创作和艺术欣赏的实际出发，从艺术与认识的关系入手，认为艺术包含认识，它有认识作用和理解因素，但不能等同于认识；艺术创作、形象思维主要属于美学和文艺心理学的研究范围，而不只是也主要不是哲学认识论问题。认为艺术的情感性常常是艺术生命之所在；艺术创作和艺术欣赏有其自身的心理学的规律和原则，其中情感的逻辑占有重要地位。认为作家、艺术家应按自己的直感、天性、情感去创作，按形象思维自身的规律性去创作，但所有这些当然都有自觉的理知成分。很显然，这种理论是把情感作为艺术的特质来探讨的。但是，在对艺术与认识的关系问题上，它虽然没有否认认识在艺术中的存在和作用，却把认识置于受情感支配的从属地位，给人留下了更重情感、更重无意性的印象。

另有一种看法，其理论倾向既不同于偏重理智的理论，也不同于偏重情感的理论，而是两者的融汇和结合。它认为，艺术是生活美的反映，同时也就是审美意识的物化形态。从这个角度看，审美情感、审美意识的特质，也就是艺术的特质。而审美情感有什么本质特点？从心理学的角度看，审美情感涉及人的一切心理功能，是心理诸形式与诸功能综合的、和谐的、自由的统一性活动，特别是感知、理解、想象、情感四种主要因素和谐的自由的结合。这四种因素的谐和尤以情感为中心、为中介、为网结点，以社会的人的理性为基础。这就构成了审美意识明确与不明确、妙在有意与无意之间的本质特点。在这基础上，认为艺术的本质（因为它不过是审美情感、审美意识的物化形态），从认识论看是感性与理性的统一，是感性中理性内容的表现；从心理学看，是理智（物的本质）和意志（人的目的要求）的结合，情感、想象和理解的结合，因而也可以说是认识的内容和心理的形式的统一。总之，艺术包含着认识内容，但不只是认识；艺术以情感为特质，但又不只是情感；艺术处在认识和情感意志之间，处在认识论和心理学之间，是情感和认识、感性和理性的和谐统一，是情感与感知、想象、理智等诸心理功能自由的结合。

以上，我们把我国对艺术本质问题的研究作一概观，可能不尽确切，只望有助于进一步的探讨或争鸣。

（原文标题为《建国以来艺术本质问题研究概观》，原载《文艺研究》1982年第2期，与周来祥合写）

二

《资本论》的圆圈构架与圆圈结构美学

科学理论是概念、范畴的运动体系，它要按照正确的逻辑思维方法来构架。马克思没有给我们留下辩证逻辑的专门著作，但他却给我们留下了以思维的严肃性、科学性著称于世的《资本论》。认真探索《资本论》体系构架的方法，对美学（包括其他社会科学）的研究和发展有着重大的方法论的意义。

马克思构架宏大的《资本论》科学体系的方法是什么呢？他在给恩格斯的一封信里说，《资本论》是“把辩证方法应用于政治经济学的第一次尝试”[①]。辩证的方法包括的内容很多，马克思在《资本论》中也确实运用了多种多样的辩证思维的方法，但就体系构架来说，主要用的是抽象上升到具体的方法，是一个否定之否定的圆圈式构架。即恩格斯所说：“按本性说是对抗的、包含着矛盾的过程，每个极端向它的反面的转化，最后，作为整个过程的核心的否定的否定。”[②]从总体上来说，《资本

① 《马克思恩格斯全集》第31卷，人民出版社1972年版，第385页。

② [德]恩格斯：《反杜林论》，中共中央马克思恩格斯列宁斯大林著作编译局译，人民出版社1970年版，第138页。

论》是由三个不同等级的圆圈构成的一个大圆圈，或者说是一个大圆圈内包含着三个层次不同的圆圈。我们要建立科学的美学体系，就应当研究《资本论》体系构架的方法，以应用于美学体系构架的实践。

《资本论》的圆圈构架

《资本论》共分三大卷，第一卷论述“资本的生产过程”，第二卷论述“资本的流通过程”，第三卷论述“资本主义生产（经济）的总过程”。这三卷中的每一卷各是一个独立的开放式的圆圈，分讲一个圆圈的内容，同时这三个圆圈又是不可分割的、浑然一体的。三个圆圈的关系是否定之否定的辩证关系。第一个圆圈是第二个圆圈的基因，第二个圆圈是第一个圆圈发展的必然结果，第三个圆圈是对第一、第二个圆圈的否定之否定，是在更高的基础上向第一个圆圈的回复。因此，这三个圆圈是圆圈的圆圈，或者说是由三个不同等级的圆圈构成的一个大圆圈。《资本论》的论证方法就是从内圈到外圈、从核心到周圈、从抽象到具体，一个圆圈套一个圆圈，形成一个既不重复又不分割的概念范畴的结构系统，即马克思所说内部观察的“辩证地分解了的整体”认识。

先谈第一个圆圈，《资本论》是揭示资本主义经济发展规律的，对资本主义经济规律的揭示，马克思是用抽象到具体的概念范畴的自身运动实现的。《资本论》整个逻辑的起点是商品。马克思之所以选择商品为《资本论》逻辑的起点，是因为“资产阶级社会（商品社会）里最简单、最普遍、最基本、最常见、最平凡、碰到亿万次的关系——商品交换。这一分析从这个最简单的现象中（从资产阶级社会的这个‘细胞’中）揭示出现代社会的一切矛盾（或一切矛盾的胚芽）”[①]。逻辑的范畴的推演必须从最简单、最抽象、最基本的概念谈起，因为任何一个复杂事物中的最简单的东西也就是最抽象的东西，它虽然抽象，但却是复杂事物赖以存在和发展的基础。就像一颗种子，比起一棵参天大树来它可以说是微不足道的，但没有它，就没有参天大树。因此，商品和价值作为《资本论》逻辑的起点，它最简单、最抽象，也最重要，没有它就推导不出资本、剩余价值，以及剩余价值的种种转化形式——利润、利息和地租等，也就没有整个《资本论》。商品和价值是《资本论》逻辑的起点，也是整个《资本论》圆圈构架的基石。《资本论》三个不同等级的圆圈的运动就是从这里开始的。

《资本论》第一卷共分七篇，它主要讲资本主义经济中最根本的问题，即剩余价值的生产和积累的规律。但正如恩格斯所说，要真正懂得剩余价值是什么，首先要懂得价值一般。如果不懂得这个问题，就会被资产阶级所散布的烟幕所迷惑，弄不清剩余价值的实质。在资本主义世界中，剩余价值在资本家的心目中表现为利润，利润在资本家看来是资本自发的产物，或者是从商品的贱买贵卖中产生出来的。马克思《资本论》的第一卷第一篇就是要通过对一般商品的等价交换规律和商品价值是人的劳动的物化这一本质关系的揭示，清晰地分析出劳动力这一特殊商品的卖与买的问题，深刻揭示剩余价值的来源及其实质。因此，不把商品的二重性、劳动的二重性，以及商品的交换价值和它的表现形态货币这些简单的商品关系论证清楚，

① 《列宁选集》第2卷，人民出版社1972年版，第712～713页。

就不能对劳动力这一特殊商品作进一步的分析和规定，就不能推导出资本主义生产的必要前提和条件。因此《资本论》第一篇对商品及价值的分析是过渡到对剩余价值进行分析的基础，它对剩余价值的分析来说，就是肯定的方面。《资本论》第一卷的第二篇到第六篇，主要是在价值规律分析的基础上揭示剩余价值如何产生的，以及资本增殖的两种形式（包括劳动力价值到工资形态的转化），它对第一篇一般的简单商品价值关系来说，就是否定的方面。第一卷的第七篇主要揭示剩余价值的资本化，以及资本主义世界的内在矛盾，指出被剥夺者必然被剥夺的历史必然性，它是资本主义生产的进一步深化，也是社会主义否定资本主义的经济根源。因此，它对剩余价值来说又成为其否定的方面。这样价值、剩余价值、剩余价值的资本化这三者之间的关系就构成了一种否定之否定的关系、一个既封闭又开放的圆圈。这个圆圈具体揭示了作为资本的最基本的产业资本如何产生出剩余价值，以及剩余价值如何积累为更大的产业资本的过程，所以，第一卷的副标题是“资本的生产过程”。

《资本论》第二卷主要是在第一卷分析资本生产的基础上，进一步把产业资本如何流通的问题引进来加以分析，更为深入地揭示产业资本的运动规律。因此，第一卷和第二卷的关系是抽象和具体、内在和外在、内圆圈和外圆圈的关系。第二卷共分三篇，第一篇讲“资本循环”，即主要论证把流通引入资本的生产过程后，产业资本从生产到流通获得了哪些新的具体的规定。根据马克思的分析，产业资本只有在每次循环中顺利地通过三个具体形态（货币资本形态、生产资本形态、商品资本形态），才能不断增殖和实现剩余价值，并指出这些具体形态的变化，不但生产要占用相应的时间，流通也要占用相应的时间，流通时间不但不创造价值，而且要化去纯粹的流通费用。这比《资本论》第一卷所讲的资本的生产，无疑更为具体和深刻了。但是，“资本的循环”比起“资本的周转”来则又变得相对抽象了。因为第二卷第二篇所讲的“资本的周转”是马克思在分析“资本的循环”的基础上，进一步说明各产业资本在相同的时间内（如一年），一个劳动日内的必要劳动和剩余劳动的比例（剩余价值率）相同，获得剩余价值的数量为什么不同，即年剩余价值率的问题。《资本论》第二卷就是从分析“资本循环”和“资本周转”，进一步分析相同的剩余价值率和不同的年剩余价值率的对立统一的关系问题。这是因为，“资本循环”和“资本周转”是一种肯定和否定的关系。但是，第二卷的第一篇和第二篇所讲的“资本循环”和“资本周转”，还是讲的各个产业资本的生产和流通的规律，还没有接触整个社会的产业资本在其生产和流通统一过程中的规律。第三篇就是在第一篇和第二篇所分析的资本的循环和周转的规律的基础上，进一步分析整个产业资本所生产出来的商品在什么情况下才能继续循环和周转，顺利地进行再生产的问题。所以，《资本论》第二卷中的关于“社会总资本的再生产和流通”的第三篇是对前两篇的综合，它们之间的关系是一种否定之否定的关系。正是这种否定之否定的关系，构成了《资本论》的第二个大层次，一个包括着第一个圆圈在内的更大的圆圈。

《资本论》第三卷在第一、二卷分析剩余价值的生产和再生产规律的基础上，进一步分析剩余价值的分配问题，即分析在资本主义社会中剩余价值的转化形式——产业利润、商业利润、利息、地租，揭示它们是如何以价值规律和剩余价值规律为基础发展起来的，以及其自身的规律。因此，它是一个独立的圆圈。但由于对剩余价值的分配问题的分析和论证，是对价值规律和剩余价值规律的分析论证的必然结果，它以否定的形式包含着前两大规律的内容，因此，这个圆圈是一个包括了前两个圆圈在内的更大的圆圈。

从第三卷作为一个独立的圆圈来看，第一篇至第三篇，它主要分析尚未同商业资本分开的产业资本所剥削到的剩余价值如何转化为资本利润形态，特别是各产业部门不等的个别资本的利润率，如何通过各个部门之间的竞争而产生出平均利润的规律。这是在分析剩余价值规律的同时，回过头来更为深入和更为具体地分析和补充价值规律。所以，在这里既看到论证的深化，又看到逻辑终点的范畴向逻辑开端的范畴复归的端倪。但是，这里的范畴作为第三卷逻辑开端的范畴，比起以后以它为根据演化而来的商业资本中的诸个范畴来，却是抽象的、基质性的范畴，是进一步逻辑展开的起点，是第三卷圆圈构架的肯定的方面。第三卷第一至三篇都在说明产业资本的运动规律。从第四篇开始论证商业资本及其他的两个表现形态：商品资本和货币经营资本的运动规律。第五篇分析在产业资本和商业资本的基础上所产生的借贷资本的特点和运行规律。第六篇论证地租。这三篇所涉及的内容都是从剩余价值所演化出来的具体形态问题。因此，对前三篇所论证的产业资本运动规律来说，它们是具体形式，是剩余价值的现象形态，属于圆圈构架的否定方面。《资本论》第三卷的第七篇是对第三卷的总结，又是对整个《资本论》的总结，或者说既是《资本论》第三个圆圈的封闭点，也是《资本论》三个不同等级的圆圈所组成的更大的圆圈的封闭点。就它作为第三个圆圈的封闭点来说，它说明整个资产阶级的全部收入都来自劳动阶级所创造的剩余价值，更为深刻地揭示了资本主义剥削的实质，它带有对剩余价值及其各自具体现象形态综合的性质，是肯定方面和否定方面的辩证统一。而它之所以又是整个《资本论》这个大圆圈的封闭点，是因为它不但是第三卷所论述的内容的总结，而且也是对整个《资本论》所论述内容的总结。从《资本论》全书看，可以说第一卷第一篇是全书的逻辑起点，商品、价值、货币内含着全书的矛盾。但《资本论》的基石却是马克思所创立的剩余价值学说，而《资本论》的第三卷中的第七篇就是对剩余价值学说的总体性的概括。所以它形式上虽然似乎回到了起点，但内容上却有着以上各卷、各篇的无比的丰富性。所以，恩格斯说，第三卷的第七篇是“全书最后的带着王冠的部分”[①]。

美学圆圈结构

《资本论》的总体构架是三个不同等级的圆圈组成的一个大圆圈，具体的叙述方法是抽象上升到具体的范畴运动。对这种构架理论体系的科学方法，列宁认为，它不但适应于政治经济学，而且应该是其他科学研究和叙述的方法，这对于美学当然也毫不例外。按照《资本论》的总体构架，美学的总体构架也应该是由三个不同等级的圆圈构成的一个大圆圈，一个否定之否定的自身发展过程。

根据《资本论》的总体构架，我们认为，美学的总体构架也应该是一个大圆圈，它包括三个不同层次、不同等级的小圆

① ［德］马克思：《资本论》第3卷，郭大力、王亚南译，人民出版社1953年版，第1209页。

圈。这三个圆圈是客观的美、主观的审美以及美与审美相统一的艺术。

先谈第一个圆圈——审美对象。美学体系的逻辑起点不应该是感性的具体的美的事物（如一个人、一朵花的美），而应该像马克思《资本论》那样，从最抽象、最简单的概念规定开始。美学最抽象、最简单的概念规定着美的本质，美的本质就是美学逻辑的起点。什么是美的本质？美学界观点林立，我们把它规定为，是人与自然、社会所建立起来的一种自由的关系。人的本质力量的对象化作为美的本质的规定，它反映着美的复杂形态出现以前最简单的美的本质。因此，它虽然最抽象，但也最根本，也是美学其他所有的范畴赖以发展的根据，是整个美学的肯定的方面，也是美学的第一个圆圈的肯定的方面。美的本质身后出现的社会美和自然美（现实美），只不过是它的现象形态，是它具体的存在方式。人类历史上首先出现的是社会美，生产工具（旧石器）作为对人的本质力量的肯定，它是人类最早的审美对象。随着社会的发展、阶级的出现，自然才成为人的审美对象。因此，现实美的逻辑发展是从社会美到自然美。美的本质作为美学发展的肯定方面，现实美作为美的本质的存在形式，它便是否定的方面。但美作为内容与形式的统一，不但可以根据偏重于内容还是偏重于形式（量的原则），分为偏重于内容的社会美和偏重于形式的自然美，还可以根据内容和形式是偏重于统一还是偏重于对立（质的原则），分为内容压倒形式的崇高、内容和形式和谐统一的优美、形式压倒内容的滑稽。就是说，美的现象形态除了现实美，还有崇高、优美、滑稽。崇高、优美、滑稽的逻辑发展序列是从崇高到优美再到滑稽。就后一种美的形态与现实美的关系来说，它们是相互包含、交叉统一的。但从逻辑发展过程来看，却是从量的形态到质的形态，二者同样是一种肯定和否定的关系。量的形态是肯定的方面，质的形态是否定的方面。而就这两种美的形态与美的本质关系来说，就变成美的本质是肯定的方面，美的量的形态（现实美）相对于美的本质来说是否定的方面，作为对现实美否定方面的质的形态（崇高、优美、滑稽），就成为否定之否定的方面，三者组成一个自身既封闭又开放的圆圈。说这个圆圈是封闭的，是因为它自身就是一个整体，它有其所包容的特殊内容——美的哲学。但作为一个完整的美学体系，只研究美是不全面的，它还必须研究美的反映形式，审美意识和审美意识的物化形态——艺术。如果不研究后二者，美的本质和规律就得不到充分的揭示。因此，对美的哲学的研究自然而然地要过渡到审美心理学的研究。

第二个圆圈——审美意识。审美意识是一种心理结构，它包括美感、美感的类型、审美理想三种形态。这三种形态从逻辑发展方面看，是一个否定之否定的自身运动过程、一个独立的圆圈。美感是这个圆圈的肯定方面。美感属于情感心理范畴，是审美意识的具体的感情形态。所谓美感，就是主体对客体对象的情感体验，即我们欣赏客观美和艺术时所感到的那种愉快之情。审美情感不同于动物式的情绪，也不同于一般人的喜怒哀乐，一般人的喜怒哀乐常常是人对客观现象单纯的主观爱憎好恶，缺乏客观的普遍理性内容，美感却具有对客观对象理性的、社会评价的性质，深蕴着广阔的社会历史内容。但美感毕竟又不同于一般的理智认识，美感永远不脱离生活的感性形式，它具有直观性。同时，审美也离不开人的意志目的，情感体验就是主体对客体能否满足或适合自己需求的一种态度反映。因此，美感不同于理智也不同于意志，但又包含着理智与意志的内容，实质上是二者的统一。把美感规定为理智和意志的统一，这与把美规定为人的本质力量的对象化、真与善的统一是一致的，因为主观的审美情感是客观美的反映。美的本质是美的哲学的逻辑的开端，美感也是审美心理学逻辑的开端，它属于审美心理学圆圈的肯定的方面。

美有它的现象形态，美感也有它的现象形态——美感的类型。审美对象分为偏重于内容的社会美和偏重于形式的自然美，因此美感便有偏重于内容的审美感受形态——直观和偏重于形式的审美感受形态——品味。直观是在感性形式中直窥对象的内在本质的认识形式；品味是在对形式规律进行不断体验中把握对象的理性内容。审美对象不但有偏重于形式的自然美和偏重于内容的社会美，而且有崇高、优美、滑稽，因此也有相应的崇高感、美感和滑稽感。崇高感的基本特征是理智和意志相矛盾，优美感的主要特征是理智与意志自由和谐。滑稽感不同于崇高感和美感。滑稽对象自身不具备审美价值，它的审美价值来源于审美者的否定性的评价，它的主要特征是笑。审美感受的各种类型，作为美感的不同的现象形态，属于美感的具体存在方式，相对于审美感受来说是否定的方面。

审美意识的高级形态是审美理想。审美理想作为审美感的否定形式，相对于美感偏重于感性来说，它更偏重于理性，可以说是感性统一于理性。从这种意义上来说，从美感到审美理想是从感性上升到理性。由于审美理想是感性统一于理性，所以其理性内容更为突出和深刻。但是，审美理想并不离开感性形式，而是把深刻的社会的、历史的内容积淀在生动的感性形象之中，充满着强烈的情感体验。在阶级社会里，审美理想有着鲜明的阶级性，不同的阶级对美的追求集中反映在他们的审美理想之中。艺术是审美理想的物态化。艺术就是为其时代、社会树立审美理想，以满足时代、阶级、社会斗争的需要。因此，审美理想是比美感更为深刻的范畴，它相对于美感来说更富有历史的必然性和经验的普遍性，更带有集中、概括、综合的性质。它保留了美感的特点但又超出了美感，是对美感及其诸现象形态的否定形式。审美理想对美感类型来说，是对美感类型的直接的否定，对美感来说是间接的否定，三者共同组成一个否定之否定的独立的圆圈。

审美意识作为一个独立的圆圈，也是既封闭又开放的。就它所讲述的内容来说，它是独立的，就它与圆圈的关系来讲，则是开放的。对美的哲学圆圈来说，美的哲学是内圈，它则为美的哲学的外圈。因此，它是一个包括美的圆圈在内的圆圈的圆圈。但它对它的物化形态——艺术来说，又变成内圈，艺术则成了它的外圈。

第三个圆圈——艺术。什么是艺术，它的本质是什么？这是一个似乎已经解决实际上并未解决的重大理论问题。讨论这个问题不是本文的任务，但艺术的本质是艺术美学的基础，是艺术圆圈构架的基石，为讨论艺术圆圈结构就需要对此作必要的理论说明。我们对美和审美意识的看法，实际上对艺术本质已作了简略的说明。美是人的本质力量的对象化、真与善的统一，审美意识是理智和意志的统一。根据逻辑的发展，艺术作为客观的美和主观审美意识的统一，实际上也就是理智（真）与意志（善）的统一。理智属于认识论的范畴，意志情感属于心理学的范畴，艺术作为理智与意志的统一，也可以说是认识论的内容和心理学的统一。从认识论上看，艺术是感性与理性的结合，是感性中理性内容的表现；从心理学看，它是理智（物的本质）和意志（人的目的要求）的结合，情感、想象和理解的结合。也就是说，艺术是认识，但又不仅仅是认识；是情感，又不仅仅是情感；它介乎认识与情感之间。这样规定艺术的本质，既与理智主义艺术本质论不同（艺术是形象的反映、认识现实的一种形式），又与目前流行的表现主义艺术本质观不同（艺术是情感的象征）。我们对艺术本质的看法，可以说既从本质上与二者划清了界限，同时又保留了二者合理的方面，似乎更为全面地反映了艺术的本质。我们说艺术创作、艺术欣赏介乎有目的和无目的、有意和无意之间，是有意识和无意识、有目的和无目的的统一，就是基于对艺术本质的以上认识。可见，艺术本质论是整个艺术美学的基石，是艺术美学圆圈构架的肯定的方面。

艺术作为认识论的内容和心理学形式的统一，它有各种现象形态。从量的原则看，艺术可分为偏重于理智认识的再现艺术和偏重于意志情感的表现艺术；从质的原则看，艺术可分为理智和情感和谐统一的古典主义艺术、对立的崇高艺术（浪漫主义和现实主义），以及对立的和谐统一的艺术（革命现实主义和革命浪漫主义相结合）。从逻辑发展序列来说，前一类艺术是从再现走向表现，再到再现与表现的合流；后一类艺术是从古典主义和谐美的艺术到浪漫主义和现实主义的崇高艺术，再到对立的和谐统一的两结合的艺术，自身都是一个否定之否定的过程，一个既相区别又相联系的小圆圈，它们交叉统一，共同构成艺术本质论圆圈的否定方面。

美、审美、艺术的逻辑发展，有其出发点，也有归宿点，其总的发展过程是从根据出发又回到根据。我们探索美和美的本质的立足点是社会物质生产实践。社会物质生产是美的创造，也是美的本质的产生。现在我们要在对美和艺术本质规律揭示的基础上，进一步探索美和艺术发展的最终根源，就必须重新回到社会物质生产，也就是首尾相接，终点又回到了起点。因此，整个美学的最后一部分应该是对艺术生产和物质生产关系的探讨、艺术发展与物质生产发展相平衡又不平衡规律的研究，这一部分既可以说是对艺术美学的总结，也可以说是对整个美学的总结，因此它最带综合性。从这种意义上说，这一部分是两个圆圈——艺术美学圆圈和整个美学大圆圈的封闭点。就它是艺术圆圈的封闭点来说，因为只有在这里才能最终找到艺术产生和发展的根据；就它是整个美学圆圈的封闭点来说，美学逻辑的起点和终点正是在这里连接了起来。美、审美、艺术这三个不同等级的圆圈，终于构成了一个大圆圈。美学真正变成了体系完整的圆圈美学。这就如列宁在谈到黑格尔哲学时所说的那样："一个非常深刻而确切的比喻！！每一种思想＝整个人类思想发展的大圆圈（螺旋）上的一个圆圈。"[①]

（原载《社会科学动态》1984年第6期）

① 列宁:《哲学笔记》,人民出版社1974年版,第411页。

从主客体的自由关系探索美和美的本质

——马克思《1844年经济学哲学手稿》的启示

美和美的本质问题，可以说是美学上的哥德巴赫猜想。西方从古希腊，我国从先秦，有无数智者贤人在美的世界里散步，从不同的角度和方面思考和探索美的真谛，提出了许多闪光的思想，人们对美这座深奥的宫殿已不感到那么神秘，但离打开这座迷宫却还有漫长的距离。这就如同人们对埃及神秘的金字塔已有所认识，但却还未能探清它的奥秘一样。马克思继承前人优秀的思想文化成果，在《1844年经济学哲学手稿》中提出了人的本质力量对象化的光辉思想。它可以说是打开美学这座迷宫的一把钥匙，但人的本质力量的对象化本身却还不是美，因为人的本质力量的对象化是整个物质生产和精神生产的过程和本质，它是对人的本质力量对象化关系的总概括，而不是对美的特质的具体规定。我们认为，美在人的本质力量对象化的关系之中，但要从抽象到具体地规定美的特殊本质，还要经过许多过渡环节。只有逐层地分析和研究人的本质力量的对象的关系，也就是主体与客体的各层关系，找出美在人的本质力量对象化关系中的具体层次，才能给予美的本质以具体的规定。它就是本文试图探索的问题。

一、人的本质力量的对象化和主客体关系

主体与客体的关系问题是贯穿于整个马克思主义哲学思想的一条主线，马克思主义哲学中的一系列重大理论问题都必须在主客体关系中寻求解决，美和美的本质也不例外。马克思在《1844年经济学哲学手稿》中提出的人的本质力量的对象化，所讲的就是主体与客体的关系问题。马克思说："感觉为了物而同物发生关系，但物本身却是对自身和对人的一种对象性的、人的关系；反过来也是这样。"并在注释中说："只有当物按人的方式同人发生关系时，我才能在实践上按人的方式同物发生关系。"[①]主客体是一种互相对应的关系，客体是对主体而言的，离开主体的客体不是现实的客体，因为它对人来说是非存在物，是抽象的无。马克思说："被抽象地孤立地理解的、被固定为与人分离的自然界，对人来说也是无。"[②]主体是相对客体而言的，离开客体的主体也不是现实的主体，因为人没有同自然发生关系，自然对人来说还是彼岸世界，这种与自然分开的人同样是无。只有自然变为人的对象，彼岸世界变为此岸世界，自然才成为客体；人也只有与对象世界发生关系才能成为主体。把原本的世界与现实的世界分开，把主体与非主体分开，是研究人的本质力量对象化关系、研究主体与客体问题的前提。

（一）原本的世界与人的本质力量对象化世界

世界是物质的，客观的物质世界可以分为两种：一是不依赖于人的客观存在的物质世界；二是人化的自然界，也就是人的本

---

① 《马克思恩格斯全集》第42卷，人民出版社1979年版，第124页。

② 《马克思恩格斯全集》第42卷，人民出版社1979年版，第178页。

质力量对象化的世界。这两种世界既有区别又有联系，前者是原本的、无限的，是独立于人之外永恒地存在着的；后者是有限的，是相对人来说的世界，即我们所说的客观现实。后者不同于前者，但却要依赖于前者，因为后者是前者发展来的，没有前者也就没有后者。马克思主义认为，感性的客观自然界是主体活动的普遍的物质条件，从这种意义上也可以说物质自然界是主体活动的永恒的原本的客体。主体的活动无论怎样发展，自然界无论在何种程度上被“人化”，外部自然的优先地位无疑仍在保持着。马克思说：“人并没有创造物质本身。甚至人创造物质的这种或那种生产能力，也只是在物质本身预先存在的条件下才能进行。”[①]这就是说，人的对象化活动决非是人的本质力量的任意外化，它要有客观的物质前提，要受自然物质及真规律的制约。因此有人抽掉“人化自然”的原本的物质前提，甚至从“人化自然”引申出世界的本原不是物质而是实践，把“人化的自然”看作对物质世界本身的创造，无疑要滑向唯心主义。

但是另一方面，原本的物质世界却不是人的现实世界，它对社会主体的人来说，是一个与人无关的彼岸世界，它不是人的客体，不是人实践的对象，也不是人认识的对象，更不是人审美的对象。人的现实只能是人化的自然界，人活动的客体只能是客观自然界中与主体本质力量相关联而被具体确立的对象，它是主体活动表现出的一种社会属性，表现为事物由自然的联系进入了同社会主体的联系，由自在之物过渡到为我之物，由自然界的物质交换进入了社会物质交换领域，也就是说，客体只是以自然属性为基础，但并不包含在自然属性之中的人的属

① 《马克思恩格斯全集》第2卷，人民出版社1957年版，第58页。

性。马克思说：“随着对象性的现实在社会中对人说来到处成为人的本质力量的现实，成为人的现实，因而成为人自己的本质力量的现实。”[①]人就在人的本质力量对象化的世界中进行活动，在属于人的现实中进行创造，在属于人的广阔现实世界中进行实践、认识、审美。

（二）主客体关系的层次结构和相应的意识类型

人的本质力量的对象化或者说自然的人化，它有两种含义：从狭义的意义上讲，自然的人化或者说人化的自然，是指被主体的社会物质实践活动直接改造和创造的“第二自然”，即人在社会实践活动中借助生产工具改变了性质，形态打上人的印记的那个自然。马克思说：“‘对象化’，即工人的生产。”[②]“劳动的产品就是固定在某个对象中、物化为对象的劳动”[③]，“通过自己的对象性关系，即通过自己同对象的关系而占有对象”[④]。但从更广泛更本质的意义上讲，人化的自然则是指在人的实践活动的基础上形成的一切人与自然的对象性关系，而不仅仅限于生产实践。“正象人的本质规定和活动是多种多样的一样，人的现实性也是多种多样的。”[⑤]它包括“人同世界的任何一种人的关系——视觉、听觉、嗅觉、味觉、触觉、思维、直观、感觉、愿望、活动、爱——总之，他的个人的一切器官”和“在形式上直接是社会的器官的那些器官”[⑥]所能掌握的客观

① 《马克思恩格斯全集》第42卷，人民出版社1979年版，第125页。
② 《马克思恩格斯全集》第42卷，人民出版社1979年版，第92页。
③ 《马克思恩格斯全集》第42卷，人民出版社1979年版，第91页。
④ 《马克思恩格斯全集》第42卷，人民出版社1979年版，第124页。
⑤ 《马克思恩格斯全集》第42卷，人民出版社1979年版，第124页。
⑥ 《马克思恩格斯全集》第42卷，人民出版社1979年版，第123～124页。

世界的极限，所能达到的一切人与自然的关系。在主客体的诸关系之中，主要有以下四种：实践关系、认识关系、价值关系、审美关系。

实践、认识、价值、审美作为主客体关系的形式，它们都不是独立自在的实体，而是主客体关系不同侧面的反映。正因为这四种关系各自反映了主客体关系不同的侧面，它们才有各自的本质规定性，构成各自不同的领域。但是这四种关系，不论哪种关系都是主客体关系的一个部分，它们的总和才构成人的本质力量对象化的现实。因此这四种关系又是相互关联的，是一个有机的整体。就这四种关系是各自独立的领域、独立的世界而言，它们是由主客体的各自独特的本质规定的。马克思说："对象如何对他说来成为他的对象，这取决于对象的性质以及与之相适应的本质力量的性质；因为正是这种关系的规定性形成一种特殊的、现实的肯定方式。……每一种本质力量的独特性，恰好就是这种本质力量的独特的本质，因而也是它的对象化的独特方式，它的对象性的、现实的、活生生的存在的独特方式。"①这就是说，实践、认识、价值、审美作为对象性关系，主体和客体之间都有互相对应的特殊的本质力量，或者说正是这种互相对应的本质力量构成了它们各自不同的主客体关系。但是就这四种关系作为互相关联的统一整体来说，它们又是互相渗透、彼此沟通的，它们以实践为基础，形成一个多层次的结构系统。这个结构就其原本的关系而言，认识、价值、审美都依赖实践关系，但在逻辑结构层次上，实践却高于认识，也高于价值关系。我们认为这四种关系的结构层次，应该是认识、价值、实践、审美。人的观念形式是

---

① 《马克思恩格斯全集》第42卷，人民出版社1979年版，第125页。

由相应的主客体关系规定的，不同的主客体关系规定着自身的观念形态，相对于认识、价值、实践、审美关系，便形成了相对应的四种意识形式：理论思维（科学认识）、价值意识、实践观念（实践精神）和审美意识。

第一，认识关系。就主体与客体作为一种认识关系而言，客观物质世界是意识的本体、认识的对象。但直接与人的活动相关的却不是整个自然界，而只是一种“特殊的自然物质”（马克思语），就是说原本的自然界还不是人的认识的对象，它要变为人的认识对象就要通过一定的中介体——社会物质实践。实践是人的认识对象的实际确立者。人通过实践认识外部世界，客观现实经过实践的内导作用转化成为人的意识结构。在这里，如果人是以抽象的、普遍的概念的形式反映对象，或者说以理智思维的本质力量与对象的现象本质相对应，便形成科学认识。认识以反映对象的本质规律为宗旨，以制定有关对象的科学理论体系为目的，即马克思所说的科学是以思维具体复制客观世界的具体发展过程。当然科学也需要想象，马克思就把想象力称作“人类最伟大的天赋”，伏尔泰甚至说：“实用数学里也有惊人的想象，阿基米德的想象至少与荷马的相等。”但科学家的活动受强大的智力推动和指挥，他不体验对象，也无明确的爱憎态度。科学也需要巨大的热情，也有无穷的乐趣。但情感不是科学的主骨，它不构成科学的内容，科学家的快乐是求知的满足，获得真理的快乐，因而情感与想象都不能与对象形成认识关系，认识关系只能靠主体的理智与客体的规律来构成。

第二，价值关系。人与外部世界不但发生认识关系，同时还发生价值关系。价值关系是主体的需要等本质力量与相应的客观对象的属性（有用性）构成的一种对象化关系。马克思说，价值“这个普遍的概念是从人们对待满足他们需要的外界物的关系中产生的”[①]。就是说，反映在人的头脑中的利益和需要早已存在于现实之中，这种符合人的利益要求的客观现实就是价值的客观体。价值关系反映的主要不是外部世界的本质和规律（客观属性），而是对象的社会意义。在价值关系中，主体不是以客观的冷静的态度对待对象，而是主体以自身的利益和需要对客观事物的属性进行社会的评价，主观色彩极为强烈。但主体对客体的评价也不是任意的，人对客体的评价要依据客体属性和规律的某种认识，科学认识是价值意识的基础。人对客观外部世界的观念性把握具有双重性，一方面表现为主观符合客观（认识），另一方面又表现为客观适应主观（评价），是科学认识和价值反映的统一。

第三，实践关系。实践是科学认识的基础，也是价值的基础。那么，为什么在逻辑上把实践放在科学认识和价值之后呢？因为只有这样才能提出实践的本质。实践作为人们自觉地改造客观世界的社会活动，从认识到实践必须经过一个中介环节，这个中介环节就是实践精神。

过去一直强调认识可以径直地转变为实践，因此很难解释实践的内在动力。实践不是认识的直接结果，而是实践精神的对象化，马克思说，理论认识“事实上是思维的、理解的产物……是思维着的头脑的产物，这个头脑用它所专有的方式掌握世界，而这种方式是不同于对世界的艺术的、宗教的、实践精神的掌握的”[②]。实践精神（或称作实践观念）不同于科学认识，也不同

① 《马克思恩格斯全集》第19卷，人民出版社1963年版，第406页。

② 《马克思恩格斯全集》第46卷上册，人民出版社1979年版，第39页。

于价值认识，但它却是从前二者发展来的，它既包括科学认识，又包括价值意识，是科学认识和价值意识的统一。从认识方面看，实践精神是对客观对象发展规律的反映，它是主体在客观因果关系的基础上对事物发展进程的预见。从价值方面看，它又是人对价值成果的积极追求，实践本质上是客观的实现某种价值成果的活动。马克思说："对自然界的独立规律的理论认识本身不过表现为狡猾，其目的是使自然界（不管是作为消费品，还是作为生产资料）服从于人的需要。"[①]正是对价值成果的自觉追求，使人事先在头脑中观念地创造出一个未来的人造客体，摹拟和规划出未来实践活动的对象。在对客观必然性认识的基础上借助于物质手段实现价值目标，从而形成实践活动。

第四，审美关系。以上我们逐一地分析了三种人的本质力量对象化关系，它们已涉及我们论述的主题：美和美的本质。就这三种关系的任何一种来说，它还不是美，但美与这三种关系密切相关。美是什么？美也是一种关系，是审美对象和审美主体之间相对应的本质力量形成的审美关系，或者说由审美关系规定的审美对象就是美。而审美关系，从逻辑层次上说它高于之前的关系，是前三种关系的否定性统一。

二、从审美对象和审美主体之间相对应的本质力量所形成的审美关系规定美的本质

（一）人与审美对象的对象性关系的现实生成

实践活动是人与自然各种对象性关系形成的基础。人以科学认识和价值观念相统一的实践观念指导实践，因而人的实践

---

① 《马克思恩格斯全集》第46卷上册，人民出版社1979年版，第393页。

活动一方面遵循客观世界的必然性，另一方面又以人的意志目的、价值尺度加工改造自然，从而创造出一个满足人们需要的客观现实世界。这个世界作为人的现实，它既可以是科学认识的对象，也可以是价值认识的对象，同时也可以是审美的对象。马克思说："劳动的对象是人的类生活的对象化：人不仅象在意识中那样理智地复现自己，而且能动地、现实地复现自己，从而在他所创造的世界中直观自身。"[①]人化的自然界具有人的多种多样的本质力量，它与主体构成一种什么样的关系，要取决于它自身的本质与主体的本质力量的对应性，所以各种本质力量对象化关系都有排他性和吸收性相统一的特点，而对审美关系来说，这一特点表现的就更为突出。一方面，就审美关系的排他性来说，只有当人化的自然界不是认识、价值、实践的对象时，它才是审美的对象，它不可能是其他活动的对象的同时也是审美的对象；另一方面，审美又离不开认识，更离不开对善的追求。就是审美关系的这种排他性和吸收性相统一的特点规定着审美对象性关系的形成离不开其他三种关系，特别是实践关系；同时，审美关系一旦形成便具有相对独立性。

审美对象性关系的形成取决于两个条件：一是原本的自然要变成人的客体，也就是人化的自然；二是取决于主体，主体要具有对象化的本质力量。这两个条件都是历史的成果和人类长期实践的产物。人类的实践活动是主体和客体交互作用的活动，它具有双重性品格，它一方面创造着对象世界，创造着人的对象，另一方面创造着人类自身，创造着对象的主体，

这两方面是同一人化过程的不同侧面。劳动创造人的对象世界，是"客观意义的自然界"的"人化"，劳动创造着对象的

① 《马克思恩格斯全集》第42卷，人民出版社1979年版，第97页。

主体，是“主观意义的自然界”的“人化”。前者把原始的自然变为现实的自然，后者使人的自然躯体、感官、欲望、需求、情感与动物分开，变为人的本质。这个过程是十分漫长的，是自然缓慢地向人生成的过程，美就积淀在这一历史过程中。人类一开始并不是为创造美而劳动，而是为了创造生存的条件而生产，只有当自然不只是为了单纯满足人类肉体生存的需要时，它才从人的“非有机的躯体”变为人的审美的对象。也就是说，只有当人化的自然不是人的实践对象和价值认识的对象时，它才成为审美的客体。对原始人来说，他们创造的石斧还只是同他们的生存需要的满足有着重大关系的一种对象，他们还不能超出生存需要的满足去看石斧，因而石斧虽然体现了他们的聪明、才智和活生生的创造力，是对他们自由本质的肯定，但对他们来说并不是审美的对象。但人化自然又必须首先成为实践、价值认识的对象，以至科学认识的对象，然后它才能变成审美的对象。在人类狩猎生活以前，还是单纯的外在自然的禽兽，不是人的实践对象，因而它们虽然是客观存在之物，但无人去欣赏它们的美，只有当它们变为狩猎的对象之后，原始人才将它们的形象刻画在洞穴之中。狩猎时期满山遍野争奇斗艳的花无人关注，也只有随着农耕时代的到来，人们认识到了花的性能和用途，花才成为人的装饰品。

人化自然要成为审美的对象有它具体的规定性，审美主体也不例外。主体要变成审美的主体，不但要有相应的对象，更主要的是要具有感受美的能力。费尔巴哈说：“动物只为生命所必需的光线所激动，人却更为最遥远的星辰的无关紧要的光线所激动……观望星空的眼睛，观看每一个既无益又无害的、与地球及其需要毫无共同之处的星光，在这种星光里面观看它自己的本质、它自己的来源。”[1]人之所以能因与人无直接利害关系的星光而感到激动，不仅是因为人与动物有不同的感受能力，而且这种感受能力还必须不同于一般的认识能力和意志实践的能力。这种能力是什么？即马克思所说的审美感受力。没有特殊的审美能力，人就不能与审美客体形成一种对象性关系，就不是审美对象的主体。“只有音乐才能激起人的音乐感；对于没有音乐感的耳朵说来，最美的音乐也毫无意义，不是对象，因为我的对象只能是我的一种本质力量的确证。”[2]但人的审美感觉又离不开人的其他感受能力和本质特性，因为它们是在人类社会实践的共同的基础上产生的。“社会的人的感觉不同于非社会人的感觉。只是由于人的本质的客观地展开的丰富性，主体的、人的感性的丰富性……一句话，人的感觉、感觉的人性，都只是由于它的对象的存在，由于人化的自然界，才产生出来的。五官感觉的形成是以往全部世界史的产物。”[3]正是人的各种感觉和本质特性既相互联系又相互区别，其与审美客体才构成特殊的审美关系。马克思说：“各种感觉……为了一种事物本身而使自己和该事物发生关系……因此，需要和享受都已失去了自私的性质，自然也已失去了它的单纯的功利性质，因为效用已变成了人性的效用。”[4]这种关系与认识和实践不同，它无

---

① 北京大学哲学系外国哲学史教研室编译：《十八世纪末—十九世纪初德国哲学》，商务印书馆1975年版，第547页。

② 《马克思恩格斯全集》第42卷，人民出版社1979年版，第126页。

③ 《马克思恩格斯全集》第42卷，人民出版社1979年版，第126页。

④ 转引自朱光潜：《朱光潜美学文集》第3卷，上海文艺出版社1983年版，第506页。

直接的外在目的，它自身就是目的，但又与认识、价值、实践关系相通，无目的却导向一种不明确的外在目的，这种主客体关系就是审美关系。

（二）美的本质由主客体之间形成的审美关系来界定

主客体关系是人与自然对象性关系的总称。它是由多种具体的对象性关系构成的。具体的对象性关系规定着对象的特殊本质。科学认识的对象特性由认识关系来界定，价值对象特性由价值关系来界定，实践的对象特性由实践的关系来界定，美的本质（审美对象的属性）由审美关系来界定。马克思说："任何一个对象对我的意义（它只是对那个与它相适应的感觉说来才有意义），都以我的感觉所及的程度为限。"[①]"每一种本质力量的独特性，恰好就是这种本质力量的独特的本质，因而也是它的对象化的独特方式。"[②]何谓审美关系？它如何规定美的本质呢？审美关系是由审美主体的特殊的本质力量与审美对象的特殊本质相对应所形成的人的一种特殊的对象性关系。从审美主体来说，它的本质力量包括人的感受能力（主要是视觉和听觉）和意志、情感、想象、思维诸心理动能，是一个复杂的有机统一体。这其中的任何一种本质力量都不能单独与对象形成审美关系。马克思说眼睛的对象不同于耳朵的对象，这是因为眼睛的本质不同于耳朵的本质。因此，音乐可以成为耳朵的对象而不能成为眼睛的对象，是由于音乐的本质与眼睛的本质不对应；反过来雕塑、绘画可以成为眼睛的对象但不能成为耳朵的对象，因为绘画和雕塑的本质与耳朵的本质不对应。但音乐

① 《马克思恩格斯全集》第42卷，人民出版社1979年版，第126页。

② 《马克思恩格斯全集》第42卷，人民出版社1979年版，第125页。

变为耳朵的对象、绘画变为眼睛的对象，这只是从建立审美关系的可能性上讲的，还不是从审美对象化关系建立的现实性方面讲。从现实性上说，不是有了耳朵就能听音乐，有了眼睛就可以欣赏绘画。耳朵要听音乐，眼睛要看绘画，还必须有其他心理功能的渗入，形成一种复杂的心理过程。就耳朵和眼睛的对象的本质来说，也不就是眼睛看到的色彩、耳朵听到的声音。单从普遍的直观，眼睛的对象似乎是自然物的色彩，耳朵的对象似乎是自然物的声音。但略加科学的分析就会看到，眼睛的对象是自然物放射出来的电磁波，耳朵的对象则是自然物震出的声波。赤、橙、黄、绿、青、蓝、紫各种颜色并不是自然物本身所固有，自然物本身只放出不同频率、波长的电磁波，它作用于人的视觉感官，通过一系列的生理和心理变化过程，才在视觉中枢显现为色彩。自然界也没有响亮清脆、或高或低的各种声音，只有震动引起的声波，它传导到人的听觉器官，经过复杂的心理和生理过程，人才在听觉中枢感觉到声音。马克思说："正象人的对象不是直接呈现出来的自然对象一样……自然界……不是直接地同人的存在物相适应的。"[①]自然物要变成人一般的感觉的对象，主体和客体之间尚要发生一系列相互对应的变化。审美感觉就更复杂了。普列汉诺夫说："审美的感觉不仅同复杂的观念'能够联系在一起'，而且有时候正是在这些观念的影响下产生出来。"[②]可以说，审美感觉活动是诸心理功能的统一。"这种统一性把认识的、游戏的、情感的、社会的以

① 《马克思恩格斯全集》第42卷，人民出版社1979年版，第169页。

② [俄]格奥尔基·普列汉诺夫：《论艺术》，曹葆华译，生活·读书·新知三联书店1964年版，第11页。

及道德的各种反应结合成为一个整体。”[①]正因为这样，具有审美能力的耳朵才“不只听到流水潺潺和树叶瑟瑟的声音，而且还听到爱情和智慧的热情的音调”[②]。只有这样的感觉活动才能与相应的对象构成审美关系，这个对象才能成为美的对象。

但这还只是对审美关系的一般规定，要具体地规定审美关系，就必须揭示审美关系与其他主客体关系的内在联系。如前面所说，我们认为审美关系不同于认识、价值和实践关系，或者说是认识、价值、实践关系的否定性的统一。认识以客观规律（真）为对象，实践以主体的合目的性（善）为对象，价值认识作为从科学认识向实践的过渡环节，它以事物符合主体需要的有用性为对象，审美对象包含着这些客观的因素。马克思说：“动物只是按照它所属的那个种的尺度和需要来建造，而人却懂得按照任何一个种的尺度来进行生产，并且懂得怎样处处都把内在的尺度运用到对象上去；因此，人也按照美的规律来建造。”[③]尺度是事物质的量的界限，是衡量事物之所以是那个事物的标准，所谓“任何种的尺度”，就是各种事物赖以存在的标准、真的尺度。也就是说，“内在的尺度”不是客观事物自身的尺度，而是包括着价值需求的主体合目性（善）的尺度，美的规律因而就是客观必然性与主体合目的性和谐统一的规律。审美意识（不等同于审美主体）也带有否定性综合的特点。审

① ［瑞士］J.皮亚杰、B.英海尔德：《儿童心理学》，吴福元译，商务印书馆1980年版，第96页。

② ［德］路德维希·费尔巴哈：《费尔巴哈哲学著作选集》上卷，荣震华、李金山等译，商务印书馆1984年版，第172页。

③ 《马克思恩格斯全集》第42卷，人民出版社1979年版，第167页。

美意识不同于理智认识，也不同于价值意识和实践观念，但同它们有可容性的一面。审美意识（审美情感）可以说是理智认识和意志目的（包括价值意识）的统一。审美主体是人的灵和肉的结合，是人的自然属性和社会属性（包括审美意识）在特定历史时期融合而成的整体结构，审美关系就是以真和善相统一形成的审美对象（客体）与理智和意识相统一形成的审美意识（审美主体的本质）相互对应形成的一种特殊的主客体关系，美的本质就是由这种特殊的主客体关系规定的，或者说正是这种特殊的主客体关系（审美关系）规定着某一事物是美的事物而不是其他事物。

（三）美是一个自由的新世界

人的各种本质力量对象化关系有一个共同的特点，就是既是主动的又是受动的，是主动性和受动性的统一。马克思说："人直接地是自然存在物……一方面具有自然力、生命力，是能动的自然存在物；另一方面，人作为自然的、肉体的、感性的、对象性的存在物，和动植物一样，是受动的、受制约和受限制的存在物。"[①]人的主动性是人的自由本性。"人的类特性恰恰就是自由的自觉的活动。"[②]自由本身包含了自觉，人的本质力量对象化的过程就是人的这种自由本性的体现。人的受动性类似动植物的特性，它在形式上似乎是不自觉、不自由的。但受动性对人来说，实质上仍然是人的一种自由本性。马克思说："对象性的存在物客观地活动着，而只要它的本质规定中不包含对象性的东西，它就不能客观地活动，它所以能创造或设定对象，

① 《马克思恩格斯全集》第42卷，人民出版社1979年版，第97页。

② 《马克思恩格斯全集》第42卷，人民出版社1979年版，第96页。

只是因为他本身是被对象所设定的。”[①]又说：“对人的现实性的占有，它同对象的关系，是人的现实性的实现，是人的能动和人的受动，因为按人的含义来理解的受动，是人的一种自我享受。”[②]这就是说，受动性和主动性的辩证统一，才构成人的自由本质，离开任何一方，人的活动都是不自由的。因此可以说，受动性是人的自由本性的深层结构。正是从这种意义上，马克思把人的一切对象化活动都看作自由的活动，认识、实践、审美都是自由的形式。

正因为主动性和受动性的辩证统一构成了人的自由本性，由于在主客体关系中偏于主动和偏于受动的情况不同，自由也就分出不同的层次，构成了各种不同的自由形态。根据是受动的自由、主动的自由，还是主动和受动统一的自由，可以把自由分为三种。认识的自由是对客观必然性的掌握，它受制于客观规律，主动处于被动的地位，是一种受动性的自由。黑格尔说：“在认识的关系上……独立自在性只是一种表面的自由。”[③]这种表面的自由来自认识主体的不自由，“对象的这种片面的自由是与主体了解方面的不自由密切联系着的”[④]。因此，认识的自由是一种受局限的片面的自由。伦理实践是对客观必然性的支配和运用，是改变对象的性质和面貌以满足主体的需要，主体处于主动的地位，它是一种主动性的自由。主动性的自由也是一种受局限的片面的自由。因为伦理实践的自由是以对象的

① 《马克思恩格斯全集》第42卷，人民出版社1979年版，第167页。
② 《马克思恩格斯全集》第42卷，人民出版社1979年版，第124页。
③ [德]黑格尔：《美学》第1卷，朱光潜译，商务印书馆1979年版，第145页。
④ [德]黑格尔：《美学》第1卷，朱光潜译，商务印书馆1979年版，第144页。

不自由为前提的，是牺牲对象自由的自由。黑格尔说，把自由本身理解为“只是主体的……就还有不自由”[①]。价值认识以客观事物的有用性是否符合主体的需要为转移，因而也是一种主体的自由。价值意识直接构成实践目的的内容，一般来说，价值反映的自由从属于伦理实践的自由。审美自由（包括艺术自由）却既超越了认识的自由又超越了伦理实践的自由，它把认识的自由和实践的自由统一起来，把客体自由和主体自由统一起来，达到了主动性和受动性的辩证统一，开创了一个自由的新天地。黑格尔说：“如果把对象作为美的对象来看待，就要把上述两种观点（认识的自由和实践的自由——引者）统一起来，就要把主体和对象两方面的片面性取消掉，因而也就是把它们的有限性和不自由性取消掉。”[②]美的自由作为客观的自由，它表现为自由的想象活动暗含着和符合着客观必然性，或者说它不受制于客观规律但又体现着客观规律，就是说客体的自由不是以牺牲主体的自由为代价的；作为主体的自由，它表现为不像伦理实践那样去改变或消灭对象以实现其外在目的，而是排除对对象的功利要求，以静观的态度对待对象，因而对象也是独立自主的。黑格尔说，审美“它让对象保持它的自由和无限，不把它作为有利于有限需要和意图的工具而起占有欲和加以利用。所以美的对象既不显得受我们人的压抑和逼迫，又不显得受其他外在事物的侵袭和征服”[③]。因此，美带有令人解放的性质。马克思说，共产主义是人与自然之间和人与人之间的对立

① ［德］黑格尔：《美学》第1卷，朱光潜译，商务印书馆1979年版，第124页。
② ［德］黑格尔：《美学》第1卷，朱光潜译，商务印书馆1979年版，第145页。
③ ［德］黑格尔：《美学》第1卷，朱光潜译，商务印书馆1979年版，第147页。

冲突的真正解决，也就是存在和本质、对象化与自我肯定、自由与必然、个体与物种之间纠纷的真正解决。[①]共产主义是人类获得解放的世界、一个美的世界。

三、主客体关系的历史发展和美的历史形态

马克思说："首先要研究人的一般本性，然后要研究在每个时代历史地发生了变化的人的本性。"[②]人类对自身自由本质的占有是一个历史的过程，主客体本质的展开要在具体的历史条件下实现，因而不同的历史阶段的人的本质力量对象化便有不同的深度和广度，表现为不同的历史形态。美作为人的本质力量对象化关系的一种特殊形式，也是历史的、具体的，不同时代的美有不同的质的规定性。

从人类历史的发展来看，自从野蛮的人变成文明的人，人的本质力量对象化关系大体经历了三个阶段：奴隶社会和封建社会人的本质力量对象化关系、近代资本主义人的本质力量对象化关系和现代社会主义阶段人的本质力量对象化关系。与这三种不同的发展阶段的人的本质力量对象化关系相适应便形成了三种不同的美的形态：奴隶社会和封建社会的古典主义的和谐美、近代资本主义社会的崇高（狭义美）、社会主义社会对立统一的和谐美。

（一）对古典主义和谐美的历史规定

美主要是在认识自由和实践自由的基础上发展起来的一种

---

① 参见中国社会科学院哲学研究所美学研究室、上海文艺出版社文艺理论编辑室合编:《美学》第2期,上海文艺出版社1980年版,第8页。

② 《马克思恩格斯全集》第23卷,人民出版社1960年版,第669页。

自由形式，因而上面讲的三种不同的形态的美是由不同历史时期的具体的认识关系和实践关系规定的。科学认识是一个完整的结构体系，它由三个认识环节构成，这三个环节是直观的感性认识（或称经验性认识）、抽象的知性认识（理智）、具体的理性认识（辩证的认识）。逻辑和历史本质上是一致的。纯粹形态的理论认识是对具体的历史认识的概括，因而认识的三阶段也是认识的三种历史形式。

在生产力发展水平较低的奴隶社会和封建社会，人的认识处于直观的经验认识阶段。古代哲学主要不是研究人的认识能力，而是阐述人之外的自然界的本原，它是本体论的哲学。在这里，人与自然还没有完全分开，不是人主宰自然而是自然主宰着人，它要求人统一于他的外部自然或服从于人之上的某种神秘的世界的本质（在古希腊，前者如德谟克里特，后者如柏拉图；在中国，前者如荀子，后者如老子）。这种人与自然的朴素的结合，使人们还不能窥见事物的深刻矛盾性；主体还感觉不到内心的剧烈的骚动和尖锐的冲突，人与自然的这种和谐一致就是美。黑格尔说："希腊人以自然与精神的实质合一为基础，为他们的本质；并且以这种合一为对象而保有着它，认识着它……希腊人的意识所达到的阶段，就是'美'的阶段。"① 所以，我们说古代以和谐为美。古典主义和谐美的突出特点就是自然感性契合着淡淡的理性，因而，在这样的世界里，人们有一种悠然自得的幸福之感。亚里士多德说："不论这个被认为我们的自然的统治者和指导者、并思考着高贵和神圣的事物的

① ［德］黑格尔：《哲学史讲演录》第1卷，贺麟、王太庆等译，商务印书馆1959年版，第160页。

因素是理性还是别的东西，不论它本身也是神圣的或者只是我们之中最神圣的因素，总之，这因素的符合于其本身的美德的活动，将是完满的幸福。”[①]这就是古希腊艺术对自然的摹仿为什么会产生领悟神性的快感，悲剧性的结局为什么会在人心的骚动之后得到净化，拉奥孔群像为什么在苦难和蹂躏之中不流露出恐惧和哀绝；在中国，孔子为什么提出“乐而不淫，哀而不伤”的伦理学的美学思想？为什么在我国漫长的封建社会中，人们一直把“温柔敦厚”当作传统的诗教？其宗旨都是要求人与自然要保持和谐的统一，而不是破坏这种统一。

古典主义的和谐美不但同古代人的认识有关，更主要的是与物质生产实践有关。因为“自然的人化”的基础是生产劳动，只有通过生产劳动，自然才能向人生成，客观自然才能变成人的现实。劳动实践作为人自由地支配自然并使之为自己的目的服务的活动，它有直接的功利目的。但美不同于实践，美以自身为目的。只有当人超出了对人化自然的直接需要，它才成为美的对象。但超功利是功利满足的产物，没有功利中的满足也无所谓对功利的超越，因此超功利是以最起码的功利满足为基础的，超实践的审美是以社会实践为基础的。生产实践作为人与自然分开又结合起来的活动，在古代人那里偏重的是人与自然的结合而不是分离。虽然在奴隶社会和封建社会已经出现劳动异化的现象，但劳动者与生产资料和产品还没有彻底分开，人们还能在自己创造的感性物质形式中见出自己的智慧、才能和力量，在超出直接功利目的情况下来加以观赏，得到精神的

---

① 北京大学哲学系外国哲学史教研室编译:《古希腊罗马哲学》,商务印书馆1961年版,第326页。

愉悦。柏拉图在《大希庇阿斯》篇中谈到了那个著名的汤罐的美。“假如一个好陶工制造的汤罐，打磨得很光，做得很圆，烧得很透，象有两个耳柄的装二十公升的那样，它们确是很美的。”[①]黑格尔所说的古代人亲手制作自己喝的酒、食品，亲自训练自己骑的马，击打自己用的乐器，“在这种情况之下，人见到他所利用的摆在自己周围的一切东西，就感觉到它们都是由他自己创造的，因而感觉到所要应付的这些外在事物就是他自己的事物，而不是在他主宰范围之外的异化了的事物。在材料上加工和制作的活动当然显得不是一种劳苦，而是一种轻松愉快的工作……在一切上面人都可以看出他的筋力，他的双手的伶巧，他的心灵的智慧或英勇的结果”[②]。这些都说明了美与人创造性的劳动有关。而且这里所讲的劳动还是未被异化了的自由的劳动，人与自然还保持着自由和谐的关系。古典主义的和谐美就是从这里导源出来的。

（二）对近代崇高（狭义美）的历史界定

十七世纪和十八世纪形成的近代科学和哲学，是一种超感性的知性思维。所谓知性思维，用黑格尔的话说，是“只能产生有限规定，并且只能在有限规定中活动的思维”[③]。知性的根本特点是它具有分离性，即人们凭借理智的辨析能力把客观事物中那些原来结合在一起的特性分离开来，使之孤立化、坚硬化。这种分离性对人的认识过程以至审美活动都是必要的。黑

① ［古希腊］柏拉图：《文艺对话集》，朱光潜译，人民文学出版社1963年版，第182页。

② ［德］黑格尔：《美学》第1卷，朱光潜译，商务印书馆1979年版，第332页。

③ ［德］黑格尔：《小逻辑》，贺麟译，商务印书馆1981年版，第93页。

格尔说："内在的心灵性的东西也只有作为积极的运动和发展才能存在，而发展却离不开片面性和分裂对立。完整的心灵在分化为它的个别性相之中，就须离开它的静穆，违反它自己而进入紊乱世界的矛盾对立，而且在这分裂过程中也不免遭受有限事物的不幸和灾祸。"[①]知性思维是近代崇高赖以产生的认识论基础。知性思维的历史功绩就在于打破了古代那种自然与精神实质性合一为基础的朴素的认识，认识的主体被突出了出来。在这里，人类孩提式地与自然的天真结合不见了，代之而起的是对宇宙本体论的怀疑和对人生现实的注重。费尔巴哈说："经验的观点（经验哲学——引者）首先以认识和研究自然界这样一种愿望为前提，这种愿望的产生是由于意识到存在和外貌之间的分裂，由于怀疑事物是否像表面呈现的那样，自然界的本质是否能为我目睹手触，这就是说，经验的观点要求我们首先采取批判、怀疑的态度。因此，近代哲学的创始人培根和笛卡尔明确地从经验开始，以培根把摆脱一切偏见和成见看作认识自然的条件，笛卡尔则要求从怀疑一切开始。"[②]可见，以培根和笛卡尔为代表的近代哲学的两大派是异曲同工的怀疑派。他们都怀疑和批判人与自然实质合一的古代哲学，要求人与自然、人与社会的对立，这里已孕育着崇高。到沉湎于"独断论的迷梦"之中的康德被唤醒之后，他在《判断力批判》中从"美的分析"转到"崇高的分析"，把美规定为想象力与知性的和谐运动，产生比较平静和安宁的审美感受；崇高则是想象与理性的

① [德]黑格尔:《美学》第1卷,朱光潜译,商务印书馆1979年版,第227页。

② [德]路德维希·费尔巴哈:《费尔巴哈哲学著作选集》第1卷,涂纪亮译,商务印书馆1978年版,第21页。

对立和冲突，在感性中显现出道德、伦理。人的实践理性的力量产生激动强烈的审美感受，崇高的独立地位就被确立了。浪漫主义和现实主义艺术作为两种不同的崇高艺术形式，也就取代古典主义和谐美的艺术，成为艺术家追求的目标。雨果在著名的《克伦威尔》序言里说："近代的诗艺……会感到万物中的一切并非都是合乎人情的美，感到丑就在美的身边，畸形靠近着优美，粗俗藏在崇高的背后，恶与善并存，黑暗与光明相共。""古老庄严地散布在一切之上的普遍的美……时间一久也会使之厌倦……相反，滑稽丑怪……带着一种更新鲜、更敏锐的感觉朝着美上升。"①

崇高取代古典和谐美的实践基础可以说是异化劳动，或者说是异化劳动的反光折射。异化劳动作为对人的自由本质的否定，从根本上来说它与美是对立的，但异化劳动毕竟也是人在改造自然中表现出来的创造性地支配自然的活动。创造性的成果虽然是以劳动者自己的牺牲为代价，但它仍然体现了人类改造自然的伟大力量，因而它同样可以创造美。然而，这种创造却是在人与自然、个人与社会分裂的条件下进行的。人作为感性的自然存在物，只有在同他人的关系中，也就是在社会中才能成为人，才能取得自身的自由。但在资本主义社会里，社会不是作为对个人感性存在的肯定，不是作为对个人所应有的自由的肯定，而是变成一种不可抗拒的否定个人的力量。"每个人不是把别人看做自己自由的实现，而是看做自己自由的限制。"②崇高和崇高艺术所揭示的恰恰就是这种对立。浪漫主义

① 伍蠡甫主编：《西方文论选》，人民文学出版社1964年版，第185页。

② 《马克思恩格斯全集》第1卷，人民出版社1956年版，第438页。

崇高艺术，它强调主体，标榜个性，追求理性；现实主义崇高艺术强调感性、社会、客体。两者相互对峙，不正是资本主义异化劳动在意识形态领域的反映吗？黑格尔说："通过精神本身的分裂、有限的、自然的，直接的存在，自然的心，就被确定为反面的、罪孽的、丑恶的一面。"[①]当然这种反映是间接的而不是直接的，因为尽管崇高艺术所反映的是资本主义世界个人与社会的对立，但它的本性却是争自由的。崇高艺术从不自由到趋向自由的审美特点，正是对异化世界的解脱；或者说是在被异化了的广大世界中的一个唯一独立自由的王国。从这里可以使我们更进一步看出，美离不开社会物质实践，但又必须在社会实践的基础上产生的人化的自然界，不是作为满足人的实际生活需要，而是作为对人的特定自由本质的肯定，它才进入审美的领域，成为美的对象。

（三）对社会主义社会对立统一和谐美的界定

人类进入辩证唯物主义认识的阶段，人才到达了具体的理性认识（黑格尔是在唯心主义的形式中完成的）。列宁说："'理智（知性——引者）提出规定'，理性加以否定，理性是辩证的，因为它把理智的规定化为无。二者的结合，——'理智的理性或理性的理智'＝积极的。"[②]理性思维的概念包含着普遍与特殊的整体性个体概念，它是对孤立、片面、抽象的知性思维的直接否定，对直观感性的间接肯定，是在形式上向具体的感性认识的复归，实质上是在更高基础上的发展，是包含着二者又超出二者的一种具体地把握客观真理的思维形式。以

① ［德］黑格尔：《美学》第2卷，朱光潜译，商务印书馆1979年版，第280页。

② 《列宁全集》第38卷，人民出版社1959年版，第84页。

这种包括着矛盾和差异的理性思维观察和研究美，就不会把美看作排除对立矛盾的和谐统一，也不会把美视作排除统一的尖锐对立，而是把美看作包含着矛盾的对立的和谐统一。而产生这样的美的社会物质基础就是社会生产资料的公有制和在公有制基础上的生产实践。在公有制基础上的社会物质生产劳动，从本质上说是对异化劳动的扬弃，是对人的自由本质的真正占有。马克思说："在社会主义的人看来，整个所谓世界历史不外是人通过人的劳动而诞生的过程，是自然界对人说来的生成过程，所以，关于他通过自身而诞生、关于他的产生过程，他有直观的、无可辩驳的证明。因为人和自然界的实在性，即人对人说来作为自然界的存在以及自然界对人说来作为人的存在，已经变成实践的、可以通过感觉直观的，所以，关于某种异己的存在物、关于凌驾于自然界和人之上的存在物的问题，即包含着对自然界和人的非实在性的承认的问题，在实践上已经成为不可能的了。"[①] 在这样的实践基础上达到的人与自然、人与社会的统一，不恰恰构成了社会主义对立统一的和谐美的基础吗？

[原载《美学文集》（第一辑），上海市美学研究会1984年版]

① 《马克思恩格斯全集》第42卷，人民出版社1979年版，第131页。

以人民为本位

——有中国特色的马克思主义文论

有中国特色的马克思主义文艺理论，是人类文艺思想发展史上的一个全新的概念，它所概括的是马克思主义文艺理论基本观念及其结构体系发展到现时代所呈现出的一种新的形态，是以马克思主义文艺理论为主导的当代中国文艺学，是区别于其他历史形态、社会形态的文艺理论结构体系的根本标志，它的产生既是中国一代又一代的马克思主义者致力于把马克思主义文艺理论中国化，坚持和发展马克思主义文艺理论基本观念及其理论体系的历史和逻辑的必然结果，也是实现中华民族伟大复兴这一新的历史任务对当代中国马克思主义文艺理论所提出的必然要求。

自从毛泽东提出“马克思列宁主义的普遍真理与中国革命的具体实践互相结合”的原理以来，包括文艺理论在内的中国新文化格局的形成和发展，就始终与马克思主义中国化的问题，即如何使马克思主义的基本原理与当代社会主义中国的政治、经济、文化综合运动的具体实践相结合的问题息息相关。特别是新时期以来，当马克思主义在当代中国的历史命运问题突出地摆在了人们面前的时候，提出建设以有中国特色马克思主义文艺理论为主导的当代中国文艺学整体结构体系的目标，就显得十分迫切和必要了。

文艺具有什么本质特性，这是文艺研究最核心、最基础的问题，马克思主义的创始人从历史唯物主义的观点考察文艺，规定文艺属于上层建筑的意识形态，是经济基础的反映。也就是说，经济基础与上层建筑、意识形态的决定与被决定、作用和反作用的关系，规定着文艺的意识形态的地位和作用。党的三代领导核心毛泽东、邓小平和江泽民对文学艺术的考察，也都是从马克思主义的意识形态学说入手来揭示文艺的本质特性的，但他们对文艺意识形态性的揭示又与马克思主义经典作家有所不同。而且，由于时代所提供的理论条件的差异，他们的文艺思想也表现出各自理论形态上的特殊性。从而，不同的历史阶段和历史条件，赋予了马克思主义文艺意识形态理论以新的内涵。

文艺与经济基础的关系问题，在毛泽东那里被具体化、现实化为文艺与社会生活、文艺工作者与广大人民群众特别是工农兵群众的关系问题。这里的“社会生活”，是对“经济基础”这一概念的更具体化、更易于让人接受的表述。毛泽东认为文艺反映和作用于经济基础，实际上就是反映以人民为主体的社会生活实践，文艺为经济基础服务，说到底就是为人民服务。他因此提出了著名的“我们的文学艺术都是为人民大众的，首先是为工农兵的”这一事关中国文艺发展方向的重要命题，并以此为核心贯穿和解决其他一切文艺问题，确立了“文艺为人民”这一以人民为本位的文艺观。这是把马克思主义文艺理论中国化的一个创举，也是对马克思主义文艺理论的一个创新。沿着毛泽东侧重从意识形态的建构实践方面提出问题和解决问题的思想路线，邓小平把文艺与生活的关系问题进一步深化为文艺与人民的关系问题，把创造生活的人民大众放在了核心和主导的地位，这时的文艺与经济、政治的关系也就表现为人与人之间的关系。就是说，文艺反映和作用于经济和政治并不是直接的，而是通过文艺为谁服务这一现实的中介来完成和实现的，这恰恰是文艺不同于其他意识形态的特点。因为经济和政治的内容在文学艺术中并不以赤裸裸的形态出现，而是渗透和融汇在人与人之间的关系当中，是政治和经济的人学内容。邓小平所提出的“人民需要艺术，艺术更需要人民”的著名论断，是把文艺意识形态理论从自在的社会客体结构向自为的人与人的主体结构的扩展和延伸，是对文艺主客体关系的更加明确和全面的规定。这里的“人民需要艺术”，是从文艺表现的对象方面讲文学艺术为什么要为人民服务的问题；这里的“艺术更需要人民”，则是从文艺主体方面讲文学艺术家应该站在什么立场上，以什么样的世界观来对待人民群众，来反映现实生活的问题，并把这一点作为文艺与人民关系的主导方面。面对相同或相近的客观现实生活，由于文学艺术家的立场不同，对待生活的态度不同，他所把握和反映的内容也就不同，所形成的文艺意识形态观念也就不同，只有那些与人民的命运息息相关的文学艺术家才能真实地反映现实生活，揭示历史发展的本质和规律。邓小平从强调文学艺术主体的自由创造和历史选择的角度来揭示文学意识形态的本质，这可以说是一种崭新的闪烁着人学思想的艺术本质理论，只是它不同于抽象的人本主义和人性论的文艺观，而是历史唯物主义的以人民为本位的文艺观。

同毛泽东、邓小平的文艺思想一脉相承，江泽民也是以文艺与社会生活的关系为主线来揭示文艺的本质特征的。从江泽民以“三个代表”重要思想为核心的思想理论体系与他的文艺论述的逻辑关系看，江泽民是通过文艺意识形态的客体结构与主体结构、文艺的客观性与主体性的辩证统一来把握文艺与社会生活的关系，并规定文艺的本质特性的。在文艺主客体关系的客体结构方面，江泽民突出强调了社会主义文艺所反映的经济、政治关系的实质是“代表中国先进生产力的发展要求，代表中国先进文化的发展方向，代表中国最广大人民的根本利益”，是这三者所融合和渗透的新型的人与人之间的关系及其集中体现的社会主义时代的基本精神。这是江泽民面对新的文艺现实，站在崭新的时代高度，从社会主义文艺所反映的内容方面，对文学艺术为什么人的问题所给予的具体规定；在文艺的主体结构方面，江泽民进一步强调了文学艺术家的历史选择和自由创造，提出文艺的主体性建构的实质是如何坚持“唱响社会主义文化的主旋律，坚持为人民服务，为社会主义服务，实行百花齐放、百家争鸣”的方针。正是在这种文艺主客体的关系结构中，江泽民揭示了文艺与社会生活关系的本质是文艺与人民的关系，并把文艺应当为谁服务统一于如何服务的论述之中，这体现了江泽民把他的思想重心始终放在“代表中国最广大人民的根本利益”这一点上，他因此而提出了文学艺术要以人民群众的社会心理为中介反映现实生活，发挥其认识社会和道德教育作用的关于文艺意识形态功能特性的理论，强调文学艺术家与人民群众的最根本的联系是与他们情感的沟通和心理的交融。当然，文学艺术以人民群众的社会心理为中介反映社会存在，并不是去对群众的自发心理做照相式的描绘，甚至去迎合某些不良的心理倾向。江泽民要求文学艺术家和理论工作者要站在社会主义审美理想的高度，站在进步的和人民的立场上，对普遍的社会心理现象进行提炼、加工和改造，使之上升为既有深刻的理性内容又符合群众审美习惯的审美意识，从而使群众的心理和行动更加自觉，更能发挥创造历史的主动性。

从对马克思主义文艺理论中国化的历史和逻辑发展进程的简要描述中，我们可以看到，有中国特色的马克思主义文艺理论以人民为本位的基本观念及其结构体系，并不是一种抽象的理论规定的结果，而是具体产生和存在于中国特色社会主义建设的伟大实践中，是通过它所发挥的为人民服务的独特功能和作用而得到确认，通过广大人民群众的审美和艺术实践活动得以体现并受到检验的。以人民为本位的文艺观的科学性和独创性，就在于它把文艺意识形态学说深化为文艺为人民服务的理论与实践，从而对马克思主义的意识形态学说做出了既符合历史唯物主义，也符合文艺自身规律，又符合中国特殊国情的独特阐释。

今天，重新倡导以人民为本位的文艺观，确立有中国特色马克思主义文艺理论在当代中国文艺学整体结构体系中的基础和核心地位，进而全面把握由不同理论形态、理论要素所共同构成的这个体系的整体结构特性，这是建设当代中国文艺学、繁荣中国特色社会主义文艺的学术之根本和历史之必然。任何社会的观念的上层建筑，都是一定的社会经济形态及由它所决定的政治制度的反映，它不仅反映着社会统治阶级的利益，而且也反映着与统治阶级利益相一致的作为社会主体序列的广大人民群众的利益。有中国特色的马克思主义在当代中国的确立和发展，使它成为反映中国特色社会主义经济形态及其所决定的政治制度，并体现由中国共产党人所代表的最广大人民群众利益的观念上层建筑，并因此而形成了一个能够包容中华民族不同地域和文化背景的整体思想文化结构体系和总体思想文化格局。显然，有中国特色马克思主义文艺理论与当代中国文艺学的发展是一个辩证统一的整体，这决定了当代中国文艺学总体格局的多样统一性。从一个方面看，当代中国文艺学的基本性质和发展方向，只能由作为占统治地位的意识形态的马克思主义来决定，当代中国文艺学研究必须坚持有中国特色马克思主义文艺理论基本观念的指导，这是其统一性的一面。从另一个方面看，有中国特色马克思主义文艺理论作为一种具体理论形态和一般思想文化传统的担承者，又内在地要求自己时刻关注世界文化与艺术总体格局的发展，不断增强自己对现代人类文化和艺术精神的包容性和开拓性。使以其为主导的当代中国文艺学的发展，既要在与其他历史形态、社会形态文艺理论的共存中保持自己的品格，又要善于汲取人类各种文化与艺术及其理论发展新成果的滋养，这又体现了其开放性和丰富多样的特点。可见，那种把马克思主义文艺理论排除于文艺学发展的总体格局和结构体系之外，试图找到一种“纯文艺学”的观点和做法，以及那种用马克思主义文艺理论来替代文艺学的总体格局和结构体系，试图找到一种“纯无产阶级文艺学”的观点和做法，都背离了马克思主义文艺理论与当代中国文艺学发展对立统一的辩证法。它们留给历史的教训，值得我们今天在建设当代中国文艺学的进程中认真记取。

（原载《文学评论》2004年第2期）

马克思主义文艺学基本观念与毛泽东文艺思想

一

马克思主义文艺学基本观念的确立，以及由它所奠基的马克思主义文艺学体系的建立，是人类美学和文艺学史上伟大的变革。它之所以不同于以往的和其他的文艺学理论，能够达到科学、系统和全面的发展，就文艺学科学本身来说，除了它批判、吸收其他文艺学体系中的理性知识，把大量现实的审美经验材料作为自己的认识和实践基础之外，最根本的是它确立了可以把这些理性知识和丰富的经验材料构筑成一个科学的、统一的理论体系的文艺学基本观念，即马克思主义文艺学的基本概念、范畴系统和基本的思维结构、思维方式。而这一切，又是以辩证唯物主义和历史唯物主义的世界观和方法论的确立为先决理论条件的。马克思主义以前的哲学是一个包罗万象的知识体系，特别是黑格尔的哲学，几乎把宇宙间一切自然的、精神的、道德的、历史的等知识都作为一个阶段或部分放到它的体系中来。马克思结束了这种状态，把哲学变成了研究一切科学的世界观和方法论。这种由知识体系向世界观和方法论的跃进，是人类哲学领域里的一个革命。在此基础上，马克思提出了生产力与生产关系、经济基础与上层建筑、物质生产与精神生产等一系列辩证唯物主义与历史唯物主义的基本原理，从而使人类历史上一直含混不清的包括文艺学理论在内的一切社会历史科学的理论，终于都可以豁然开朗、迎刃而解。正是这个科学的世界观体系，为马克思主义文艺学基本观念的产生和确立提供了最基本的理论条件。而马克思主义的文艺学基本观念就是包容在这个世界观体系之中，是这个世界观体系在文艺学领域里的具体体现。马克思、恩格斯把对美和艺术的特殊规律的把握，同对历史唯物主义普遍规律的阐发辩证地统一在一起，做出了艺术作为上层建筑是由一定的经济基础决定的，作为上层建筑的一种社会意识形态，是社会存在的一种能动反映的规定。这就在人类历史上第一次科学地解决了美和艺术的本质以及艺术同其他社会现象的关系问题，从而彻底结束了唯心史观在美学和文艺学领域里的统治地位。

在奠定了这块牢固的基石之后，他们又阐发了一系列美学和文艺学的基本规律，如文艺的发生和发展的规律、艺术掌握世界的规律、物质生产与精神生产发展的平衡与不平衡的规律等等。而对这些问题的提出和解决，又始终渗透和贯穿着唯物辩证法所确定的基本思维结构与思维方式，以及由这个思维原则所统摄的历史与逻辑相统一、从抽象上升到具体的研究方法。这崭新的概念、范畴系统与思维结构、思维方式的创立和综合，就是马克思、恩格斯所确立的文艺学基本观念。正是以此为逻辑基础和结构框架，他们整理了历史和现实所提供的丰富材料，批判吸收了其他文艺学体系中的理性知识，在与形形色色的资产阶级文艺学观念的斗争中，开创了构筑马克思主义文艺学宏伟大厦的历史性工作。

二

以马克思主义文艺学基本观念为结构框架的马克思主义文艺理论体系，一经建立便为人们摄取、解释和整理丰富的文艺学经验知识提供了一个基本的准则。人们开始在马克思主义文艺学基本观念的构架之内，用新发现的经验知识去充实它，使其不断地随着历史的前进而得到完善和发展。

在马克思、恩格斯之后，首先对马克思主义文艺学基本观念进行独立性的研究，并在无产阶级革命斗争的实践中使其丰富和发展的是普列汉诺夫和列宁。普列汉诺夫根据当时无产阶级斗争形势的需要，把美学和文艺学同科学社会主义的理论结合起来，强调在美学方面要注入无产阶级解放的思想。他使马克思主义美学和文艺学在与主张艺术无思想性的美学思想、颓废主义的艺术观、唯美主义、印象主义、立体派等资产阶级的美学和文艺学流派的斗争中得到了发展，这实质上是对马克思的历史唯物主义美学观中没有展开或没有涉及的问题的创造性的阐发。

列宁在总结俄国革命运动的丰富经验的基础上，对马克思、恩格斯所创立的辩证唯物论的认识论原理作了新的论述。这种能动的反映论在文艺领域里的运用，不仅为布尔什维克党制定文化艺术的方针政策奠定了坚实的理论基础，而且也是认识艺术发展和艺术创作基本规律的理论指南。正是从这个能动的反映论的原理出发，列宁提出了一系列美学和文艺学的基本理论问题。他的党性学说提出了文学的地位、方向，以及党的事业与文学的关系问题，从而廓清了资产阶级文艺思潮所散布的“纯艺术”“创作自由”“非党性”文学的迷雾；他提出的“两种文化”的著名原理，阐述了马克思主义批判继承文学遗产的光辉思想；他的关于文艺真实性、典型化原则的论述，他对俄国作家如赫尔岑、别林斯基、列夫·托尔斯泰等人及其作品的分析，所有这一切，都是对马克思主义文艺学基本观念及其理论体系的创造性的继承和发展，成为马克思主义文艺学发展史上的一个基本环节、一个使之不断丰富完善的阶段。在普列汉诺夫、列宁的同时和以后，又有斯大林、高尔基、卢那察尔斯基等人，他们都从不同的角度提出了新的理论观点，对马克思主义文艺学的发展做出了贡献。

三

马克思主义文艺学基本观念在中国的传播和确立，是同中国革命文艺的具体实践紧密结合在一起的。在这方面，鲁迅、瞿秋白、郭沫若等人都作了有开拓性意义的传播工作。而真正致力于把马克思主义文艺理论中国化，使马克思主义文艺学基本观念同中国革命文艺的具体问题相结合的则是毛泽东。他的《在延安文艺座谈会上的讲话》既是对马克思列宁主义文艺学观念的阐释和发展，又具有极浓重的中国革命和中华民族的时代与民族特色，从而在当时历史条件下确立了唯一科学的、中国化的马克思主义文艺学基本观念，为建立中国的马克思主义文艺学体系提供了一个基本的理论框架。从此，中国的文艺学发展进入了一个新的历史阶段。

《在延安文艺座谈会上的讲话》（以下简称《讲话》）是毛泽东为保卫和巩固我们党的马克思主义理论基础而写的众多理论著作之一，曾经是我们党具有重大历史意义的延安整风运动的主要学习文件。《讲话》作于1942年5月，当时中国共产党已经走过了二十一年的战斗历程，领导了两次大革命，并正处在抗日战争时期。历史的新时期使我们党面临着一个重大的任务，这个任务就是要取得民族解放的胜利就必须首先在思想战线上有一个牢固的基础，而奠定这个基础的关键则是如何形成全党马克思列宁主义的统一，提高全党在这个问题上的自觉性。毛泽东根据前两次大革命中党内许多干部缺乏识别和抵制各种“左”和右的机会主义的能力，而使革命屡遭挫折的经验教训，强调思想建设的重要性，先后写出了一系列极其重要的理论著作，这包括《实践论》《矛盾论》和作为延安整风学习材料的《新民主主义论》《改造我们的学习》《整顿党的作风》《反对党八股》《在延安文艺座谈会上的讲话》等。虽然这些著作论述的角度和涉及的学科各有侧重，但要解决的根本问题都是共同的，那就是在全党确立理论与实际相联系、一切从实际出发、实事求是的思想路线。而在这个最本质的问题上，党的历史上有各种形式的机会主义者是同马克思主义背道而驰的。他们或是把马克思主义理论的个别条文当作抽象的绝对的公式，来限制认识的前进；或是轻视对马克思主义理论的学习，满足于自己低级的感性认识。这种同属于主观主义的教条主义和经验主义的错误，曾使中国革命受到极大的损失。正是在总结了反对主观主义和以其为思想基础的各种机会主义的历史经验的基础上，毛泽东创造了著名的“马克思列宁主义的普遍真理和中国革命的具体实践互相结合”[①]的原理，为全党树立起了中国化的马克思列宁主义这面光辉的旗帜。而《讲话》就是马克思主义的普遍真理与中国革命文艺的具体实践互相结合的典范，它所确立的是一个用马克思主义的立场、观点、方法认识和解决中国具体文艺问题的基本理论原则，是一个系统阐释这个原则的由其特有的文艺观和方法论，即它特有的概念、范畴和思维结构、思维方式所构成的理论体系框架。

从《讲话》理论框架的构成看，有的放矢地解决在中国历史条件和思想条件下文艺理论与实践的具体问题，是其基本的出发点和最后的归宿。因此，它所形成的是一种与以往那些以单纯学术研究为目的，以提出若干让人称许、供人信仰的教条为宗旨的文艺学体系根本不同的崭新的理论表现形式。毛泽东说，我们看问题不要从抽象的定义出发，而要从客观存在的事实出发，从分析这些事实中找出方针、政策、办法来。何为从客观存在的事实出发？他说：“我们要从国内外、省内外、县内外、区内外的实际情况出发，从其中引出其固有的而不是臆造的规律性……而要这样做，就须不凭主观想象，不凭一时的热情，不凭死的书本，而凭客观存在的事实，详细地占有材料，在马克思列宁主义一般原理的指导下，从这些材料中引出正确的结论。”[②]这是毛泽东根据当时延安的理论界和文艺界有很多的唯心论、教条主义、空想、空谈、轻视实践、脱离群众等缺点的实际情况，针对五四以来中国知识分子容易沉溺于烦琐哲学的空论和不是把理论、认识与实际统一起来的历史性弱点而

① 《毛泽东选集》第3卷，人民出版社1991年版，第796页。

② 《毛泽东选集》第3卷，人民出版社1991年版，第801页。

提出来的一条辩证唯物论的思想路线，一个马克思主义的方法论原则。在这方面，毛泽东始终身体力行地为全党做出了杰出的表率。他不仅在理论上创建了马列主义的普遍真理与中国革命的具体实践相结合的原理，而且更重要的是在行动上、在一切实际工作的指导上始终坚持这个原理。他在任何时候都不忘记从中国革命的具体实际出发，从对人民群众实践经验的调查研究中抽引出符合客观事物规律的方针、政策、方法，来反对主观主义的错误理论和行动，以正确地指导实际工作。

犹如哲学上最基本的问题是思维和存在的关系问题，文艺学的最基本问题应该是文艺与社会生活的关系问题，即文艺的基本性质是什么的问题。而一种文艺的性质又首先是由它为什么人服务来决定的，这是毛泽东在《讲话》中所提出的中心命题。纵观人类社会科学的发展史，一个正确命题的提出往往比自然科学上的一种伟大的发现还要困难。虽然自然科学的某一种发现也体现着与其他有关的已有发现间的联系，但社会科学上一个正确命题的提出在本质上却是对一系列思想理论的概括和综合。因此可以说，毛泽东关于文艺为什么人的这个命题的提出，既是对当时的客观事实和全部感觉经验把握的结果，也是对人类一切优秀的文艺学科学成果的总结和继承。文艺为什么人的问题包括文艺应当为谁服务和如何服务这两个方面，一般来说前者属于认识论范围，后者属于方法论范围。但在《讲话》中这二者却是统一在一起的，即文艺应当为谁服务的论述是统一于如何服务的论述之中的，这体现了毛泽东一贯的思想方法。在毛泽东看来，文艺为什么人的问题说到底是文艺工作者与广大人民群众，特别是工农兵群众之间的关系问题，是他们的思想感情、作品和行动是否与群众的需要和实际斗争的需要相符合的问题。针对五四以来这个问题长期没有得到彻底解决的实际情况，毛泽东提出文艺必须也能够为广大人民群众服务、为工农兵服务、为中国革命斗争服务，并明确指出："知识分子如果不和工农民众相结合，则将一事无成。革命的或不革命的或反革命的知识分子的最后的分界，看其是否愿意并且实行和工农民众相结合。"[①]那么，如何判定和检验是否真正愿意并实行了与工农民众的结合呢？他说："检验一个作家的主观愿望即其动机是否正确，是否善良，不是看他的宣言，而是看他的行为（主要是作品）在社会大众中产生的效果。"[②]"我这样说，不是说在理论上。在理论上，或者说在口头上，我们队伍中没有一个人把工农兵群众看得比小资产阶级知识分子还不重要的。我是说在实际上，在行动上。在实际上，在行动上，他们是否对小资产阶级知识分子比对工农兵还更看得重要些呢？我以为是这样。"[③]而要改变这种状况，真正使文艺为工农民众服务，我们的文艺家就"必须站在无产阶级的立场上，而不能站在小资产阶级的立场上"[④]　就"一定要把立足点移过来，移到工农兵这方面来，移到无产阶级这方面来。只有这样，我们才能有真正为工农兵的文艺，真正无产阶级的文艺"[⑤]。显然，《讲话》所提出的文艺为什么人的命题，绝不是一个纯粹的理论思辨的问题，也不是一个抽象的原则和口号，而是一个与纠正

---

① 《毛泽东选集》第2卷，人民出版社1991年版，第559页。

② 《毛泽东选集》第3卷，人民出版社1991年版，第868页。

③ 《毛泽东选集》第3卷，人民出版社1991年版，第856页。

④ 《毛泽东选集》第3卷，人民出版社1991年版，第856页。

⑤ 《毛泽东选集》第3卷，人民出版社1991年版，第857页。

理论和实际相脱离的主观主义思想倾向的方法论水乳交融的统一体。

作为中心命题，文艺为什么人和如何为的问题有着极大的概括性。文艺工作的党内关系和党外关系的问题，文艺批评的标准问题，文艺的普及与提高、源与流的关系问题等，都是这个根本性问题的扩展与延伸，都依这个问题的解决而得以澄清。它们各有侧重又围绕一个中心，从而形成了以中心命题为基础和核心的多层次、多侧面的概念和范畴系统。

《讲话》标志着毛泽东思想的文艺学基本观念及其理论体系的确立和形成，也科学地预示了我们时代的马克思主义文艺学发展的必然趋势。

通过对一个半世纪以来的马克思主义文艺学发展历程的简单回顾，我们可以看到，马克思主义文艺学基本观念是建立和发展马克思主义文艺理论的基本动因和逻辑基础。正是沿着它开辟的思想路线，依据它提供的基本原则，一代又一代的马克思主义者才根据时代的发展，积累和总结着新的实践经验，不断地使马克思主义文艺理论得以丰富和发展，并日益显示出强大的内在活力。而在这一过程中，尽管因时间、地点、条件的不同而体现出不同的理论特色，呈现出不同的时代形态，但都没有离开马克思、恩格斯所确立的马克思主义文艺学基本观念的逻辑基础和理论框架，都是不断把新发现的经验知识、新总结的理论观点容纳到这个既定的构架中去，在马克思主义文艺学基本观念的构架之内，去发展马克思主义的文艺学。

由此可见，马克思主义文艺学的发展史，在本质上就是坚持与发展马克思主义文艺学基本观念的历史。如何正确处理这种坚持与发展的关系，即如何在马克思主义文艺学基本观念的构架内，去解决随时代的变革和前进所提出的新问题，这始终是摆在每一个马克思主义者面前的根本性课题。

（原载《论邓小平的文艺思想》，北京出版社1994年版）

论邓小平的文艺意识形态理论

邓小平对文学艺术的论述，是从马克思主义的意识形态学说入手来揭示文学艺术的本质特征的。他提出的物质文明与精神文明建设的关系、艺术与人民的关系等问题，实质上都是对意识形态与经济基础的关系的具体化和现实化的阐发。但是，由于时代所提供的理论条件的不同，同马克思主义经典作家相比，邓小平对文艺意识形态本性的揭示又表现了其理论形态上的特殊性。他是以经典作家对文艺意识形态性的逻辑规定为基础，从意识形态与人民群众实践活动的关系方面，即意识形态的建构实践方面提出问题和解决问题的。在邓小平看来，文艺反映和作用于经济基础，实际上就是反映以人民为主体的社会生活实践，文艺为经济基础服务，说到底就是为人民服务。因此，他提出了“文艺属于人民”“人民是文艺工作者的母亲”的基本命题，郑重重申“我们要继续坚持毛泽东同志提出的文艺为最广大的人民群众，首先是为工农兵服务的方向”[①]，并以此为核心去解决其他一切文艺问题，确立了以人民为本位的当代中国的马克思主义文艺学基本观念及其理论体系。

---

① 邓小平:《邓小平论文艺》,人民文学出版社1989年版,第6页。

一

从文艺意识形态理论的逻辑规定看文艺，文艺与经济基础的关系是一种社会结构所规定的客观的、自在的关系。不论人们承认与否，文学艺术都要反映和作用于经济和政治，自觉或不自觉地为它们服务，这是一种历史必然的既定关系。而把文艺与经济基础这种决定与被决定的既定关系深化为文艺与人民，即以人民为本位的关系，文艺与经济、政治的关系也就表现为人与人之间的关系。社会结构的自在关系也开始转化为自为的关系。也就是说，文学艺术反映和作用于经济基础和政治并不是直接的，而是通过文艺为谁服务这一现实的中介来完成和实现的。文学艺术中的经济和政治的内容，并不以赤裸裸的形态出现，而是渗透和融汇在人与人之间的关系当中，是政治和经济的人学内容。邓小平正是抓住了作为意识形态的文艺与经济基础相联系的这个中介，在对艺术本质特性的把握上，把文艺的意识形态性深化为文艺为什么人的问题，从社会客体的理论结构向人与人的主体结构扩展和延伸。这就既立足于文艺意识形态学说的理论基础之上，又赋予了这一理论以新的内涵，创造性地发展了这一理论。所谓文艺的意识形态性，是指文艺具有意识形态的本性，也就是说文艺的本质属性必须从它的意识形态特性上来理解，否则文艺就会失去它自身存在的意义与价值。根据马克思主义的意识形态理论，意识形态的本质属性是由构成意识形态的诸因素决定的，这大致包括认识因素、价值因素、功能因素以及物质因素。这也就决定了作为意识形态的文学艺术也内含着这四种构成因素，以及由这四种因素构成的本质特性。那么，文艺在具有一般意识形态特性的同时，又是怎样体现出它自身独特的本质和规律的呢？这是文艺意识形态学说在发展中所必须回答的问题。邓小平提出的以人民为本位的文艺意识形态理论，就是对这一问题做出的回答。这一理论是从构成意识形态的认识因素、价值因素和功能因素这三个方面，对文艺意识形态的独特本质进行考察的。

意识形态是一个历史唯物主义的范畴，但它的理论基础却是辩证唯物论的认识论。意识形态之所以为意识形态，首先就在于它是一定的经济基础的反映，具有认识的客观真理性。而文学艺术之所以属于意识形态，也首先在于它具有客观的认识性。任何文学艺术都要自觉或不自觉地在一定程度上反映社会生活及其规律，反映特定的历史条件下经济基础内部的矛盾冲突。恩格斯说巴尔扎克的《人间喜剧》反映了1816年至1848年“法国社会的全部历史”，列宁称托尔斯泰为“俄国革命的镜子”，都是从文艺是客观社会存在的反映这个角度揭示了文艺的认识特性。邓小平对文学艺术的认识特性的把握，是把它放在文艺与人民的关系之中，从认识内容和认识主体这两个方面对文艺的认识特性给予了具体的规定。在客观方面，邓小平突出强调了文艺所反映的经济关系和政治关系的实质是人与人之间的关系，是经济和政治的人学内容；在主观方面，他突出强调了文学艺术家的历史选择和个人的自由创造，强调了文学艺术的主体性建构。这就从主客观两个方面深刻揭示了作为社会意识形态的文学艺术在认识上的独特本质。毛泽东在《在延安文艺座谈会上的讲话》中说过：“一切种类的文学艺术的源泉究竟是从何而来的呢？作为观念形态的文艺作品，都是一定的社会生活在人类头脑中的反映的产物。革命的文艺，则是人民生活在革命作家头脑中的反映的产物。”这是毛泽东从艺术与生活的关系出发，对艺术的本质所给予的规定，这里的“社会生活”是对经济基础这一概念的更具体化、更易于让人接受的表述。而邓小平则把文艺与生活的关系进一步表述为文艺与人民的关系，把作为社会生活主体的人，把创造生活的人民大众放在了核心和主导的地位，从主体对意识形态建构实践的角度，更全面深刻地揭示了作为文艺反映对象的经济基础的内涵和作为反映主体的人的能动作用。邓小平指出：“一切进步文艺工作者的艺术生命，就在于他们同人民之间的血肉联系。忘记、忽略或是割断这种联系，艺术生命就会枯竭。人民需要艺术，艺术更需要人民。自觉地在人民的生活中汲取题材、主题、情节、语言、诗情和画意，用人民创造历史的奋发精神来哺育自己，这就是我们社会主义文艺事业兴旺发达的根本道路。”[①]他在这里强调了“人民需要艺术”，即文学艺术应当为人民服务的问题；但更着重强调的是“艺术更需要人民”，即文学艺术家应该站在什么立场上、以什么样的世界观来对待人民群众、来反映现实生活的问题，并把这一点作为了文艺与人民关系的主导方面。面对作为反映对象的相同或相近的客观现实生活，由于文学艺术家的立场不同，对待生活的态度不同，那么他们所把握和反映的客观生活的内容也就不同，其作品所具有的客观真理性、所形成的意识形态观念也就不同。真理是客观的，又是具体的，并非任何立场、任何世界观的作家只要反映了现实生活，就都能达到对客观现实的真理性认识。只有那些“用人民创造历史的奋发精神来哺育自己”的文学艺术家，才能真实地反映现实

① 邓小平：《邓小平论文艺》，人民文学出版社1989年版，第8页。

生活，揭示历史发展的本质和规律；而那些“忘记、忽略或是割裂”与人民的联系的文艺家，他们的作品只能是空洞的、干瘪的，甚至是对现实生活的歪曲和对客观真理的否定。邓小平以强调文学主体自由的创造和建构文艺意识形态观念为重心，从作家主体能动的反映和历史选择的角度来揭示文艺意识形态的本质，这可以说是一种崭新的社会主义的艺术本质论，一种马克思主义文艺学的文学主体观。

二

从意识形态构成的价值因素来说，作为观念形态的文学艺术都具有一定的价值性，没有价值性的艺术是不存在的。任何意识形态都要反映一定阶级和集团的利益和需要，并根据这种利益和需要对反映的客观事物做出主观的评价，这就是意识形态的价值属性。任何文学艺术家都是生活在特定的社会关系中的人，作为一定社会关系的承担者，他总是自觉或不自觉地站在特定的阶级或社会集团的立场上反映和评价生活，表现特定历史时代和阶级的审美理想，为特定阶级和社会集团的利益服务，这表现为文艺意识形态的价值属性。邓小平的以人民为本位的文艺意识形态理论，从社会主义建设和改革的时代性上，对文艺意识形态的价值属性给予了具体的规定。他首先肯定了文艺的价值体现在文艺与人民的关系之中，即文艺的主客体关系之中。文艺的主客体关系是一种客观的对象性关系，对象的价值属性对于主体所显示出来的意义，既同自身的属性有关，又与主体对它的评价有关。因此，文艺的价值虽然离不开主体，但主要在客体，在于文艺家写什么和为谁而写，也就是说，文艺为什么人的问题是决定文艺价值的关键之所在。他要求文艺工作者“要始终不渝地面向广大群众”[①]，并指出：“我们的人民勤劳勇敢，坚韧不拔，有智慧，有理想，热爱祖国，热爱社会主义，顾大局，守纪律。”[②]我们的文艺不去描写歌颂他们，又去描写歌颂谁呢？只有服务于人民，从人民那里汲取不尽的创作源泉，我们的文艺才能繁荣。这就为文艺价值的形成奠定了一个牢固的客观基础。同时，邓小平也十分重视主体对文艺价值形成的重要作用，并着重强调了文艺家如何为人民服务的问题，在他看来，解决文艺为什么人的问题主要不是一个客体论的问题，而是一个主体论的问题。人民群众作为文艺表现的对象，它自身价值的存在只为文艺家提供了一个为其服务的客观根据。但文艺家能否真正做到为人民服务，使作品具有价值，却在文艺家主体自身，在于文艺家的立场、世界观和对待人民的思想情感。他说：“文艺工作者要努力学习马列主义、毛泽东思想，提高自己认识生活、分析生活、透过现象抓住事物本质的能力。”[③]这是对文艺工作者如何为人民服务以实现文艺价值所提出的基本要求。同时，他还针对一些人由于立场、世界观和思想情感与时代精神和人民的需求相对立而导致的文艺价值丧失的现象提出了尖锐的批评：“一些人对党中央提出的文艺为人民服务、为社会主义服务的口号表示淡漠，对文艺的社会主义方向表示淡漠，对党和人民的革命历史和他们为社会主义现代化而奋斗的英雄业绩，缺少加以表现和歌颂的热忱，对社会

① 邓小平：《邓小平论文艺》，人民文学出版社1989年版，第7页。

② 邓小平：《邓小平论文艺》，人民文学出版社1989年版，第5页。

③ 邓小平：《邓小平论文艺》，人民文学出版社1989年版，第7页。

主义事业中需要解决的问题，很少站在党的积极的革命的立场上提高群众的认识，激发他们的热情，坚定他们的信心。相反，他们却热心于写阴暗的、灰色的、以至胡编乱造、歪曲革命的历史和现实的东西。”[①]这是文艺主体的真正失落，由此而导致的文艺与人民价值关系的分裂，必然使文艺的价值转化为负面价值，使社会主义文艺丧失其最基本的价值规定性。

正因为邓小平是从文艺与人民的关系提出文艺的价值性问题的，因此文艺也就不像西方某些美学家所说的那样是无目的的、非功利的，即文艺是非意识形态性的。马克思主义文艺学不否认文艺具有某些无目的、非直接功利的表现形式，但它的本质特征是意识形态性则是毋庸置疑的。而意识形态的价值因素，在文学艺术中就表现为它的功利性、目的性。可见，问题并不在是否承认文学艺术的功利目的性，而是在于它具有怎样的功利目的性，在于它表现的是哪个阶级和集团的功利目的性。毛泽东在《在延安文艺座谈会上的讲话》中说过：“唯物主义者并不一般地反对功利主义，但是反对封建阶级的、资产阶级的、小资产阶级的功利主义，反对那种口头上反对功利主义、实际上抱着最自私最短视的功利主义的伪善者。世界上没有什么超功利主义，在阶级社会里，不是这一阶级的功利主义，就是那一阶级的功利主义。”邓小平继承了毛泽东的思想，并根据我国社会主义建设和改革的新的实际，明确提出：“对实现四个现代化是有利还是有害，应当成为衡量一切工作的最根本的是非标准。文艺工作者，要同教育工作者、理论工作者、新闻工作者、政治工作者以及其他有关同志相互合作，在意识形态领域中，

---

① 《邓小平文选》第3卷，人民出版社1993年版，第42～43页。

同各种妨害四个现代化的思想习惯进行长期的、有效的斗争。”[①]这是对社会主义文艺的价值性和功利性的全面而完整的阐释。

从毛泽东到邓小平的文艺价值论多年来往往受到责难甚至攻击的情况看，不论是说邓小平论文艺从政治上讲得多、从艺术上讲得少的观点，还是干脆把毛泽东的文艺论说成是政治实用主义的观点，其实质都无非是说他们只强调文艺的“政治功能”，而忘却了文艺的“审美本性”，以此来寻找否定它们的借口。其实毛泽东和邓小平从价值论来探讨文学艺术的本质特性，主要是揭示文艺通过人与人的关系所表现出来的政治和经济的人学内容，是文学艺术家对现实生活的价值取向，而不是要文学艺术家去写社会政治学讲义。他们反对把文艺等同于政治的观点始终是鲜明的，毛泽东就说过：“我们既反对政治观点错误的艺术品，也反对只有正确的政治观点而没有艺术力量的所谓‘标语口号式’的倾向。”[②]邓小平在总结历史经验的基础上，根据新时期的具体实践，明确规定党对文艺的领导“不是要求文学艺术从属于临时的、具体的、直接的政治任务，而是根据文学艺术的特征和发展规律，帮助文艺工作者获得条件来不断繁荣文学艺术事业”[③]，使人们“得到娱乐和美的享受”[④]。邓小平尊重艺术规律，相信艺术美的力量，但与那些把审美仅仅归结为纯粹的心理情感活动的观点截然不同，他始终认为艺术美

① 邓小平:《邓小平论文艺》,人民文学出版社1989年版,第5页。

② 《毛泽东选集》第3卷,人民出版社1991年版,第870页。

③ 邓小平:《邓小平论文艺》,人民文学出版社1989年版,第9页。

④ 邓小平:《邓小平论文艺》,人民文学出版社1989年版,第6页。

来源于对社会历史发展必然性认识基础之上的正确价值取向，文学艺术活动是在情感心理的形式中表现着主体对对象的认识和评价。这是邓小平把文艺意识形态论深化为文艺与人民的关系的命题，从人与人的主体结构角度所提出的对文学艺术本质的看法。

三

从意识形态看文艺，文学艺术就不仅包含认识因素和价值因素，也必然包含功能因素。任何意识形态都是社会存在的反映，它们又都反作用于社会存在，这种对社会存在的反作用，就是意识形态的功能特性。由于不同的意识形态反映社会存在的方式有所不同，因此它们所具有的功能特性也表现出各自的特点。就文学艺术对经济基础的反映来说，它主要反映社会生活中人与人之间的关系。而文学艺术对这种人与人之间的社会关系的反映，又是通过一系列的中介才得以实现的。从马克思主义文艺学的基本原理和邓小平关于文艺与人民的关系的论述，人们可以看到文艺主要是通过政治的中介、文化的中介和社会心理的中介来反映社会生活的，这就使文艺意识形态的功能特性具有多层次性和综合性的特点。

作为意识形态的文艺，它对社会经济关系的反映要以特定的政治关系为中介，这是马克思主义一以贯之的基本观点。马克思、恩格斯在解释“社会存在”这一概念时，认为社会存在不仅包括历史上一直存在和不断演变的生产关系或所有制形式，包括各种分工形式或交往形式，而且还包括“他们的社会政治组织”，即社会政治关系。毛泽东在《新民主主义论》中，基本上也是按照马克思和恩格斯对社会存在这一概念的解释来理解社会存在的。他指出，作为观念形态的文艺对经济基础的反映，表现为对特定社会政治关系的反映。远离物质经济基础的意识形态的文艺，就是凭借特定时代的政治土壤产生和形成的，文艺对经济基础的反作用，也是通过政治这个环节来实现的。在《在延安文艺座谈会上的讲话》中，毛泽东强调一切文学艺术都属于一定的阶级，属于一定的政治路线，反对超阶级、与政治并行或相互独立的艺术，意在从社会存在决定论的角度解释文艺这种意识形态现象，并没有将文艺与政治等同或把文艺政治化的意思。毛泽东的有关论述对我们理解文艺与政治、与经济基础的关系具有方法论的意义。随着历史条件和政治、经济关系的变动，邓小平对文艺与政治、经济的关系做出了具有时代特征的新的概括和更为详尽的说明，但其基本精神却是与马克思、恩格斯、毛泽东的思想一脉相承的。他说："我们坚持'双百'方针和'三不主义'，不继续提文艺从属于政治这样的口号，因为这个口号容易成为对文艺横加干涉的理论根据，长期的实践证明它对文艺的发展利少害多。但是，这当然不是说文艺可以脱离政治。文艺是不可能脱离政治的。任何进步的、革命的文艺工作者都不能不考虑作品的社会影响，不能不考虑人民的利益、国家的利益、党的利益。"[①]这里的"不继续提文艺从属于政治"是从意识形态与经济基础的关系出发，讲文艺与政治同是被经济基础决定的意识形态，因此在这个本原的意义上，文艺与政治都从属于经济基础，它们二者并无从属关系。而这里的"文艺是不可能脱离政治的"，则讲的是在文艺与经济

① 《邓小平文选》第2卷，人民出版社1994年版，第256页。

基础的关系中政治的中介地位和作用，是讲文艺要通过政治这个环节对经济基础产生作用。在邓小平把文艺与经济基础的关系具体化为文艺与人民的关系的文艺意识形态论中，政治的这种中介作用表现得尤为突出和重要。邓小平根据新时期我国阶级矛盾所发生的变化，赋予了政治以新的内涵，他说“培养社会主义新人就是政治”[①]，并强调：“我们的文艺，应当在描写和培养社会主义新人方面付出更大的努力，取得更丰硕的成果。”[②]从他的论述中可以看到，从文艺反映的对象这个方面来说，由于特定社会的人与人之间的经济关系，必然或隐或现地体现为人与人之间的政治关系，因此，作为为经济基础服务的文艺意识形态也就必然要把自己的视野放在以政治为主导的现实生活中，把人与人之间的政治关系作为自己直接或间接的反映对象。不带任何政治色彩，完全脱离政治的文艺是不存在的。而从反映主体来说，生活在特定的社会关系中的文学艺术家，其本身就是某种政治关系的承担者。他们在创作中虽然不是以政治的社会角色把握生活，而主要是以艺术的掌握世界的方式去把握生活。但是作为其审美意识核心构成因素的审美理想，本身就内含着社会的政治理想，而且可以说社会政治理想是构成审美理想的基础和核心，正是由它规定着不同时代、不同阶级的审美理想的本质。根据马克思的看法，在资本主义的商品生产中，生产者是独立自由的，但生产条件在生产者之外，不属生产者所有，因此这是一种“以物的依赖性为基础的人的独立性”[③]。这种以物的统治为前提的人的独立性，必然表现为个

① 《邓小平文选》第2卷，人民出版社1994年版，第256页。

② 邓小平：《邓小平论文艺》，人民文学出版社1989年版，第6页。

③ 《马克思恩格斯全集》第46卷上册，人民出版社1979年版，第104页。

人与社会的对抗，这就是近现代资本主义社会与对立崇高的审美理想的社会历史基础。社会主义的艺术之所以不同于近现代资本主义的艺术，就因为它以共产主义的社会政治理想为自己的审美理想的灵魂，以人民群众的社会主义革命和建设的实践作为文艺实践的现实基础，它要体现个人与社会的和谐一致，要“表现我们人民的优秀品质，赞美人民在革命和建设中、在同各种敌人和各种困难的斗争中所取得的伟大胜利”①。这就使社会主义文艺要展现出从必然王国向自由王国迈进的自由豪迈的审美境界，也就是邓小平所说的“雄伟和细腻，严肃和诙谐，抒情和哲理”相统一的审美境界。

文艺不但要以政治为中介反映经济基础，而且也要以文化为中介反映社会生活，以实现自身的意识形态功能。邓小平也把文艺作为一种特殊的文化现象来加以考察，他认为文学艺术家在进行创作时，不仅要重视现实生活这个唯一的永不枯竭的源泉，而且也不应忽视包括古代和外国文艺遗产在内的优秀文化这个流。他说，“我国历史悠久，地域辽阔，人口众多，不同民族、不同职业、不同年龄、不同经历和不同教育程度的人们，有多样的生活习俗、文化传统和艺术爱好”，它们“都应当在我们的文艺园地里占有自己的位置”，“我国古代的和外国的文艺作品、表演艺术中一切进步的和优秀的东西，都应当借鉴和学习”。②邓小平在这里，是把文化作为联系文艺与生活的中介来看待的，他肯定了任何文艺创作都离不开一定的文化背景，文艺对客观现实生活的反映总要这样或那样地以一定的民族文化

① 邓小平:《邓小平论文艺》,人民文学出版社1989年版,第6页。

② 邓小平:《邓小平论文艺》,人民文学出版社1989年版,第6页。

为中介形式。文化的这种中介地位，是由文艺主客体这两个方面所规定的。作为以审美的方式反映现实生活的文学艺术家，他们不仅是某一特定社会关系的承担者，而且也是某种历史文化的承担者。在这种特定的社会关系和历史文化的氛围中，文学艺术家都要扮演双重角色，既是特定阶级的代言人的角色，又是进行审美文化创造的文化角色。在阶级社会里，文学艺术之所以具有若隐若现的阶级性，又具有浓厚的民族特色，就是因为文艺家们是在以特定的社会文化视角对生活进行观察和认识中，反映着特定阶级和社会集团的利益、愿望和要求。这是从文艺主体方面来说的。

从反映对象这方面讲，文艺所反映的现实生活中的风土人情、生活习俗、文化传统、心理结构等本身就属于文化的范畴，而不简单地属于阶级的和经济的范畴。但这对文学艺术来说却不可或缺，它是构成邓小平所说的“具有民族风格和时代特色的完美的艺术形式”①的基本因素。邓小平依据马克思主义意识形态学说的基本原理，充分肯定了这些不属于严格意义上意识形态范畴的文化因素在社会主义精神文明建设中的作用。社会主义的历史和实践告诉我们，仅仅从经济制度、政治制度和社会生产力诸方面，还不足以说明社会主义的本质。社会主义还必须有一个本质特征，那就是以马克思主义为指导的社会主义精神文明。那么，精神文明包括哪些内容呢？邓小平指出：“所谓精神文明，不但是指教育、科学、文化（这是完全必要的），而且是指共产主义的思想、理想、信念、道德、纪律，革命的立场和原则，人与人的同志式关系，等等。”②这就告诉我们，

① 邓小平：《邓小平论文艺》，人民文学出版社1989年版，第8页。

② 《邓小平文选》第2卷，人民出版社1994年版，第367页。

社会主义精神文明的内容主要由文化建设和思想建设这两部分组成。其中的科学和文化是直接同社会的物质文明相联系的，属于一般意义上的精神文明，因此不是由社会主义经济基础所直接决定的意识形态。它们同思想、政治、道德等直接由社会主义经济制度决定的、具有明显意识形态属性的因素结合在一起，形成了社会主义精神文明的整体结构。邓小平把文化这一人类共同创造的财富，作为构成社会主义精神文明的一个重要因素，这就极大地丰富了作为社会主义精神文明建设的一个独特领域的文学艺术的本质内涵，开阔了人们文艺研究的理论视野。

文学艺术以社会心理为中介反映现实生活，反作用于经济基础，这是文艺意识形态的又一社会功能。社会心理是由一定的经济基础和政治制度决定的，同时又与一定的文化传统相联系。它是一种在特定的历史时期、在一定的阶级和社会阶层中普遍存在的自发的精神状态，包括由现实生活产生和从传统中获得的各种情绪、愿望、要求、信念、道德风尚和审美趣味等。邓小平把文艺与经济基础的关系深化为文艺与人民的关系，把马克思主义的文艺意识形态论具体化为文艺为人民服务的理论，这就使他十分注意分析人民群众的社会心理，强调文艺家与人民群众的联系最根本的是与人民群众情感的沟通和心灵的交融。像领导其他部门的工作一样，他在文艺上也总是把群众观点、群众路线作为分析和解决问题的基本出发点和基本方法。他指出："党只有紧紧地依靠群众，密切联系群众，随时听取群众的呼声，了解群众的情绪，代表群众的利益，才能形成强大的力量，顺利地完成自己的各项任务。”[1]这种群众观点、群众路线在文艺上的体现，就是提出文学艺术要以人民群众的社会心理为中介反映现实生活，发挥文艺的认识社会和道德教育的功能。因此，邓小平要求文学艺术家要熟悉人民群众的情绪、情感、愿望、要求，熟悉他们的道德观念、审美情趣，希望“文艺工作者中间有越来越多的同志成为名副其实的人类灵魂工程师”[2]。当然，文学艺术以人民群众的社会心理为中介反映社会存在，并不是对这种社会心理做照相式的原原本本的描绘，而是要求文学艺术家站在社会主义审美理想的高度，对带有自发性的人民群众普遍的社会心理现象进行提炼、加工和改造，使之上升为既有深刻的社会理性内容又符合群众审美心理习惯的艺术意识，凝聚成“有血有肉、生动感人的艺术形象”。这时，艺术是符合群众社会心理的艺术，群众社会心理是艺术化了的心理结构，社会心理成为联结文艺与人民的桥梁。要做到这一点，文学艺术家就要站在进步的和人民的立场上，既要想人民之所想，急人民之所急，与人民息息相通；又要站得更高，看得更远，在整体上有所超越。不能去歌颂群众的自发心理，甚至去迎合某些不良的心理倾向。邓小平要求“文艺工作者要努力学习马列主义、毛泽东思想，提高自己认识生活、分析生活、透过现象抓住事物本质的能力”[3]。这里的“透过现象抓住事物本质”，就是对社会主义时代普遍存在的社会心理的熔铸和概括，就是对群众的社会心理进行正确和有效的引导，从而使群

---

① 《邓小平文选》第2卷，人民出版社1994年版，第342页。

② 《邓小平文选》第2卷，人民出版社1994年版，第211页。

③ 邓小平：《邓小平论文艺》，人民文学出版社1989年版，第7页。

众的心理和行动更加自觉，更能发挥创造历史的积极性和主动性，把社会主义事业推向前进。从文艺意识形态功能的层次性来说，它的表层是社会心理的功能，次深层是社会历史文化的功能，最深层是社会政治的功能。人的本质是社会关系的总和，其中社会政治关系是构成人的本质的重要因素之一，所以在阶级社会里，阶级性是人的基本特性。但同时人不同于动物的社会本性要通过一定的文化意识反映出来，这就使人具有创造文化的特性。邓小平把文艺看作一种社会主义文化的创造，就是从文化的视角看文艺，看文艺的意识形态本性，来揭示文艺的本质和功能。这样，文艺以文化为中介反映社会生活就成为以政治为中介反映经济基础的中介环节，或者说它是中介的中介，并因此而构成了文艺意识形态的次深层次。社会心理作为文艺意识形态的直接表现，是文艺意识形态结构的表层次，是由社会的文化、政治、经济等关系所决定的。人与人之间的生产关系、政治关系和文化的联系，大量地通过某些社会心理集中体现出来，从而构成一种社会精神氛围。文学艺术就产生在这一由特定的社会心理所构成的社会精神氛围中，所以社会心理也就往往成为艺术表现的直接对象。邓小平的文艺意识形态功能论，是从社会心理深化到社会文化，最终归结到文艺与政治、经济的关系。在这里，政治和经济所内含的人学内容，即人与人的政治、经济关系是基础和核心，文艺的社会心理论、文化论都是围绕这个核心展开的，从而形成了一个综合性的多层次的理论框架。

概观邓小平的文艺意识形态论，它的核心是文艺与人民的关系问题。围绕着这一核心，邓小平不但全面地揭示了文艺的一般意识形态特性，而且还揭示了意识形态的认知、价值、功能因素在文学艺术中的特殊表现，从而对文艺意识形态的特殊本质给予了全面、科学的规定。邓小平根据时代的发展对马克思主义文艺学提出的新的要求，不但以一个伟大的无产阶级革命家、政治家的宏阔气度，而且以一个马克思主义理论家的蓬勃创造力，回答了文学艺术是什么，特别是社会主义时代的文学艺术是什么的问题。社会主义的文学艺术是人民的文学艺术，它的本质就在它与人民的关系之中。它追求真，因为在社会主义的历史新时期，文艺的政治性和真实性是完全统一的，只有那些反映了人民群众的理想、愿望、要求，符合历史发展必然趋势的文艺作品，才能赢得人民群众的喜爱；它也追求善，因为人民群众从事社会主义建设和改革的伟大实践，其本身就是善的，也是真的。永远与人民群众火热的生活和斗争同步，以人民群众创造历史的奋发精神来哺育自己，这是社会主义文艺的生命之所在；社会主义文艺是美的文艺，它把追求美作为自己内在的需要。因为社会主义时代就是一个创造美的时代，它要求我们的文学艺术家在生活美的基础上创造出更高形态的艺术美来，以满足人民和社会的需要，实现文艺为人民服务、为社会主义服务的崇高目的。

（原载《文艺研究》1997年第4期）

对社会主义时代美和艺术的本质规定

——论邓小平的文艺本质理论

邓小平对文学艺术论述的核心，是他的文艺本质理论，他的关于中国特色社会主义文艺的审美特征和美学规律的论述。邓小平一贯尊重艺术规律，始终倡导按照文艺的特征和规律办事，这些见解极大地丰富了马克思主义文艺学的理论宝库。本文拟对此进行考察，这大致包括三个方面的问题：对社会主义时代的美的规定；对毛泽东革命现实主义与革命浪漫主义相结合的艺术创作原则的继承和发展；塑造社会主义新人形象——共性与个性高度统一的艺术典型论。

一

在邓小平的著作中，没有对美的本质及其范畴的专门论述，他的丰富的美学思想主要表现在他有关社会理想和审美理想的论述之中。而社会理想与审美理想的统一，通过社会理想来阐述审美理想，这恰恰是马克思主义经典作家们对美的本质论述的基本途径和方法。马克思正是在谈到人类最美好的社会理想——共产主义的时候，阐述了他对美的本质的基本观点。在马克思看来，共产主义是一个自由的世界，也是人类梦寐以求的美的世界。而这种自由，这种美，则是人类实践对世界改造的结果。人与自然历史地具体地通过人的社会实践活动对立而统一起来，人在能动地改造客观世界中，展现了自己的本质力量，发展和完善了人类的本质力量。

邓小平正是在马克思的这一基本思想的基础上，来理解社会主义时代的美的本质的。他明确地把树立共产主义的理想作为社会主义精神文明的重要内容。在邓小平看来，社会主义的本质不只表现在它的经济制度、政治制度和社会生产力方面，而且还表现在它的精神文明建设方面，所以他说："没有这种精神文明，没有共产主义思想，没有共产主义道德，怎么能建设社会主义？"[①]而体现这种精神文明的尺度，就是造就社会主义的新人。这种新人，应该是既有高度思想觉悟又有高度智力水平，不仅掌握了自然规律，而且掌握了社会规律，是自然和社会的自觉的真正主人，这正是马克思所说的"真正占有人的本质"的人。在这种社会主义的新人身上体现的，也正是马克思所说的"是人和自然界之间、人和人之间的矛盾的真正解决，是存在和本质、对象化和自我确证、自由和必然、个体和类之间的斗争的真正解决"[②]。邓小平对这种全面发展的社会主义新人，对这种人与自然、人与人之间的自由关系的论述，从美学的角度看就是对社会主义时代美的本质的理解。社会主义是共产主义的初级阶段，它虽然把实现共产主义作为自己的目标，但却蕴含着、生长着共产主义的萌芽因素，这就决定了社会主

① 《邓小平文选》第2卷，人民出版社1994年版，第367页。

② 《马克思恩格斯全集》第42卷，人民出版社1979年版，第120页。

义时代的美在本质上属于共产主义的美的范畴。因此，社会主义时代的美也把人的本质作为自己的对象，它的本质就表现为社会主义新人的本质的全面展现，就存在于社会主义时代的人与自然、人与人之间的自由关系之中。邓小平是在对共产主义的社会理想的论述中规定社会主义的本质的，又是在对社会主义精神文明建设特别是对造就社会主义新人的论述中，阐述他共产主义的社会理想和审美理想的，社会理想与审美理想在这里得到了完美的统一。

二

邓小平对社会主义时代的美的本质的规定，同时也是对社会主义文艺的本质的规定，因为社会主义时代的艺术，从本质上讲就是社会主义时代美的反映。邓小平把社会主义时代的美规定为是社会主义新人的自由本质的全面展现，是新型的人与人之间的和谐自由关系，这就决定了社会主义的文艺应该通过对社会主义新人的本质、对人与人之间自由关系的把握，来表现社会主义的现实与共产主义理想的统一。这正如邓小平对社会主义文艺所要求的："我们的文艺，应当在描写和培养社会主义新人方面付出更大的努力，取得更丰硕的成果。要塑造四个现代化建设的创业者，表现他们那种有革命理想和科学态度、有高尚情操和创造能力、有宽阔眼界和求实精神的崭新面貌。"[1]只有这样，才能"反映人们在各种社会关系中的本质，表现时代前进的要求和历史发展的趋势"[2]。在这里，邓小平是

① 邓小平:《邓小平论文艺》,人民文学出版社1989年版,第6页。

② 邓小平:《邓小平论文艺》,人民文学出版社1989年版,第6页。

把理智与情感、理智与意志、现实与理想的统一作为社会主义文艺的基本形态，作为社会主义文艺创作的基本方法论原则来加以肯定的。这种艺术的新的形态和新的创作方法论原则，就是毛泽东所提出并为周恩来肯定了的革命现实主义与革命浪漫主义相结合的艺术创作原则。毛泽东早在1938年就曾给鲁迅艺术学院作过“抗日的现实主义，革命的浪漫主义”的题词。1958年，他在一次会议上曾先后谈到，新诗的内容应该是现实主义和浪漫主义的对立统一，太现实了就写不成诗了。革命精神和实际精神的统一，在艺术上就是革命浪漫主义和革命现实主义的统一。1959年，周恩来在一次讲话中也强调指出：“既要是浪漫主义，又要现实主义。即革命的现实主义与革命的浪漫主义的结合。就是说，又既要有理想，又要是现实的。”[①]邓小平继承了毛泽东和周恩来的这一思想，虽然他没有明确地提出革命的现实主义和革命的浪漫主义相结合的概念，但是他所坚持的、倡导的却正是这种“两结合”的基本精神，并在社会主义建设和改革的新实践中，为这一理论注入了新的活力。如果说毛泽东当年提出的“两结合”，还主要是一种创作方法，一种带有抽象色彩的理论原则的话，那么在邓小平这里，“两结合”则被深化为一种社会主义文艺的基本形态，一种贯穿于社会主义文艺的主导精神，被变成文艺工作者的一种具体生动的艺术实践。邓小平把现实与理想的统一、现实主义与浪漫主义的结合，作为一种创作精神，这就必然地使社会主义文艺的创作方法成为一个多样统一的结构整体。它并不限定只能用一种方法

---

① 周恩来：《关于文化艺术工作两条腿走路的问题》，《文艺研究》1979年第1期。

来表现它，并不给某一种方法以至尊的地位，而是要求创作方法和表现形式的多样化，以便于具体生动地表现社会主义时代的美的理想。邓小平提出的“在艺术创作上提倡不同形式和风格的自由发展，在艺术理论上提倡不同观点和学派的自由讨论”[①]的根本意义，就在于此。但是，这种社会主义文艺的基本形态和创作精神又规范和制约着人们对创作方法的选择，它要求人们依据社会主义时代的审美理想和中国的特殊国情，去选择发挥自身艺术个性的艺术创作方法。邓小平提出了“对实现四个现代化是有利还是有害”这一衡量新时期文艺工作“最根本的是非标准”，应成为我们正确处理社会主义文艺创作精神与创作方法关系的基本准则。历史的经验告诉我们，在文艺创作上是否坚持社会主义审美理想的指导，关系到整个社会主义文艺事业的成败兴亡，因为社会主义审美理想作为感性与理性、情感与理智、理想与现实的统一，它一方面以其理性内容与艺术家的世界观相联系，另一方面以其感性形式与审美感受相联系。艺术家较之一般人的特殊性，就在于他不满足和不停留在对现实的审美感受上，而是把审美感受上升为审美理想，艺术创作就是要为一定的时代、一定的社会展现和树立特定的审美理想。社会主义的艺术如果不表达社会主义的审美理想，而是把理想和现实割裂开来，对立起来，把理想驱逐于现实之外，那么这种作品中的现实只能是被歪曲了的现实；或者它不是在现实的基础上去寻求理想，而是用想象去创造一种理想，那么这种理想必然是暗淡的、虚假的、无生命力的，是对人民群众的戏弄和欺骗。前者如邓小平所批评过的那些“热心于写阴暗

---

① 邓小平：《邓小平论文艺》，人民文学出版社1989年版，第7页。

的、灰色的、以至胡编乱造、歪曲革命的历史和现实的东西”；后者如林彪、“四人帮”炮制的连篇累牍的“假、大、空”的作品。这两种倾向一“左”一右，虽表现形式不同，但实质是一样的，它们都是对社会主义审美理想的背离和否定。可见，邓小平继承和发展毛泽东、周恩来“两结合”的思想，并把它确立为社会主义文艺的基本形态和社会主义文艺创作的基本精神，这既符合社会主义的客观现实，又体现了艺术自身发展的规律，是普遍适用于社会主义的艺术创作、艺术欣赏和艺术批评的美学原则。现实与理想的统一、现实主义与浪漫主义的结合这一美学原则，是与艺术的本质相一致的，或者说它是由艺术的本质所决定的。艺术的本质特征就在于它是真、善、美的统一，即它介于科学认识活动和伦理实践活动之间，是真与善、理智与意志情感、科学与伦理的直接统一。也就是邓小平所说的，社会主义文艺既要“真实地反映丰富的社会生活，反映人们在各种社会关系中的本质”，又要“使人们得到教育和启发，得到娱乐和美的享受”。就艺术以审美的方式把握现实时始终不脱离知觉表象、始终守在感性形式中的这一特点来说，它不同于科学以概念的形式来揭示客观本质必然，这表现了艺术与科学认识的区别；但就艺术虽然不脱离感性形式，却又必须把个别提高到普遍的、本质的、必然的高度，把感性深化到理性的这一特点来说，它又接近于科学。现实主义艺术的根本特点，就在于它崇尚客观、注重理智，要求客观地、真实地再现现实生活。这比较充分地表现了艺术在感性个别中蕴含着客观本质必然的特点。而就艺术与伦理实践的关系来说，它们的区别在于艺术不以实践的态度对待客观对象，不要求直接的外在现实性，而是以审美的态度对待现实，以无直接的功利目的性为特征。从它们的联系看，意志实践要实现自身的目的就必须符合客观规律，但它不像认识那样只是客观必然的反映，而更重要的是一种主观的能动的创造，它的根本特征是以强烈的主观意愿和要求去改造客观世界，创造世界的理想蓝图。在这一点上，艺术活动和意志实践的创造目的相接近，艺术活动也要去创造一个理想的世界、理想的境界。这种创造与意志实践所不同的，只是意志实践是对现实世界的创造，而艺术是对想象的假定的世界的创造。就艺术不固守于现实而始终去追求对理想世界的创造来说，它自身就包含着理想主义、浪漫主义。可见，现实主义和浪漫主义，从艺术的本质看，它们是对人与现实的基本关系的不同侧面，即认识的和伦理实践的关系的反映。本来，人的认识和实践应该是统一的，艺术的现实主义和浪漫主义也应该是结合在一起的。但如马克思所说，在以往的哲学中（即马克思主义以前的哲学——笔者），认识和实践是分离的，它们只是这样或那样的解释世界，而不是去能动地改造世界。马克思主义哲学与旧哲学的不同，就在于它不仅是对世界的认识，更重要的是对世界的能动的改造，是认识和实践的辩证统一。作为以马克思主义为指导的社会主义的文学艺术家，当然应该用认识和实践相统一的观点去把握生活，应该把现实和理想、现实主义和浪漫主义辩证地结合起来，而不是把它们分裂开来，对立起来。这是是否坚持社会主义的审美理想，是否坚持社会主义文艺创作的美学原则的一个根本性问题。邓小平在批评《苦恋》时，就一针见血地指出了以《苦恋》为代表的这种创作倾向的本质，是作者丧失了无产阶级文艺和社会主义文艺的创作原则，背离了马克思主义的基本立场、观点和方法。这就决定了他们在创作上必然要把理想和现实对立起来，把理想看成与艺术不相容的东西，以为只有这样才能保住艺术的“真实”、艺术的“生命”，殊不知这种“真实”，恰恰是对社会主义文艺真实性的亵渎。当然，社会主义现实生活的复杂性也是不容否认的，它绝不全是由英雄人物的业绩和胜利的欢笑构成的。它也有普通人们的劳动、斗争和悲欢离合，也有创业的艰辛、前进的曲折和失败的痛苦，甚至也有暗流的涌动和各种丑恶现象的滋生。但是，有痛苦、有曲折、有丑恶现象的干扰就可以失去理想、失去信念、失去追求吗？共产主义的理想始终在召唤着中国共产党人和中华民族优秀儿女，在任何困难面前，他们都没有失去对共产主义未来的信心，也没有停止过战斗，这才是社会主义真正的现实。正如邓小平所说：“为什么我们过去能在非常困难的情况下奋斗出来，战胜千难万险使革命胜利呢？就是因为我们有理想，有马克思主义信念，有共产主义信念。我们干的是社会主义事业，最终目的是实现共产主义。”[①]如果我们社会主义的文学艺术家不是站在辩证唯物论和历史唯物论的高度去观察现实，不是用共产主义理想去照亮现实，而是躲在阴暗的角落里不停地发出哀鸣，甚至以“写真实”为名，以“高扬主体性”为借口，用灰暗的色彩涂抹社会主义的现实，那么这与以丑为真，着意在暴露和鞭笞的资产阶级批判现实主义，与以丑为美，表现由于理想幻灭和信仰瓦解而产生的对于世界、人生的悲观绝望情绪、玩世不恭的态度的西方“现代派”思潮有什么区别呢？

① 邓小平：《建设有中国特色的社会主义》（增订本），人民出版社1987年版，第98页。

三

邓小平对社会主义时代的美和艺术的本质的规定，始终是围绕社会主义新人的本质，围绕社会主义时代的人与人之间的关系的本质这两个核心的问题进行的。因为在邓小平看来，社会主义文艺的本质就体现在对社会主义新人形象的塑造和通过这种塑造来培养社会主义新人上，这既是社会主义时代对属于它的文艺所提出的必然要求，也是人类文学艺术发展的基本规律在社会主义文艺身上的具体表现。他指出："我们的文艺，应当在描写和培养社会主义新人方面付出更大的努力，取得更丰硕的成果。要塑造四个现代化建设的创业者，表现他们那种有革命理想和科学态度、有高尚情操和创造能力、有宽阔眼界和求实精神的崭新面貌。要通过这些新人的形象，来激发广大群众的社会主义积极性，推动他们从事四个现代化建设的历史性创造活动。"[①]

通过塑造典型形象来反映社会生活，这是文学艺术的基本规律。马克思把人规定为一切社会关系的总和，恩格斯提出了塑造典型环境中的典型人物的基本原理，高尔基则称文学为"人学"，古往今来的文艺作品无不以人的活动为中心反映着特定的社会生活。可以说，不同时代的艺术典型及其理论，是不同时代的文艺相互区别的一个基本标志。邓小平的艺术典型观，他对社会主义文艺应该塑造社会主义新人形象的基本规定，也就是对社会主义文艺本质的规定，是我们把握社会主义时代的

① 邓小平:《邓小平论文艺》,人民文学出版社1989年版,第6页。

文艺区别于其他时代的文艺的一个基本理论依据。

艺术典型作为艺术美的典型形态，是由特定历史时代的特定艺术形态所决定的，不同的艺术有不同的典型形态。古代社会和谐美的艺术的典型形态是类型性典型，在必然与偶然、一般与特殊、共性与个性的关系中，它强调共性、一般、必然，让个性泯灭于共性之中，典型的个性也就是共性。资本主义社会对立崇高的浪漫主义和现实主义艺术的典型形态是个性化典型，它是对古典主义严整秩序的破坏和反抗，是对类型性典型的否定。它或者把情感化为理性，把审美情感变为对审美理想的直接表现，或者强调审美感受的理智因素，注重对现实生活的冷静分析，通过大量的个性偶然来表现本质必然。在个性与共性、现象与本质、偶然与必然的关系中，现象的丰富、个性的突出是它的根本特点。社会主义时代的理想和现实的统一、浪漫主义与现实主义相结合的艺术，是在类型性典型和个性化典型的否定之否定的形式中把二者的对立统一起来，形成了共性与个性高度统一的社会主义文艺的艺术典型形态。在这种共性与个性的高度统一中，审美情感和审美感受既不脱离伦理判断和理智观念的制约与规范，也不被强制性地囿于理智观念之中，而是使情感自由地深化为理性，把审美感受内在地导向本质必然，深化为典型。这种个性与共性、感性与理性的对立的和谐统一，就是邓小平对社会主义新人形象所规定的“革命理想和科学态度”“高尚情操和创造能力”“宽阔眼界和求实精神”的和谐统一。社会主义新人作为有理想、有道德、有文化、有纪律的劳动者，他们的一切言论和行动都要受共产主义理想、共产主义道德的严格规范，受四项基本原则的明确制约。但是这些理性的观念、时代的要求对他们来说并不是一种外在的强制力量，而是化成了一种自身的内在需要、一种独特的本质力量，在他们身上的这种由阶级、时代的必然所升华的自由，就使个性完全变成了典型。这就是社会主义新人形象的本质内涵，就是社会主义时代的艺术典型的本质内涵。这种艺术典型，同完全受伦理判断控制和理智净化的古代艺术的类型性典型，同完全按照个人的情感理想和个性要求行动的资本主义的浪漫主义和现实主义艺术的个性化典型有本质的不同，但又与它们有必然的联系，是克服它们各自的片面性，在新的基础上对它们两者的统一，成为一种新型的艺术典型的形态。这是社会主义时代的文艺同其他时代的文艺相区别的一个重要标志。

社会主义新人形象作为共性与个性高度统一的艺术典型，是社会主义时代的美和艺术的本质的集中体现。共性与个性的高度统一，从美和艺术的本质角度看，就是真与善、认识与实践、必然与自由、理智与意志的和谐统一，这在社会主义新人这个独特的艺术典型形态上，就表现为运用客观规律（真）以实现社会目的（善），或者说是人们实现社会目的的实践活动符合客观规律。对于社会主义新人的本质，邓小平有过深刻揭示，他说："实现四个现代化，是今后一个相当长的时期内全国人民压倒一切的中心任务，是决定祖国命运的千秋大业。"[①]在这个伟大的事业中，将涌现出千千万万的创业者，涌现出千千万万的社会主义新人，他们"努力去实现人民的利益，捍卫社会主义祖国的荣誉，为社会主义祖国的前途而英勇献身"[②]。这就是我们社会主义时代的美和艺术的典型。这些"四个现代化的创业者"，这些"社会主义新人"的美，就在于他们所从事的建设

① 邓小平:《邓小平论文艺》,人民文学出版社1989年版,第5页。

② 《邓小平文选》第2卷,人民出版社1994年版,第256页。

“四化”的伟大实践活动本身，就是无产阶级改造旧世界、建设新世界的意志目的的实现。他们把革命的英雄气概与科学的求实精神集于一身，把对客观规律的认识化作自己的自由行动，把党和人民的利益以及时代的要求化作自己的内在需要，真与善在他们身上得到了完美的统一。社会主义新人就是这样地作为独特的艺术典型，集中地体现了社会主义时代的美和艺术的本质。

正是社会主义新人这个独特的艺术典型所具有的鲜明而突出的特点，使它能够以其巨大的美学价值和社会价值，发挥促进社会主义物质文明和精神文明建设的重要作用。这个作用，用邓小平的话说就是“培养社会主义新人”。对此，邓小平还进一步作了规定：“培养社会主义新人就是政治。”[①]正是肩负着这个伟大的时代使命，我国广大的文艺工作者在描写和培养社会主义新人上做出了不懈的努力，取得了一定的成果。但是，这种努力也受到了某些错误的理论和创作倾向的干扰。有的人否认社会主义新人赖以存在和生长的社会主义社会，这正如邓小平所说：“有一个时期，有少数同志认为，我们这个社会是不是社会主义社会，该不该或能不能实行社会主义，以至我们党是不是无产阶级政党，都还是问题。”[②]有的人热衷于宣扬西方资产阶级的没落文化，公开主张用西方现代主义来代替社会主义文艺。与此同时，也出现了“认为所谓社会主义条件下人的异化应当成为创作的主题”[③]的作品。在这些作品中，社会主义的

① 《邓小平文选》第2卷，人民出版社1994年版，第256页。

② 邓小平：《邓小平论文艺》，人民文学出版社1989年版，第82页。

③ 邓小平：《邓小平论文艺》，人民文学出版社1989年版，第83页。

劳动者被写成自私、愚昧、颓废的典型，社会主义社会被写得到处是野蛮、落后和黑暗。“个别的作品还宣传色情。”[①]这些理论和创作上的错误倾向，当然地受到了广大文艺工作者和人民群众的抵制和批评。但是，如果只是空泛地从政治原则上谈问题，而不是把问题与人类文学艺术发展的规律，与社会主义时代的美和艺术的本质特征联系起来，那么就很难使问题得到根本性的解决。邓小平在分析产生上述错误倾向的原因时指出：“许多文艺工作者忽视学习马克思主义，不深入群众建设新生活的斗争，有的党员也不积极参加党的生活，这是产生上述各种消极现象的重要原因。”[②]邓小平这里所说的马克思主义，是指马克思主义完整的科学体系，它包括辩证唯物论和历史唯物论的基本原理，也包括马克思主义美学和文艺学的基本原理，而这里最重要的是马克思主义对社会主义时代的美和艺术的本质和规律的揭示。只有当我们了解了社会主义文艺在人类文学艺术发展的历史长河中的地位，了解了社会主义文艺是怎样在与其他的特别是形形色色的资本主义文艺的斗争和比较中，表现出它蓬勃的、不可战胜的生命力的时候，我们才能找到一个真正牢固的马克思主义文艺学基本观念的基础，我们学习邓小平的文艺理论，学习他对社会主义时代美和艺术的本质的规定的真正意义就在于此。

（原载《文艺理论与批评》1998年第5期）

---

① 邓小平：《邓小平论文艺》，人民文学出版社1989年版，第83页。

② 邓小平：《邓小平论文艺》，人民文学出版社1989年版，第83页。

21世纪中国马克思主义文艺学基本观念的确立

——习近平文艺观的历史地位和时代意义

一、21世纪中国马克思主义文艺学观念的基本内涵

2015年1月，习近平总书记在中共中央政治局第二十次集体学习时，提出了“发展21世纪中国的马克思主义”这一全新的命题。在党的十九大报告中，习近平总书记又向全党宣示了“只要我们善于聆听时代声音，勇于坚持真理、修正错误，二十一世纪中国的马克思主义一定能够展现出更强大、更有说服力的真理力量”的坚定信念。

21世纪中国的马克思主义，是习近平总书记在实现中华民族伟大复兴的历史征程中，在开创新时代中国特色社会主义伟大事业的历史新起点上，为全党和全国人民树立的新时代中国马克思主义的光辉旗帜。党的十八大以来，中国共产党经过了五年的砥砺奋进，领导全国人民取得了中国特色社会主义建设的伟大胜利，并进入了一个改革开放继续深入的历史新时代。在历史的新时代，我们党面临着一个重大的任务，那就是要不断取得中国特色社会主义事业的伟大胜利就必须首先在思想战

线上有一个牢固的基础，而奠定这个基础的关键则是如何形成全党中国马克思主义的统一，提高全党在中国马克思主义问题上的自觉性。习近平总书记根据改革开放进程中我们党内一些同志在思想上缺乏对“党面临的精神懈怠危险、能力不足危险、脱离群众危险、消极腐败危险的尖锐性和严峻性”[①]认识的自觉性，以致“党内存在的思想不纯、组织不纯、作风不纯等突出问题尚未得到根本解决”，“党的建设方面还存在不少薄弱环节”[②]的实际情况，把这一根本性的问题突出地摆在了全党的面前。他还大力从事基础理论建设工作，先后发表了一系列极其重要的讲话，这包括有关文艺问题的《在文艺工作座谈会上的讲话》《在中国文联十大、中国作协九大开幕式上的讲话》《在哲学社会科学工作座谈会上的讲话》等。这些讲话虽然论述的角度和所涉及的领域各有侧重，但要解决的根本问题却是共同的，这就是为全党确立21世纪中国的马克思主义思想路线。而在思想文化战线和文学艺术领域，则是如何构建21世纪中国马克思主义文艺学的问题。

在这个本质的问题上，近年来曾出现过的各种形式的理论思潮是同中国特色马克思主义文艺学不相吻合的，中国特色马克思主义文艺学在相当一段时间里，曾遭遇被边缘化、空泛化和标签化的命运。一些人或是照抄照搬西方现代或后现代美学

① 习近平:《决胜全面建成小康社会 夺取新时代中国特色社会主义伟大胜利——在中国共产党第十九次全国代表大会上的报告》,《人民日报》2017年10月28日。

② 习近平:《决胜全面建成小康社会 夺取新时代中国特色社会主义伟大胜利——在中国共产党第十九次全国代表大会上的报告》,《人民日报》2017年10月28日。

或文艺理论的个别条文，并把它当作抽象的、绝对的公式来限制认识的前进，或是轻视对马克思主义理论的学习，满足于自己低级的感性知识。这种种主观主义的思潮，曾使中国文艺事业遭受一定的损失。正是在总结了反对主观主义的历史经验的基础上，习近平总书记谆谆告诫全党，要“坚决防止和反对个人主义、分散主义、自由主义、本位主义、好人主义，坚决防止和反对宗派主义、圈子文化、码头文化，坚决反对搞两面派、做两面人”[①]，并创造性地提出了发展21世纪中国的马克思主义这一核心命题，为全党找到了一个防止和纠正主观主义偏向的思想方法的重心，树立了新时代中国马克思主义这面光辉的旗帜。这里的中国特色，用毛泽东的话说就是“从中国的历史实际和革命实际的认真研究中，在各方面做出合乎中国需要的理论性的创造”[②]。而发展21世纪中国的马克思主义，构建21世纪中国马克思主义文艺学，就是这种“理论性的创造”的典范。它所确立的是一个用新时代中国马克思主义的立场、观点、方法认识和解决中国具体的文艺问题的基本理论原则，是一个系统阐释这个原则的科学的文艺观和方法论。

二、21世纪中国马克思主义文艺学基本观念的思想基础和理论基础

21世纪中国马克思主义文艺学具有什么本质特性，这是新

---

① 习近平:《决胜全面建成小康社会 夺取新时代中国特色社会主义伟大胜利——在中国共产党第十九次全国代表大会上的报告》,《人民日报》2017年10月28日。

② 《毛泽东选集》第3卷,人民出版社1991年版,第820页。

时代中国特色马克思主义文艺理论研究的核心和基础性问题。21世纪中国马克思主义文艺学是包容在新时代中国特色社会主义思想理论体系之中的，是马克思主义文艺学基本观念及其美学原则发展到现时代，在新的历史条件下所呈现的一种新的文艺学形态；是马克思主义文艺学基本观念与中国优秀传统文化相融合，与新时代中国特色社会主义的政治、经济、文化综合运动的具体实践相结合的产物。自从毛泽东提出“马克思列宁主义的普遍真理和中国革命的具体实践互相结合”的原理，并在《在延安文艺座谈会上的讲话》中正式确立了马列主义、毛泽东思想的文艺学基本观念以来，我国文艺学发展的基本问题始终是如何坚持和发展马列主义、毛泽东文艺思想的问题。无论是我们所取得的成绩还是所经历的曲折，都与对这个问题所做出的不同回答相联系。由《在延安文艺座谈会上的讲话》所确立的马列主义、毛泽东思想的文艺学基本观念，在同我国社会主义文艺实践的紧密结合中，不断探索和总结着社会主义文艺事业发展的规律和经验，推进了马克思主义文艺学和社会主义文艺事业的发展。正是沿着这条思想路线，一代又一代的马克思主义者才在不同的历史阶段和不同的历史条件下，不断地根据时代的发展去建设马克思主义文艺学的新形态，使其不断地随着历史的进程得以丰富和发展。

习近平总书记在包括文艺工作在内的各项工作中都积累了丰富的经验，这些经验已作为全党集体智慧的组成部分，凝聚在新时代中国特色社会主义的思想理论之中。作为党中央的核心，习近平总书记为全党树立了继承和发展马列主义、毛泽东思想的光辉典范，他把马克思主义的普遍真理同中国社会主义现代化建设和改革开放的具体实践创造性地结合起来，在了解新情况、解决新问题的过程中提出了一系列攸关全局、影响深远的重要思想，并逐渐形成了一个治国理政的完整的思想理论体系，即习近平新时代中国特色社会主义思想理论体系。

马克思、恩格斯曾经指出："一切划时代的体系的真正的内容都是由于产生这些体系的那个时期的需要而形成起来的。所有这些体系都是以本国过去的整个发展为基础的，是以阶级关系的历史形式及其政治的、道德的、哲学的以及其他的后果为基础的。"[①]这揭示了理论与实际相结合这一马克思主义基本原则的具体的、历史的内容，它在不同的国家、不同的时代有着不同的内容和形式，由此而产生的思想体系也各不相同。作为马克思主义发展不同阶段的列宁主义和毛泽东思想，就都体现了这种具体的历史规定性。习近平文艺思想产生的历史条件不同于毛泽东，这种具体的历史的规定，决定了它的形成与发展有着不同于毛泽东文艺思想的显著特点。它是在中国特色社会主义进入了新时代，在改革开放不断出现新情况、解决新问题的过程中逐步产生、发展和形成的。面对马克思主义文艺理论不断被弱化、一时间当代西方文论称霸文坛的复杂局面，习近平以无产阶级革命家的气魄和胆识，捍卫、继承和发展了马克思主义文艺学基本观念及其理论体系，率先倡导并确立了中国特色马克思主义文艺观的科学本性和历史地位。习近平深刻地指出："实际工作中，在有的领域中马克思主义被边缘化、空泛化、标签化，在一些学科中'失语'、教材中'失踪'、论坛上'失声'。这种状况必须引起我们高度重视。"[②]在党的十九大报

① 《马克思恩格斯全集》第3卷，人民出版社1960年版，第544页。

② 习近平：《在哲学社会科学工作座谈会上的讲话》，《人民日报》2016年5月17日。

告中，习近平对这种现象进一步给予了斩钉截铁的回答：“社会是在矛盾运动中前进的，有矛盾就会有斗争。我们党要团结带领人民有效应对重大挑战、抵御重大风险、克服重大阻力、解决重大矛盾，必须进行具有许多新的历史特点的伟大斗争。”①习近平旗帜鲜明地宣布：“只有牢固树立马克思主义文艺观，真正做到了以人民为中心，文艺才能发挥最大正能量。”②把马克思主义文艺观作为新时期中国社会主义文艺事业的指导思想，把坚持马列主义、毛泽东思想的文艺学基本观念作为21世纪我国文艺学建设和发展的理论基础，这就从根本上把握了中国特色社会主义文艺事业的舵轮和航向。

习近平根据马克思主义的基本原理和立场、观点、方法，针对中国的特殊国情，结合新时期以来文化艺术战线发展的实际情况，创造性地提出了一系列新的概念和论断，形成了党的十八大以来关于文艺工作的理论、方针和政策的完整的文艺思想体系。其中关于建设中国特色社会主义文化的思想，关于发展中国特色社会主义文艺的理论，关于构建21世纪中国马克思主义文艺学的目标等，都有许多新的、独创的内容，这在马克思主义文艺思想史上也是新的课题。作为党中央的核心，习近平总书记一般都是从战略高度、从整体布局上提出问题，然后通过全党、全国人民的共同努力，使其逐步得以解决。因此，习近平从微观上对文艺理论作知识性论述的意见相对较少，更

① 习近平：《决胜全面建成小康社会 夺取新时代中国特色社会主义伟大胜利——在中国共产党第十九次全国代表大会上的报告》，《人民日报》2017年10月28日。

② 习近平：《在文艺工作座谈会上的讲话》，《人民日报》2015年10月15日。

多的是始终不渝地阐明整个文艺在社会主义建设和改革中的创造性功能及其巨大的改造作用，阐明马克思主义文艺学的基本方法论原则，以提供给我们一个建设中国特色社会主义文艺的广阔视野。长期以来，我国文艺科学发展的主要矛盾始终是如何坚持和发展马克思主义文艺学基本观念的问题，习近平牢牢抓住的正是这个最根本的问题。在习近平看来，新时期我们党内思想建设的最本质问题是关于马克思主义理论基础的问题，是关于辩证唯物论的方法论的问题，即如何学习和运用马克思主义的立场、观点、方法来认识和解决社会主义建设和改革开放的具体实践中所提出的各种新的实际问题。习近平把认真学习马克思主义理论作为一个根本的要求，向全党各级干部，首先是领导干部郑重而严肃地提了出来。“马克思主义是在批判吸收人类全部知识的基础上产生并且随着时代、实践和科学的发展而不断丰富发展的，是人类迄今为止最先进的思想理论体系。”①习近平尤为重视对马克思主义经典著作、对马克思主义基本原理的学习和理解：“马克思主义经典著作思想深刻，要深入理解马克思主义的精神实质和思想精髓，必须专心致志地读、原原本本地读，努力掌握贯穿经典著作中的马克思主义立场观点方法，学懂学通马克思主义基本原理。”②在这里，习近平突出强调了文艺工作必须坚持马克思主义指导的总的原则和方法。习近平不仅在理论上坚持和发展了马克思主义的普遍真理与中

---

① 习近平：《关于建设马克思主义学习型政党的几点学习体会和认识》，《学习时报》2009年11月16日。

② 习近平：《认真学习马克思主义经典著作　不断推进中国特色社会主义事业》，《人民日报》2011年5月14日。

国社会主义建设和改革开放的实际相结合的原理，而且还把这个原理，把实事求是、一切从实际出发、理论与实际相结合的方法论原则，始终如一地贯彻在对具体工作的指导之中。

一切从实际出发，就是从新时期文艺界的状况和文艺事业发展的实际需要出发。习近平总是正确地分析和判断文艺界的形势，一方面告诫全党要努力掌握贯穿经典著作中的马克思主义立场、观点、方法，弄懂学通马克思主义基本原理；另一方面又在对历史的严肃反思中，提醒全党要对各种错误倾向保持清醒的头脑。针对党内存在的“不信马列信鬼神”的唯心论和形而上学倾向，习近平要求全党旗帜鲜明地“反对主观主义、教条主义、形式主义，防止空对空、两张皮”[①]。根据我党历史上许多干部和理论工作者不能真正掌握辩证唯物论的思想武器去识别和抵制主观主义的思想路线，致使党的事业受到干扰和破坏的历史教训，习近平把以主观主义为根源的教条主义、形式主义等错误倾向突出地摆在了全党同志的面前。如何避免主观主义思想倾向的滋生？习近平总书记在中共中央政治局第二十次集体学习时强调：“要学习掌握唯物辩证法的根本方法，不断增强辩证思维能力，提高驾驭复杂局面、处理复杂问题的本领。”[②]并明确指出：“辩证唯物主义是中国共产党人的世界观和方法论，我们党要团结带领人民协调推进全面建成小康社会、全面深化改革、全面依法治国、全面从严治党，实现‘两个一百年’奋斗目标、实现中华民族伟大复兴的中国梦，必须不断

① 习近平：《在全国党校工作会议上的讲话》，人民出版社2016年版，第16页。

② 习近平：《坚持运用辩证唯物主义世界观方法论 提高解决我国改革发展基本问题本领》，《人民日报》2015年1月25日。

接受马克思主义哲学智慧的滋养，更加自觉地坚持和运用辩证唯物主义世界观和方法论，增强辩证思维、战略思维能力，努力提高解决我国改革发展基本问题的本领。”[①]这就极大地丰富了理论联系实际的内涵。只有把读书学习与重大现实问题研究紧密结合起来，自觉运用学到的理论和方法分析解决所遇到的实际问题，才能最终做到融会贯通，将马克思主义科学理论真正学好用好。这是新时期党的思想路线的重要内容，也是建设中国马克思主义的根本性任务。这在文艺思想上，就形成了21世纪中国马克思主义文艺学基本观念的思想基础和理论基础，即习近平文艺观的基本理论框架。通过实践去认识真理，检验真理，发展真理，把中国特色的马克思主义文艺学不断推向前进。在这方面，习近平为我们全党、为我们广大文艺理论工作者做出了表率。

三、习近平对一系列文艺基本规律所做的独创性阐发

作为一位卓越的无产阶级革命家、政治家和理论家，习近平在解决文艺问题时，不仅确立了文艺学方法论的基本原则，而且对一系列文艺学基本规律作了独创性的阐发。习近平一贯尊重艺术规律，始终倡导按照文艺的特征和规律办事，这些见解极大地丰富了马克思主义文艺学的理论宝库。

文艺与社会存在的关系问题，是马克思主义文艺学的基石，也是习近平文艺观解决艺术本质问题，即艺术的基本性质是什么的问题的出发点。文学艺术的本质蕴积于人类特殊的文艺实

---

① 习近平:《坚持运用辩证唯物主义世界观方法论　提高解决我国改革发展基本问题本领》,《人民日报》2015年1月25日。

践活动之中，它是由文艺主客体的关系，即人与对象的关系所规定的。因此，解决人民与艺术的关系问题，就成为马克思主义文艺学解决艺术本质问题的关键之所在。列宁曾指出：“艺术是属于人民的。它必须在广大劳动群众的底层有其最深厚的根基。它必须为这些群众所了解和爱好。它必须结合这些群众的感情、思想和意志，并提高他们。它必须在群众中间唤起艺术家，并使他们得到发展。”①毛泽东结合中国革命文艺的实际，提出：“我们的文学艺术都是为人民大众的，首先是为工农兵的，为工农兵而创作，为工农兵所利用的。”②这是中国新文艺发展的基本方向。在社会主义建设和改革开放的新的历史阶段，习近平不仅坚持了毛泽东所确立的文艺为人民服务的方向，而且还把它具体化和现实化为一种对文艺与人民的关系、文艺工作者与人民的关系的特殊规定。在这个规定中，理论的科学内容开始从哲学向人学、心理学、伦理学、社会学等领域延伸，艺术的社会客观结构开始与人、与人的主体结构相融合。文艺的社会本性和审美本性、文艺的一般社会价值和审美价值都得到了全面的揭示。习近平指出：“社会主义文艺，从本质上讲，就是人民的文艺。”③从这个基本点出发，他进一步提出：“只有牢固树立马克思主义文艺观，真正做到了以人民为中心，文艺才能发挥最大正能量。以人民为中心，就是要把满足人民精神文化需求作为文艺和文艺工作的出发点和落脚点，把人民作为文艺表现的主体，把人民作为文艺审美的鉴赏家和评判者，把

① ［俄］列宁：《列宁论文学与艺术》，人民文学出版社1960年版，第912页。

② 《毛泽东选集》第3卷，人民出版社1991年版，第863页。

③ 习近平：《在文艺工作座谈会上的讲话》，《人民日报》2015年10月15日。

为人民服务作为文艺工作者的天职。”[①]把文艺与人民的关系作为社会主义文艺事业发展的根本性问题，把文艺的作用植根于文艺与人民的关系之中，这是习近平对马克思主义的文艺意识形态理论的创造性阐释和发展，是在对这一理论进行具体化、现实化的过程之中，所赋予它的新的内涵。马克思主义认为，文艺作为上层建筑的意识形态，它的产生和发展归根结底是受经济基础制约又反作用于经济基础的。因此，文艺与经济基础的关系，是一种不以人的意志为转移的社会结构的客观关系。但是，文艺对经济基础的反映和作用于经济基础又不是直接的，而是通过文艺为谁服务这个现实的中介来完成和实现的。经济和政治的内容在文学艺术中并不以赤裸裸的形态出现，而是或隐或现地表现在人与人之间的关系之中。所以，文艺与人民的关系是作为意识形态的文艺与经济基础相联系的中介。在把握社会客体结构的基础上，把握人与人的主体结构，通过把握文艺与人民的关系来揭示社会本性和审美本性相统一的艺术的本质和规律，这既是习近平对马克思主义的文艺意识形态理论的继承，又是对这一理论的发展。

围绕着文艺与人民的关系这一核心问题，习近平对作品与读者的关系、艺术创造的独特规律等问题，都作了极富创见的论述。习近平从文艺为人民服务的角度，提出作品与读者的关系是艺术的社会关系与艺术的审美关系的统一。这既不同于西方接受美学把作品与读者的关系仅仅看作一种艺术审美关系，又对文艺意识形态论的本质作了更深入和完整的揭示：“人民的需要是文艺存在的根本价值所在。能不能搞出优秀作品，最根

① 习近平:《在文艺工作座谈会上的讲话》,《人民日报》2015年10月15日。

本的决定于是否能为人民抒写、为人民抒情、为人民抒怀。一切轰动当时、传之后世的文艺作品，反映的都是时代要求和人民心声。”①习近平在这里不只是强调文艺是对社会生活的反映，更重要的是强调文学艺术家站在什么立场、以什么样的世界观对待和反映生活。相似或相近的客观现实生活，由于文艺家的立场不同、对待生活的态度不同，他所把握和反映的客观生活的内容也就不同，因而文学艺术所具有的客观真理性也就不同。不是任何文艺家只要反映现实生活，就都能达到对客观现实的真理性认识，只有那些与人民的命运息息相关的文学艺术家才能客观地反映现实生活，揭示历史发展的本质和规律。那种割断与人民群众的联系，甚至站在与人民群众对立立场的文艺家及其作品则无法把握到生活的真理，甚至是对现实生活的歪曲和对事物的客观真理性的否定。习近平这种不只是从客观角度，而更侧重从主体能动的反映和历史选择的角度对文艺意识形态特点的揭示，可以说是对艺术本质的最精准的把握。从马克思主义文艺学发展史看，还没有哪一位经典作家像习近平那样注重文艺的主体性，那样突出强调文艺对经济、政治的反映，不是反映经济结构和政治结构本身，而是反映经济和政治的人学内容，反映人与人之间的复杂关系。“文艺只有植根现实生活、紧跟时代潮流，才能发展繁荣；只有顺应人民意愿、反映人民关切，才能充满活力。”②这是习近平对文艺与生活、作品与读者的关系的最基本规定，也是对马克思主义文艺学基本原理的一个创新性发展。

---

① 习近平:《在文艺工作座谈会上的讲话》,《人民日报》2015年10月15日。

② 习近平:《在文艺工作座谈会上的讲话》,《人民日报》2015年10月15日。

他的艺术本质论，是他的关于中国特色社会主义文艺的审美特征和美学规律的论述。他充分肯定了我国的文艺工作者队伍，明确地指出："广大文艺工作者心怀祖国人民、响应时代召唤、追求艺术理想，是一支有智慧有才情、敢担当敢创新、可信赖可依靠的队伍。"[①]正是基于这种对艺术家、对艺术规律的深刻理解，习近平提出了文艺"要坚持百花齐放、百家争鸣的方针，发扬学术民主、艺术民主，营造积极健康、宽松和谐的氛围，提倡不同观点和学派充分讨论，提倡体裁、题材、形式、手段充分发展，推动观念、内容、风格、流派切磋互鉴"[②]的创作导向和努力塑造英雄形象以及艺术典型的问题。因为在习近平看来，社会主义文艺的本质集中体现在对中华民族英雄形象典型的塑造和通过这种塑造来培养人们的社会主义核心价值观上，这既是社会主义时代对属于它的文艺所提出的必然要求，也是人类文学艺术发展的基本规律在新时代中国特色社会主义文艺身上的具体表现。他指出："祖国是人民最坚实的依靠，英雄是民族最闪亮的坐标。歌唱祖国、礼赞英雄从来都是文艺创作的永恒主题，也是最动人的篇章……对中华民族的英雄，要心怀崇敬，浓墨重彩记录英雄、塑造英雄，让英雄在文艺作品中得到传扬，引导人民树立正确的历史观、民族观、国家观、文化观，绝不做亵渎祖先、亵渎经典、亵渎英雄的事情。"[③]

---

① 习近平:《在中国文联十大、中国作协九大开幕式上的讲话》,人民出版社2016年版,第3页。

② 习近平:《在文艺工作座谈会上的讲话》,《人民日报》2015年10月15日。

③ 习近平:《在中国文联十大、中国作协九大开幕式上的讲话》,人民出版社2016年版,第8~9页。

通过塑造典型形象来反映社会生活，这是文学艺术的基本规律。马克思把人规定为是一切社会关系的总和，恩格斯提出了塑造典型环境中的典型人物的基本原理，高尔基则称文学为“人学”，古往今来的文艺作品无不以人的活动为中心反映着特定的社会生活。可以说，不同时代的艺术典型及其理论，是不同时代的文艺相互区别的一个基本标志。习近平指出：“典型人物所达到的高度，就是文艺作品的高度，也是时代的艺术高度。只有创作出典型人物，文艺作品才能有吸引力、感染力、生命力。”①习近平的艺术典型观，他对中国特色社会主义文艺应该塑造中华民族英雄形象的基本规定，也就是对新时代中国特色社会主义文艺本质的规定，是我们把握新时代中国特色社会主义文艺区别于其他文艺的一个基本理论依据。

艺术典型作为艺术美的典型形态，是由特定历史时代的特定艺术形态所决定的，不同形态的艺术有不同的典型形态。社会主义时代文艺的艺术典型形态是由理想和现实相统一、浪漫主义与现实主义相结合的艺术所规定的共性与个性高度统一的艺术典型形态。在这种共性与个性的高度统一中，审美情感和审美感受既不脱离伦理判断和理智观念的制约和规范，也不被强制性地囿于理智观念之中，而是使情感自由地深化为理性，把审美感受内在地导向本质必然，深化为典型。这种形象与典型、个性与共性、感性与理性的对立的和谐统一，就是习近平所倡导的“团结一心、自强不息的精神”“创新创造、开拓进取

---

① 习近平:《在中国文联十大、中国作协九大开幕式上的讲话》,人民出版社2016年版,第12页。

的勇气”“艰苦奋斗、顽强拼搏的毅力”[1]和谐统一的中国精神。作为改革开放的创业者，作为有理想、有道德、有文化、有纪律的劳动者，他们的一切言论和行动都要受社会主义核心价值观的严格规范。他们所表现的是一代创业者应有的政治觉悟、精神状态、道德风貌和文化修养。但是这些理性的观念、时代的要求对他们来说并不是一种外在的强制力量，而是内化成了一种自身的需要、一种独特的本质力量，铸成了他们独特的心理和思维结构，从而形成了他人不可替代的鲜明的个性。这正如习近平所说：“人民不是抽象的符号，而是一个一个具体的人的集合，每个人都有血有肉、有情感、有爱恨、有梦想，都有内心的冲突和忧伤。”[2]他们身上的这种由阶级、时代的必然所升华的自由，就使个性完全变成了典型。这就是社会主义时代的艺术典型的本质内涵，是中国特色社会主义文艺同其他文艺相区别的一个重要标志。

正是这种秉具中国精神的艺术典型所具有的鲜明而突出的特点，才使得它能够以其巨大的美学价值和社会价值，发挥促进社会主义物质文明和精神文明建设的重要作用。这个作用，用习近平的话说就是“用现实主义精神和浪漫主义情怀观照现实生活，用光明驱散黑暗，用美善战胜丑恶，让人们看到美好、看到希望、看到梦想就在前方”[3]。这就把通过塑造具有中国精

① 习近平：《在中国文联十大、中国作协九大开幕式上的讲话》，人民出版社2016年版，第3页。

② 习近平：《在中国文联十大、中国作协九大开幕式上的讲话》，人民出版社2016年版，第12页。

③ 习近平：《在文艺工作座谈会上的讲话》，《人民日报》2015年10月15日。

神的艺术典型、弘扬社会主义核心价值观、发挥文艺在社会主义精神文明建设上的作用这一历史责任赋予了广大文艺工作者，我国广大的文艺工作者也因此在培育和弘扬社会主义核心价值观方面做出了不懈的努力。但是，这种努力也受到了某些错误的理论和创作倾向的挑战和干扰。对此，习近平深刻地指出，“实际工作中，在有的领域中马克思主义被边缘化、空泛化、标签化”[①]，“在有些作品中，有的调侃崇高、扭曲经典、颠覆历史，丑化人民群众和英雄人物；有的是非不分、善恶不辨、以丑为美，过度渲染社会阴暗面；有的搜奇猎艳、一味媚俗、低级趣味，把作品当作追逐利益的‘摇钱树’，当作感官刺激的‘摇头丸’；有的胡编乱写、粗制滥造、牵强附会，制造了一些文化‘垃圾’；有的追求奢华、过度包装、炫富摆阔，形式大于内容；还有的热衷于所谓‘为艺术而艺术’，只写一己悲欢、杯水风波，脱离大众、脱离现实。凡此种种都警示我们，文艺不能在市场经济大潮中迷失方向，不能在为什么人的问题上发生偏差，否则文艺就没有生命力”[②]。习近平在分析产生上述错误倾向的原因时指出：“艺术家自身的思想水平、业务水平、道德水平是根本……只有牢固树立马克思主义文艺观，真正做到了以人民为中心，文艺才能发挥最大正能量。”[③]这里所说的马克思主义文艺观，是指作为马克思主义文艺理论思想基础的辩证唯物论和历史唯物论的基本原理，包括马克思主义美学和文艺

① 习近平:《在哲学社会科学工作座谈会上的讲话》,《人民日报》2016年5月17日。

② 习近平:《在文艺工作座谈会上的讲话》,《人民日报》2015年10月15日。

③ 习近平:《在文艺工作座谈会上的讲话》,《人民日报》2015年10月15日。

学的基本原理，也包括马克思主义对人类文学艺术发展总体规律的把握，而其中最重要的是21世纪马克思主义文艺学对新时代中国特色社会主义文艺的本质和规律的揭示。只有当我们了解了新时代中国特色社会主义文艺在人类文学艺术发展的历史长河中的地位，了解了中国特色社会主义文艺是怎样在与其他的特别是形形色色的资本主义文艺的斗争和比较中，表现出它蓬勃的、不可战胜的生命力的时候，我们才能找到一个真正牢固的马克思主义文艺学基本观念的基础，才能面对各种挑战和干扰而立于不败之地。

（原载《艺术百家》2018年第4期）

论习近平以人民为中心的文艺观

在壮阔的马克思主义文艺理论发展的历史长河中，习近平新时代中国特色社会主义思想的确立，无疑是一个新的历史阶段开始的标志。这既是马克思主义文艺学历史的和逻辑的发展的必然结果，也是社会主义建设和改革开放的历史新时代对马克思主义文艺学所提出的必然要求。习近平对文学艺术论述的基础和核心，是其以人民为中心的文艺观以及关于中国特色社会主义文艺的本质特征和发展规律的论述。这一以人民为中心的文艺观及其理论结构提供给我们的，是一种与新时代文艺实践紧密结合的中国特色马克思主义文艺学基本观念，是新时代中国特色社会主义文艺学体系的基本理论框架和逻辑基础，是其认识文艺现象、解决文艺问题的基本立场、观点和方法。

一、以人民为中心的文艺观的科学性和独创性

马克思在谈到探讨真理的科学方法时说："不仅探讨的结果应当是合乎真理的，而且引向结果的途径也应当是合乎真理的。真理探讨本身应当是合乎真理的，合乎真理的探讨就是扩展了的真理。"[①]从本质的意义上讲，方法是人类掌握世界的具体方

---

① 《马克思恩格斯全集》第1卷，人民出版社1956年版，第8页。

式和途径，一定的思想观念总是通过一定的方法论构架和体现出来的。在这个意义上，可以说方法就是观念本身。世界观和方法论是融会贯通的，有什么样的世界观，选择怎样的学术立场，就有什么样的方法论。在这个基础的层面上，马克思主义的辩证唯物论和历史唯物论是代表当代最高思维水平的科学方法论，并构成由它们所统摄的其他研究方法的基础和根本内容。这正如习近平总书记所说："要学习掌握唯物辩证法的根本方法，不断增强辩证思维能力，提高驾驭复杂局面、处理复杂问题的本领。"[①]迄今为止，理论界对改革开放40年来中国文艺理论的基本性质、思想路线、理论走向和基本特征与形态的讨论众说纷纭，观点各异。这些讨论，实际上都是围绕着对哪种文艺观和文艺方法论的认同而展开的。那么，当代中国文艺理论的性质是由什么所规定的呢？习近平在党的十九大报告中指出："必须推进马克思主义中国化时代化大众化，建设具有强大凝聚力和引领力的社会主义意识形态。"这就是对此所做出的明确回答。坚持马克思主义的文艺意识形态理论，确立社会主义意识形态在当代中国文艺理论整体结构体系中的基础和核心地位，这是习近平新时代中国特色社会主义文艺思想的基本出发点和立脚点。马克思主义的创始人从历史唯物主义的观点考察文艺，规定文艺属于上层建筑的意识形态，是经济基础的反映。党的几代领导人，如毛泽东、邓小平、江泽民、胡锦涛以及习近平对文学艺术的考察，也都是从马克思主义的意识形态学说入手来揭示文艺的本质特性的。

① 习近平：《坚持运用辩证唯物主义世界观方法论　提高解决我国改革发展基本问题本领》，《人民日报》2015年1月25日。

文艺与经济基础的关系问题，在毛泽东那里被具体化为文艺与社会生活、文艺工作者与广大人民群众的关系问题。毛泽东认为文艺反映和作用于经济基础，实际上就是反映以人民为主体的社会生活实践，文艺为经济基础服务，说到底就是为人民服务。他因此而确立了“文艺为人民”这一中国化的马克思主义文艺观。沿着毛泽东侧重从意识形态的建构实践方面提出问题和解决问题的思想路线，邓小平把文艺与生活的关系问题进一步深化为文艺与人民的关系问题，把创造生活的人民大众放在了核心和主导的地位，这时文艺与经济、政治的关系也就表现为人与人之间的关系。也就是说，文艺反映和作用于经济和政治并不是直接的，而是渗透和融汇在人与人之间的关系当中，是通过文艺为谁服务这一现实的中介来完成的。这恰恰是文艺不能等同于一般意识形态的本质特征，也就是邓小平提出“不继续提文艺从属于政治这样的口号……但是，这当然不是说文艺可以脱离政治。文艺是不可能脱离政治的。任何进步的、革命的文艺工作者都不能不考虑作品的社会影响，不能不考虑人民的利益、国家的利益、党的利益”[①]这一论断的学理之所在。邓小平提出的“人民需要艺术，艺术更需要人民”的著名论断，是对文艺与人民的关系的更加明确和全面的规定。这里的“人民需要艺术”，是从文艺表现的对象方面讲文学艺术为什么要为人民服务的问题；这里的“艺术更需要人民”，则是从文艺主体方面讲文学艺术家应该站在什么立场上来对待人民群众，来反映现实生活的问题，并把这一点作为文艺与人民关系的主导方面。邓小平从强调文学艺术主体的自由创造和历史选择的

① 《邓小平文选》第2卷，人民出版社1994年版，第255～256页。

角度来揭示文艺意识形态的本质，这可以说是一种崭新的闪烁着人学思想的艺术本质理论。同毛泽东、邓小平的文艺思想一脉相承，江泽民、胡锦涛和习近平也是以文艺与社会生活的关系为主线来揭示文艺的本质特征的。江泽民突出强调了社会主义文艺所反映的经济、政治关系的实质是“代表中国先进生产力的发展要求，代表中国先进文化的发展方向，代表中国最广大人民的根本利益”，是这三者所融合和渗透的新型的人与人之间的关系。胡锦涛站在新的高度，进一步向广大文艺工作者提出了“贴近实际、贴近生活、贴近群众”，把科学发展观作为认识文艺发展的本质和规律的文艺观和方法论的具体要求。在社会主义建设和改革开放的历史新时代，习近平不仅坚持了毛泽东所确立的文艺为人民服务的方向，而且还把它深化为一种对文艺与人民的关系、文艺工作者与人民的关系的特殊规定。习近平指出：“社会主义文艺，从本质上讲，就是人民的文艺。”[①]从这个基本点出发，他进一步指出：“只有牢固树立马克思主义文艺观，真正做到了以人民为中心……就是要把满足人民精神文化需求作为文艺和文艺工作的出发点和落脚点……把人民作为文艺审美的鉴赏家和评判者，把为人民服务作为文艺工作者的天职。”[②]习近平在这里不只是强调文艺是对社会生活的反映，更重要的是强调文学艺术家需要以什么样的世界观对待和反映生活。只有那些与人民的命运息息相关的文学艺术家才能客观地反映现实生活，揭示历史发展的本质和规律。这是习近平对文艺与生活、文艺与人民的关系的最基本规定，也是对马克思

① 习近平:《在文艺工作座谈会上的讲话》,《人民日报》2015年10月15日。

② 习近平:《在文艺工作座谈会上的讲话》,《人民日报》2015年10月15日

主义文艺学基本原理的一个创新性发展。习近平以人民为本位的文艺观的科学性和独创性，就在于它把文艺意识形态学说深化为文艺以人民为中心的理论与实践，从而对马克思主义的意识形态学说做出了既符合历史唯物主义，也符合文艺自身规律，又符合中国特殊国情的独特阐释。

二、以人民为中心的文艺观的功能特性

习近平以人民为中心的文艺观及其理论结构，并不是一种抽象的理论规定的结果，而是具体产生和存在于中国特色社会主义建设和改革开放的伟大实践中，通过它所发挥的为人民服务的独特功能和作用而得以实现的。意识形态的功能特性，是指意识形态对社会存在的反作用。任何意识形态都是社会存在的反映，它们又都反作用于社会存在，这是意识形态功能特性的普遍性。但是，不同的意识形态又以各自特有的方式反映社会存在，因此它们所具有的功能特性也就有着各自的特点。一般来说，文学艺术并不直接反映经济基础，而是主要反映社会经济生活中人与人之间的关系。而且，它对经济生活中人与人之间关系的反映，也要通过一系列的中介环节来实现。从习近平对文艺反映现实生活特点的论述看，文艺主要是通过政治、社会心理、文化等不同的中介来反映现实生活，这就使文艺意识形态的功能特性具有多层次性、综合性的特点。

在习近平文艺意识形态功能论的整体结构中，文艺的政治功能，即文艺以人民为中心是基础和核心。在《在文艺工作座谈会上的讲话》中，习近平对社会文化结构中政治的意识形态的主导作用做出了新的阐释："文艺事业是党和人民的重要事业，文艺战线是党和人民的重要战线……文艺要反映好人民心

声，就要坚持为人民服务、为社会主义服务这个根本方向……广大文艺工作者要高扬社会主义核心价值观的旗帜……把社会主义核心价值观生动活泼、活灵活现地体现在文艺创作之中，用栩栩如生的作品形象告诉人们什么是应该肯定和赞扬的，什么是必须反对和否定的。”[①]这就赋予了文艺和广大文艺工作者毋庸置疑的政治使命。作为意识形态的文艺，它对社会经济关系的反映必然地要以特定的政治关系为中介，这是因为政治是经济的集中表现，任何人与人之间的经济关系，都体现为一定的社会政治关系。远离物质经济基础的意识形态的文艺，就是凭借某一时代的政治土壤而产生和形成的。文艺对经济基础的反作用，也必然要通过政治这个中介环节来实现。与此同时，生活在特定社会关系中的文学艺术家，他自身就是一定社会政治关系的承担者。文学艺术家一般虽然不以政治的社会角色观察和对待生活，而主要是以审美的方式把握世界，但作为其审美意识主要构成因素的审美理想，本身就内含着社会的政治理想，而且可以说社会政治理想是构成审美理想的核心内容，规定着不同时代审美理想的本质。习近平正是因此而做出了“文艺的性质决定了它必须以反映时代精神为神圣使命”[②]的对文艺意识形态政治功能的本质规定。

文艺不但要以政治为中介反映经济基础，而且还要以文化为中介反映社会生活，实现自身的意识形态功能。对文艺的文化认识和教育功能，习近平明确地指出：“满足人民日益增长的

① 习近平:《在文艺工作座谈会上的讲话》,《人民日报》2015年10月15日。

② 习近平:《在中国文联十大、中国作协九大开幕式上的讲话》,人民出版社2016年版,第8页。

精神文化需求，必须抓好文化建设，增加社会的精神文化财富。物质需求是第一位的，吃上饭是最主要的，所以说‘民以食为天’。但是，这并不是说人民对精神文化生活的需求就是可有可无的，人类社会与动物界的最大区别就是人是有精神需求的，人民对精神文化生活的需求时时刻刻都存在。”[①]习近平把文艺看作一种新文化的创造，就是从大文化的视角看文艺，揭示了文艺具有文化的特性和功能。因此，以文化为中介反映社会现实生活就成为以政治为中介反映经济基础的中介，即中介的中介。习近平十分重视继承和吸收中国和外国的一切优秀文化，他在《在文艺工作座谈会上的讲话》中指出：“我们社会主义文艺要繁荣发展起来，必须认真学习借鉴世界各国人民创造的优秀文艺。只有坚持洋为中用、开拓创新，做到中西合璧、融会贯通，我国文艺才能更好发展繁荣起来。”“中华优秀传统文化是中华民族的精神命脉，是涵养社会主义核心价值观的重要源泉，也是我们在世界文化激荡中站稳脚跟的坚实根基。增强文化自觉和文化自信，是坚定道路自信、理论自信、制度自信的题中应有之义。”[②]文艺家作为反映现实生活的主体，是在特定的社会关系和历史文化的氛围中形成的，所以文学艺术家常常扮演着双重角色，既是特定阶级的角色，又在进行审美文化的创造，是一种文化角色。在阶级社会里，文学艺术之所以具有若隐若现的阶级性，又具有浓厚的民族特色，就是因为文艺家除站在特定阶级和社会集团的立场上反映生活之外，还要以特定的社会文化观察和认识生活，文化意识是构成文艺意识的内

① 习近平：《在文艺工作座谈会上的讲话》，《人民日报》2015年10月15日。

② 习近平：《在文艺工作座谈会上的讲话》，《人民日报》2015年10月15日。

容之一。这是从文艺主体方面说的。从反映对象来说，文艺家所反映的现实生活本身，如风土人情、生活习俗、文化传统、心理结构等本身就属于文化的范畴，而不应简单地划属于阶级的和经济的范畴。但这对文学艺术来说却相当重要，是构成人民群众喜闻乐见的民族的文学艺术不可或缺的因素。习近平对文艺以意识形态性为核心的整体文化结构特性的完整把握，极大地丰富了文学艺术的本质内涵，开阔了文艺研究的理论视野。

文艺反映人民大众的社会心理，并通过它反作用于政治和经济基础，这是文艺意识形态的一种独特功能。在习近平以人民为中心的文艺观的整体结构中，文艺以广大人民群众的社会心理为中介反映现实生活、反作用于经济基础的社会心理功能理论具有特殊的意义。社会心理是一种在特定的历史时期，在一定的阶级和阶层中普遍自发的精神状态，这包括由现实生活产生以及从传统中获得的各种情绪、愿望、要求、信念，还包括道德风尚和审美趣味等。文艺与其他意识形态的不同，一个重要方面是在于它具有与社会心理直接联系的特点，人与经济、政治、文化的联系，大量的是通过某些社会心理得以集中体现，从而构成一种精神氛围，而文学艺术的创作就是在这一由特定的社会心理构成的社会精神氛围中进行的，所以社会心理也就往往成为艺术表现的直接对象。文艺对社会心理具有调节、平衡、规范的职能，人民大众的文艺直接影响人民群众的心理，使人民群众感奋起来，同心同德创造自己的新生活。作为人民拥戴的领袖，习近平始终与人民息息相通，血肉相连。这就使他在一切工作中，都把“以人民为中心”奉为最高准则。而在文艺上，当他把马克思主义的文艺意识形态理论深化为以人民为中心的理论时，就十分注意分析人民群众的社会心理，要求文学艺术家要熟悉人民群众的情绪、感情、愿望、信念、道德观念、审美情趣，尊重和热爱人民大众的艺术创作热情和作品，包括群众创造的墙报、壁画、民歌、民间故事等。他在《在文艺工作座谈会上的讲话》中深情地说：“能不能搞出优秀作品，最根本的决定于是否能为人民抒写、为人民抒情、为人民抒怀。一切轰动当时、传之后世的文艺作品，反映的都是时代要求和人民心声。”[①]当然，文艺以人民群众的社会心理为中介反映社会存在，并不是对群众社会心理原原本本的描绘。习近平对文学艺术家们所提出的“现实生活中总是有这样那样不如人意的地方。广大文艺工作者要对生活素材进行判断，弘扬正能量，用文艺的力量温暖人、鼓舞人、启迪人，引导人们提升思想认识、文化修养、审美水准、道德水平，激励人们永葆积极向上的乐观心态和进取精神”[②]的要求，就是中国特色社会主义文艺要站在社会主义审美理想的高度，对人民群众普遍的社会心理现象进行提炼、加工和改造，从而使人民群众的心理和行动更加自觉的要求的本质规定。因此，重视文化结构体系中社会心理的地位和作用，强调社会主义文化要以广大人民群众的社会心理为中介反映社会生活，以发挥其认识社会生活和道德教育的功能，就成为习近平以人民为中心的文艺观的又一重要内容。

三、以人民为中心的文艺观的整体结构形态

当代中国的文艺理论是在人类现代化的历史进程与马克思

① 习近平：《在文艺工作座谈会上的讲话》，《人民日报》2015年10月15日。

② 习近平：《在中国文联十大、中国作协九大开幕式上的讲话》，人民出版社2016年版，第14页。

主义中国化的历史进程中，不断建构的一个以其所处历史时代的基本精神为灵魂，以当代形态的马克思主义文艺理论为主导的文学理论的整体结构形态。它是一个能够包容中华民族不同地域和文化背景的整体文艺思想结构体系和总体思想文化格局，这决定了当代中国文艺理论的多样统一性。从根本上说，当代中国文艺理论的基本性质和发展方向，只能由占意识形态统治地位的马克思主义来决定，必须坚持中国特色马克思主义文艺理论的指导。与此同时，中国特色马克思主义文艺理论作为一种具体理论形态和一般思想文化传统的担承者，又内在地要求自己时刻关注世界文化与艺术总体格局的发展，不断增强自己对现代人类文化和艺术精神的包容性和开拓性，使以其为主导的当代中国文艺学的发展，既要在与其他历史形态、社会形态文艺理论的共存中保持自己的品格，又要善于汲取人类各种文化与艺术及其理论发展新成果的滋养。习近平在党的十九大报告中指出："必须推进马克思主义中国化时代化大众化，建设具有强大凝聚力和引领力的社会主义意识形态。"这个根据中国的国情、民情和当代中国文化事业发展的实际所做出的论断，既是对社会主义意识形态在当代中国文艺理论结构体系中核心和主导地位的肯定，也指明了坚持和发展马克思主义文艺学基本观念、实现马克思主义文艺理论中国化是中国特色社会主义文艺理论发展的根本方向。把社会主义意识形态作为中国特色社会主义文艺理论的基础和核心，首先就要肯定文艺的意识形态性作为文艺的本质规定性的意义和价值。马克思在划分各种社会和文化现象类别的时候，把由经济基础及物质层面、社会存在层面所决定的观念上层建筑及精神层面的内容，提升和凝聚为"社会意识"这一综合的范畴。作为与社会存在相对应的范畴，社会意识包括了构成人的全部社会精神生活及其过程的政治、文艺、审美、道德、宗教、哲学等各种意识和观念要素，是一个由个体意识到群体意识、由社会心理到社会意识形态的众多思想、观念序列纵横交错的动态整体结构。这种抽象、普遍、理论意义上的社会意识，通过一定社会的政治、经济、文化的综合运动过程，一旦成为具体、特殊、实践意义上的该社会的观念上层建筑，它就会成为包括文学艺术在内的社会文化结构中的核心和主体。人类社会发展史上，从奴隶社会、封建社会到资本主义社会的各种基本社会类型及其意识形态的更迭、各种文学艺术和文艺思想的演进，都证明了这一点。同样，马克思主义中国化和马克思主义文艺理论中国化的过程，也遵循着这一客观规律。马克思主义中国化即中国马克思主义在当代中国的确立和发展，使社会主义意识形态成为反映当代中国社会主义经济形态及其所决定的政治制度，并体现作为统治阶级的无产阶级及其所代表的最广大人民群众根本利益的观念上层建筑。同时，也形成了一个能够包容中华民族不同地域和文化背景的整体文化结构体系和总体文化格局，形成了这个体系和格局中以马克思主义文艺理论为主导，由包括中国传统文艺思想和当代西方哲学文化思想在内的不同理论形态、理论要素所共同构成的文艺理论整体结构。这就决定了当代中国文艺理论的基本性质和发展方向，只能由作为占统治地位的社会主义意识形态来决定。

坚持马克思主义的文艺意识形态理论，确立社会主义意识形态在当代中国思想文化结构体系中的主导和核心地位，进而全面把握由不同理论形态、理论要素所共同构成的这个体系的整体结构特性，这是建设当代中国文艺学、繁荣中国特色社会主义文艺的必由之路。就意识形态与当代中国思想文化的关系来说，意识形态是当代中国思想文化结构体系的核心，所以，对待中外文化要坚持辩证分析的观点，要检查文化对待人民的态度，依其在历史上有无进步意义而分别采取不同的态度。但文化又不能完全等同于意识形态，因为在人类的整个文化现象中，社会意识形态只是其中的一部分，在日常生活中支配人的思想和行为的还有大量的文化习俗和传统，它们并不属于严格的意识形态的范畴。因此，以特定的历史文化为中介对现实生活进行反映的文学艺术，虽然在本质上属于意识形态范围，但也包含有一定的不属于严格意义上意识形态范畴的文化因素。习近平虽然主要是以意识形态的观点论文化，但是他始终认为文艺是一种审美文化，文艺不但要以政治为中介反映经济基础，还要以一定的文化为中介反映丰富多彩的客观现实生活，具有独特的文化功能。文艺不但具有政治性、阶级性，同时还具有民族性，是这三者的完美统一。这种对文艺以意识形态性为核心的整体文化结构特性的完整把握，极大地丰富了文学艺术的本质内涵，开阔了文艺研究的理论视野。可见，新时期文学理论体系的建立，应该是在各种文学因素、理论因素，以及各种对文学不同的理论界说的整合和互补中进行。而这里的整合互补，既不应该是各种不同理论观点的组合和混同，也不应该是它们相互间的排斥和否定，而应该是通过对它们的辩证综合而产生的一种包含着它们各自合理因素的新的理论结构形态。

四、结语

综观习近平以人民为中心的文艺观及其关于中国特色社会主义文艺的本质特征和发展规律的论述，其核心是文艺与人民、文艺工作者与人民的关系问题。从这一基本点出发，习近平不但全面地揭示了文艺的一般意识形态特性，而且还把文艺意识形态学说深化为文艺以人民为中心的理论与实践，深刻阐释了意识形态的政治、文化等功能因素在文学艺术中的特殊表现及其所具有的深广人学内涵。围绕着以人民为中心这一核心范畴，在总结马克思主义中国化和马克思文艺理论中国化的历史经验的基础上，习近平进一步回答了文学艺术是什么，特别是当代中国社会主义的文学艺术是什么，即人民的文学艺术是什么的问题，从而为我们开辟了发展和繁荣中国特色社会主义文艺、建设中国特色马克思主义文艺学的思想路线。我们的文学艺术家和当代中国文艺学就是要倡导习近平以人民为中心的文艺观，确立习近平新时代中国特色社会主义文艺理论在当代中国文艺学整体结构体系中的基础和核心地位，进而全面把握由不同理论形态、理论要素所共同构成的这个体系的整体结构特性，为建设当代中国文艺学、繁荣中国特色社会主义文艺而努力奋斗。

（原载《艺术百家》2019年第4期）

当代中国马克思主义美学研究现状探析

马克思主义美学在当代中国的发展，是在与其他美学理论的相互撞击、融合、借鉴中，在其理论自身的不断变革中前进的。当代中国美学在由一元走向多元、由封闭走向开放、由单一走向综合的形态转换与体系建构过程中，逐渐形成了以马克思主义美学为主导的多元共生、兼容并蓄、多样统一的基本格局与特点。

当代中国马克思主义美学研究的基本格局

21世纪以来，我国的美学研究呈现出各种美学理论整合与互补的基本格局，有的学者将此归纳为由外到内、由一到多、由微观分析到宏观综合、由封闭体系到开放体系。[1]在这种多元共生、不断变化的理论格局中，马克思主义美学的发展面临着前所未有的挑战与机遇，或许这种形势对马克思主义美学的生存与发展比任何时期都显得重要。研究者们清醒地意识到，建

① 参见张涵:《中国当代美学》,河南人民出版社1990年版,第475页。

立当代形态的马克思主义美学，焕发并增强其内在的生命力以适应时代发展的要求，已成为摆在中国美学界面前的一项迫在眉睫的任务。学者们对此已经达成共识：马克思主义美学的发展正处于历史与现实、中国与西方、传统与现代更迭与交替的特定时代语境下，正处于中国传统美学、经典马克思主义美学、西方马克思主义美学以及西方形形色色的哲学文化理论共同交织而成的错综复杂的思想和理论网络之中。因此，我们一方面要反思以往研究的不足，另一方面要面向未来积极创新；一方面要寻求中国传统美学的现代转型之路，另一方面要探求可资借鉴的西方现代美学理论的最新成果；一方面要拓展马克思主义美学中国化的道路，另一方面又要力求理论的现代性与民族性的统一。这种多元、立体的网络结构，构成了当代中国审美文化意识和美学理论的多层次、多维动态的结构形态，决定了任何一个处于这个网络结构关节点上的理论都不再是单一的、静止的存在，而是古今中外各种审美意识、各种理论学说纵横交错、共同作用的结果。正是这种总体的文化结构形态，决定了当代中国美学必然既带有来自本土血脉的传统美学思想的影响，也有着漂泊过洋的西方现代美学理论的“多元”形态，它们以各自不同的方式共同参与了当代中国美学的解构与建构过程。面对这种局面，人们开始走出固有的思维模式，走向一个多元理论对话的时代，过去那些无法相容的不同质的理论观念开始走入这个并存、兼容的结构整体之中。[①]正是在这个大的理论背景下，学者们开始将马克思主义美学置于这种多元并存的

① 参见马龙潜：《新世纪马克思主义美学研究的基本格局与特点》，《沈阳工程学院学报》(社会科学版)2006年第2期。

整合与互补的基本格局之中进行审视与思考。人们认识到，在全球化的语境中，任何理论的存在与发展都难以故步自封式地将自己的视野和思维囿于狭小的范围，而应该是兼容并蓄、博采众长，以丰富自身。因此，对于马克思主义美学的发展，学者们普遍认为应该改变以往那种唯我独尊的理论角色，通过与其他理论的平等对话、交流来达到取长补短、共同发展的目的。马克思主义美学应该站在时代的高度，积极吸收、借鉴包括中国古代美学思想，西方各种哲学、美学和文艺美学的一切有益的成分，将其“拿来”为我所用，通过对它们的辩证否定来丰富、拓展自己的理论视野和方法。①

对马克思主义美学的发展前景，学者们也充满了信心，这是基于人们对马克思主义作为科学的世界观和方法论相统一的理论体系所具有的与时俱进的理论品格的认识。卢卡奇对马克思主义的理论品格有自己独到的理解：“马克思主义问题中的正统仅仅是指方法。它是这样一种科学的信念，即辩证的马克思主义是正确的研究方法，这种方法只能按其创始人奠定的方向发展、扩大和深化。而且，任何想要克服它或者‘改善’它的企图已经而且必将只能导致肤浅化、平庸化和折中主义。”②这一对马克思主义的阐释，成为“西方马克思主义”的基本理论原则。西方马克思主义者们正是继承了经典马克思主义的方法论原则，坚持马克思主义关注社会现实的理论品格，才对资本

---

① 参见马龙潜:《新世纪马克思主义美学研究的基本格局与特点》,《沈阳工程学院学报》(社会科学版)2006年第2期。

② [匈]卢卡奇:《历史与阶级意识》,杜章智、任立、燕宏远译,商务印书馆1992年版,第48页。

主义社会的政治、宗教、制度，以及经济和文化等领域进行了广泛的分析和批判，这种从方法论层面对马克思主义解读和承继的思路是值得我们借鉴的。可以说，马克思主义就是这样一代又一代地在坚持和发展其方法论原则的历史过程中，不断吸收、借鉴各种不同的理论资源，并将其辩证否定为自己理论体系不可缺少的内容，从而使自身日臻科学和完善的。发展到今天的马克思主义美学，当然应该而且可以把包括当代西方哲学、美学和文艺理论在内的一切有利于自身发展的成果吸收过来，通过对它们的辩证否定来不断丰富和拓展自己的视野。这正是马克思主义美学所具有的其他任何美学理论所无法比拟的理论品格之所在，也是马克思主义美学能够完全适应时代的挑战，应答和解决不断涌现的各种美学问题的根本原因之所在。

当代中国马克思主义美学研究的重心

早在20世纪80年代的“美学热”中，学者们就孜孜不倦地为建设有中国特色的马克思主义美学理论体系而努力，并且围绕“中国化”与“现代化”这两个焦点性问题展开了热烈的讨论。至今，这两个问题仍然是马克思主义美学研究的重心。

马克思主义美学的“现代化”问题是一个世界性的理论话题，经典的马克思主义美学伴随着历史前进的步伐将以怎样的面目出现在当今全球化时代的舞台上，这个问题已成为一切马克思主义美学研究者热切关注的焦点。因为人们很清楚地认识到，这是对马克思主义美学来说生死攸关的根本性问题，如果一种理论不能做到与时俱进，那将被历史无情地抛弃。我们看到，20世纪80年代以来，在关于建设有中国特色马克思主义美学体系的讨论中，不论是审美反映论、和谐论和生态存在论等美学观点的提出，还是对实践美学的再讨论，都体现出研究者已经摆脱了以往那种以对经典作家的言论排列和语录汇编为主线的“注经”式的研究方法。在体系精神、构架形态和概念范畴等方面都试图在具体的历史时期、具体的审美与艺术实践领域，找到经典的马克思主义美学与现时代的切合点，试图在历史的发展进程中，通过对自身理论形态和表述方式的不断更新使之实现“现代化”。①

有的学者试图通过对19世纪末至20世纪马克思主义美学研究历程的梳理，来探寻马克思主义美学的“现代化”之路。他们认为，对马克思主义美学的研究与阐释主要有三种基本形态：苏联马克思主义美学、西方马克思主义美学、中国马克思主义美学。②苏联马克思主义美学是一种本质主义的反映论、认识论美学，其贡献在于肯定了艺术是现实生活的反映，这种反映能够而且必须揭示隐藏在生活现象之后的本质的东西，同时它还肯定了社会主义的艺术需要用社会主义时代的精神教育人民；但其理论缺陷也是相当明显的，那就是混淆了审美反映论与认识论层面的哲学反映论的区别，并把社会生活的本质视为凌驾于感性个体之上的，预先决定着所有个体生存和命运的东西，而看不到社会生活的本质其实不过是人类创造自身历史的客观

---

① 参见马龙潜：《新世纪马克思主义美学研究的基本格局与特点》，《沈阳工程学院学报》(社会科学版)2006年第2期。

② 参见刘纲纪：《马克思主义美学研究与阐释的三种基本形态》，《文艺研究》2001年第1期。又见韦苏陈：《“马克思主义美学的现状与未来”国际学术研讨会综述》，《文艺研究》2000年第6期。

必然过程的理论抽象。西方马克思主义美学则是第一次世界大战后欧洲资本主义国家的无产阶级革命遭到普遍失败这一历史背景下的产物。西方马克思主义理论家们对马克思主义的一系列基本原理进行质疑、批评、修正，主要以文化、意识形态、政治为中心对资本主义进行批判，强调艺术对资本主义现实具有巨大的“否定”“颠覆”“超越”的功能。这种功能实现的关键是通过审美与艺术的“幻象”方式“超越”和“否定”现实，显然这种“幻象”的方式是主观意识的否定，它远离艺术对现实生活的反映。而且，由于这种理论把艺术对资本主义现实的“否定”“大拒绝”，看作艺术的政治功能的实现，强调这是一种“审美的颠覆”，因此它最终不可避免地陷入了非政治的唯美主义。中国马克思主义美学是建立在“马克思主义的普遍真理与中国革命具体实践相结合”这一原理的基础之上的，因此它在一定程度上既避免了西方马克思主义对马克思主义基本原理进行质疑、批评、否定的轻率性、主观任意性，又与苏联马克思主义美学对马克思主义僵硬、武断、教条的理解相区别。但由于受到苏联马克思主义美学和文艺思想的影响以及国内特定政治环境的冲击，中国的马克思主义美学研究也走过了曲折的道路。还有的学者专门通过对经典马克思主义美学及其以后的发展轨迹的梳理，论述了马克思主义美学的现代化问题，指出了现代化问题之于马克思主义美学发展史的重要意义。[①]这些研究都在历史反思的基础上，探索了马克思主义美学现代化问题的重要性，以及实现这种现代化的途径。客观地说，我国理论界

---

① 参见张德厚:《试论马克思主义美学的现代化》,《吉林大学社会科学学报》2001年第6期。

对马克思主义美学“现代化”问题的研究尚处于初步的探索阶段，许多问题的讨论还有待于深化，眼下还不能形成一个令理论界普遍认同的建立“现代化”的马克思主义美学的理论原则。

“中国化”问题对于当代中国马克思主义美学来说，则是与“现代化”问题具有同等重要意义的焦点问题，二者相辅相成、互相渗透。对于我们来说，马克思主义美学如果不能同当代中国社会发展的实际、不能同中国文化的民族特点相结合，也就是说它如果不能最终实现中国化、民族化，不具有中国特色，那它也必将成为不能解决任何实际问题的空洞的理论，也就必然失去其在中国存在的现实意义和价值。强调理论的“中国化”，实际就是要使其具有“中国特色”，于是人们从这个基点出发探讨马克思主义美学的“中国化”问题。有的学者认为“中国特色”实际是指当代中国美学的深层文化结构和文化资源的问题，任何一个民族的美学都不能脱离本民族赖以生存的文化土壤。他们进而指出，“中国特色”的内涵既与中国现时代的主流意识形态相一致，也与中华民族特有的传统文化与审美精神相契合，“中国特色”恰恰是马克思主义美学的“中国化”和“现代化”的结果。若马克思主义美学游离于二者之外，是难以在中国本土文化现实实践性和现实生活中生根的。有的学者以美学是民族意识、民族精神生活的花朵和果实为前提，阐述了当代中国马克思主义美学发展应具有民族精神和民族特色的理论根据，并列举了“中国特色”在民族审美心理、审美情趣、审美理想和艺术样式等方面的具体表现。有的学者指出，应该首先从哲学和美学思维方式等较深层次上寻求马克思主义美学与中国传统美学的结合点，以超越二者之间浅表层次的比照和局部、零碎的拼凑，最终达到整体的、深层的融合。[①]

关于具体的研究方式和途径，学者们提倡走一条将“回到马克思”与继承、发展、综合创新结合起来的学术研究路线。所谓“回到马克思”，就是对马克思主义经典原著进行重新解读、重新阐释，包括对以往马克思主义美学思想的再认识，以使对马克思主义原典精神的把握更加准确、丰富和完善。有的学者认为，研究马克思主义美学首先应该对其做历史的整体观照，以求无所遮蔽，同时还需要本着实事求是的态度，通过对马克思主义美学历史层面的开掘进行扎实的研究工作，从而消除长期存在的对马克思主义的种种误读和曲解。有的学者倡导进一步加强对马克思《1844年经济学哲学手稿》的研究，认为《1844年经济学哲学手稿》为当代马克思主义美学的研究提供了一种新的哲学视角和新的方法。[②]也有的学者认为，目前对马克思主义美学许多问题的探讨还停留在哲学层面上，而与对文学艺术的具体现象的研究结合得很不够，这就难以得到人们较为普遍的关注和产生较为广泛的影响。所谓继承、发展、综合创新，是指在“回到马克思”的基础上，通过对现代西方各种理论学说的引进和研究，借鉴其中的合理成分以开阔研究视野、丰富研究方法，同时再以新的理论视角和方法，重新对马克思主义经典文本进行多层次、多方位的研究，从而真正实现理论的创新。正是在这种理论背景下，精神分析美学、现象学美学、

---

① 参见马龙潜:《新世纪马克思主义美学研究的基本格局与特点》,《沈阳工程学院学报》(社会科学版)2006年第2期。

② 参见韦胜利:《论〈1844年经济学——哲学手稿〉与中国的马克思主义美学研究》,《重庆社会科学》2003年第6期。

存在主义美学、接受美学、文化诗学、人类学美学、语义学美学、结构主义、解构主义、新历史主义、后殖民主义等理论和方法如万花筒般闪现在中国理论研究的广阔领域，为当代中国马克思主义美学的研究带来了喧闹，也带来了生机。一些全新的研究领域和学科正在形成，如有的学者从审美人类学的视角阐释马克思主义美学，认为二者在理论方法上紧密联系。[①]而且，马克思主义美学思想是审美人类学最重要的学术思想来源，审美人类学本身就是马克思主义美学这颗参天大树在当代社会文化语境中受多种思潮浸润而催生的一枝新芽。

相比之下，学者们对西方马克思主义美学的研究则显得更为集中。与过去盲目排斥的观点和做法截然不同，学者们不再简单地坚持“西马非马”论，而是以更为科学和开放的心态审视“西马”理论。有的观点认为，西方马克思主义也是经典马克思主义美学的当代发展形态之一，是在西方特定社会环境中，以马克思主义的理论和观点研究西方社会现实的产物。与此相近的观点则指出，我们对西方马克思主义美学的重视程度还很不够，缺乏更为细致、深入的研究，中国马克思主义美学和西方马克思主义美学之间还没有展开充分的、实质性的对话和讨论，如果中国美学研究只是坐井观天式的，那就有可能由于与世界隔绝而落伍。也有的学者认为，我国理论界对西方马克思主义美学的研究，还多停留于引进与介绍的水平，就一些根本性的问题展开实质性的、充分的讨论尚显欠缺。针对这种不足，有的学者开始试图将此项研究不断深化，如有人对中西方马克

① 参见王杰、海力波:《审美人类学与马克思主义美学的当代发展》,《文艺研究》2002年第2期。

思主义美学理论的语境进行比较，指出二者诞生于不同的社会文化语境，有着不同的理论关注点，对马克思原典有不同的阐释方法，但共同的理论旗帜、共时的社会变革、互融的文化综合使中西方马克思主义美学在巨大的差异面前仍有可比性。正是不同的文化背景造就了中西方马克思主义美学各有千秋，具有不同的发展潜力，因此西方马克思主义美学对当代中国的美学理论体系的建构仍有积极的借鉴作用。[①]有的学者则对我国“西马”理论研究的发展及特点进行了分析，认为我国自1990年后，随着三位当代西方大师级马克思主义美学家——英国的伊格尔顿、美国的詹姆逊、德国的哈贝马斯到中国进行学术演讲或与中国学者密切交流，他们的著作被翻译、介绍到中国，人们对“西马”的研究逐渐升温。研究领域也涉及政治学、社会学、历史学、伦理学、美学等多个方面，呈现出规模化、深度化和多元化的特点。就美学学科而言，“西马”研究主要集中在四个论域：文化批评主题、审美与政治问题、美学基本理论问题及在对比中提炼本土理论课题。文化批评历来被视为“西马”理论的核心问题，正如有学者指出，西方马克思主义者同马克思本人一样都是实践性的革命批评家，他们的其他理论建树都是服务于文化批评这一主题的；审美与政治问题在“西马”那里融化为美学政治化或政治美学化；美学基本理论问题则包含

① 参见刘纲纪:《马克思主义美学研究与阐释的三种基本形态》,《文艺研究》2001年第1期。又见韦苏陈:《‘马克思主义美学的现状与未来”国际学术研讨会综述》,《文艺研究》2000年第6期。

了诸如形式批评、审美意识形态、文学生产等方面。[1]

当然，也有学者指出，西方马克思主义美学在对经典马克思主义美学思想的阐释方面有偏离马克思主义的现象，如对马克思劳动本质论的曲解。而且由于其所利用的思想资源主要来自精神分析批评、结构主义、后结构主义以及后现代主义的某些“话语”，因此对理论发展的实质性建树并不多。有的学者认为，由于中国和西方在国情上存在较大差异，因此“西马”理论感兴趣的话题不一定适合我们的现实社会[2]，等等。总之，不论是积极倡导学习者还是有条件汲取者，中国学者研究西方马克思主义美学的目的，都应该是为建立当代有中国特色的马克思主义美学体系提供有益的借鉴。

当代中国马克思主义美学研究存在的问题

自20世纪80年代兴起的文艺学、美学方法论大讨论以来，我国理论界以中国传统美学思想为基点，一方面积极引进、介绍和借鉴西方文艺、美学理论及研究方法，另一方面试图构建以马克思主义美学为主导的当代中国美学、文艺学理论体系，并且取得了令人瞩目的成绩。无论是对认识论美学和实践美学的讨论，还是实践美学与后实践美学的论争，都反映出学者们富有紧迫感的学科建设意识，这不仅表现为理论界对美学学科

---

① 参见孙盛涛:《论域选择域与对话交往——西方马克思主义美学对我国当代美学的影响研究》,《甘肃社会科学》2004年第5期。

② 参见朱兰芝:《20世纪中国西方马克思主义美学研究管窥》,《山东师范大学学报》(社会科学版)2003年第4期。

形态和学科性质以及如何构建科学体系等问题的探讨，更表现在人们日趋开放的自由心态上。

然而，正如有的学者所指出的，热情的探索不能替代冷静的思考，标新立异不一定就是创新，时间上的“现代”更不等于理论的先进。从表面上看，各种新理论层出不穷，一片繁荣，然而在这繁华的背后却遮掩不住对理论研究赖以存在的哲学基础的不同程度的忽视和轻视。殊不知，任何美学理论的构建都是以一定的哲学思想为基础的，如果缺乏这一坚实的理论根基，那么任何貌似惊人的理论大厦都会成为空中楼阁。有的学者尖锐地指出，哲学不是服装，可以一天换一个样子，哲学也不是流行歌曲，可以一天换一个调子，它必须有一个一以贯之的东西在里面。[①]如果我们对此没有清醒的认识，可能会导致美学的研究步入误区。如果我们的马克思主义美学研究脱离了辩证唯物论和历史唯物论的思想原则和方法论基础，那么这种研究就很难说是马克思主义美学的研究了。一个不容回避的事实是，有的美学理论研究在方法论上以返回原初性思维或本源性思维为基点，以超越辩证思维的方法为基本途径，试图建构一种取消主体与客体、本质与现象之类的范畴，进而否定对美和艺术发展的本质和规律进行研究的美学理论。一些学者深刻地指出，如今有一种很流行的思潮，那就是对传统的建立在形而上学哲学基础上的美学研究或多或少地表现出轻视的态度，把本质主义与对“美的本质”的教条式讨论联系在一起，将关于本质的研究等同于本质主义。其理由似乎是很充足的——世界都已经

① 参见孙伯鍨:《作为方法的历史唯物主义》,《河南大学学报》(社会科学版)2001年第3期。

跨入后现代了，分析哲学该退出历史舞台，形而上学早已是穷途末路了。于是越来越“务实”，认为对那些基本理论的研究实在是费力不讨好的事情，便遵从了维特根斯坦的告诫——“对于不能谈的事情就应该沉默”，因此对基本理论的探索日益“边缘化”也就不足为奇了。这些理论放弃了对关于抽象的物质或精神实体、绝对化的本质和基础等理念的学理探讨，力主把那些与人的生命息息相关的情感、无意识、意志、直觉等非理性作为新的哲学基础，以对二元认识论的否定实现统一于虚幻的精神世界的“天人合一”的人生超越。这种对人生、对人的精神世界的关注精神具有合理性的一面，但同时却不可避免地陷入两难境地：一方面极力倡导感悟、体验、生命本能活动等非理性一面，反对理性；另一方面，他们用以攻击、颠覆理性的手段却仍然还是理性，就如同对无意识推崇备至的弗洛伊德也必须依靠有意识的理性去建构他的无意识理论，非理性主义绝不可能以他们的“非理性”去完成充满理性色彩的非理性理论。我们不能否定这样的事实：任何一门学科体系的建构都是一种认识活动的结果。这是因为，在建立一门学科体系时，我们必然以对其研究范围、研究对象、研究方法以及研究意义等问题的认识为起点，在此基础上才能展开具体的研究工作。认识活动是科学研究的基础，而认识活动的前提是具备认识结构的两极——主体和客体，缺少任何一极都将失去认识活动赖以存在的可能。由此可见，不管现代非理性哲学和解构哲学多么推崇个性的重要性，多么试图挣脱、超越主客体关系结构，只要这些哲学家在思维，就不能跳出形而上学的网结，只要他们想“在场”，就取消不了建立在诸如本质、规律等理性基础之上的哲学存在的合法性。有的学者指出，某些理论在对马克思主义哲学的基本范畴的界定上出现了偏差，如超越“实践美学”理论对“实践”概念的厘定。这些超越论者认为，“实践”是有限的，而生命存在是无限的，因此可以用“生命”“存在”等范畴取代“实践”，以此实现“超越”。他们主张以审美活动作为本体论的核心范畴，以凸显美的个体性、精神性、超越性特征。他们认为，审美的本质不是感性与理性的矛盾运动，审美是超理性的，而且应该是对这种超理性的追求，因此实践美学的基础——实践——应该被超越。

对此，有的学者提出了截然不同的观点。他们认为，伴随历史前进的步伐，马克思主义实践的概念也在不断被赋予新的本质内涵：“实践是人或人类与对象世界之间所进行的一种物质的或精神的交流活动。这种交流可以体现为物质性或制度性的对对象世界的改造、变革，也可体现为人与人之间的物质的、信息的或精神的交流，还可以呈现为精神性的对对象的体验、感受。实践活动可以是现实性的，也可能是想象性、虚拟性的。”[①]的确，从人类社会发展的历史看，如果说工业革命以前的人类社会面对的是如何生存的问题，在人与外部世界的关系中更多地表现为物质性的实践关系，也就是我们以往通常所理解的人类改造客观世界的现实的物质性活动，那么，产业革命带来的生产力的飞速发展则全方位地推动了人类社会的巨大变革，尤其是在知识经济的今天，人力资本地位的凸显使得作为主体的人展现出更为广泛而丰富的本质，不仅表现为物质性实践活动，更表现为精神性的实践活动。以往在社会生产力发展中居重要地位的是物质资本，而在知识经济时代，知识资本

---

① 徐碧辉：《主客体之分与新世纪美学的建构》，《学术月刊》2002年第9期。

（人力资本）取代了物质资本的决定性地位，人的体力因素地位下降，而精神因素得以不断提升。因此，那些呈现为精神性的对对象的心理的、想象性的体验，感受式的实践活动同样也是人的实践活动方式之一。只要人以实践方式与客观实践发生关系，就不可避免地存在主客体之分，由此可见，只要承认审美活动的存在，就不能否定人类的实践活动。[①]

当代中国马克思主义美学发展的趋势

对于当代中国马克思主义发展的趋势问题，学者们普遍抱有积极乐观的态度，认为马克思主义美学将在全球化、多元化背景下通过广泛对话、交流、互补而得以健康发展。

中国马克思主义美学在21世纪的发展趋势，一直是学者们讨论的热门话题。许多学者通过对其哲学基础——马克思主义哲学理论品格的分析，认为马克思主义哲学在本质上讲是革命的、实践的，同时也是开放的、发展的，这是它与其他哲学流派的本质区别。一百多年前，恩格斯在致威纳尔·桑巴特的信中指出："马克思的整个世界观不是教义，而是方法。它提供的不是现成的教条，而是进一步研究的出发点和供这种研究使用的方法。"[②]在这里，恩格斯深刻地指出，马克思主义哲学作为一种世界观，只有转化为方法论时才能真正地成为人们认识活动和实践活动的科学指南，才能成为实践的有力武器，如果仅

① 参见徐碧辉：《主客体之分与新世纪美学的建构》，《学术月刊》2002年第9期。

② 《马克思恩格斯全集》第39卷，人民出版社1974年版，第406页。

仅停留在一般概念和原理上，而不愿意或不善于把它化作方法，就是教条主义的表现，对实践则毫无意义。我国著名哲学家艾思奇对此也有独到的见解，他认为："通常我们讲哲学原理的时候，都要提到它们的实践意义。应该说，所谓哲学的实际意义，就是它的作为认识方法的意义，因为辩证唯物主义各项原理必须作为方法加以掌握，然后才能帮助我们正确地去观察问题、解决问题。"[①]马克思主义哲学方法论的意义，就是它作为一种科学的理论体系本身所具有的帮助人们提高正确认识并解决各种实际问题的能力，为人们认识和解决各种实际问题提供最一般的科学指导。马克思本人一再声明，他并没有结束真理，而只是开辟了通向真理的道路。马克思主义哲学之所以能够不断发展的根本原因是它具有实践性、科学性、批判性、开放性和创新性等理论品格，同时这些优秀的理论品格又决定了马克思主义哲学既是时代的产物，又能超越其所产生时代的局限，始终能以崭新的姿态迎接时代的挑战。因此，建立于这一坚实的哲学基础之上的马克思主义美学也必然具有顽强的生命力。[②]

面对经济、文化全球化快速推进的新的历史背景下所出现的新问题，马克思主义美学如何才能拿出一个令人较为满意的答案？有的学者认为，建设当代中国马克思主义美学应注意将全球化的语境与中国现时代的语境相结合，注意马克思主义美学与中国本土美学的结合点问题，还要注意当代中国马克思主义理论体系的特征或理论形态问题。有的学者指出，与西方马

---

① 艾思奇:《辩证唯物主义纲要》.人民出版社1978年版,第7页。

② 参见张品彬:《21世纪中国马克思主义哲学发展趋势的理性思考》,《理论视野》2006年第1期。

克思主义美学取得的引人瞩目的局面相比，中国的马克思主义美学研究似乎受到了冷落，其实作为一种社会思潮和20世纪的重要的意识形态现象，我国的马克思主义美学的许多理论还未达到全面而深刻的论述。[①]大多数学者都同意应将当代中国马克思主义美学的建设与发展置于与其他各种理论、学说的对话、交流、相互补充的过程中，在引进、吸收包括西方马克思主义美学在内的西方各种理论、观念时，需要开放意识。我们尤其要关注西方马克思主义美学的研究成果，批判地借鉴西方马克思主义美学的某些研究思路，这主要包括三个方面的内容：一是发掘经典马克思主义美学中长期被遮蔽的、未被重视和吸收的思想点；二是关注当代资本主义社会文化发展的现实和成果，要像当年马克思吸收黑格尔哲学思想合理内核一样，汲取包括西方当代哲学在内的一切优秀文化成果为己所用；三是理论研究要密切联系当代世界发展的现实，用马克思主义的基本原理以及当代的思想成果去认识和解决世界性的重大社会问题和美学问题。[②]总之，随着时代的发展，密切关注全球马克思主义美学研究的最新成果，并按照当代中国社会和文化发展的客观现实对其进行审视和选择，这应该是当代中国马克思主义美学研究所面临的重要理论课题。

然而，也有学者认为，对话、交流必须建立在平等的基础之上，如果西方学者并不看好中国的美学研究，甚至质疑“中

① 参见韦苏陈:《“马克思主义美学的现状与未来”国际学术研讨会综述》,《文艺研究》2000年第6期。

② 参见冯宪光:《批判地吸收国外马克思主义文艺学的成果》,《甘肃社会科学》2002年第4期。

国美学是中国的吗?”在这种局面下谁肯与你对话?还一针见血地指出其“病根”在于中国美学总是跟在西方之后，重复他人的话语，甚至使用人家的话语。于是，在西方学者心中，这样的研究便缺少创新性。[①]之所以会出现这种情况，其实质在于我们的理论研究缺乏原创性和原创精神。有的学者对此敲响警钟，当大面积引进西方理论时还应保持一个清醒的认识，那就是最新的和最时髦的东西不一定就是最好的，一个国家和民族应当有自己的文化遗产和理论的声音，这是它们赖以在国际上发出自己独特声音的资本。[②]因此，要实现与西方美学的对话和交流，必须首先提高自己的理论水平，这就要加强“内功”。在这方面可以借鉴西方马克思主义学派在重振马克思主义时的某些做法，如发掘马克思思想中长期被遮蔽，未能被认识、吸收的思想。

（原载《山东社会科学》2007年第10期）

① 参见韦苏陈:《“马克思主义美学的现状与未来”国际学术研讨会综述》,《文艺研究》2000年第6期。

② 参见朱兰芝:《20世纪中国西方马克思主义美学研究管窥》,《山东师范大学学报》(人文社会科学版)2003年第4期。

论中国特色社会主义文化的整体结构特性

对于“文化”这个概念，尽管有各式各样的定义和理解，但其作为人类社会生活的产物，要依人类社会的发展而变化和发展的基本含义，还是为人们所基本认同的。实际上，当我们在探讨一个抽象、普遍、理论意义上的文化概念的时候，已经在把它融入各个不同的地域、民族和时代的背景之中，已经在面对各种具体、特殊、实践意义上存在的文化了。在这个意义上，我们说抽象的、一般的、亘古不变的文化是不存在的，存在的只是具体的地域、民族和时代的文化以及由它们所汇成的流传不绝的人类文化的历史长河。人们一般所说的东方文化和西方文化、传统文化和现代文化等等，都说明了这一点。今天，我们探讨中国特色社会主义文化，就是在当代社会主义中国这个具体的地域、民族和时代的背景中，在当代世界文化发展的总体格局中，从中国特色社会主义这个新的社会结构和经济事实出发，来研究由它们所规定的中国特色社会主义文化的整体结构特性。

一

中国特色社会主义文化，是人类文化史上一个全新的概念，它所概括的是一种新的文化结构体系和新的文化观念。它的产生既是整个人类文化和马克思主义思想体系历史地和逻辑地发展的必然结果，也是中国社会主义建设和改革的历史新时期对当代马克思主义所提出的必然要求。

人类文化发展的历史长河，是在不同时代、不同历史阶段的文化基本观念和文化结构体系相互消长、不断更迭和交替的过程中前进的。人类文化的发展既不是各色各样文化现象的简单添加，也不是各种轶事和年表的堆砌，而是由文化发展的平静进化时期和激烈变革时期，即文化基本观念的量变和质变、肯定和否定这两个相互依存的阶段交替完成的。这里所说的文化基本观念，是指为人们理性地整理文化经验知识、有目的地从事各种社会活动所提供的思维原则，是指将这些经验知识组织成一个多样统一的结构体系的基本框架。文化基本观念作为文化结构体系的基本框架，具有相当的包容性，人们不断地把新增加的经验知识容纳到这个既定的构架中去，这时文化的发展表现为知识的积累、结构的完善，形成量变的进化时期。而随着社会实践的发展和人们认识的深入，总会出现与原有的文化观念相冲突的现象，当新的经验知识不能被原有的结构框架所容纳的时候，就迫使人们必须修改和放弃原有的文化基本观念，改变原有文化结构体系的整体结构，这时文化的发展便进入了革新飞跃阶段——一个结构体系的重新建构阶段。但文化的变革并不抛弃原有结构体系中的经验知识和文化成果，它改变的只是原有的文化基本观念，即把握这些知识的思维原则、价值准则和容纳这些知识的体系框架。而且在新观念的框架中，这些旧结构体系中的经验知识的本质反而能够被更加深刻地揭示出来。所以，人类文化的发展在本质上就是以不同时代、不同历史阶段的文化基本观念为基础的文化结构体系的更迭过程。文化基本观念是文化结构体系赖以存在的逻辑基础，是不同时代、不同历史阶段、不同性质的文化结构体系相互区别的根本标志。

了解人类文化发展和变革的本质与机制，对我们把握马克思主义文化理论学说的产生和发展在人类文化史上的革命性意义，以及理解中国特色社会主义文化的性质和发展方向等问题，都具有基础性和前提性的意义。

马克思主义的经典作家是把对文化的产生和发展的特殊规律的把握，同对历史唯物主义普遍规律的阐发辩证地统一在一起的。他们从社会和文化发展的各种辩证关系中，寻找到了文化产生、发展的根本动因是人类社会历史进程中具体的经济形态及其生产方式。文化是由历史进程创造的，而不是文化创造了历史进程，这是历史唯物主义的文化观与历史唯心主义文化观的根本界线。“物质生活的生产方式制约着整个社会生活、政治生活和精神生活的过程。”[①]在强调物质生活的生产方式决定作用的同时，马克思、恩格斯又全面、系统地阐述了文化对历史进程的促进作用。马克思说：“关于艺术，大家知道，它的一定的繁盛时期决不是同社会的一般发展成比例的，因而也决不

① 《马克思恩格斯选集》第2卷，人民出版社1995年版，第32页。

是同……物质基础的一般发展成比例的。”[①]这就告诉我们，精神文化创造绝不是简单地由经济基础决定的，而是受一定经济基础上的政治的、法律的、哲学的、宗教的等各种因素的相互作用和相互影响。这种关于物质生产与精神生产发展不平衡的理论，为我们认识各种复杂的社会现象和文化现象提供了科学的世界观和方法论。从对经济基础及物质层面、社会存在层面的分析入手，寻找文化产生和发展的基础和动因，到通过对观念上层建筑及精神的层面、社会意识结构的具体规定来把握文化发展和变革的本质与机制，马克思主义的经典作家为我们勾勒出人类社会文化格局和结构体系存在和发展的整体面貌，确立了马克思主义的文化基本观念，并开创了构筑马克思主义文化理论学说的历史性工作。

以马克思主义文化基本观念为结构框架的马克思主义文化理论学说，一经建立便为人们摄取、解释和整理丰富的文化成果及各类经验知识和文化现象提供了一个基本的准则。一代又一代的马克思主义者，正是沿着它所开辟的思想路线，依据它提供的基本原则，根据时代的发展，用不断积累和总结的新的实践去充实它，使其不断地随着历史的进程，得以丰富和发展。而世界文化的总体格局，也正是由于这种新文化的植入才发生了历史性的变革，不同地域、民族和国家的人们开始接受和分享这种先进的、现代化的文化意识和文化成果，并根据各自地域和文化背景的特点将其融为自身文化传统的一部分。今天，我们所说的中国特色社会主义文化，就是马克思主义的文化基本观念及其文化结构体系发展到现时代，在中国社会主义现代

① 《马克思恩格斯选集》第2卷，人民出版社1995年版，第28页。

化建设这个新的历史条件下所呈现出的一种新的形态，是马克思主义文化基本观念与中国优秀文化传统相融合，与当代社会主义中国的政治、经济、文化综合运动的具体实践相结合的产物。

二

马克思主义的文化基本观念，既是马克思主义文化理论学说及其文化结构体系得以建立的逻辑基础和基本构架，又是人们从理论上解释和概括经验知识的基本准则。因此，它不只是单一地去适应和容纳经验知识的发展，而且更重要的是要对经验知识的摄取和加工发挥能动的指导作用。这是马克思主义文化基本观念及其文化结构体系自确立和创建以来，一直随着历史的前进而不断发展和创新的原因之一，也是它在不同的历史阶段和不同的历史条件下呈现为不同的形态的内在根据。不断地丰富和完善马克思主义文化理论体系，不断地依据时代的发展去建设马克思主义文化理论的新的形态，这是马克思主义文化基本观念的科学本质所规定的，也是其内在活力的显示。自从毛泽东提出“马克思列宁主义的普遍真理与中国革命的具体实践互相结合”的原理以来，包括文化理论在内的中国新文化格局的形成和发展，就始终与马克思主义中国化问题，即如何使马克思主义的基本原理与当代社会主义中国的政治、经济、文化综合运动的具体实践相结合的问题息息相关。特别是新时期以来，当马克思主义在当代中国的历史命运问题突出地摆在了人们面前的时候，提出建设以中国特色马克思主义文化基本观念为基础的中国特色社会主义文化整体结构体系的目标，就显得十分迫切和必要了。

中国特色社会主义文化具有什么本质特性，这是中国特色社会主义文化理论研究最核心、最基础的问题。中国特色社会主义文化，是包容在中国特色社会主义这个广阔的领域之中的。那么，这种文化的性质是由什么所规定的呢？党的十六届六中全会所提出的建设社会主义核心价值体系的重大战略任务，对此做出了明确回答。何谓社会主义核心价值体系？胡锦涛同志在党的十七大报告中指出："建设社会主义核心价值体系，增强社会主义意识形态的吸引力和凝聚力。"[①]这明白无误地告诉我们：社会主义核心价值体系的本质，是由社会主义意识形态的本质所具体规定的。这个根据中国的国情、民情和当代中国文化事业发展的实际所做出的论断，既是对社会主义意识形态在当代中国文化结构体系中核心和主导地位的肯定，也指明了坚持和发展马克思主义文化基本观念是中国特色社会主义文化发展的根本方向。

坚持马克思主义的文化意识形态理论，倡导社会主义核心价值，确立社会主义意识形态在当代中国文化整体结构体系中的基础和核心地位，进而全面把握由不同文化形态、不同意识形式要素所共同构成的这个体系的整体结构特性，这是建设和繁荣中国特色社会主义文化的学术之根本和历史之必然。把社会主义意识形态作为中国特色社会主义文化的基础和核心，首先就要肯定社会意识形态作为文化的一种独特形式而存在的意义和价值。马克思在划分各种社会和文化现象类别的时候，把

① 胡锦涛：《胡锦涛在中国共产党第十七次全国代表大会上的报告》，《人民日报》2007年10月25日。

由经济基础及物质层面、社会存在层面所决定的观念上层建筑及精神层面的内容，提升和凝聚为“社会意识”这一综合的范畴。作为与社会存在相对应的范畴，社会意识包括了构成人的全部社会精神生活及其过程的各种意识和观念要素，是一个由个体意识到群体意识、由社会心理到社会意识形态的众多思想、观念序列纵横交错的动态网络结构。这种抽象、普遍、理论意义上的社会意识，通过一定社会的政治、经济、文化的综合运动过程，一旦成为具体、特殊、实践意义上的该社会的观念上层建筑，就会成为其文化构成中的核心和主体。人类社会发展史上，从奴隶社会、封建社会到资本主义社会的各种基本社会类型及其意识形态的更迭、文化格局的演进，都证明了这一点。同样，马克思主义在中国的传播和马克思主义中国化的过程，也遵循着这一客观规律。它伴随着中国共产党领导全中国人民从新民主主义革命、社会主义革命和社会主义建设到社会主义改革开放所经历的伟大历史实践，呈现出从作为无产阶级革命斗争学说的社会意识形式，到成为社会主义中国的社会主义意识形态这样一个运动过程。马克思主义中国化，即中国马克思主义在当代中国的确立和发展，使社会主义意识形态成为反映当代中国社会主义经济形态及其所决定的政治制度，体现作为统治阶级的无产阶级及其所代表的最广大人民群众利益的观念上层建筑，并因此而形成了一个能够包容中华民族不同地域和文化背景的整体文化结构体系和总体文化格局。显然，社会主义意识形态与中国特色社会主义文化是一个辩证统一的整体，这决定了中国特色社会主义文化格局的多样统一性。从一个方面看，中国特色社会主义文化的基本性质和发展方向，只能由作为占统治地位的社会主义意识形态来决定，社会主义文化必须坚持马克思主义文化基本观念的指导，这是其统一性的一面。从另一个方面看，作为占统治地位的社会主义意识形态所同时担承的特殊文化形式和一般文化传统的角色，又内在地要求自己时刻关注世界文化总体格局的发展，不断增强自己对现代人类文化精神的包容性，从而使中国特色社会主义的文化，既要在与其他文化类型的共存中保持自己的品格，又要善于汲取人类各种文化发展新成果的滋养，这又体现了其开放性和丰富多样的特点。可见，那种把社会主义意识形态排除于当代社会文化的总体格局和结构体系之外，试图找到一种“纯文化”的观点和做法，以及那种用社会主义意识形态来替代当代社会文化的总体格局和结构体系，试图找到一种“纯社会主义文化”的观点和做法，显然都背离了意识形态与文化发展对立统一的辩证法。

三

中国特色社会主义文化并非一种抽象的理论规定的结果，而是具体存在于社会主义改革开放的伟大实践中，通过它发挥的独特功能和作用得以确认的。邓小平理论、“三个代表”重要思想和科学发展观关于建设中国特色社会主义文化的理论，正是以揭示中国特色社会主义文化在我国社会主义建设和改革中的创造性功能和巨大的改造作用为核心，即以文化功能论为核心去解决其他一切文化问题，从而形成了以人民为本位的文化基本观念及其理论体系。

确立社会主义意识形态在文化整体结构体系中的基础和核心地位，进而全面把握由各种意识形式和意识要素所构成的文化整体结构体系，这是中国特色社会主义文化基本观念的本质内涵。中国特色社会主义文化理论，正是从这个逻辑基础出发，在这个理论框架之内，来揭示中国特色社会主义文化的本质特征的。任何社会的观念上层建筑，都是一定的社会经济形态及由它所决定的政治制度的反映，它不仅反映着社会统治阶级的利益，而且也反映着与统治阶级利益相一致的作为社会主体序列的广大人民群众的利益。与此同时，这些观念的上层建筑又都反作用于社会的经济基础及其政治制度，在不断调整自身与生产力的关系中，去促进社会生产力的发展。这种对经济基础和社会存在的反映和反作用的特征，也就是社会精神文化总体结构的功能特性。由于构成社会文化整体结构的各种意识形态、意识形式和社会心理，以及各种意识和观念因素处于不同的层面和序列之中，因此这种功能特性又呈现出多层次和综合性的特点。

从意识形态在文化整体结构中的核心地位看，作为意识形态诸形式的艺术、道德、政治和法律思想、哲学和宗教等，是这种功能结构的最集中、最深刻、最全面的表现。它们对经济关系的反映和反作用要以特定的政治关系为中介。毛泽东曾对文化与政治、经济的关系有过这样的论述："一定的文化（当作观念形态的文化）是一定社会的政治和经济的反映，又给予伟大影响和作用于一定社会的政治和经济；而经济是基础，政治则是经济的集中表现。"[①]这对我们理解文化的功能结构特性具有方法论的意义。随着历史条件和政治、经济关系的变动，邓小平根据毛泽东所确立的基本思想原则，对这个问题做出了具

① 《毛泽东选集》第2卷，人民出版社1991年版，第663～664页。

有时代特征的新的概括和更为详尽的说明。对于文艺与政治的关系，他说："我们坚持'双百'方针和'三不主义'，不继续提文艺从属于政治的口号……但是，这当然不是说文艺可以脱离政治。文艺是不可能脱离政治的。任何进步的、革命的文艺工作者都不能不考虑作品的社会影响，不能不考虑人民的利益、国家的利益、党的利益。"[①]同毛泽东、邓小平的文化思想一脉相承，江泽民、胡锦涛也都是以意识形态为核心、为中介来揭示文化的本质特性的。但由于时代所提供的理论条件的差异，他们的文化思想又表现了理论形态上的独特性，从而在不同的历史阶段和历史条件下，赋予了马克思主义意识形态理论以新的内涵。在党的十七大报告中，胡锦涛以科学发展观的宏阔视野对社会文化结构中意识形态的主导作用做出了新的阐释："积极探索用社会主义核心价值体系引领社会思潮的有效途径，主动做好意识形态工作，既尊重差异、包容多样，又有力抵制各种错误和腐朽思想的影响。"从这些论述中可以看出，由于特定社会的人与人之间的经济关系，必然或隐或现地体现为人与人之间的政治关系。因此，以意识形态诸形式为核心的社会文化结构，也就必然要把自己的视野放在以政治为主导的现实生活中，把人与人之间的政治关系作为自己直接或间接的反映对象。不带任何政治色彩，完全脱离政治的社会文化是不存在的。社会文化反映和反作用于经济基础要以特定历史阶段的政治为中介的理论，构成了文化功能整体结构的基础层面，是我们全面把握中国特色社会主义文化整体功能的理论基础。

在文化功能的整体结构中，除意识形态诸形式所集中表现

① 《邓小平文选》第2卷，人民出版社1994年版，第256页。

的反映政治关系的主导功能之外，还包括其他各种意识形式和各种意识、观念因素对社会生活实践的不同领域和侧面的反映。现实生活中的风土人情、生活习俗、文化传统、心理结构等众多文化的生长点，虽不能简单地归属于阶级的和经济的范畴，但都是社会文化整体结构不可或缺的组成部分。社会主义的历史和实践告诉我们，仅从经济制度、政治制度和社会生产力诸方面还不足以说明社会主义的本质，社会主义还必须有一个本质特征，那就是以马克思主义为指导的社会主义精神文明。对于精神文明所包括的内容，邓小平作了这样的规定："所谓精神文明，不但是指教育、科学、文化（这是完全必要的），而且是指共产主义的思想、理想、信念、道德、纪律，革命的立场和原则，人与人的同志式关系，等等。"①这是根据马克思主义文化理论学说的基本原理，对这些不属于严格意义上的社会意识形态范畴的因素在社会主义精神文明建设中的作用所予以的充分肯定。胡锦涛在关于加强社会主义先进文化的引领作用，树立社会主义荣辱观的一系列论述中，进一步揭示了社会文化整体结构的丰富性和复杂性。"文艺历来是陶冶人们道德情操、抒发人类美好理想、丰富人们艺术享受、推动社会发展进步的一个重要领域"②，"在我们的社会主义社会里，是非、善恶、美丑的界限绝对不能混淆，坚持什么、反对什么，倡导什么、抵制什么，都必须旗帜鲜明"③。这就告诉我们，在社会主义的精

① 《邓小平文选》第2卷，人民出版社1994年版，第367页。

② 胡锦涛：《在中国文联第八次全国代表大会　中国作协第七次全国代表大会上的讲话》，《人民日报》2006年11月11日。

③ 胡锦涛：《牢固树立树立社会主义荣辱观》，《人民日报》2006年4月28日。

神文明和文化结构中，既包括明显意识形态属性的因素，也包括那些不属于严格意义上的意识形态范畴的因素，正是这二者的融会和结合，才形成了中国特色社会主义文化的整体结构。充分发挥进步文化的引领作用，重视各种因素在文化整体结构中的地位和价值，全面反映丰富多彩的现实生活以满足人民群众精神生活多方面的需要，更好地发挥以意识形态功能为基础和主导的社会文化的整体功能，这正是中国特色社会主义文化发展的内在要求。这一从中国改革开放的特殊历史条件和历史任务出发所提出的课题，极大地丰富了中国特色社会主义文化的本质内涵，开阔了人们的文化视野，是对马克思主义文化理论学说的一个贡献。

中国特色社会主义文化，是建立在文化与人民的关系这一基础之上的，而文化的功能最终要通过广大人民群众的社会实践活动得以体现并受到检验。文化与人民的关系问题，在邓小平那里被具体化、现实化为文艺与社会生活、文艺工作者与广大人民群众的关系问题，并把创造生活的人民大众放在了核心和主导的地位，他因此而提出了“人民需要艺术，艺术更需要人民”的著名论断。这里的“人民需要艺术”，是从文艺表现的对象方面讲文学艺术为什么要为人民服务的问题；而这里的“艺术更需要人民”，则是从文艺主体方面讲文学艺术家应该站在什么立场上，以什么样的世界观来对待人民群众、来反映现实生活的问题，并把这一点作为文艺与人民关系的主导方面。面对相同或相近的客观现实生活，由于文学艺术家的立场不同，对待生活的态度不同，他所把握和反映的内容也就不同。只有那些与人民的命运息息相关的文学艺术家才能真实地反映现实生活，揭示历史发展的本质和规律。

沿着邓小平侧重从意识形态的建构实践方面提出问题和解决问题的思想路线，“三个代表”重要思想和科学发展观也是以文化与人民的关系为核心，贯穿和解决一切文化和文艺问题的。从中国特色社会主义文化理论体系的逻辑结构看，科学发展观的文化观就是通过中国特色社会主义文化的客体结构与主体结构、客观性与主体性的辩证统一来把握文化与人民、文艺与社会生活的关系，并规定中国特色社会主义文化的本质特性的。在客体结构方面，胡锦涛强调了由社会主义的经济、政治关系所规定的社会主义文艺的性质和内容：“一切进步文艺，都源于人民、为了人民、属于人民。一切进步文艺工作者的艺术生命，都存在于同人民群众的血肉联系之中。人民创造历史的活动，是文艺创作的丰厚土壤和源头活水……脱离了人民，文艺创作就会成为无本之木、无源之水。”[①]在主体结构方面，胡锦涛突出强调了文学艺术家的历史选择和自由创造，提出文艺的主体性建构的实质是如何做到以“真情热爱人民、真正了解人民、真诚理解人民”为出发点，坚持“以最广大人民为服务对象和表现主体，关心群众疾苦，体察人民愿望，把握群众需求，通过形式多样的艺术创造，为人民放歌，为人民抒情，为人民呼吁”[②]的基本原则。正是在这种文艺主客体的关系结构中，胡锦涛站在新的时代高度，揭示了文艺与社会生活关系的本质是文艺与人民的关系，强调文学艺术家与人民群众的联系最根本的

① 胡锦涛:《在中国文联第八次全国代表大会　中国作协第七次全国代表大会上的讲话》,《人民日报》2006年11月11日。

② 胡锦涛:《在中国文联第八次全国代表大会　中国作协第七次全国代表大会上的讲话》,《人民日报》2006年11月11日。

是与他们情感的沟通和心理的交融，并因此而形成了文学艺术要以人民群众的社会心理为中介反映现实生活，发挥其认识社会和道德教育作用的中国特色社会主义文化整体功能的理论。这是马克思主义文化理论学说中国化的一个创举，也是中国特色社会主义文化理论的一个创新。

当然，文学艺术以人民群众的社会心理为中介反映社会存在，并不是去对群众的自发心理做照相式的描绘，甚至去迎合某些不良的心理倾向。胡锦涛对文学艺术家们所提出的“大力发展先进文化，支持健康有益文化，努力改造落后文化，坚决抵制腐朽文化，促进全社会形成积极向上的共同精神追求”[①]的要求，就是对中国特色社会主义文化要站在社会主义审美理想的高度，站在进步的和人民的立场上，对普遍的社会心理现象进行提炼、加工和改造，使之上升为既有深刻的理性内容又符合群众的审美习惯，从而使群众的心理和行动更加自觉，更能发挥创造历史的主动性的本质规定。因此，重视文化结构体系中社会心理的地位和作用，强调社会主义文化要以广大人民群众的社会心理为中介反映社会生活，以发挥其认识社会生活和道德教育的功能，就成为其文化功能论的又一重要内容。社会心理是由一定社会的经济基础和政治制度决定的，同时又与一定的文化传统和一定的孕育成长着的新意识形式相联系。它是一种在特定的历史时期，在一定的阶级和社会阶层中普遍存在的自发的精神状态，包括各种情绪、愿望、要求、信念、道德风尚和审美趣味等。社会心理的独特性质和地位，使它往往成

① 胡锦涛:《在中国文联第八次全国代表大会 中国作协第七次全国代表大会上的讲话》,《人民日报》2006年11月11日。

为重要的文化生长点，并潜移默化地起着支配人们行为的作用。这就要求社会主义文化要对带有自发性的人民群众普遍的社会心理现象进行提炼、加工和改造，使之上升为既有深刻的社会理性内容又符合广大群众文化心理习惯的现代文化意识。社会主义文化功能的独特性，就在于它具有与人民大众的社会心理直接联系、与他们的情感和心灵沟通和交融的特点，具有对社会心理进行平衡、调节和规范的职能，从而使广大人民群众的心理和行为更加自觉，更能发挥创造历史的积极性和主动性，不断把社会主义事业推向前进。

（原载《贵州社会科学》2008年第11期）

中国特色社会主义文艺的本质特性和美学原则

中国特色社会主义文艺作为人类文艺史上的一个全新概念，具有与以往文艺形态不同的本质特性和美学原则。它的产生既是中华优秀传统文化和马克思主义思想体系历史和逻辑发展的必然结果，也是马克思主义基本的文化观念发展到现时代所呈现出的一种新形态。通过对习近平文艺工作座谈会讲话内容的研读，对当代马克思主义文艺理论中国化进程的梳理，以及对社会主义核心价值观确立意义的认识，我们希望对下列问题加以辨析：中国特色社会主义文艺的本质规定性是什么？它确立了哪些新的文艺观念和美学原则？它与其他历史形态的文艺处在怎样一种关系结构之中？

一

中国特色社会主义文艺具有何种本质特性，这是中国当代文艺理论研究中的核心和基础问题。中国特色社会主义文艺的本质特性包含在中国特色社会主义的特性之中，是马克思主义文艺基本观念和美学原则在中国特定历史条件下呈现出的一种民族化、本土化的文艺属性，是马克思主义文艺观、中国优秀传统文化与当代中国具体实践三者相结合的产物。

党的十八大报告指出“必须坚持人民主体地位”[①]，习近平总书记2014年在文艺工作座谈会讲话中指出：“社会主义文艺，从本质上讲，就是人民的文艺。”[②]人民在中国特色社会主义事业中的主体地位，决定了中国特色社会主义文艺必须为人民服务，习近平的论断揭示了中国特色社会主义文艺的本质特性。社会主义是广大人民生存的制度土壤，社会主义核心价值观与人民的生存状态、精神诉求紧密相连，反映了人民融入社会生活所应秉持的基本道德理想和价值取向。因此，我们有理由把建设社会主义核心价值观的重大战略任务看作对“人民的文艺”这一中国特色社会主义文艺本质特性的深刻阐释。中国特色社会主义文艺的本质，是由人民以及扎根于人民的社会主义核心价值观所规定的。这一根据中国的国情、民情和当代中国文艺事业发展实际所做出的论断，表明了中国文艺发展的根本方向。

马克思主义、马克思主义文艺观、中国特色社会主义文艺观这三个概念有着一脉相承的密切关系。从历史上考察，马克思主义文艺理论中国化同马克思主义中国化始终联系在一起。从十月革命后马克思主义及其文艺理论传入中国，到20世纪30

① 《中国共产党第十八次全国代表大会文件汇编》，人民出版社2012年版，第23页。

② 《习近平主持召开文艺工作座谈会强调　坚持以人民为中心的创作导向　创作更多无愧于时代的优秀作品　刘云山出席》，《人民日报》2014年10月16日。本文引用习近平总书记的讲话均出此篇，以下凡引自该文不再加注。

年代马克思主义经典著作的大量译介和传播，到40年代中国化马克思主义及其文艺理论——毛泽东思想及毛泽东文艺思想的确立，再到50～60年代对文艺理论及创作中国化道路的进一步探索，以及“文革”期间马克思主义及其文艺理论遭遇的挫折，都充分说明了马克思主义文艺理论的中国化，无论如何也不能离开马克思主义中国化这个前提和基础。20世纪70年代末以来，马克思主义文艺理论中国化进程中催生的中国特色社会主义文论，更加清楚地印证了文艺理论的发展与中国特色社会主义这一马克思主义中国化新成果之间的密切关系。习近平总书记在2014年文艺工作座谈会上的讲话，按照历史逻辑清晰地勾画出当代马克思主义文艺理论中国化的轨迹，奠定了正确认识和解决新形势下文艺理论和文艺运动发展基本矛盾的思想基础，对当代中国文艺界的健康发展具有纲领性的指导作用。

习近平指出：“广大文艺工作者要高扬社会主义核心价值观的旗帜，把社会主义核心价值观生动活泼、活灵活现地体现在文艺创作之中。”这一要求具有强烈的现实针对性。我国改革开放以来的文艺理论研究，虽呈现前所未有的活跃态势，但在某些重大问题上也出现了一定程度的混乱。改革开放以来的文艺理论研究大体经历了三个阶段：一是从20世纪70年代末80年代初开始逐步形成的以“拨乱反正”为契机，以对存在主义文论、精神分析文论、形式主义文论等当代西方文论的移植模式为背景，围绕人道主义和人性论、二重性格组合论、文学主体性理论、文体革命论、“新感性”论、纯审美论等观点展开的论争阶段；二是从80年代末90年代初开始逐步形成的以对“西方马克思主义美学”的移植模式为背景，围绕艺术生产论、文化工业论、大众文化论、语言学转向论、“后新时期”文论等观点展开的论争阶段；三是21世纪以来直至今天，以持续推进“马工程”以及学习和研究马克思主义热潮为背景，对中国特色马克思主义文艺学的体系精神、方法论原则、理论形态等基本问题展开的论争阶段。这些论争，虽大多围绕着文艺的本质特征和发展规律等问题展开，但归根到底却是对中国当代重大思潮与新时期文艺理论发展的关系、对如何实现马克思主义文艺理论中国化等问题持不同见解的反映。这其中包含着一种试图通过文艺研究范式的转型、概念和范畴的转换、思维结构和思维方式的转变来改变马克思主义文艺理论基本观念，进而淡化和消解马克思主义文艺理论在新时期文艺理论发展过程中的主导地位的倾向。虽然这种倾向在几个不同阶段表现形式不尽一致，但对中国化马克思主义文艺理论从责难、否定到淡化、悬置，再到解构、替换的学术立场与风气，却是前承后继、一以贯之的。

这些年来，马克思主义文艺理论“为千千万万劳动人民，为这些国家的精华、国家的力量、国家的未来服务”[①]的基本精神，有被忽视乃至被淡忘的趋势。其中有一种现象尤其值得注意，那就是近些年某些公开怀疑、贬损乃至否定马克思主义文艺理论中国化的声音虽有所收敛，但却出现了另一种倾向，即口头上主张以马克思主义为指导，但实际上却把马克思主义精神遮蔽起来，闭口不谈唯物史观和辩证法，不谈马克思主义文艺理论中国化的建树和功绩。有些理论，明明谈的是海德格尔存在论、萨特的主体论，却非要说成是马克思主义的东西；有些作品明明是以自我为中心的浅斟低唱，却非要说成是扎根于人民的时代篇章；等等。于是，物质和精神、感性和理性、人与自然、个体与社会的关系

① 《列宁全集》第10卷，人民出版社1958年版，第28～29页。

就被“奇妙地”颠倒了。唯物论与唯心论、辩证法与形而上学的界限也在“不经意”中被抹杀了。这不能不让人产生疑虑和困惑：如果马克思主义文艺理论赖以生存的哲学基础都被更移、消解了，那还谈何马克思主义文艺理论的存在和发展？在背离马克思主义基本原则的前提下奢谈以马克思主义为指导，岂非一句自欺欺人的空话？上述问题的出现，更加凸显了习近平在讲话中强调“坚持以人民为中心的创作导向”的重大意义。这一导向，抓住了马克思主义文艺观的灵魂，为认识和解决中国的具体文艺问题提供了基本的思想指导。

二

中国特色社会主义文艺理论是一个总体性概念，它并不排斥其他文艺理论形态的存在与发展，也不排斥理论自身的多样化探索。严格说来，中国特色社会主义文艺理论，是一个以马克思主义为指导、吸纳中国传统文论和西方现代文论的合理成分、结合中国特色社会主义建设实践、包含中华民族文化特色的整体性文艺理论体系。

从一方面看，中国特色社会主义文艺理论的性质和特征，是由社会主义的本质属性决定的，中国特色社会主义文艺理论必须坚持马克思主义的指导，坚持和拥护中国特色社会主义道路；从另一方面看，中国特色社会主义文艺理论又必须时刻关注世界文论总体格局的变化，努力增强理论自觉性，既要在与其他性质和类型的文艺理论的共存过程中保持自己独特的品格，又要善于合理汲取其他各种文论新成果的滋养。习近平在2014年文艺工作座谈会讲话中指出：“文艺要反映好人民心声，就要坚持为人民服务、为社会主义服务这个根本方向。这是党对文艺战线提出的一项基本要求，也是决定我国文艺事业前途命运的关键。”同时，他也说：“我们社会主义文艺要繁荣发展起来，必须认真学习借鉴世界各国人民创造的优秀文艺。只有坚持洋为中用、开拓创新，做到中西合璧、融会贯通，我国文艺才能更好发展繁荣起来。”上述论断不管是在文艺创作方面还是在文论建设方面都同样适用。那种试图将马克思主义文艺学视为“纯文艺理论”而将其排除于当代中国社会主义实践总体格局之外的做法，或者闭关自守、故步自封、不能面向世界文艺理论界吸纳其先进成果的做法，都是错误的。

在比较长的一段时间内，中国文论界对马克思主义文艺理论存在一定程度的认同危机。文论界诸多的商榷和论争，实际上都是围绕着能否接受和认同某种文艺理论范式的角度而展开的。向现代西方文艺理论倾斜的态势，一度占据了中国文论界的主导地位。在对马克思主义文艺理论中国化总体进程的把握上，有论者将之简单概括为是从党派化到政治化，再到审美化和学科化的“转型”，把历史上失误的个别理论和政策混同于整个学说，把新时期的文艺理论发展过程与新时期初期乃至此前的文艺理论割裂开来，结果陷入历史虚无主义的泥淖。习近平指出：“对经过反复实践和比较得出的正确理论，要坚定不移坚持。”[①]坚持文艺为人民服务、为社会主义服务的方向，不能有任何的动摇。

---

① 《习近平在中共中央政治局第二十次集体学习时强调　坚持运用辩证唯物主义世界观方法论　提高解决我国改革发展基本问题本领》，《人民日报》2015年1月25日。

历史和实践证明，在马克思主义文艺理论的立场、观念和方法中，始终蕴含着美学和历史这两条脉络，始终贯彻着唯物辩证的“美学观点和史学观点”[①]。习近平强调“追求真善美是文艺的永恒价值”，主张“传承和弘扬中华美学精神”，把新的历史条件下文艺的美学原则阐述得十分清晰。

那些把马克思主义文艺理论特别是它的中国化成果抽象为“社会—政治”符号并试图以此来否定马克思主义文艺学说的观点，实际上是用西方现代、后现代文艺思潮中的某些概念和思维方式来抹杀马克思主义文艺理论的优越性和合法性。这种错误倾向，从反面衬托出习近平在讲话中强调“引导人民树立和坚持正确的历史观、民族观、国家观、文化观，增强做中国人的骨气和底气”的可贵。

众所周知，对文艺“审美特性”的强调一度成为某些论者判定近年来文艺理论成绩的一个重要标准。但“审美”是否就是文艺本质的唯一规定，“审美”是否能说明当下文艺的一切成就，值得商讨和研究。审美本是文艺的重要属性和功能，这在文论史上是被普遍承认和重视的。但某些文艺理论将“审美”片面地理解为文艺唯一的价值诉求，或将之定义为“人生救赎”的主要途径，这就无限制地夸大了“审美”的作用，遮蔽或抑制了对文艺其他本质因素的认知。习近平在讲话中既强调“美的发现和美的创造”，也强调人生观和价值观的培植和塑造，正是对“审美至上论”思想的有力反驳。

习近平指出：“文艺工作者要志存高远，随着时代生活创新，以自己的艺术个性进行创新。”追求文艺理论的“原创性”

---

① 《马克思恩格斯文集》第10卷，人民出版社2009年版，第177页。

和“创新精神”，是新一代学人肩负的神圣使命，也是推动中国特色社会主义文论发展的重要动力。在这个过程中，如果打着“原创”的招牌，以对审美和现代性等的片面、抽象理解为旨归，臆造一些模糊、歧义、虚假、反常识的概念，是不可取的；如果以为只要把所谓“新潮”的理论拿来展示一番，就可冒充和替代理论研究的艰辛探索，那也是要不得的。把花样翻新的当代西方文论的概念和方法，不加选择地填充到当代中国文论体系中，既不切合中国文艺的实际状况，也不能从根本上解决中国特色社会主义文论建设和发展的问题。

中国的文艺理论工作者必须将各种西方理论与中国的文艺实践经验相结合，把它们放在历史和现实的大背景中加以考察，把其中符合中国文艺实际状况的部分拿来为我所用。那些离开了中国文艺的现实土壤、不符合中国国情的理论，只能是无源之水、无本之木，在中国的语境中不可能具有持久旺盛的生命力。应该看到，当代西方文论家们所使用的某些概念的内涵，受到其特定国情和地域文化的深刻影响，与中国的社会主义核心价值观难以实现完全对接。因此，在借鉴和使用西方文论话语的时候，是不能不加以认真鉴别和辨析的。

三

中国特色社会主义文艺是在对其他历史形态文艺的批判性继承和创造性吸收中建构起来的。它继承和汲取了人类文艺史上的积极成果，把文艺创作和文艺理论推向了一个新的高度。只有把它同其他历史形态的文艺特别是资本主义文艺放在人类文艺发展的全过程中来加以考察和比较，才可能对其本质产生科学的认识。

文艺是人与自然、人与社会、人与人关系的一种审美反映形式。不同时代、不同形态的文艺，具有不同的审美主客体关系结构和不同的历史表征，这归根到底是由其所处时代的历史背景、社会状况等因素所决定的。近现代的资本主义文艺强调人的个性张扬、凸现人的个体自由，通过勾勒主客体的分裂对立状态来展现人与自身以及他者的矛盾关系。在资本主义文艺发展的不同阶段，先后涌现出现实主义、浪漫主义、现代主义、后现代主义等重要思潮。现实主义和浪漫主义是18～19世纪自由资本主义时代的两大文艺思潮，它们以不同的方式，在对破灭了的资产阶级“理性王国”的批判中肯定和追求自己心目中的理想王国。它们都以主体的理性精神来烛照艺术创造，这种对理性的关注，使它们在很大程度上遮蔽了人本性的另一层面，即非理性层面。这既体现了现实主义、浪漫主义的理性倾向与现代主义、后现代主义的非理性倾向间的差异，又是现代主义、后现代主义在现实主义、浪漫主义的基础上得以发展和蜕变的必然结果。资本主义社会发展到现代，西方知识界由于对战后世界存有一种普遍的焦虑感和危机感，因此逐渐从对理性的崇拜转向对理性的怀疑，进而把非理性看作判定人存在意义的主要途径。

文艺事业是党和人民的重要事业，文艺战线是党和人民的重要战线，中国特色社会主义文艺具有其他历史时期文艺所不具有的特点。一方面，它表现为人在与自然和社会的关系中把握自己；另一方面，它又表现为人通过对自身活动的把握来认识自然和改造社会。多重关系的有机结合，是在社会主义社会发展规律和审美理想的规范下才得以实现的。因此，中国特色社会主义文艺要求艺术主体应在充分展示主体精神世界丰富性的基础上，全方位地把握现实生活中矛盾运动的规律，反映人类在自身发展过程中对美和美的自由的追求和向往，从而把时代的美、人们心灵的善和社会发展之真有机统一起来。用习近平的话说，就是“我们要通过文艺作品传递真善美，传递向上向善的价值观，引导人们增强道德判断力和道德荣誉感”。这种真善美的统一构成了中国特色社会主义文艺的基本特征，保证了中国特色社会主义文艺的多样性和丰富性。

中国特色社会主义文艺，既要表现社会历史的普遍性，又要表现感性个体的特殊性，从而全面展现普遍性与特殊性的对立统一关系。这也就决定了中国特色社会主义文艺创作必须遵循社会理想与审美理想相统一的原则，以灵活多样的方式呈现丰富的社会生活和心灵世界。中国特色社会主义文艺的理想是扎根于现实中的。习近平说：“艺术可以放飞想象的翅膀，但一定要脚踩坚实的大地。”理想与现实、主观与客观、主体与客体、个体与社会的对立统一，是中国特色社会主义文艺创作必须遵循的原则。

当然，中国特色社会主义文艺要全面展现个体特殊性与社会普遍性的辩证关系，就不能不面对并揭示社会生活中的各种问题和矛盾。在社会主义市场经济的条件下，社会生活中确实存在一些不良的乃至丑恶的现象，存在感性个体与社会现实的矛盾冲突。对这些矛盾关系，文学艺术是不应也不能回避的。但表现感性个体存在与社会现实生活的矛盾，以及在这种矛盾中人的种种非理性的生命体验，并不是中国特色社会主义文艺的目的，而只是其中内含的一个非主要因素。对这种因素的表现，是为了展现代表社会发展规律的美或善战胜和摧毁阻碍社会发展的丑或恶的必然性和合理性。

近些年的文艺创作中出现的一些以对社会现实的否定和批判来夸大、渲染主体非理性情绪的作品，或是以“写真实”为名义，揭示感性个体与社会现实的对立，用灰暗的色调涂抹现实；或是以“高扬主体性”为借口，津津乐道于描绘个体不可名状的孤独、焦灼、虚无等非理性的主观体验。甚或有的作品还对性心理及行为、血腥暴力等场面不加节制地肆意描写。这就在根本上混淆了中国特色社会主义文艺与西方现代主义文艺的界限，背离了中国特色社会主义文艺创作的基本精神。正如习近平在文艺工作座谈会讲话中针对目前某些作品中存在的“无根的浮萍、无病的呻吟、无魂的躯壳”现象而谆谆告诫我们：“文艺不能在市场经济大潮中迷失方向，不能在为什么人的问题上发生偏差，否则文艺就没有生命力。”文艺要“用现实主义精神和浪漫主义情怀观照现实生活，用光明驱散黑暗，用美善战胜丑恶，让人们看到美好、看到希望、看到梦想就在前方”，这就为中国特色社会主义文艺既紧跟时代发展现实又遵循艺术创作规律制定了准则。

（原载《中国高校社会科学》2015年第4期）

历史唯物主义与当代中国文艺学建设

当代中国文艺学区别于其他历史形态、社会形态的文艺理论体系的根本标志是什么？它的本质规定性究竟在哪里？这是新世纪中国文艺学建设所面临的一个最根本、最首要的问题。

这是因为：第一，从人们对文学艺术及其理论发展和变革的本质和机制的不同认识看，有的学者试图创造一种超越历史时空，放之古今中外而皆准的文艺理论范式、理论观念，找到一种永恒不变的人类共同的“人文精神”和“文学精神”。他们一方面不顾人类社会历史对作为社会关系总和的“人”、对作为“人学”的文学的具体规定，混淆不同历史时代、不同经济结构和社会制度下的文艺相互区别与联系的关系；另一方面则希图用通过对中国传统文论和西方现代文论的诠释所得到的抽象的“人文精神”，来替代由包括文学事业在内的社会主义现代化建设的理论与实践所提供的时代精神，从而颠倒了文艺及其理论产生和发展的源与流的关系。第二，从当下人们对文艺研究的学术路径、学术本位和学术立场的不同选择和定位看，有的学者试图通过走一条从西方解构哲学那里引进的放弃对关于抽象的物质和精神、绝对的本质和规律等理性基础问题的形而上学的探讨，以现象即本质的人的存在为起点，用对偶然性、随机性的研究来代替对客观必然性的研究的学术路径，为当代文艺学寻找一个超脱于当代社会的经济、政治和意识形态诸领域所面临的各种重大的理论与实践问题的、“世外桃源”式的学科学术本位。这些学者津津乐道于文艺学理论的“边缘化”状态，用强调文艺理论话语的特殊性，来疏离社会中心话语与它的关联性和对它的统摄性。从而在回避社会实践要求文艺理论应该也必须回答的一系列理论问题的同时，也否认了社会实践是最终判定学术研究及其成果真伪、正误的唯一标准这个基本原则。

应该说，上述两种较有代表性的理论倾向，在客观上反映出了当前文艺理论界所面临的一系列亟待解决的基本理论问题，而其中最根本的则是如何确立当代文艺学的思想理论基础和思想路线的问题，是对理论研究的学术立场、学术本位和学术路径的重新选择和重新定位的问题。而这一切，归根到底又都是必须从哲学的层面去思考和解决的问题，是以哲学的方式对文艺的本质和发展规律的追问。因为不论是文艺发展和变革的本质和机制问题，还是文艺与人、与现实生活的关系问题，说到底都是一个存在与思维、社会存在与社会意识的关系问题，是一个世界观和历史观的问题，是世界观和历史观所规定的文艺观的问题。

存在与思维、社会存在与社会意识的关系问题，在文艺研究上具体表现为主体的思维规律与文艺发展的客观规律、文艺的产生和发展与人类社会历史进程是否具有一致性和怎样取得一致性的问题。也正是在这个问题上，辩证唯物论和历史唯物论的文艺观表现出了与经验唯物主义的文艺观和唯心主义文艺观的本质区别，并成为以有中国特色马克思主义文艺理论为主导的当代中国文艺学区别于其他历史形态、社会形态和其他性质文艺理论及其结构体系的基本标志。

思维与存在的关系即思维与存在的同一性问题，用恩格斯的话说，就是“我们的思维能不能认识现实世界？我们能不能在我们关于现实世界的表象和概念中正确地反映现实?”恩格斯在这里是把人与对象的主客体关系，作为人类从事认识和改造世界活动的基础和前提来加以肯定的。恩格斯还认为，包括唯心主义哲学家在内的大多数哲学家都承认思维与存在具有同一性，只不过是唯心主义哲学家认为思维是第一性的，存在是第二性的，存在统一于思维，从而颠倒了思维与存在的关系。由此看来，无论是抽象的“人性论”的文艺理论，还是抽象的“人文精神”“文学精神”的文艺理论，它们在最根本的哲学认识论的问题上，都颠倒或混淆了文艺所表现的人与外部世界和人自身的“存在”与“思维”的关系，而重蹈了历史上那些经验唯物主义者和唯心主义者的覆辙。而离开了人与对象的主客体关系，离开了对思维与存在的关系的正确理解，就失去了正确理解人的存在和文学的存在的基础，也就无法正确解释人与客观外部世界和人与自身的复杂关系，当然也就更难以全面、完整地把握文艺的本质特征。

社会存在与社会意识的关系，是在本源意义上对经济基础与意识形态的关系的规定。而在文艺研究上，则是对文艺与社会生活、文艺与人的关系，即文艺的基本性质是什么的规定。马克思主义的经典作家们从社会和文艺发展的各种辩证关系中，寻找到了文艺产生、发展的根本动因是人类社会历史进程中具体的经济形态及其生产方式。文学艺术是由历史进程创造的，而不是文学艺术创造了历史进程，同时，包括文学艺术在内的任何精神文化创造，又绝不是简单地由经济基础决定的，而是受一定经济基础上的政治的、法律的、哲学的、宗教的等各种因素相互作用和相互影响的。它们形成了一个完整的社会意识形态结构整体，文艺就是这个结构整体的一个有机组成部分。文艺与经济基础的关系是一种社会结构所客观规定的自在的关系，不论人们承认不承认、愿意不愿意，文艺都要反映和作用于经济和政治，自觉或不自觉地为它们服务，这是一种既定的历史必然的规定。但这种反映和作用并不是直接的，而是通过文艺为谁服务这一现实的中介来完成和实现的，这也是文艺不同于其他意识形态的特点。因为经济和政治的内容在文艺中并不是以赤裸裸的形态出现，而是或隐或现地表现在人与人之间的关系中。文艺表现的虽然不是政治和经济，而是政治和经济的人学内容，但文艺中的人与人之间的关系却以人的经济关系和政治关系为基础。这也正是当代中国文艺学以文艺与人民的关系为主导，确立文艺为人民服务这一以人民为本位的文艺观的逻辑的和历史的必然性之所在。

当代中国文艺学以人民为本位的文艺观的科学性和创造性，就在于它把作为历史唯物主义范畴的文艺意识形态论具体化、现实化为文艺为人民服务的理论与实践，从而对马克思主义的意识形态学说做出了既符合历史唯物主义，也符合文艺规律，又符合中国特殊国情的独特的阐释，这决定了当代中国文艺学总体格局的多样统一性。从统一性的方面看，当代中国文艺学的基本性质，只能由作为主流意识形态的马克思主义来决定，必须坚持辩证唯物论和历史唯物论的思想路线；而从多样性的方面看，当代中国文艺学的发展，既要在与其他社会形态、其他性质文艺理论的共存中保持自己的品格，又要不断增强自己对现代人类文化和艺术精神的开拓性和包容性，善于汲取人类各种文艺及其理论新成果的滋养。可见，在当代中国文艺学研究的学术立场、学术本位和学术路径的选择和定位上，无论是那种排斥甚至否定马克思主义文艺理论，试图找到一种将其排除于文艺学发展的总体格局和结构体系之外的“纯文艺学”的观点和做法，还是那种用马克思主义文艺理论来替代文艺学的总体格局和结构体系，试图找到一种“纯无产阶级文艺学”的观点和做法，都背离了当代文学艺术及其理论发展的历史辩证法。

历史的经验和教训告诉我们，当代中国文艺学只有建立在辩证唯物论和历史唯物论这个坚实的思想理论基础之上，才能真正形成一个不同理论层次、理论观点相互协调，主旋律与多样化相互补充的理论格局，才能真正推动中国特色社会主义文艺事业的繁荣和发展。

（原载《吉林大学社会科学学报》2004年第1期）

新时期马克思主义文艺理论中国化进程的回顾和反思

自党的十一届三中全会以来，新时期的文学理论伴随着中国改革开放的伟大事业，在风雨兼程中已走过了三十多年的光辉历程。如何认真总结新时期文学理论发展的经验和教训，冷静、客观地评价新时期以来我国文艺学学科的基本状况，这已成为时代赋予广大理论工作者不容推卸的历史责任。众所周知，改革开放三十年的伟大事业是与马克思主义中国化的历史进程紧密联系在一起的，而作为改革开放伟大事业一部分的新时期文学理论当然也毫无例外。这就决定了新时期文学理论和文艺运动发展的基本矛盾，始终是是否和如何坚持和发展马克思主义文艺学基本观念、是否和如何实现马克思主义文艺理论中国化的问题。无论是我们所取得的成绩还是所经历的曲折，都与对这个问题所做出的不同回答相联系。

一、回顾和反思的思想基础和理论前提：新时期文学理论的基本性质

文学作为一种由社会生活所决定的独特的社会意识形式，它的存在和发展归根到底要从它所处的时代中找到根据。而作

为对文学艺术的本质和发展规律进行概括和总结的文学理论，则毫无疑问地是作为这个时代自觉的思想体系的社会意识形态的一个有机组成部分。因此，对新时期文学理论发展进程的回顾和反思，最根本的就是要把握改革开放的伟大时代对文学艺术的本质规定，把握这个时代以中国化的马克思主义为主导的意识形态结构体系对文学艺术的本质规定。我们可以对新时期文学理论发展的本质和规律做如下简要的概括：新时期文学理论是在人类现代化的历史进程与马克思主义中国化的历史进程中，不断建构的一个以其所处历史时代的基本精神为灵魂，以当代形态的马克思主义文艺理论为主导的当代中国文学理论的整体结构形态。正是基于这种认识，我们认为，对以中国化的当代马克思主义为主导的意识形态结构体系和以当代形态的马克思主义文艺理论为主导的当代中国文学理论的整体结构形态的理解和把握，应是我们对新时期文学理论发展进程的回顾和反思的思想基础和理论前提。

毫无疑问，在新时期三十年中所形成的当代中国文学理论，是中国特色社会主义理论体系的一个有机组成部分。它所概括的是一种新的文学理论结构体系和新的文学理论观念。它的产生既是整个人类文艺思想和马克思主义文艺思想体系历史地和逻辑地发展的必然结果，也是中国社会主义建设和改革的历史新时期对当代文学理论的发展所提出的必然要求。那么，当代中国文学理论的性质是由什么所规定的呢？这应该是当代中国文学理论研究最核心、最基础的问题，也是对新时期文学理论发展进程回顾和反思的最根本性的问题。党的十六届六中全会所提出的建设社会主义核心价值体系的重大战略任务，就是对此做出的明确回答。何谓社会主义核心价值体系？胡锦涛同志在党的十七大报告中指出："建设社会主义核心价值体系，增强社会主义意识形态的吸引力和凝聚力。"这就明白无误地告诉我们：社会主义核心价值体系的本质，是由社会主义意识形态的本质所具体规定的。这个根据中国的国情、民情和当代中国文化事业发展的实际所做出的论断，既是对社会主义意识形态在当代中国文学理论结构体系中核心和主导地位的肯定，也指明了坚持和发展马克思主义文艺学基本观念、实现马克思主义文艺理论中国化是当代中国文学理论，即中国特色社会主义文学理论发展的根本方向。坚持马克思主义的文艺意识形态理论，倡导社会主义核心价值，确立社会主义意识形态在当代中国文学理论整体结构体系中的基础和核心地位，进而全面把握由不同文学理论形态、不同文艺意识形式要素所共同构成的这个体系的整体结构特性，这是建设和繁荣当代中国文学理论，即中国特色社会主义文学理论的学术之根本和历史之必然。

把社会主义意识形态作为当代中国文学理论，即中国特色社会主义文学理论的基础和核心，首先就要肯定文艺的意识形态性作为文艺的本质规定性的意义和价值。马克思在划分各种社会和文化现象类别的时候，把由经济基础及物质层面、社会存在层面所决定的观念上层建筑及精神层面的内容，提升和凝聚为"社会意识"这一综合的范畴。作为与社会存在相对应的范畴，社会意识包括了构成人的全部社会精神生活及其过程的政治、文艺、审美、道德、宗教、哲学等各种意识和观念要素，是一个由个体意识到群体意识、由社会心理到社会意识形态的众多思想、观念序列纵横交错的动态整体结构。这种抽象、普遍、理论意义上的社会意识，通过一定社会的政治、经济、文化的综合运动过程，一旦成为具体、特殊、实践意义上的该社会的观念上层建筑之后，就会成为包括文学艺术在内的社会文化构成中的核心和主体。人类社会发展史上，从奴隶社会、封建社会到资本主义社会的各种基本社会类型及其意识形态的更迭、各种文学艺术和文艺思想的演进，都证明了这一点。同样，马克思主义中国化和马克思主义文艺理论中国化的过程，也遵循着这一客观规律。马克思主义中国化即中国马克思主义在当代中国的确立和发展，使社会主义意识形态成为反映当代中国社会主义经济形态及其所决定的政治制度，体现作为统治阶级的无产阶级及其所代表的最广大人民群众利益的观念上层建筑。同时，也形成了一个能够包容中华民族不同地域和文化背景的整体文化结构体系和总体文化格局，形成了这个体系和格局中的一个以马克思主义文艺理论为主导，由包括中国传统文艺思想和当代西方哲学文化思想在内的不同理论形态、理论要素所共同构成的文艺理论整体结构。显然，社会主义意识形态与当代中国文学理论是一个辩证统一的整体，这决定了当代中国文学理论的多样统一性。从一个方面看，当代中国文学理论的基本性质和发展方向，只能由作为占统治地位的社会主义意识形态来决定，必须坚持马克思主义文艺学基本观念的指导，这是其统一性的一面；另一个方面看，作为占统治地位的社会主义意识形态所同时担承的特殊文化形式和一般文化传统的角色，又内在地要求自己时刻关注世界文化总体格局的发展，不断增强自己的现代人类文化精神的自觉性，从而使当代中国文学理论既要在与其他性质和类型文艺理论的共存中保持自己的品格，又要善于汲取其他各种文艺理论发展新成果的滋养，这又体现了其开放性和丰富多样性的特点。可见，在新时期文学理论三十年的发展和对其的回顾中，那种把社会主义意识形态、把马克思主义文艺学基本观念排除于当代中国文学理论的总体格局和结构体系之外，排除于当代中国文学理论的发展进程之外，试图找到一种“纯文学理论”，并试图以此来概括当代中国文学理论发展进程的观点和做法，显然背离了意识形态与文学理论发展对立统一的辩证法。

二、回顾和反思的历史维度：中国化的马克思主义文艺理论的历史性确立及其意义

对社会主义意识形态的历史性确立及其意义的正确认识，应该通过对马克思主义中国化和马克思主义文艺理论中国化真实过程的描述和提炼来完成。在历史上，马克思主义中国化和马克思主义文艺理论中国化始终是联系在一起、密不可分的，从马克思主义及其文艺理论在中国开始引进、30年代马克思主义及其文艺理论大量译介和传播，到40年代毛泽东思想及其文艺思想——马克思主义及其文艺理论中国化的成熟、50年代至60年代中期马克思主义及其文艺理论追求中国化的努力，乃至“文革”十年马克思主义及其文艺理论中国化的教训与命运，都无可辩驳地说明了马克思主义文艺理论的中国化，无论如何也不能离开马克思主义中国化这个基础和前提。新时期以来，马克思主义及其文艺理论中国化的历史进程，特别是社会主义意识形态和社会主义核心价值体系形成的历史必然性就更清楚地说明了这一点。在这里，邓小平理论及其文艺思想的中国化本质和历史地位的确立，“三个代表”重要思想及其文艺观对当代马克思主义及其文艺理论中国化的贡献，科学发展观作为中国化的当代马克思主义的世界观和方法论的巨大理论价值和对于当代思想文化领域，特别是文艺思想领域的重要指导作用和实

践意义，历届党中央一脉相承地勾画出了当代马克思主义中国化和马克思主义文艺理论中国化的历史轨迹，并在学理上奠定了正确认识和解决新时期文艺理论和文艺运动发展基本矛盾的思想基础和方法论原则。新时期中国文艺理论家们也正是在这条思想路线的指引下，自觉地把历届党中央及其理论成果对马克思主义文艺理论中国化的贡献，包括他们对艺术本质问题的基本规定的认识与已有的经验结合起来，将其进一步转化为系统的理论认识，并以此为出发点，对新时期文艺理论的性质、特征、规律、过程、方式、经验和教训、未来走向和可能前景等一系列问题进行了全方位的、实事求是地考察和研究。他们的研究成果，在坚持马克思主义文艺理论的基本原理、建构当代形态的中国化马克思主义文艺理论等方面，为持续推进马克思主义文艺理论中国化的进程发挥了重要的作用。

然而，社会主义意识形态和社会主义核心价值体系在新时期文学理论中的确立，也持续地受到了来自各方面的挑战，中国化的当代马克思主义文艺理论在曲折中不断开辟着自己前进的道路。新时期以来，我国的文学理论研究呈现出前所未有的活跃局面，在一系列问题上都出现了分歧和论争，这可分为三个主要的阶段。一是从20世纪70年代末80年代初开始，逐步形成的以“拨乱反正”为契机，以对存在主义文论、精神分析学文论、形式主义文论等西方当代主流文艺理论的移植模式为背景，在从“方法年”到“观念年”所形成的众声喧哗的理论格局中，对形象思维论、人道主义与人性论、二重性格组合论、文学主体性理论、文体革命论、“新感性”论、纯审美论等关于文艺本质的界说所展开的论争；二是从20世纪80年代末90年代初开始，逐步形成的以对“西方马克思主义美学”的移植模式为背景，围绕艺术生产论、文化工业论、大众文化论、文学理论的文化学转向、文学理论的语言学转向、“新马克思主义”美学、“后新时期”文论等理论对文艺本质的规定所展开的论争；三是从21世纪以来直至今天，以持续推进的马克思主义理论工程以及新的学习和研究马克思主义的热潮为背景，围绕有中国特色马克思主义文艺学的体系精神、方法论原则、理论形态等基本问题所进行的讨论。这些论争虽大多围绕着文艺的本质特征和发展规律这个基本问题展开，但归根到底却是对社会主义意识形态与新时期文学理论发展的关系、对是否和如何实现马克思主义文艺理论中国化等根本性问题的不同认识的反映。这里面，有一种试图通过文艺研究范式的转型，通过概念和范畴的转换，通过思维结构和思维方式的转变，来变革马克思主义文艺理论基本观念，进而淡化、消解乃至颠覆马克思主义及其文艺理论在新时期文学理论发展过程中主导地位的理论倾向。它在新时期文学理论发展的不同阶段虽表现形式不尽一致，但其对中国化的马克思主义文艺理论以“社会—政治”范式为符号的历史和逻辑的定位，以及对其从责难否定到淡化悬置再到解构替换的学术立场、思想倾向却是前后承继、一以贯之的。

从逻辑结构看，这种思想理论倾向先将马克思主义传统的“美学—历史”的文艺研究范式抽象化为“社会—政治”的范式，并以此为逻辑起点试图建构一个从“政治”的范式向“学术”的范式、从“政治化”到“审美化”转型的逻辑框架,然后再通过从“政治”向“学术”、从“政治化”到“审美化”、从革命文论到审美文论、从外部研究到内部研究的转型这一逻辑运演过程，来概括新时期文学理论的基本性质和历史发展进程，最终得出这个逻辑过程中的“人道主义与人性论—文学主体性论一性格组合论一向内转论一审美意识形态论”等作为逻辑中介的理论是“中国学者对马克思主义文艺学的贡献”[①]的结论。这种对马克思主义文艺理论所做的“社会—政治”的模式定位和非学术化、非文学理论化的判断，是在反“左”和“拨乱反正”的历史背景下进行的。当时的文学理论界在思想解放的大潮中，开始反思经历了“文革”震荡的马克思主义文学理论，力图拨“左”的思潮对文艺的控制之“乱”，拨文艺理论研究的极端政治化之“乱”，这有其历史和逻辑的必然性。但是，当一些学者把这些“乱”的根源算在毛泽东文艺思想的头上，将毛泽东文艺思想定位为非文艺学的文艺政策学和文艺管理学，并提出了“马克思主义过去的思想统治实际上是一种文体统治，我们致力于文体革命，就是要打破这种专制式的思想统治”[②]的口号和纲领的时候，就明显地表现出了其看似学术而非学术的立场和目的。人们不禁要问，这种对马克思主义文艺理论“社会—政治”的模式定位，对马克思主义文艺理论的非学术化、非文学理论化的判断，对新时期文学理论的基本性质和历史发展进程的概括是否准确？难道那些逐步远离政治、远离马克思主义、远离社会主义意识形态的理论还能说成是对马克思主义文艺理论中国化的贡献吗？

马克思主义文艺学的理论本质和学理特征，是由其研究的基本立场和方法所规定的。恩格斯在评论歌德、斐·拉萨尔和

---

① 刘心武、刘湛秋、刘再复：《面对新的文体革命》，《上海文论》1989年第1期。

② 刘心武、刘湛秋、刘再复：《面对新的文体革命》，《上海文论》1989年第1期。

他们的作品时，提出了“美学的历史的观点”。这是恩格斯以唯物史观的立场和方法对审美本质与社会本质辩证统一的文艺本质的基本规定，也确立了马克思主义文艺理论“美学—历史”的基本观念和方法论原则。这种文艺研究的基本立场和方法，在马克思主义文艺理论发展的历史长河中，尤其是在马克思主义文艺理论中国化的过程中得到了充分的体现和全新的阐释。马克思主义中国化即中国马克思主义及其文艺理论在当代中国确立和发展的历史，是与毛泽东、邓小平、江泽民、胡锦涛的思想理论紧密联系在一起的。他们的文艺思想和有关文艺的论述，从理论形态上看并不是讲义式的文艺学专业教科书，也不是学院派、学究式的纯学理的文艺学研究著作，但它们对文学艺术本质特征和发展规律的揭示，尤其是对当代中国文艺运动发展总体规律的把握，其科学性和经典性却是毋庸置疑的。它们所提供的不是或不仅仅是一般文艺学的知识，而是它们所确立的有中国特色的马克思主义文艺学基本观念，是一个崭新的文艺学体系的基本理论框架和逻辑基础，是正确认识文艺现象、解决文艺问题的基本立场、观点和方法。这是由它们所处的历史环境和历史条件，以及肩负着的伟大历史使命所决定的。对于历届党中央的文艺思想和文艺论述的这种理论本质的认识，应该说无论是对其持肯定意见的还是持否定意见的，都没有太大的分歧，特别是那些“社会—政治”模式定位论者，对此的认识似乎显得更清醒、更自觉一些。客观地说，在特定的历史时代的决定下，作为马克思主义文艺理论中国化链条中的毛泽东文艺思想，确实具有较浓重的政治化、社会化的色彩。对文艺的本质，它也尤为重视对其政治意识形态方面的揭示。而且，它的某些在具体的历史环境和条件下适用的观点，当这些条件变化后却仍然被教条主义地推广和套用，甚至被推向了极端。因此可以说，在新中国成立以后文艺学发展的过程中，“社会—政治”的文艺学范式作为一种文艺思想倾向，作为在一定的时间和阶段中所形成的相对固定的研究模式，确实是存在的。但是，如果把它作为毛泽东文艺思想、马克思主义文艺理论中国化的代名词，并试图以此来涵盖它的本质和全貌的时候，就明显地陷入了片面和偏颇之中。只抓住毛泽东文艺思想整体结构中社会政治的这个层面和部分，并将其扩大和膨胀为绝对，而且又不顾历史条件的变化把它延伸到对新时期三十年马克思主义文艺理论中国化进程的评判之中，这就是“社会—政治”模式定位论者在思想方法上的基本特征。从20世纪80年代毛泽东和邓小平的文艺论受到责难甚至攻击的情况看，不论是说邓小平论文艺从政治上讲得多、从艺术上讲得少的观点，还是把毛泽东的文艺论定位为“社会—政治”模式，干脆将其说成是政治实用主义的观点，其实质都无非是说他们只强调文艺的“政治功能”，而忘却了文艺的“审美本性”，以此来寻找否定他们的借口。其实，在他们的文艺思想以及解决文艺问题的立场、观点和方法中，始终坚持和发展着马克思主义历史唯物论的“美学的历史的观点”，始终蕴含着美学和历史的两条脉络。在历史发展的不同阶段虽有所偏重，但坚持两条脉络之间的相互协调、相互渗透，不断谋求两者之间的最佳结合点，不断完善和发展“美学—历史”的文艺研究模式却是始终如一的，并成为马克思主义文艺理论中国化的学术标志。那些把马克思主义文艺理论中国化抽象为“社会—政治”的符号，试图通过对这一模式的否定来否定马克思主义文艺理论中国化的理论家们，倾全力于对中国化的马克思主义文艺理论体系的“总体性推倒重建”上，集中于打乱和推翻这一体系所确立的文艺学观念的两个要素——其特有的概念、范畴和思维结构、思维方式上。从与“85”新潮几乎同时兴起的“方法热”，到“方法年”和“观念年”的接踵而至，在关于文艺学方法和观念的讨论中，出现了一种用西方现代主义文艺思潮的概念和思维方式来变革并代替马克思主义文艺学的基本概念和思维方式的理论倾向。通过对其特有的概念、范畴和思维结构、思维方式的否定来推倒中国化的马克思主义文艺理论体系的逻辑基础和整体结构框架，是其否定马克思主义文艺理论中国化的基本手段。正是这一理论倾向或隐或现表露出的对一种政治的否定和对另一种政治的认同与追求，才直接引发了是否坚持四项基本原则的理论交锋。这无可辩驳地说明了一些人所标榜的诸如“文学主体性论”之类理论“纯学术”的立场及其“对马克思主义文艺学的贡献”的真正含义，也更进一步地显示了马克思主义中国化和马克思主义文艺理论中国化密不可分的关系。

三、回顾和反思的深层次问题：警惕新的“文学教条主义与艺术教条主义”

这里必须指出的是，长期以来，人们对马克思主义文艺理论中国化的研究往往缺乏应有的探索性，这或是表现为仅满足于对毛泽东、邓小平、江泽民、胡锦涛的相关思想理论的介绍和描述，或是表现为只限于把它们作为文艺政策的条文来加以引用和解释，这就不能不削弱甚至损害中国化的马克思主义文艺理论作为科学的文艺思想体系的理论活力和应有的理论地位。有趣的是，这种照抄照搬马克思主义条文的理论倾向，同上述用生吞活剥西方现代主义美学和文艺学的条文来否定马克思主义的研究者们在思想方法上竟表现出惊人的一致。它们从不同的方面共同表现了割裂理论与实践、主观与客观的统一，否定实践作为检验真理的唯一标准的教条主义思想方法的本质。但由于历史环境和条件的不同，各种教条主义在表现形态上又呈现出不同的特点。在那种用生吞活剥马克思主义条文的教条主义的另一端，新时期文艺思潮中的教条主义，则是以生吞活剥西方现代主义美学和文艺学的条文作为坚持“纯学术”研究立场的最高境界。那种用从西方搬来的“半生不熟甚至连自己也不懂”的概念和方法，在中国文坛上进行的“术语大爆炸”和“方法大爆炸”，那种以言必谈欧美、死不谈中国，言必谈西方现代主义、死不谈马克思主义为时髦和骄傲的“理论创新”……均可称为此类教条主义的表现形式。

可以肯定说，伴着改革开放的步伐，借鉴和吸收包括西方文艺科学在内的一切人类文明的优秀成果，为我所用，这不仅是必要的，也是必然的。这正如毛泽东所说：“有这个借鉴与没有这个借鉴是不同的，这里有文野之分，粗细之分，高低之分，快慢之分。所以我们决不可拒绝借鉴古人与外国人，哪怕是封建阶级与资产阶级的东西也必须借鉴。”[①]但这种借鉴与吸收又不是毫无批判的盲目崇拜和照搬，所以他又告诉我们“书本和现成亦不是源而是流”，我们吸收它们“仅仅是借鉴而不是替代”。[②]他尖锐地指出：“文学艺术中对于死人与外国人的毫无批判的硬搬、模仿与替代，乃是最没有出息的最害人的文学教条

① 毛泽东：《在延安文艺座谈会上的讲话》，新华书店1949年版，第13页。

② 毛泽东：《在延安文艺座谈会上的讲话》，新华书店1949年版，第13页。

主义与艺术教条主义。”[①]毛泽东六十余年前说的这些话，今天听来仍感到那么新鲜、那么亲切。它恰恰切中了新时期以来所表现的“文学教条主义与艺术教条主义”的要害，并为我们在改革开放的今天如何正确地借鉴“古代的与外域的知识”，提供了一个基本的方法论原则。这里的借鉴，不是生吞活剥，不是不顾一切条件、地点、时间任意拿来乱用，更不是用硬搬进来的西方文艺思潮对马克思主义的理论概念与思维方法进行代替和转换，而是要首先鉴别它们是否科学、客观地反映了事物的本质和规律。我们要接受的是那些依据正确的经验所得到的、真理性的可靠的东西，而不是不科学、不可靠的东西。即使对那些可靠的东西，也必须要看到它们毕竟是当时当地的实践经验的总结，而不是我们此时此地的实践经验的总结。因此，对外来文化的借鉴和吸收的前提是对它们的了解，是全面、详尽地占有有关资料和对这些资料的批判的分析，仅凭道听途说的一知半解就对其全面肯定或全面否定都是片面的、盲目的。同时，更重要的是要将其与我们的实践经验相比较，把它们放在我们的历史和现实的大背景下来加以考察，把其中符合我们实际情况的部分拿来“为我所用’。那些离开了中国现实的土壤、不符合中国国情的东西，只能是无源之水、无本之木。事实上，这些教条主义者不论是对中国的历史和现状、对马克思主义文艺学的基本理论，还是对西方的情况、对现代西方美学都了解得很少很少。有些人只是鹦鹉学舌似的抄引来一些西方现代主义的“新名词”，甚至连这些“新名词”的出处、含义和用法都没有搞清楚。他们对包括毛泽东《在延安文艺座谈会上的讲话》

① 毛泽东:《在延安文艺座谈会上的讲话》,新华书店1949年版,第13页。

在内的马克思主义经典作家的有关著作，抱着不屑一顾的态度。在没有认真研究过有关历史和现实的材料的情况下，却可以将其做“社会—政治”模式的定位，宣布其为“专制式的思想统治”，并欲将其“历史地送进博物馆与青铜器陈列在一起”而后快。可见，新时期以来马克思主义及其文艺理论中国化的过程，从本质上讲是中国化马克思主义的思想方法、思想路线在与包括教条主义在内的形形色色的主观主义的思想方法和路线的比较和斗争中不断深入人心、不断掌握群众的过程。当前，牢牢地掌握科学发展观所教给我们的防止各种思想偏向的思想方法的重心，时刻警惕各种主观主义特别是新教条主义的滋生和蔓延，这是我们建设当代有中国特色马克思主义文艺理论、繁荣社会主义文艺事业所面临的一项根本性任务。

教条主义在新时期以来重新滋生和蔓延的原因较复杂，中国久远的历史上长期形成的那种知与行、学与用、理论与实际脱节的思想方法，作为一种有力的传统在潜移默化地发生着作用，不能不说这是一个重要的原因。但这里面最根本的还是我们的文艺理论界缺乏一个真正牢固的辩证唯物论和历史唯物论的基础，一个马克思主义文艺学基本观念的基础。应该承认，当代马克思主义面临着严峻的生存挑战和艰难的历史抉择，而我们有些同志却一直不能从“文革”中马克思主义所受到的震荡中走出来，以致在强调一种倾向的时候忽略和掩盖了另一种倾向。他们将我们前进中的某些失误和不足，由局部夸大到整体，由相对夸大到绝对，对自己采取了一种妄自菲薄甚至是自我否定的态度。而同时却对西方现代文艺思潮盲目崇拜和肯定，不问中国具体情况模仿和照搬，以为找到了解决问题的灵丹妙药。这种情况，集中暴露了我们文艺理论界缺乏一以贯之的、牢固的马克思主义文艺学基本观念的基础这个历史性的弱点。因此，真正加深对马克思主义及其文艺理论中国化的理解和学习，切实提高建设当代形态的、中国化的马克思主义文艺学的理论自觉性和历史责任感，是我们面临各种思想倾向的挑战而立于不败之地的基本保证。这也正是今天我们对新时期马克思主义文艺理论中国化进程回顾和反思的根本意义之所在。

（原载《深化文艺理论研究——第二届全国文联文艺理论工作研讨会文集》，中央文献出版社2010年版）

三

论文艺本质问题研究的方法论原则

关于文艺的本质问题，古往今来众说纷纭，观点各异。究其根源，研究方法的差异不能不说是一个重要的原因。从最本质的意义上讲，方法是人类掌握世界的具体方式和途径，是作为由思维结构、思维方式和特定的概念、范畴所构成的思想观念具体的建构和存在方式。

一定的思想观念总是通过一定的方法论构架和体现出来的。在这个意义上，可以说方法就是观念本身。任何科学体系确立的目的，都是要为具体阐释它所把握的理论材料确立独特的科学观念及其方法论原则。

一般说来，方法论作为一个整体结构，具有三个不同的层面。一是作为基础层面的最根本的总体方法，它从总体上观察、分析和把握世界，解决认识世界的路线和途径问题，所以，在这里世界观和方法论是融会贯通的，有什么样的世界观就有什么样的方法论。方法论的第二个层面，是介于总体性研究方法和具体科学特殊性研究方法之间的一种中介性的研究方法，它能从某一个方面入手，以思维具体复制客观事物的矛盾发展进程，使研究对象呈现出整体性和有序性，形成一个概念和范畴的多层次结构系统。这是在根本的总体方法论原则指导下的一种构架具体科学体系的方法，具有总体性把握世界的方法所不可取代的地位和价值。三是美学和文艺学作为具体科学，还有自身特殊的研究方法，这就是具体阐释艺术现象的文学艺术研究的方法。这种具体的、特殊的研究方法，是从总体的、一般的方法中分离出来的，因此它只有在所属的方法论整体结构中，在一般方法的统摄下才有生命的活力。

一、审美反映论的基本原则

审美反映论是以辩证唯物论的反映论为基础的文艺学方法论，是辩证唯物论的反映论的基本原则在文艺研究中的具体体现。辩证唯物论的反映论作为马克思主义的认识论原则，是马克思主义的世界观和方法论的统一，是我们观察和认识人类一切活动的基本出发点，也是照亮其他一切科学方法的思想灵魂。自从马克思、恩格斯创建马克思主义思想体系以来，这个基本方法论原则就一直与时代的变革和前进运动息息相关，并总是体现着时代的精神，把握着时代的脉搏，汲取着时代所创造的一切有价值的成果。

辩证唯物主义的基础是唯物论，承认客观存在的第一性、主观意识的第二性；存在决定意识，意识反映存在。这正如列宁所概括的："我们的感觉、我们的意识只是外部世界的映象；不言而喻，没有被反映者，就不能有反映，被反映者是不依赖于反映者而存在的。"[①]但是，这里所说的"外部世界"并非如旧唯物主义那样只限于那些自然界的各种现象，而且也包括客观存在的各种社会事物，列宁说："人的认识反映不依赖于它而

① 《列宁选集》第2卷，人民出版社1972年版，第65页。

存在的自然界，也就是反映发展着的物质；同样，人的社会认识（就是哲学、宗教、政治等各种不同的观点和学说）也反映社会的经济制度。”[①]从存在决定意识到社会存在决定社会意识，这是对辩证唯物论的反映论内容的完整表述。辩证唯物论的反映论正是从这一点出发，始终坚持在“存在决定意识，意识是对存在的反映”这个思想路线的统摄下，考察和处理包括文学在内的一切社会问题，确立了马克思主义文艺学与辩证唯物论的反映论之间的血肉关系。应该指出的是，辩证唯物论的反映论与旧唯物主义的反映论虽然都强调物质的第一性地位，但是两者却有着本质的差别。旧唯物主义在人与自然的关系上，是把客观世界看作人的本体，把自然的本质看成人自身的本质，从而抹杀了人主体的地位和作用。在新时期以来关于主体性问题的讨论中，有些人正是以强调人的主体性为由，混淆了辩证唯物论与旧唯物论的界限，以致造成了人们对辩证唯物论的误解。这种观点认为：“‘人性’与‘实践’是马克思主义哲学的基本观念，也是今天哲学的中心课题……只有在这个基础上讲存在决定意识，物质第一性精神第二性才能与旧唯物主义区别开来。”[②]这种把主体性实践作为世界的本体存在的观点，显然是否定了独立于人之外的物质世界的客观存在，否定了人的主体实践赖以产生的物质前提，这就颠倒了外部世界与主体心理结构、物质与精神之间的决定与被决定的关系。事实上，辩证唯物论与主体性实践本体论在认识论上的原则分歧，并不在是否承认主体在认识中的能动作用上，而是在认识归根到底是对

---

① 《列宁选集》第2卷，人民出版社1972年版，第443页。

② 李泽厚：《李泽厚哲学美学文选》，湖南人民出版社1985年版，第155页。

客观世界的反映还是为主体自身所固有的。马克思主义哲学历来都重视主体在认识活动中的作用，认为主体对对象的反映不是消极被动的，而是积极能动的，并一直把主体性作为自己的一个重要概念。马克思曾明确地把认识规定为是一种由认识主客体所构成的对象性关系，他说："凡是有某种关系存在的地方，这种关系都是为我而存在的；动物不对什么东西发生'关系'，而且根本没有'关系'；对于动物说来，它对他物的关系不是作为关系存在的。"[①]这是对主体在认识活动中的重要作用的充分肯定。而这种作用的产生就在于主体对对象的反映要以主体对自身自我意识的认识为中介，主体要通过对自身的反映来反映对象。这正如普列汉诺夫在谈到马克思主义的认识论与旧唯物主义的认识论的区别时所说："费尔巴哈说我们的'我'只是因为受客体的影响才认识了客体。马克思反驳道：我们的'我'因为自己对客体的影响才认识了客体。"[②]那么，我们的"我"如何才能影响并认识客体呢？这就涉及哲学认识论中的"中间变量"问题。认识是人脑对客观世界的能动反映，是主客体相互作用的过程和结果，主体与客体无疑构成认识活动最基本的两极。在这两极之间要发生相互作用，就要有一个把它们连接和沟通起来的中介，这个导致主客体相互作用的中介环节就是哲学认识论意义上的"中间变量"。这个"中间变量"，在行为主义哲学家托尔曼那里是指人的心理意识，托尔曼认为人的认知行为虽然主要源于外部对象的刺激，但人对外部刺激的

---

① 《马克思恩格斯选集》第1卷，人民出版社1972年版，第35页。

② ［俄］普列汉诺夫：《普列汉诺夫哲学著作选集》第3卷，生活·读书·新知三联书店1962年版，第146页。

接受不是被动的，而是要通过自身的心理或意识反映起作用，这种在认识过程中起一定作用的心理意识就是“中间变量”。在发生认识论哲学家皮亚杰那里，作为连接认识主客体的“中间变量”，就是他所说的人内部的思维图式或认知结构。应该说，在对认识活动的本质和机制的揭示上，上述观点是有一定意义的。人的认知结构或思维图式，作为主体潜在的一种把握客体的能力和倾向，在认识过程中确实能动地影响着主体对对象的选择和对对象信息的加工，从而在一定程度上影响着认识的水平和性质。但是，这些因素对认识活动的影响和作用，比起客观物质实践活动来，却是次要的和辅助性的。认识活动在本质上是以客体的本质和规律为内容的主客体之间信息的交换，这种交换当然不可能仅仅来自主体对物质表面现象和静止状态的感性直观，而在根本上讲它只能产生于主体改造客体的物质实践活动之中。因为只有通过主体变革客体的物质实践活动，才能打破客体对主体的超然性和外在性，使客观自然变成“人化的自然”，即属于人的客体（主体的客体）。同时，也只有通过实践才能打破人对客观世界的依附性，赋予人观念地把握客体的素质和能力，使主体现实地成为客体化了的主体。作为主体认识能力的认知结构或思维图式，也只有在这个时候才能成为构成认识的“中间变量”的一个因素，发挥其对认识的影响和作用。而且，这种影响和作用，主要表现为主观观念在多大程度上符合客观本质必然。但是这种符合的程度，却是认识活动自身所无法验证的，因此认识又必须回到实践中去检验本身的客观真理性。正是在这个意义上，马克思主义认为实践是认识的基础，认识来源于实践。

马克思主义肯定认识来源于实践，但并非说实践就是认识。

认识的本质只能是主体对客体的反映，只是这种反映必须通过实践这一最基本的“中间变量”来实现。诚如前面所说，辩证唯物论与人类学本体论在认识论上的分歧，主要不在是否承认主体实践在认识中的作用上，而是在于承不承认识是主体对客体的反映。坚持认识是主体对客体的反映，这是马克思主义哲学认识论的理论基石。列宁在谈到马克思的认识论时说：“这种认识论认真地坚决地以承认外部世界及其在人们意识中的反映为其一切论断的基础。”[①]显然，肯定认识最终是对客体的反映与重视主体在认识中的能动作用这二者并不矛盾，它们在马克思主义哲学这里得到了辩证的统一，这正是辩证唯物论的反映论的科学性之所在。人作为客观存在的行动着的人，担承着双重角色，可以说他既是客体也是主体。而从人与客观物质世界的关系来说，他就只能是主体而不是客体，所以马克思才说：“主体是人。”[②]人作为活动的主体，他依赖于客观物质世界而存在，而不是客观物质世界依赖于人而存在，如果离开物质世界的客观实在性而孤立地考察人，否认物质世界的存在是人存在的基本前提，人与人之间的关系就会变成任凭自己的意志能力支配外部世界的人的意志行为之间的关系，即如萨特所说的那种个体与自我的关系，或如费希特所说的那种自我与非我的关系，一种纯粹的意识关系，费希特说：“意识本身就是自我最初的原始活动的这样一种产物，即自我自己设定自己的产物。”[③]

① 《列宁选集》第2卷，人民出版社1972年版，第24页。

② 《马克思恩格斯选集》第2卷，人民出版社1995年版，第3页。

③ 北京大学哲学系外国哲学史教研室编译：《十八世纪末—十九世纪初德国哲学》，商务印书馆1975年版，第171页。

可见，承认世界的外在性，在坚持客观物质世界是不依赖于人，不依赖于人的感觉而独立存在的前提下，探讨人与人之间的关系，发挥主体的能动作用，这才是辩证唯物论的反映论的题中应有之义。

文学艺术活动作为人类的一种基本活动方式，也同人类的其他活动一样，要以承认客观物质世界的第一性地位为前提。当然，人类的活动在本质上是一种对象性活动，它的客体是客观世界中同主体发生功能关系而被指向的对象，即马克思所说的“人化的自然界”。但是这“人化的自然界”只是无限存在的物质自然界极小的一个部分，就是在这个部分中，人的活动也只是在物质本身预先存在的条件下，在某种程度上影响和改变着客体自然，它并没有也不可能创造统一的物质世界。这正如马克思所说：“人并没有创造物质本身，甚至人创造物质的这种或那种生产能力，也只是在物质本身预先存在的条件下才能进行。”[①]因此，对文学艺术活动的把握，也必须坚持马克思主义的认识路线，把辩证唯物论的反映论作为观察和研究一切文艺现象的哲学基础和方法论原则。

文艺是上层建筑的社会意识形态，是社会生活的能动反映，这是马克思主义文艺学的一个基本命题。不言而喻，没有社会生活就不能有文学艺术，文艺归根到底是由社会生活决定的，社会生活是文艺的唯一源泉。同时，客观存在的现实生活并不就是文学艺术本身，只有当一定的现实生活同审美主体形成特定的对象性关系，并成为与审美主体相对应的审美对象时，主体对它的反映才构成文艺的内容。在这个层面上，主体对于对

① 《马克思恩格斯全集》第2卷，人民出版社1957年版，第58页。

象和对象对于主体是相互依存、缺一不可的，因此又可以说，没有反映现实生活的主体，也就没有艺术。辩证唯物论的反映论就是这样既唯物又辩证地确立了考察一切文艺现象的基本方法论原则。但是，这里应该指出的是，文艺对现实生活的反映不能等同于一般所讲的科学认识活动对现实生活的反映，它们存在于两种本质不同的对象性关系之中。文艺的对象不同于科学认识的对象，它虽然与一般的认识对象相联系，却与其有本质的区别。它是与审美主体相对应，并与之形成审美反映关系的具有审美价值属性的事物，文艺的主体也不就是一般的科学认识主体，而是一种由审美对象所规定的特定的审美主体。这种审美主客体之间所形成的对象性关系，就是文艺活动赖以存在的审美反映的关系，文艺活动也正是以此与存在于认识反映关系中的科学认识活动区别了开来。审美反映在反映程序上与科学反映的一致之处，是它们都有一个通过“中间变量”来影响和把握对象的问题。这就是主体对客观外界事物的反映，要以主体对自身的认识为中介，要通过主体对自身的认识来实现。人把自身的活动作为自己认识或审美的对象，这是人的主体性的表现，也是人的主体性的获得。人通过对主体自身的认识，来对自己的活动进行自由的自我调节，从而使主客体的本质发生交叉对应性的交换，形成与对象的反映与被反映的关系。对对象的反映，是像洛克那样把人的头脑看成是一块“白板”，对象如何作用于主体，主体就如何像照相式的摹写那样去反映它，还是重视发挥主体的作用，强调以对主体自身的认识为中介来反映对象，这是辩证唯物论的能动反映论与旧唯物主义的直观反映论的主要区别。马克思说：“任何一个对象对我的意义（它只是对那个与它相适应的感觉说来才有意义）都以我的感觉所及的程度为限。”[①]这是对辩证唯物论的反映论的基本特征的极好说明。

审美反映与一般科学认识反映的不同，在它们所反映的内容上表现得极为明显。在审美反映中，审美主体既要反映对象的实体性属性，即不以主体为转移的事物间固有的、本质的联系，也要反映对象因适应主体的审美需要而与之形成的审美关系所具有的关系属性。而且，客观事物的实体性属性只有融化在由审美关系所决定的审美价值属性之中，才能构成审美反映的实际内容。这正是不能把审美反映简单地混同于一般的科学反映，不能把文艺活动归结为一般的科学认识活动的原因之所在。审美反映虽然不是一般的科学反映，但是它又与科学反映有着本质的联系。审美反映是在一般认知性反映的基础上形成的，并始终接受着表现为一定思想观念的理性认识内容的规范和指导，从而使自己得以与那种没有社会理性内容的个体官能享受区别开来。只是审美反映中的理性认识内容，不是以概念和范畴的科学反映形式表现出来，而是渗透在审美意识的整体结构中，通过审美反映折射出来。显然，那种把审美反映等同于一般的科学反映的观点和方法，那种把审美反映与科学反映割裂开来、对立起来，甚至用文艺的审美本性来否定其认识本性的观点和方法，都是不符合文艺的实际情况的。实践证明，对文艺的研究，只有在辩证唯物论的反映论的方法论原则指导下，运用审美反映的特殊方法，才能科学地把握文艺的本质。

① 《马克思恩格斯全集》第42卷，人民出版社1979年，第126页。

二、审美建构论的本质内涵

如果说审美反映论是作为一种认识论的美学方法论，侧重从意识性的角度揭示艺术本质的话，那么下面将要论及的审美建构论，则主要是揭示以实践为基础的“实践—精神”的艺术掌握世界的方式或艺术存在的具体方式的本质内涵，侧重从文艺主体精神创造性的角度把握文学艺术的本质。

文学艺术活动作为人类的一种特殊的社会活动，它不但与人的认识活动相联系，同时也与人的实践活动相联系。而从最本源的意义上说，艺术活动是从人的最基本的活动方式——物质实践活动发展而来的。从实践范畴的本质内涵看，它包含着两层含义，即实践一方面是人们改造客观世界的物质活动，另一方面是人的存在方式，人的存在就是实践的人的存在。就前一方面来说，实践是人借助一定的物质手段，能动地作用于客观物质世界，使之按照自己的目的发生变化，使世界服务于人，这说明实践是人的一种功能特性；就后一方面来说，人通过改造世界的活动，来证明自己是非动物性的社会存在物，是具有社会特性的人，是在改造客观世界的活动中不断提高自身素质和能力的人。所以毛泽东说：“无产阶级和革命人民改造世界的斗争，包括实现下述的任务：改造客观世界，也改造自己的主观世界——改造自己的认识能力，改造主观世界同客观世界的关系。”①这里说明了实践具有改造客观世界和改造主体自身的双重目的和任务的特性。作为人类的一种有目的、有意识的活动，一方面，实践不能不以主体对客体存在和发展的客观规律

① 《毛泽东选集》第1卷，人民出版社1991年版，第296页。

的认识为前提，如果没有这种认识，那么这样的实践就是盲目的，就要受到客观规律的惩罚。另一方面，实践也不能不以主体从自身的需要出发对客体进行价值评价为前提，因为人类对客体对象的改造（也包括以自身为客体），总是以其是否对主体有益处，是否能满足主体的需要为依据的。但是，主体的实践目的归根到底是在主体作用于客体的物质交换活动的基础上实现的。因此，作为物质交换活动的实践，是最本质意义上的实践活动。

作为审美范畴的文学艺术活动与一般所说的实践活动的根本区别，是在于它在本质上不是一种主客体的物质交换活动，不具有直接的物质现实性。列宁引用费尔巴哈的话，对这一点作了说明："艺术并不要求把它的作品当作现实。"[①]马克思称艺术活动不是"束缚在粗陋的实践的愿望和享受下的单纯的有用性"[②]的活动，认为这是"珠宝商只看到珠宝的商品价值，却看不到它的美"[③]的原因之一。艺术活动无直接、明确的外在功利目的，这是它与实践活动的本质不同之处。所以马克思说："作家绝不把自己的作品看做手段。"[④]"密尔顿出于同春蚕吐丝一样的必要而创作《失乐园》。那是他的天性的能动表现。"[⑤]但

① 《列宁论文学与艺术》第1卷，人民出版社1960年版，第41页。

② 转引自[英]李斯托威尔：《近代美学史述评》，蒋孔阳译，上海译文出版社1980年版，第50页。

③ 转引自[英]李斯托威尔：《近代美学史述评》，蒋孔阳译，上海译文出版社1980年版，第50页。

④ 《马克思恩格斯全集》第1卷，人民出版社1956年版，第87页。

⑤ 《马克思恩格斯全集》第26卷，人民出版社1972年版，第432页。

是，文学艺术活动又离不开一般的实践活动，它要以实践活动为基础，并常常作为实践活动的一种特殊方式而存在着。文艺活动对客体的反映和评价，是从实践主体对客体的认识和评价中发展来的，审美主客体关系的形成，是实践活动中主体把对客体的真的反映和善的评价相统一的结果。这时的真与善的统一才成为了美的对象，这时的担承着认识和评价双重身份的主体，才成为了审美的主体。一般说来，审美主体对审美对象的把握作为一种综合的心理功能，并不是对对象刺激的直接反应，而是审美主客体的客观关系在主体头脑中反映的过程，是理智与意志相统一的结果。它不以追求真或善为终极目的，却又包含着对真或善的肯定，从而成为一种介于认识和价值评价之间，将此二者统一于一身的特殊的活动。可见，我们对文艺活动的研究，对文艺所具有的主体建构性的本质特征的把握，离不开对文艺活动与实践活动关系的考察。

对于文学艺术活动与科学认识活动和物质实践活动的关系，马克思曾有过完整的论述。他在《政治经济学批判·导言》中说："整体，当它在头脑中作为被思维的整体而出现时，是思维着的头脑的产物，这个头脑用它所专有的方式掌握世界，而这种方式是不同于对世界的艺术的、宗教的、实践—精神的掌握的。"[①]马克思在这里讲的几种掌握世界的方式，即几种人类的基本活动方式，都是在实践的基础上产生和发展起来的，生产劳动和社会实践是人们掌握世界的一切方式的基础，是人类掌握世界的最基本方式。对于这个马克思主义的基本观点，马克思在他的许多著作中都有过详尽的论述。但是在这段话里，马

① 《马克思恩格斯选集》第2卷，人民出版社1972年版，第104页。

克思则主要讲的是实践活动方式之外的其他两大类活动方式，它们与实践活动方式一起构成了囊括人类全部活动领域的三大类基本活动方式，即物质实践领域及实践活动的方式，理性认识领域及理论思维的方式，以及介于物质实践和理性认识之间、实践的方式和思维的方式之间的审美和艺术领域及“实践—精神”的掌握世界的方式。这里的“实践—精神”的方式，讲的是“实践”与“精神”这两种方式的融合。正是这种融合，使它既不同于感性实践，也不同于理性认识，同时又包容着感性实践与理性认识的内容，从而成为一种特殊的“艺术的”“宗教的”“实践—精神”的掌握世界的方式。就它与感性实践活动的感性、具体、物质性的联系来说，艺术“不过是生产”的一种“特殊的方式”，“并且受生产的普遍规律的支配”。[①]这揭示了艺术活动在本质上是一种自由的、有目的的创造性活动，是一个审美主客体关系不断建构的过程，它主要使主体“本质力量”通过独特的方式在外部世界得到肯定。艺术活动作为一种创造、一种生产，首先体现在它是与社会发展的生产力水平相适应的，艺术活动总是把社会发展提供的物质手段、技术材料作为艺术构思和艺术传达的方式。马克思说：“和其他任何一个艺术家一样，拉斐尔也受到他以前的艺术所达到的技术成就……的制约。”[②]这揭示了艺术生产与社会生产力和科学技术之间的本质联系。艺术生产和其他社会生产一样，也要依赖某些特殊的技术手段，如音乐、绘画、戏剧、出版等方面的技术。艺术也需要借助一定的科技手段去发展，电影、电视剧等艺术部类就是科学技术达

① 参见《马克思恩格斯全集》第42卷，人民出版社1979年版，第121页。

② 《马克思恩格斯全集》第3卷，人民出版社1960年版，第459页。

到一定高度的产物。可见，艺术生产方式的不断变革，是推动人类艺术发展的一个重要因素。艺术活动作为一种生产，还体现在艺术作品也具有一般劳动产品的某些性质上。马克思在生产与消费的关系中，把握了一般劳动产品的性质，他说："生产直接也是消费"，"消费直接也是生产"，"因为只是在消费中产品才成为现实的产品……才证实自己是产品，才成为产品"。[①]这一原则，对把握艺术产品的性质也同样适用。艺术作品的生产也是消费，艺术作品只有成为人们欣赏的对象之后，才是现实的艺术品。艺术作品的消费也是生产，艺术欣赏作为消费过程，成为艺术生产的一个环节，检验艺术生产的质量，促进艺术生产的发展与繁荣。马克思通过对包括艺术产品在内的人类生产产品性质的规定，指出了人类"生产的普遍规律"："艺术对象创造出懂得艺术和能够欣赏美的大众——任何其他产品也都是这样。因此，生产不仅为主体生产对象，而且也为对象生产主体。"[②]

当我们把艺术作为一种生产来分析的时候，绝不可以忘记艺术在本质上是一种意识形态，艺术生产是一种特殊的精神生产，它属于精神活动的范围，是用想象"创造对象世界"。歌德在他著名的"第二自然"说中指出，艺术家是在创造"某种第二自然，但这是由感情和思想所产生的自然，是由人力完成的自然"[③]，这深刻地说明了艺术生产的精神创造本质。可见，不

① 《马克思恩格斯选集》第2卷，人民出版社1972年版，第93～94页。

② 《马克思恩格斯选集》第2卷，人民出版社1972年版，第95页。

③ 北京师范大学苏联文学研究所编《苏联现实主义问题讨论集》，外国文学出版社1981年版，第28页。

论是那种把艺术活动的精神掌握与物质生产实践对立起来，把艺术作为一个独立的精神王国的观点；还是那种把艺术生产等同于物质生产，把审美活动混同于物质实践活动的观点，都是对艺术本质的背离。因此，正确地说明艺术的实践性与精神性的辩证关系，确实是把握艺术本质的关键所在。马克思把艺术活动放在“实践—精神”这个辩证统一体中加以考察，提出“实践—精神”的艺术掌握世界的方式，正是在物质实践和理性认识这两大领域、两大掌握世界方式的对立统一的关系中，揭示了艺术既具有伦理性、物质性、实践性，又具有认识性、真理性、精神性的独特本质，确立了艺术是介于科学认识和物质实践之间的一个独特的意识领域。这就找到了艺术之所以不能为科学、实践所取代的本质原因，找到了艺术之所以产生、存在和发展的必然根据。这里还要说明的是，马克思把宗教也列入“实践—精神”的掌握方式之中，是有其深刻原因的。这并不是说宗教也是艺术，而是说宗教虽然是对现实的一种歪曲的反映，但在反映的形式上却与艺术有某些共同之处，比如宗教崇拜都不是抽象的，而是感性具体的；宗教活动多表现为狂热的情感活动或感性实践活动等等。而且，原始的艺术与宗教有时是结合在一起的，艺术的起源与宗教有很大的关系。显然，宗教在掌握世界的方式上也具有实践性与精神性相结合的特点，和艺术属于同一种精神类型。马克思正是在精神类型划分的意义上，把艺术和宗教列入了“实践—精神”这一领域的。

“实践—精神”的艺术掌握世界的方式，为拓展文艺研究的领域，全面把握文学艺术活动的特点，确立了一个基本的框架。但是，它并没有也不可能说明艺术反映的一般规律，这就犹如单一的审美反映论也不可能说明艺术产品的创造和消费的特点一样。文艺活动是一个多层面的整体结构，对现实生活的审美反映是它的基础和核心，而艺术生产和艺术接受则是在审美反映的基础上，对艺术活动过程的展现。因此，对文艺这一整体结构的研究，在方法上也应是一个辩证统一的整体，这就是审美反映与建构的辩证统一和综合。

三、反映与建构相统一的文艺研究方法

在文艺学方法论的整体结构中，审美反映论侧重从认识论的角度解决文艺与生活的关系问题，这奠定了整个文艺学研究的基础，并成为文艺学方法论的基础层面；以“实践—精神”的艺术掌握世界方式为主导的审美建构论，侧重从主体建构的角度解决文艺存在的具体方式以及文艺活动与认识活动、实践活动的关系问题，并成为文艺学方法论的中介性层面；而当把文艺活动作为一个统一的运动过程来加以考察，对它所包括的文艺与生活、文艺作品与艺术家、文艺作品与接受者等层面综合起来进行研究的时候，就要求把上述两种方法进行分解后的综合，就要求把审美反映与主体建构统一在对具体的文艺现象和文艺过程的阐释上，这就形成了作为文艺学方法论应用层面的反映与建构相统一的文艺研究的具体方法。

反映与建构相统一的方法，在本质上是辩证逻辑的思维方法。辩证思维方法的特点，用马克思的话来说，是对对象“辩证地分解了的整体”的认识，就是说要使我们的认识形成一个具有整体性、有序性的不同层次的结构系统。揭示文艺与生活的关系是这种方法的基础和出发点，它肯定文艺是对现实生活的反映、现实生活是文学艺术的唯一源泉这一辩证唯物论的反映论的基本原则。然而，文艺对现实生活的反映并非是一般的

认识性反映，而是以一般的认识性反映为基础的审美反映。现实生活作为文艺作品的实际内容，或者说文艺对现实生活的审美反映，是以主体的情感心理为中介，通过理解、想象、情感、意志诸构成主体心理结构因素的具体存在形式得以实现的。在这里，作为对对象真的认识性理解，并不是以概念和范畴的形式表现的，而是融于感性的情感形式之中，并转化为一种由理智在暗中规范和牵引的情感判断。而主体这时对对象善所做出的价值判断，也不是以理性的方式存在的，而是融于主体的情感态度之中。这种情感态度具体表现为作品的价值内容，它是主体对对象价值的自觉保证和为实现对象的价值所进行的自觉努力。这正是文艺作品的理性内容和功利目的，往往以非概念、非目的性的形式表现出来的原因之所在。这种文艺对现实生活审美反映的本质和机制，使文艺既具有一般意识形态的性质，又具有自身独特的本质和规律。审美反映论就是以此与那种忽视文艺对生活特有的反映方式、把文艺的反映等同于一般的认知性反映的理论倾向，或那种孤立地研究艺术的审美特性、把文艺的特殊性与文艺所具有的一般社会意识形态属性对立起来的理论倾向表现了本质的不同。

在文艺活动的整体结构中，文艺对生活的审美反映落脚于文艺作品的建构上。就反映与建构的关系来说，反映是建构的基础和前提，没有对生活的反映，作品的建构也就无从谈起；而建构则是反映的目的和结果，没有作品的建构，文艺就无法在读者的接受中实现它的价值，发挥它独特的作用，反映也就失去了它的意义。可见，文艺的反映也就是建构，或者说文艺作品的建构也就是反映，它们本来就是一个问题的两个方面。反映的建构或建构的反映，这才是对艺术本性的完整表述。正是文艺的这种反映建构的特性，决定了文艺活动不是单纯的自我满足和自我实现，而是一种具有广泛社会意义，要求得到社会的承认和肯定的创造性活动。文艺活动并不就是一般的审美活动，文学艺术虽然具有审美的属性，但又不是纯审美的，它较之那些更多地表现出自发性和无目的性的一般审美感受活动有着更深刻的社会意义。它要求艺术家始终是社会使命的承担者，并决定了艺术家世界观的正确与否在文艺创作中的重要作用，不论艺术家是自觉的还是不自觉的。

文学艺术活动作为一个反映与建构交叉重叠的结构系统，是美与审美的统一，是审美主客体关系的具体存在和表现方式。正是艺术赖以存在的审美关系的特殊性，决定了文学艺术的特殊对象和内容，也决定了文艺主客体独特的组合和运动方式。审美关系不同于认识关系，也不同于实践关系。认识的对象是真，它以追求真为目的，实践的对象是善，善是实践追求的终极目的。认识主体对真的把握，形成了人对现实的理智认识关系，实践主体对善的把握，形成了人对现实的意志实践关系。而艺术则是“实践—精神”的主体，即理智和意志相统一的审美主体，对客观的真与善相统一的美的对象的把握。这种真和善相统一的客观关系的交叉重叠，这种真与善的双重客体和理智与意志的双重主体的不同组合，就形成了人对现实的审美关系，形成了审美主客体双向逆反的同构网络系统。在这种文艺主客体之间所建立的双向同构关系中，文艺主客体本质的对应交换，是在文艺主客体双向逆反的运动过程中实现的。这个过程，一方面是从客体到主体，主体统一于客体的反映过程，另一方面是从主体到客体，客体统一于主体的主体对客体的建构过程。而这两个方面又始终处于互为表里、相互转化的状态之中，它们相辅相成、浑然一体，使艺术活动成为反映性建构和建构性反映相统一的特殊活动方式。

作为反映与建构相统一的文学艺术活动，实际上就是审美主客体双向逆反的同构关系的具体存在方式。在这种双向同构的关系中，审美主客体已不再是独立存在的事物，而变成了由这个同构关系所规定的两个彼此共存的建构因素。它们的性质也都在这个不断建构的过程中发生着对应性的改变，即主体作用并改变着客体，客体也作用并改变着主体。从主体对客体的改变看，文学主体不再把它面对着的客体看作是固定不变的实体，而是经过主体的同化和过滤，改变其内在的性质和结构并变成了主体的结构因素的客体。而从客体对主体的改变看，客体对来自主体的同化和过滤作用做出同步共时反应，使主体的内在结构根据客体的要求发生变化，使主体在同化客体的同时顺应客体。这时的主客体都不是实体性的存在，而是一种关系性的存在，是对这种关系不断建构的因素。对于这种主客体双向同构关系的理解，瑞士心理学家皮亚杰的发生认识论的有关观点值得借鉴。他的发生认识论把人的认识作为一种持续不断的建构过程，这个过程的核心是中介物的建构问题。皮亚杰说："如果从一开始就既不存在一个认识论意义上的主体，也不存在作为客体而存在的客体，又不存在固定不变的中介物，那么，关于认识的头一个问题就将是关于这些中介物的建构问题：这些中介物从作为身体本身和外界事物之间的接触点开始，循着由外部和内部所给予的两个互相补充的方向发展，对主客体的任何妥当的详细说明正是依赖于中介物的这种双重的逐步建构。”[1]皮亚杰称连贯主客体的中介物是动态结构的“格局”，即主体的心理结构图式，它通过对客体的“同化”和“顺应”方式，进行外化建构和内化建构，使主客体建立起一种交叉对应的同构关系。就内化建构与外化建构的关系来说，内化建构为外化建构提供格局，因而它制约着外化建构；而外化建构则不断丰富并改变实行动作本身，反过来导致格局的更新，促进着内化建构的发展。内化建构是思维形式的确立，外化建构是思维内容的演化。正是这种以动态结构的“格局”或“图式”为中介的主客体互反同化、对应交叉的动态，使认识不再是静止的反映，而是一种动态的不断建构的过程。皮亚杰说：“认识既不是起因于一个有自我意识的主体，也不是起因于业已形成的(从主体的角度来看)、会把自己烙印在主体之上的客体；认识起因于主客体之间的相互作用，这种作用发生在主体和客体之间的中途，因而同时既包含着主体又包含着客体。”[2]皮亚杰的理论在认识的根源上，显然离开了现实生活的客观基础，但是如果把它作为一种对认识过程、对意识结构分析和阐释的理论，那么它还是颇具借鉴意义的。艺术的审美反映过程。实际上就是一种审美主客体不断建构的过程、一种主客体本质在双向互反的运动中对应交换的过程，这就使艺术的对象和内容，既不是单纯的对作为客体的客观现实生活的再观，也不是单纯的对作为主体的情感意志的表现，而是由审美主客体在循环往复的

---

① [瑞士]皮亚杰：《发生认识论原理》，王宪钿等译，商务印书馆1981年版，第21～22页。

② [瑞士]皮亚杰：《发生认识论原理》，王宪钿等译，商务印书馆1981年版，第21页。

通路中不断建构起来的客体的主体性和主体的客体性相统一的心理现实。

如果说作为艺术的对象和内容的心理现实的建构，主要表现为是一种审美意识的建构过程的话，那么这一心理现实转化为审美现实、变成客观的艺术作品的过程，则主要表现为主体的外化活动，或称主体的外化建构。主体的外化建构在本质上是主体性的现实化、对象化，是通过对艺术作品的建构，使作品成为主体对世界要求的标志物。任何艺术品都是艺术家的创造，但这种创造却取决于主体对客体对象世界诸物质要素和精神要素符合自身审美需要程度的判断。因此，它必须以客体的主体化和主体的客体化的统一为前提，它仍然遵循着反映与建构相统一的文艺活动的规律。任何反映都是建构性的反映，任何建构都是反映性的建构，艺术创作也好，艺术欣赏也好，均无例外。显而易见，用单一的反映论或单一的主体建构论来把握辩证统一的艺术整体，都不免失之偏颇。只有将这二者统一起来才能更贴近艺术的实际，以达到对艺术本质更科学的认识。

（原载《贵州社会科学》2009年第7期）

从人对现实的审美关系中把握艺术的本质

一、研究艺术本质问题的方法论基础

我国美学界过去对艺术本质的研究，大都局限于对艺术的对象和这一对象特性的研究，着力在艺术和生活这个最一般的关系中寻求答案。应该肯定，这种研究方法是有成效的，它把握了艺术的认识特性。但认识性也为科学所具有，它并非是艺术的特殊性。黑格尔在讲到抽象的知性思维和具体的辩证思维的不同时说："概念的形成则被认为是由于排除足以区别各种颜色、植物、动物等等的特殊部分，而坚持其共同之点，这就是知性怎样去了解的概念的方式。"[①]把艺术和科学都列入同一认识的领域，不就是排除艺术的特殊性"而坚持其共同之点"吗？"但概念的普遍性并非单纯是一个与独立自存的特殊事物相对立的共同的东西，而毋宁是不断地在自己特殊化自己，在它的对方里仍明晰不混地保持它自己本身的东西……不要把真正的普

① ［德］黑格尔：《小逻辑》，贺麟译，商务印书馆1980年版，第332页。

遍性或共相与仅仅共同之点混为一谈，实极其重要。”[①]黑格尔在唯心的形式中，对抽象的形而上学的知性思维同具体的辩证思维所做的区分，给我们的启示是很深刻的，要深入全面地把握艺术的本质，就应该摒弃形而上学的思维方法，坚持辩证逻辑的思维方法。

事物普遍联系的观点，是马克思主义哲学最基本的观点。五颜六色、光怪陆离的大千世界，各种各样的自然和社会现象互相联系、彼此渗透，形成了一个多层次、多侧面的关系网。科学研究就是要在这个关系网中，寻求事物的普遍规律和特殊规律，找出一事物不同于他事物的质的规定性，马克思说：“一物的物质属性不是由该物同他物的外部关系产生，而只是在这种关系中表现出来。”[②]马克思在这里明确地指出了事物属性不是由外物确定的，任何事物都有其自身的质的规定性。同时又说明了事物自身的质不能靠自身来表现，而只能在与其他事物的关系中表现出来。恩格斯在谈到物体与运动的关系时也讲过这个问题，他说“物体不能与运动分开：物体的形式和状态只能通过运动来认识，如果物体离开运动，离开同其他物体的一切关系，那么，关于这个物体就没有什么可谈的了。一个物体只有在运动中才能显露出本来面貌。所以，自然科学要认识物体，就只有根据物体的相互关系、物体的运动去研究物体。认识各种不同的运动形式，也就是认识物体”[③]。这里所说的“运

① [德]黑格尔:《小逻辑》,贺麟译,商务印书馆1980年版,第332页。

② 《资本论》第1卷,中国社会科学出版社1983年版,第35页。

③ 转引自[苏]图加林诺夫:《辩证唯物主义范畴的相互关系》,“学习译丛”编辑部编译,学习杂志社1957年版,第34页。

动”，就是物体借以表现其本质的该物体与他物体的相互关系。在评论马克思的《政治经济学批判》一书时，恩格斯对这种观点又作了更明确的论述。他说：“政治经济学从商品开始，即从产品由个别人或原始公社相互交换的时刻开始。进入交换的产品是商品。但是它成为商品，只是因为在这个物中、在这个产品中结合着两个人或两个公社之间的关系，即生产者和消费者之间的关系。在这里，两者已经不再结合在同一个人身上了。在这里我们立即得到一个贯穿着整个经济学并在资产阶级经济学家头脑中引起过可怕混乱的特殊事实的例子，这个事实就是：经济学所研究的不是物，而是人和人之间的关系，归根到底是阶级和阶级之间的关系；可是这些关系总是同物结合着，并且作为物出现。”[①]正如恩格斯所说，马克思对政治经济学的研究是从商品和商品间的交换关系开始的。X量商品A＝Y量商品B，在这里商品A的特性是通过与它发生关系的商品B表现的，反之，商品B的特性则是通过商品A表现的。不论是A还是B都必须通过与其发生关系的他物来得到自己质的规定性。黑格尔的有关论述，对我们理解“物”和“关系”范畴也很有启发，他说：“但是实际存在着的东西反映在他物内与反映在自身内不可分……因此实存着的东西包含有相对性，也包含有与别的实存着的东西多方面的联系于自己本身内，并且作为根据反映在自身内。这样，实存便叫作“物”或“东西”。[②]“凡物莫不超出其单纯的自身，超出其抽象的自身反映，进而发展为他物反

① 《马克思恩格斯全集》第13卷，人民出版社1962年版，第533页。

② ［德］黑格尔：《小逻辑》，贺麟译，商务印书馆1980年版，第267页。

映。”[①]可见，一事物的质必须通过它与另一事物之间的关系才能表现出来，我们认识个别事物，认识事物本身，实际上也就是认识该事物与他事物的关系。

那么，是否任何事物都可以随意同与它有别的另一事物构成一种关系呢？马克思说：“在某种意义上,人很像商品。因为人来到世间,既没有带镜子,也不像费希特派的哲学家那样,说什么我就是我,所以人起初是以别人来反映自己的。名叫彼得的人把自己当作人,只是由于他把名叫保罗的人看作是和自己相同的。因此,对彼得说来,这整个保罗就以他保罗的肉体成为人这个物种的表现形式。”[②]这就清楚地告诉我们，两种或多种事物结成一定关系，必须以同属一个种事物为条件，必须具有内在的本质的联系。

既然事物不能单独表现自己的质，它必须通过与一个或更多的事物的关系来获得自身质的规定性，而任何事物又都是不断流动的，因此，事物的本质规定性就既是确定的又是非确定的，是绝对与相对的统一。恩格斯说：“‘本质’的各个规定的真实性质，黑格尔自己已经表明了……‘在本质中一切都是相对的’。”[③]可见，不在事物的运动中考察事物的质，而硬要用一个永恒不变的尺度来确定它的质，这是机械唯物论；但用质的非确定性来否认事物质的确定性，借以抹杀事物固有的本质，这是相对主义。此两种倾向都是应该摒弃的。

我们对辩证逻辑的“物”与“关系”范畴的概述，意在说

① [德]黑格尔:《小逻辑》,贺麟译,商务印书馆1980年版,第268页。

② 《资本论》第1卷,人民出版社1995年版,第67页。

③ 《马克思恩格斯选集》第3卷,人民出版社1972年版,第536页。

明对艺术本质探讨的方法论基础只能是辩证逻辑的思维方法。艺术处于复杂的社会关系之中，它既与各种社会事物有着直接和间接的联系，又与它们发生各式各样的矛盾，而它自身也是一个矛盾的统一体。因此，艺术的特质只能从它所处的错综复杂的关系网中表现出来，通过各种矛盾关系开辟自己发展的道路。这种客观状况就要求我们，对艺术本质的研究必须运用辩证逻辑思维的方法，从揭示这些关系开始。那么，艺术是通过哪些关系来得到自己独特的质的规定性的呢?

马克思在《〈政治经济学批判〉导言》中说："整体，当它在头脑中作为被思维的整体而出现时，是思维着的头脑的产物，这个头脑用它所专有的方式掌握世界，而这种方式是不同于对世界的艺术的、宗教的、实践—精神的掌握的。"对马克思这段话的解释虽然历来其说不一，但大多肯定这里所说的掌握世界的方式就是认识世界的方式。肯定几种方式在内容上是相同的，而不同仅仅在于它们的形式，这就表现了思维方法上的局限。黑格尔说："抽象反思知性的方式，就在于任意抓住个别范畴，把所要考察的一切现象，都归结到这些范畴。"[①]很显然，以往的这些解释正是采取了"抽象反思知性的方式"，所以既不符合马克思的一贯思想方法，也不符合实际情况。如果从辩证逻辑的"物"和"关系"的范畴来分析马克思的这段话，就会看到马克思是在事物之间既联系又区别的关系中把握不同事物质的规定性的。对于这一基本的思想方法原则，马克思早在《1844年经济学—哲学手稿》中就作过明确的规定。他说："人对世界的各种人性的关系……都是在它们的对对象关系或它们对待对

① [德]黑格尔:《小逻辑》,贺麟译,商务印书馆1980年版,第271页。

象的关系上去占有或掌管那对象，去占有或掌管人的现实界。它们对待对象的关系就是人的现实界的活动，因此，人的本质定性和活动有多么复杂，它们对待对象的关系也就有多么复杂。”[①]依据马克思所确定的“对待对象的关系就是人的现实界的活动”这一原则，我们说马克思所讲的几种掌握世界的方式，绝非专指认识而言，而是指人对自然所形成的种种关系以及人的种种现实界的活动。而这些关系和活动又有自由和非自由之分。其中，理论掌握的方式，指的是人对自然的认识关系及科学活动；实践—精神掌握的方式，指的是伦理实践关系及伦理实践活动；艺术掌握的方式，则指的是审美关系和艺术活动。以上这三种关系，是人与自然间所形成的自由关系，而宗教的掌握则是虚幻的、颠倒的，是一种人与自然间的非自由的关系。正是由于人对现实世界形成了这样三种自由的关系，有着这样三种基本活动方式，才使得作为这三种关系的成熟的典型形态的认识、伦理和艺术具有各自独特的本质。而这三种关系和活动方式又是相互渗透、不可割裂的。认识活动离不开伦理实践活动，认识来源于实践；而伦理实践活动也离不开认识，任何意志行为都要受思想意识的支配；美作为自然的对象的主体化、人的本质力量的对象化，是主观目的性和客观规律性的统一、真与善的统一；审美作为美的反映，它是理智与情感意志的统一。艺术是审美关系的典型形态，它的本质只能从认识与伦理、真与善、理智与意志等各种关系中去寻找。因此，我们在对艺术本质的研究中，将致力于对辩证逻辑的“物”和“关系”范

① ［德］马克思：《1844年经济学—哲学手稿》，朱光潜译，《美学》1980年第2期。

畴的运用，使其成为我们全部研究工作的方法论基础。

二、艺术的独立地位

对于人同自然之间形成的三种基本关系，《新亚美利加百科全书》的“美学”条曾作过清楚的说明：“人类的天性可以分作认识、行为和情感，或是理智、意志和感受三种功能，与这三种功能相对应的是真、善、美的观念。美学这门科学和感受的关系正如逻辑学和理智、伦理学和意志的关系一样。逻辑学（在它最通常的意义下）确定思想的法则，伦理学确定意志的法则，美学则确定感受的法则。真是思想的最终目的，善是行为的最终目的，美则是感受的最终目的。”国内外不少人否认该条目为马克思所写，笔者则认为它很可能出自马克思的手笔，因为在把人与自然的关系分为三个基本方面，并因此而划定了人对于现实的三种基本活动这一点上，它与马克思在《〈政治经济学批判〉导言》中所确立的几种掌握世界的方式这一思想是一脉相承的。艺术作为审美关系典型而集中的形态，具有自己独特的审美本质。而对这种独特的审美本质，只有在审美关系与认识关系、伦理实践关系的区别和联系中才能予以科学的把握。

要区分这三种关系的不同，首先要揭示它们各自的特殊本质。为此，马克思曾确定了这样一条原则：“对象的对象，这取决于对象的性质以及与之相适应的本质力量的性质。”[①]这里的“对象如何对他说来成为他的对象”指的是对象如何与人结成一种对象性关系，而要达到这一点就必须具备两个要素，一个是

① 《马克思恩格斯全集》第42卷，人民出版社1979年版，第125页。

“对象的性质”，一个是“与之相适应的本质力量的性质”，二者缺一不可。对这个原则，马克思作过反复的强调，他明确指出：“从主体方面来看:只有音乐才能激起人的音乐感;对于没有音乐感的耳朵说来,最美的音乐也毫无意义,不是对象,因为我的对象只能是我的一种本质力量的确证,也就是说,它只能象我的本质力量作为一种主体能力自为地存在着那样对我存在,因为任何一个对象对我的意义(它只是对那个与它相适应的感觉说来才有意义)都以我的感觉所及的程度为限。”这就具体规定了对象（音乐）与人的某一种本质力量（音乐感觉）所形成的审美关系的性质，是由主客体各自的特殊性质交互决定的，不懂音乐的耳朵不能把音乐当成对象，音乐也只能与有音乐感觉的人形成这种审美关系，对象对于主体和主体对于对象，都是它们各自特殊性质的互相肯定和印证。根据马克思所确定的原则，我们把握一种特定的关系应从以下几方面入手：它是由什么样特殊性质的对象和人的本质力量构成的，这种关系有哪些不同于他种关系的本质特征，这种关系与他种关系有哪些本质的联系。

理智的认识关系是在对象的真与作为人的某一特殊本质力量的理智之间所形成的一种人对于自然的关系。真是符合规律的客观事物，具有不以人的意识为转移的客观性质。客观规律表现在各个方面，如机械的、物理的、生物的、社会的等。它们构成“任何物种的尺度”，也就是列宁所说的“走着自己的道路”的“客观世界”。理智即人的思维，作为人区别于动物的特殊的本质力量之一，它不是客观对象直接作用于感官的结果，而是通过对经验材料的概括和抽象所达到的对事物本质的理性认识。正因为对象的真和主体的理智各自具有的特殊性质，才决定了真只能成为理智的对象。理智这种人的本质力量也只能在真这种对象中得到肯定，只有在它们之间才能形成这种特定的认识关系。如何使理智把握客观规律呢？列宁说过，“认识……认为在自己面前真实存在着的东西就是不以主观意见（设想）为转移的现存的现实……人的意志、人的实践，本身之所以会妨碍自己目的的达成……就是因为意志把自己和认识分隔开来，并且不承认外部现实是真实存在着的东西（是客观真理）。必须把认识和实践结合起来”[①]。可见，要达到对客观规律的把握，必须经过实践这个中介环节，把认识和实践结合起来。正是认识和实践的这种联系，使认识关系表现了不同于其他关系的特点。第一，从存在形式来说，理智以概念的普遍的形式把握客观世界的因果必然性，是以精神的形式把握精神自身的内容。第二，理智的内容来自实践，它要从实践出发，以感觉、知觉、表象、经验为基础，但它必须突破和粉碎这种感性的形式，跃进到概念和抽象的形式中去。这次跃进并不是认识过程的完结，而仅是理性认识过程的开始，它要以最抽象、最简单、最一般的概念为出发点，经过一系列的中介环节，通过概念自身的辩证发展去形成一个概念范畴的体系，从而在思维的运动中把对象世界重新复制出来。这样才标志着理论的科学形态的形成。第三，认识关系是从一种本质力量（理智）上把握单一的对象（真），所以它排除主观的因素，排除情感的内容，排斥一切个别的、感性的、偶然的现象，即如黑格尔所说：“理智的工作仅在于认识这世界是如此。”[②]当然，没有热情，任何伟大的事业都不能完成，但科学家的情感只是

① 《列宁全集》第38卷，人民出版社1959年版，第232～233页。

② ［德］黑格尔：《小逻辑》，贺麟译，商务印书馆1980年版，第420页。

他进行科学研究的动力，而不能构成他科学著作的内容，哲学家、科学家都不能以自己的爱憎来论证某些规律、原理或公式的正确性。所以，恩格斯说义愤能创造诗人，但却不能推动科学。正因为认识关系完全依靠必然性和规律性来说明和证明问题，所以它具有纯粹客观的性质。但这种客观性只具有概念的普遍性，而无外在的现实性，不能作为一种物质力量去作用于现实。

伦理实践关系是在对象善与人的本质力量意志之间形成的一种人与自然的关系。所谓善，即主观目的性符合客观规律性的实践活动；所谓意志，是指人从事实践活动的内在动机、愿望和目的，它要求外部的现实性。列宁说："目的的活动不是向着自己……而是为了通过消灭外部世界的规定的（方面、特征、现象）来获得具有外部现实性这种形式的实在性。"[①]一方面是客观的实践行为，另一方面是与之对应的人的内在动机，这就决定了前者必定成为后者的对象，后者也只能在前者那里得到证实和肯定。伦理实践关系要回答的是世界应该是什么的问题，它以追求善、达到善作为自己的目的，如黑格尔所说："意志的努力即在于使得这世界成为应如此。"[②]当它在回答世界应该是什么的时候，总是伴有强烈的情感和鲜明的图像。人的行动受意志支配，但意志活动常常伴随着一种情感冲动，甚至可以说没有情感就没有行动。另外，人们总以自己的要求和目的作为理想的蓝图，来指导和规范自己的实践，感性实践的结果不过是把这一观念形态的理想图式转化为现实的对象世界。所以，

① 《列宁全集》第38卷，人民出版社1959年版，第230页。

② ［德］黑格尔：《小逻辑》，贺麟译，商务印书馆1980年版，第420页。

情感性和图像性是伦理实践关系的突出特点。虽然伦理关系以在客观世界里实现自己为目的，但它在没变成一种物质力量之前，还是主观的、应有的，属于主观的领域。

我们对理智的认识关系和意志的伦理实践关系的论述，是为了从这二者的联系中寻求审美关系的本质特点。在对象方面，要从真与善之间寻求美的规定性；在主体方面，要从理智和意志的联系中寻求审美情感的质的规定性，从而确立艺术的独特本质。认识关系是客观的，伦理实践关系是主观的，在它们之间必然要形成一种主观与客观、普遍性与个别性的对立关系。审美关系正是作为连接这二者的桥梁和纽带而存在的，它一方面包含着对客观对象作本质揭示的理智内容，在这个意义上它是客观的、普遍的；而另一方面它又包含着意欲、目的的意志内容，在这个意义上它又是主观的、个别的。审美关系就是这样一种既包含认识关系的内容，又包含伦理实践关系的内容，把真和善、理智和意志、主体和客体、普遍性和个别性统一于自身的、具有自己质的规定性的独特的人与自然的关系。

审美关系的客体方面是真与善统一的美。在马克思主义以前的美论中，美的本质和美的特征是不统一的，马克思第一次科学地揭示了“自然的人化”或人的本质力量对象化是美产生的根据，劳动创造了人类，劳动也“产生了美”。马克思指出，人类“懂得按照任何一个种的尺度来进行生产，并且懂得怎样处处都把内在的尺度运用到对象上去；因此，人也按照美的规律来建造”。[①]这就深刻揭示了人类的生产劳动是把客观规律性和人的目的性辩证地、生动地体现在劳动过程中，美的规律也

① 《马克思恩格斯全集》第42卷，人民出版社1979年版，第97页。

就是客观必然性和人的目的性和谐统一的规律，美的本质是被生产的本质、人的本质所规定的。可见，马克思所说的“任何一个种的尺度”就是真的尺度，“内在尺度”就是善的尺度，自由运用客观规律（真）以实现社会目的（善），这就是美的创造。这是对美的本质的真正科学的规定。

真与善统一的美是客观的，它的主观反映形式是理智与意志统一的审美情感（审美意识），理智反映客观真理，意志追求理想的善，审美情感则把握真与善统一的美。作为审美关系的主体方面的审美情感，是一种系统的整体的意识结构。它具有作为它的组成部分的理智和意志单一所不具有的属性，是既不同于理智也不同于意志，又不同于一般情感的一种新的质。康德曾把审美判断作为沟通因果必然性的纯粹理性批判和主体自由性的实践理性批判的桥梁和中介环节，以此把握了审美判断的特性。可能为马克思所写的《新亚美利加百科全书》的“美学”条，虽然没有明确提出审美情感是理智和意志的统一，但已经深刻指出：“美的形式如果真要成其为美的，或成为艺术作品，它就必须流露思想，必须具有理想背景，必须成为思想的传达媒介，必须满足人类心灵的全部或几乎全部的功能。”在《1844年经济学—哲学手稿》中他又说：“人在对象世界中得到肯定，不仅凭思维，而且要凭一切感觉”，“不仅五种感官，而且还有所谓精神的感官，即实践性的感官，例如意志和爱情之类都是如此”。[①]不是单纯的理智，也不是单一的意志，而是“一切感觉”，这不就是“人类心灵的全部或几乎全部的功能”吗？黑格尔在他的美论中对这个问题的见解也很值得我们思考。

① ［德］马克思：《1844年经济学—哲学手稿》，朱光潜译，《美学》1980年第2期。

他认为美不是知性认识的对象，也不是意志实践的对象，但美离不开知性认识和意志实践，是这二者内容的融汇。他说："从美对主体心灵的关系上来看，美既不是困在有限里的不自由的知解力的对象，也不是有限意志的对象。"[①]"如果把对象作为美的对象来看待，就要把上述两种观点统一起来，就要把主体和对象两方面的片面性取消掉，因而也就是把它们的有限性和不自由性取消掉。"[②]通过上面的论述，我们可以说，正是真与善统一的美所具有的特殊性质，才决定了它必然成为与之相对应的理智和意志统一的审美情感的对象；也正是理智和意志统一的审美情感这一人的本质力量的特质，才决定了它只能在真与善统一的美这个对象中得到肯定和证实。这就是它们二者之间所以能形成这种特定的审美关系的必然性。艺术是审美关系的成熟的、典型的形态，所以艺术的本质，从客体方面把握就是真与善统一的美的本质；从主体方面把握，就是理智、意志统一的审美情感（审美意识）的本质。

一方面，审美关系包含认识关系的内容，却与认识关系有质的不同，它并不单纯从人的一种本质力量的理智上来掌握单一对象的真，所以它不以揭示事物的因果必然性为终极目的，而是以此作为激发情感的机缘。任何情感的萌发都要以对客观事物本质的认识为条件，只有以认识为基础，才能判断对象是否符合主观的要求和愿望，从而产生喜与悲、爱与憎等不同质的情感。但审美中的认识因素是包容在具体的现象形态里面的，

① [德]黑格尔:《美学》第1卷,朱光潜译,商务印书馆1984年版,第144页。
② [德]黑格尔:《美学》第1卷,朱光潜译,商务印书馆1984年版,第145页。

是在个别和一般、本质和现象、偶然和必然、理想和现实的直接统一之中，而不是存在于抽象的概念体系里面。这是为审美关系不以概念为中介而以情感为中介的本质特点所决定的。另一方面，认识关系不包含意志目的的内容，而审美关系却寓理想目的于自身。因此，审美关系并不像认识关系那样只是一种规律的客观反映，而且它还能通过艺术活动创造一个虚拟的理想世界，并鼓舞人们把它变成现实。

审美关系包含着伦理意志的内容（理想、目的的内容），也想找到世界应该是什么的答案，但却有着与伦理实践关系本质不同的特点。黑格尔认为，在有限的意志里"旨趣、目的、意图都属于主体，主体要使这些旨趣、目的、意图等发生效力，就要牺牲事物的存在和特性。主体要实现它的决定，就只有把对象消灭掉，或是更动它们，改造它们，改变它们的形状，取消它们的性质"[①]。这指出了主体意志剥夺了事物的独立自存性，强迫对象为自己服务，使之变成对自己有用的工具，而审美关系对对象则是采取审美观照的态度，不强调直接实用性，如黑格尔所说的那样："主体把他对对象的目的抛开，把对象看成独立自在，本身自有目的。"[②]人们在审美时并不要求占有对象，而是要求得到一种美感享受。因此，只有让审美对象保持它独立自由的地位，"不把它作为有利于有限需要和意图的工具而起占有欲和加以利用"，才能获得审美的愉悦。审美关系就是以这样"带有令人解放的性质"，同伦理行为关系作了本质的

① [德]黑格尔:《美学》第1卷,朱光潜译,商务印书馆1984年版,第144页。
② [德]黑格尔:《美学》第1卷,朱光潜译,商务印书馆1984年版,第146页。

区别。

我们已经简略地说明了审美关系与认识关系和伦理实践关系的区别和联系，确立了这三者各自的独特本质和地位。可以看出，这三种关系之所以不能相互代替，是因为它们各自具有自己质的规定性；而它们相互之间之所以又是紧密相连、不可分割的，则是因为每一种关系的独特本质只能通过与其他关系的联系才能表现出来，才能得到确定。从对立中把握统一，又从统一中把握对立，这就是我们揭示审美关系的特质所遵循的辩证思维的方法论原则。把这三种关系孤立地割裂开来或将其混为一谈的做法，都是片面的、不足取的。由此，我们可以得出这样的结论，艺术是审美关系成熟的典型的形态，审美关系的特质规定着艺术的审美特质，规定着艺术与科学和伦理实践的本质差别，这是艺术不能为科学、伦理和其他意识形态所取代的根本原因，也是艺术之所以产生、存在和发展的本质必然的根据。

（原载《当代文艺学—美学观念引论》，山东大学出版社2000版）

从艺术与科学、伦理的关系看艺术的审美本质

新中国成立以来，我国美学界对艺术本质研究的主导倾向，是把问题仅局限于认识论、反映论的范围来探讨，将其排除于心理学和伦理实践之外。《审美情感与艺术本质》（见《文史哲》八一年第三期）一文，曾对此发表了不同的看法，并指出了将认识论、心理学、伦理学统一在一起，来解决艺术本质问题的途径。我认为，这切中了艺术本质研究的要害。因为艺术不仅认识、再现现实，而且还以情感、想象为特质，同时它还是一种客观的“第二自然”的创造，是人的意志目的在艺术典型或艺术意境上的实现和肯定。而情感、想象和意志目的、伦理实践不是认识论研究的对象，却属于心理学和伦理学的范畴。这就要求把认识论、心理学、伦理学统一起来，对艺术作综合的考察。基于这种认识，本文想在此观点的基础上，通过对艺术与科学、伦理的关系的论述，来把握艺术的审美本质。

一

从认识论的角度研究艺术，都突出强调美与真的结合，强

调艺术的本质在于对客观世界的认识。美是理念，是最高的真，艺术是摹仿，是理念的影子的影子，这是古希腊唯心主义哲学家柏拉图对美和艺术本质的规定。亚里士多德唯物主义的美学理论虽然与柏拉图对立，但在强调艺术是摹仿这点上却与其一致。他认为“摹仿”是一种求知活动（认识活动），“人和禽兽的分别之一，就在于人最善于摹仿，他们最初的知识就是从摹仿得来的”[①]。亚里士多德强调艺术是认识的美学理论，对后世产生了深远的影响。文艺复兴时期，莎士比亚和达·芬奇的“镜子说”与“摹仿说”一脉相承。莎士比亚在《哈姆雷特》中劝演员要“拿一面镜子去照自然”[②]，达·芬奇则要求“画家的心应该象一面镜子……面前摆着多少事物，就摄取多少形象”[③]。到18世纪中叶，被人们称为“美学之父”的鲍姆嘉通把美规定为感性认识的完善，认为美学是研究感性认识及其规则的科学。理性主义美学的集大成者黑格尔称美学为“美的艺术的哲学”，并通过对“美”与“真”的关系的讨论，得出了“美就是理念的感性显现”[④]的结论。明确提出艺术即认识的是别林斯基，他在谈艺术同科学的关系时说：“哲学家用三段论法，诗

---

① [古希腊]亚里斯多德、贺拉斯：《诗学·诗艺》，罗念生、杨周翰译，人民文学出版社1962年版，第11页。（注：亚里斯多德今多译为亚里士多德，本书同类情况不再加注。）

② 朱光潜：《西方美学史》上卷，人民文学出版社1979年版，第157页。

③ 朱光潜：《西方美学史》上卷，人民文学出版社1979年版，第158页。

④ [德]黑格尔：《美学》第1卷，朱光潜译，商务印书馆1979年版，第142页。

人则用形象和图画说话，然而他们说的都是同一件事。”[①]这在本质上把艺术划进了认识的领域。与其齐名的车尔尼雪夫斯基，则提出了“艺术是生活”的再现说。别林斯基和车尔尼雪夫斯基是苏联美学界所崇尚的权威，而20世纪50年代苏联的美学理论对我国又产生过相当大的影响，关于艺术是形象地认识现实的说法，今天在我国还是居主导地位。上述从认识论角度研究艺术本质的代表性观点，都程度不同地揭示了艺术在本质上具有认识性的这个重要方面，这无疑是正确的。但是它们没能看到艺术活动与科学活动是两种本质上不同的活动，甚至把艺术活动仅仅归结为认识活动的特殊形态，这显然又不符合艺术的客观实际情况。

既然艺术所反映的客体中包括真，所要肯定的主体中包括理智，那么它当然能够揭示客观规律。马克思说，人们可以在希腊神话中了解到古人在幻想的基础上“对自然的观点和对社会关系的观点”[②]。列宁称托尔斯泰为“俄国革命的镜子”，他说：“研究托尔斯泰的艺术作品，俄国工人阶级会更清楚地认识自己的敌人。”[③]正是在这个意义上，我们把艺术活动看成是一种具有深刻认识内容的活动。但作为认识，艺术活动却与科学活动有着本质的不同。

以抽象的概念为中介，通过概念、范畴的矛盾运动来揭示

---

① ［俄］别林斯基：《别林斯基选集》第2卷，满涛译，上海译文出版社1979年版，第428页。

② 《马克思恩格斯选集》第2卷，人民出版社1972年版，第113页。

③ 北京大学中文系文艺理论教研室编：《马克思恩格斯列宁斯大林论文艺》，人民文学出版社1980年版，第108页。

客观规律，这是科学认识的特点。而艺术活动既无须借助概念，也不用通过逻辑推演的过程，却可以达到对客观现实的本质认识。莎士比亚的诗篇没有运用任何一个政治经济学的概念和范畴，可是马克思却说它“把货币底本质描画得很中肯”[①]。巴尔扎克的《人间喜剧》并非历史科学著作，可是恩格斯却从中看到了1816年至1848年这一时期的“法国社会的全部历史”[②]。艺术活动的这种不借助概念的中介而产生的对现实规律的认识，是直接性的认识。黑格尔称其是“在感性直接观照里同时了解到本质和概念”[③]。康德曾站在哲学的高度上，试图对感官判断、逻辑判断和审美判断进行严格的区分。认为感官愉快是先有愉快后有判断；逻辑判断是先有概念后有判断；而审美判断则是不假概念，却先有判断后有愉快。他以此揭示了艺术活动无概念而又趋向一种概念，不以概念为中介却能得到一种不确定认识的本质特点。意大利美学家克罗齐在其非理性主义的美学理论中，大量涉及了艺术直接性认识的特点，他说：“知识有两种形式，不是直觉的，就是逻辑的……总之，知识所产生的不是意象，就是概念。”[④]他由此给艺术下了这样的定义：艺术即直觉。中国古典美学对艺术活动直接性认识的特点也讲得很多，严羽的“不落言筌，不涉理路”，司空图的“不着一字，尽得风流，语不涉难，已不堪忧”，叶燮的“思致微渺”“幽渺以

---

① [德]马克思:《经济学—哲学手稿》,何思敬译,人民出版社1956年版,第116页。

② 《马克思恩格斯全集》第37卷,人民出版社1971年版,第42页。

③ 转引自李泽厚:《美学论集》,上海文艺出版社1980年版,第243页。

④ [意]克罗齐:《美学原理》,朱光潜等译,人民出版社1983年版,第7页。

为理”等，都说的是这个问题。从上述可见，不论是黑格尔、康德、克罗齐等人的唯心主义甚至是反理性主义的解释，还是中国古代美学家们经验体会的描述，它们都一定程度地抓住了艺术活动与科学活动在认识现实上的本质区别，这很值得借鉴。

马克思在论述人和自然的关系时说：“眼睛变成了人的眼睛，正象眼睛的对象变成了通过人并为了人而创造的社会的、属人的对象一样。因此，感觉通过自己的实践直接变成了理论家。”“五官感觉的形成是以往全部世界史的产物。”[①]马克思在这里清楚地说明了包括审美感觉在内的社会人的感觉，是人类的本质长期历史发展的结晶，是从人的自然感中成长起来的。当自然的、生物的工具作为劳动着的工具的时候，它就逐渐充满更高的内容，而变成了社会生活的工具，变成了人类独有的“文化器官”。社会人的感觉是一个内容丰富的综合体，“人不仅象在意识中那样理智地复现自己，而且能动地、现实地复现自己，从而在他所创造的世界中直观自身”[②]。马克思在这段话中列举了人的感觉所包括的理智、意志和审美情感这三个基本方面的内容，并指出了它们之间的联系和区别。正是由于有了理智和意志的统一，人类才具有了凭感觉来“直观自己”的审美情感，而审美情感又以它在实践中直观自己和直接把握真理的本质特征，表现了与理智和意志的不同。审美情感这种特殊的人的本质力量在对象上的直接肯定，体现了人的自然感觉积淀着理性本质，而理性本质又使人的自然感觉更加敏锐，致使这

① ［德］马克思：《1844年经济学—哲学手稿》，刘丕坤译，人民出版社1979年版，第78、79页。

② 《马克思恩格斯全集》第42卷，人民出版社1979年版，第97页。

种直接理性的审美感觉变成了似乎是本能的东西。整个人类史从某种意义上讲，就是这种特殊的人的本质力量不断直接表现的图景。可见，这种直接表现并非一种独立自足的现象，而是有其必然性根据的，这种根据就在于它是感性和理性、直接性认识与间接性认识的和谐统一，是理智的因素在长期社会实践中沉淀在感觉中的结晶。

科学活动总是把人的想象和认识归结于一种脱离具体感性的既定概念，它客观地反映现实，来不得半点虚构；它诉诸人冷静的理智，不容有主观的感情色彩。而艺术活动则是把不确定的概念融于想象之中，给人以情感的满足和理智的领悟。它能够超出具体的有限形象，去表现无限广阔深远的情感和思想，能够透过多样性的个别偶然现象，去反映社会历史的本质必然规律。苏联现代作家列昂诺夫在对艺术与新闻摄影所做的比较中，认为最成功的新闻摄影也不过是过去现实的印记，而艺术作品则像一粒种子，它潜藏的东西远比最好的照相机镜头所能看到的东西要多，照相机只能"解释刀刺入苔丝黛蒙娜心脏的位置，但它……怎么也无法理解这场阴谋与爱情同热情与纯洁之间的决斗，无法测知因这个犯罪行为而引起的痛苦的深度"①。中国古典美学有许多关于这方面的深刻论述，钟嵘的"滋味说"，顾恺之的"以形为神"，谢赫的"气韵生动"，严羽的"空中之音，相中之色，水中之月，镜中之象，言有尽而意无穷"，司空图的"味外之旨""韵外之致"等，都是讲的艺术通过有限而表现无限的特点。艺术活动就是这样的在有限与无

① 转引自北京师范大学苏联文学研究所编:《苏联现实主义问题讨论集》,外国文学出版社1981年版,第13页。

限、偶然与必然的高度统一中，突破和超越自己形象本身的表面有限意义来揭示生活无限丰富的内容，使人们得到一种不脱离感性形象的感受和领悟，产生自由而又必然的审美感受。

艺术认识的直接性和间接性、有限的偶然和无限的必然的统一，使它在对客观规律的揭示上具有不确定性、多义性的特点。一方面，中国古典美学讲“可意会不可言传”，英国近代美学家斯泰司认为，美是理智内容与知觉领域二者的融合。在这一融合中，理智内容与知觉领域浑然一体，彼此分辨不出，都是讲的艺术这种难以明言、难以穷尽的特点。但不可言传并非是无言可传，从另一方面看，艺术活动又必然揭示现实的必然性，导向某种确定的思想，产生一定的倾向，在这个意义上它又是可以明言、合乎概念的。大凡成功的艺术作品总能不通过概念形式，把人们的想象必然地引向某种有意义的感受和理解，使人们能在对象中感到自己、看到生活。艺术活动就是这样的在有意与无意、明确与不明确之间，将感性与理性统一在一起，体现着既有认识功能又不同于科学活动的本质特征。

艺术认识是直接的，但科学家有时也能凭“直觉”认识事物本质。问题的关键是在于艺术的认识内容是和其他心理因素（想象、情感等）结合在一起的，是统一于人独特的审美心理结构——审美情感之中的。这就要求我们从认识论的角度把握了艺术的认识内容之后，还要从心理学入手对艺术的心理形式进行探讨，从而给艺术的审美本质以进一步的规定。

在西方美学史上，从18世纪上半叶起，人们开始注重对艺术的感性材料和表现特点的研究。其中休姆《批评的原则》一书可称奠基之作，它建立了情感作为心灵生活的一个独立区域的学说。与此同时，布尔克提出了对于美不能用理智来把握、艺术的创造和欣赏需要整体的心灵活动的观点。这种心理学的美学理论，在康德那里得到了进一步的发展。康德致力于从审美判断的心理结构中寻求审美活动的基础，他严格而系统地把情感这一心理活动的特殊形式划定为审美的独特领域，把情感作为纯粹理性批判和实践理性批判的中介，把审美活动作为科学活动与伦理活动的中间环节来加以研究。他认为审美判断不以概念为中介又趋向于某种概念，这种趋向表现为审美主体各种心理功能的和谐运动，即想象力和理解力和谐的自由活动。想象力是无概念的主体自由，理解力是有概念的客观规律，这二者的谐和不是想象力自觉地被理解力所管辖，而是想象力自由地符合或暗含着必然律。这就使审美判断一方面无明确概念，另一方面又和概念有联系；一方面是个别的主观活动，另一方面又具有理性普遍意义。康德的唯心主义形式使他不可能对审美意识的本质有真正科学的把握，但他对审美心理构成的一些见解，却给后人以深刻的启示。在此基础上，西方近、现代美学对审美心理特点的研究日趋深入和精细。从立普斯、浮龙·李的移情说，斯宾塞、谷鲁斯的游戏说，闵斯特堡、朴浮、布洛的距离说，到弗洛伊德、荣格的心理分析学，以至后来的格式塔心理学，在近百年的西方美学史上，对艺术作各种心理的研究曾风行一时，并取得了许多科学成果。但是这些建树在主观唯心主义和反理性主义基石之上的理论，抹杀和取消了对美的本质和艺术本质的研究，在本质上是错误的。

我国古典美学很注意审美的心理特点，早在《尚书·尧典》中就提出了“人神以和”的思想，春秋间的晏子则进一步提出了杂多统一的和的观点，到了孔子就明确规定了“乐而不淫”“哀而不伤”的温柔敦厚的诗教原则。正是在长期的历史进程中，形成了中国传统的民族审美心理的特殊结构——情感和理智的和谐。“情动于中，故形于声”，“为情而造文”，“不为文而造情”。（刘勰语）这揭示了艺术创作的本质规律，也指出了审美心理结构的中心是情感。但这里的情是与理统一的情，“情必依于理”（《原诗》），要“发乎情，止乎礼义”（《诗大序》）。而情与理的统一则是“言语道断、思维路绝”“幽渺以为理”（《原诗》）的产物，就是说是主体心理诸形式和谐的自由运动的结果。这里面想象的作用很重要，“登山则情满于山，观海则意溢于海”（刘勰语），这生动地说明了艺术想象的妙处。顾恺之讲“迁想妙得”，戴熙讲“画当形为心役，不当心为形役”，都强调的是艺术想象起着将神与形、情与理、心与物和谐自由地统一在一起的作用。正是这种特殊的审美心理规律，才使艺术的意蕴介于“可言”与“不可言”之间，决定着艺术能够通过有限的形式去表现本质必然的无限内容。

不同时代的美学家们都不约而同地看到了审美意识是一种不同于科学意识和伦理意识的独特的心理现象，这对我们的启示是很有益的。从心理学的角度看，艺术的认识性内容是和想象、情感等心理形式、心理功能和谐地自由地结合在一起的，这构成了艺术活动独特的心理结构——审美情感。审美情感包括感知、理解、想象、情感四种主要因素，其中以情感为中心、为中介。这里的情感是联系着感性客体的对象化了的情感；这里的感知、表象是被人化了的客观对象；而这里的认识则是融合和渗透在感知、想象、情感诸因素中的理解因素，它不着痕迹地引导、规范着情感和想象，使其自由地符合着理性的必然规律，从而达到情与理的统一。这种统一是在情感与想象的自由和谐中实现的，情感是驱使艺术想象的动力和中介，想象则一方面把感知表象深化为典型，另一方面把情感规范于不确定的理性，以此达到了感性和理性自由的和谐统一。总之，审美情感（审美意识）既不是单纯理智的科学意识，也不是单纯主观的情感态度和体验，而是感知、理解、想象、情感的和谐的自由结合，是认识的内容同心理的形式的统一。艺术作为审美情感的物化形态——用语言、线条、声音、色彩等物质媒介将其固定下来，从这个角度看，审美情感的本质也就是艺术的本质。艺术活动与科学活动的本质不同就表现在艺术的认识内容与心理形式的统一上，表现在艺术独具的审美情感性上。如果认为艺术的本质只是认识，不承认它是与特殊的心理形式统一在一起的，那么就会在本质上把艺术与科学等同起来；而如果把艺术的本质只归结为情感（不是审美情感）表现这种心理的形式，否认它同认识内容的统一，那么就会使艺术失去其社会理性内容。因此，只有在艺术的认识内容与心理形式的统一中，才能给艺术的审美本质以真正科学的规定。

二

伦理实践活动从广义上说，是指人类的一切实际生活活动，不但包括生产实践，而且包括衣、食、住、行及伴有严肃义务意识的道德行为等；而在狭义上则主要是指改造客观世界的劳动实践。这里讲的是广义的伦理实践，自然也就包括了生产劳动实践。从艺术活动与伦理实践活动的联系来说，艺术活动不能脱离物质生产活动。人类的生产实践是一种二重化的活动，它一方面创造着不同于原始自然的“第二自然”，使自然人化，另一方面又创造着人类自身，创造着人类自身的各种能力；一方面创造着美，另一方面创造出人审美的能力。从而体现了物质生产和精神生产的一致性，遵循着人类“生产的一般规律”。但一般的社会物质生产是将人的社会生活外化和凝结在物质生产工具和劳动对象上，是现实的自然人化和人的本质力量对象化；而艺术生产则是审美意识的物化活动，它将人的观念和幻想外化和凝结在语言、线条、色彩、声音等艺术的物质媒介上，是想象的人化和对象化。因此，艺术生产在本质上是一种精神生产，不过就生产而言，它仍然体现着“生产的一般规律”。

艺术是生活的反映，但反映不等于认识，反映是一个更为宽泛的概念，它包括一切意识形式对物质客观世界的反映，而这些意识形式并非都是认识形式（科学认识）。艺术的反映有认识内容，也有伦理意志目的的内容，它包含这样两层基本意思：其一，它在内容和形式上都不同于科学活动对客观真理的反映。“动物学和植物学工作者不承认有美或不美的动物和花卉”①，克罗齐的这句话说出了一点艺术反映与科学反映之所以不同的道理。就是说科学家是以纯客观的态度对待客观对象，并不过问其是否美；而艺术家却以审美的态度对待所反映的对象，要求的是对象的美。这里的美当然是以真为基础的。但真不就是美，只有真作为对善的肯定时，这个真才是美。因此生活的真并不就是艺术的真，艺术的内容也不等于现实生活。作家对生活的反映，是要求现实以自由的形式肯定自己的意志实践。其二，不论是物质生产还是艺术生产，它们都是一种创造性的活动，前者创造的是现实的“对象世界”，后者创造的是想象的、虚拟的“对象世界”。歌德的“第二自然”说，深刻地揭示了艺

① ［意］克罗齐：《美学原理》，朱光潜等译，人民出版社1983年版，第91页。

术的创造本质，他提出艺术家应该改变自然界现象，要创造“某种第二自然，但这是由感情和思想所产生的自然，是由人力完成的自然”[①]。显然，艺术的反映即艺术的创造，作为“第二自然”的艺术作品是艺术家劳动创造的产品。

艺术活动既然是一种创造、一种生产，那么它就要与社会发展的生产力水平相适应，把社会发展提供的物质手段、技术材料变为艺术构思和艺术传达的方式。马克思和恩格斯说过：“和其他任何一个艺术家一样，拉斐尔也受到他以前的艺术所达到的技术成就……的制约。”[②]这揭示了艺术生产与社会生产力和科学技术之间的本质联系。艺术生产和其他社会生产一样，也要依赖某些特殊的技术手段，如音乐、绘画、戏剧、出版等方面的技术。艺术也只有借助一定的科学技术手段才能发展，电影、电视剧等艺术部类就是科学技术发展到一定高度的产物。而且一定的物质技术手段，还使不同部类艺术之间发生联系，使艺术家之间、艺术家与群众之间建立起一定的社会关系。如在相应的物质技术前提下产生的电影艺术，就开辟了艺术家之间新的合作的道路，使文学家、美术家、音乐家、摄影家等通力合作，使不同的艺术部类以特殊的方式结合起来。它还能在不同的地方，同时影响几十万甚至几百万人，这就大大加强了作为生产者的艺术家同作为消费者的观众之间的联系。可见，艺术生产方式的不断改变，是推动人类艺术发展的重要因素。

艺术作品既然作为一种被生产出来的产品，那它就具有一

① 转引自北京师范大学苏联文学研究所编:《苏联现实主义问题讨论集》，外国文学出版社1981年版，第28页。

② 《马克思恩格斯全集》第3卷，人民出版社1960年版，第459页。

般劳动产品的某些性质。马克思在生产与消费的关系中，把握了一般劳动产品的性质，他说："生产直接也是消费"，"消费直接也是生产"，"因为只是在消费中产品才成为现实的产品……产品不同于单纯的自然对象，它在消费中才证实自己是产品，才成为产品"。[①]这一原则，对把握艺术产品的性质也同样适用。艺术作品的生产也是消费，艺术作品的消费也是生产，艺术作品只有成为人们欣赏的对象之后，才是现实的艺术品。艺术欣赏作为消费过程，它是艺术生产的一个环节，创作与欣赏的对立统一才构成了艺术生产的全过程。马克思对包括艺术作品在内的人类生产产品的性质作了规定，从而揭示了人类"生产的一般规律"："艺术对象创造出懂得艺术和能够欣赏美的大众，——任何其他产品也都是这样。因此，生产不仅为主体生产对象，而且也为对象生产主体。"[②]

艺术活动在服从生产的一般规律上，表现了与伦理实践活动的一致性，从这个意义上讲，艺术活动也是一种伦理实践活动。但把握艺术的特质，根本的是要弄清这二者的区别。伦理实践活动是一种有直接的功利目的的活动，而艺术活动却不是"束缚在粗陋的实践的愿望和享受下的单纯的有用性"[③]的活动，这正是"珠宝商只看到珠宝的商品价值，却看不到它的美"[④]的

① 《马克思恩格斯选集》第2卷，人民出版社1972年版，第93～94页。

② 《马克思恩格斯选集》第2卷，人民出版社1972年版，第15页。

③ 转引自[英]李斯托威尔：《近代美学史述评》，蒋孔阳译，上海译文出版社1980年版，第50页。

④ 转引自[英]李斯托威尔：《近代美学史述评》，蒋孔阳译，上海译文出版社1980年版，第50页。

原因之一。艺术活动无明确的外在目的，这是它与伦理实践活动的本质不同之点。马克思说："作家绝不把自己的作品看做手段。作品就是目的本身；无论对作家或其他人来说，作品根本不是手段，所以在必要时作家可以为了作品的生存而牺牲自己个人的生存。"[①]

从人与自然的关系来说，艺术活动是人类在征服自然的长期实践中，自我创造、自我发展、自我丰富的尺度。"历史本身就是自然史的一个真正的部分，就是自然变成人的经过"[②]，马克思在这里明确指出了，人的审美需要体现着一种从人的历史发展的本质中产生出来的深刻过程。正是这长期的历史进程，才使人的眼睛天生就渴望完满、耳朵天生就追求和谐，它们既是人的天然机能，又是人特殊的社会活动的工具。因此人们才自然地渴望用声音、色彩和各种感性材料把自己的感情、把人类自我生存和发展的力量显示出来。艺术家就是从自然的生活要求出发，来高度表现人对自己本身的创造。"密尔顿出于同春蚕吐丝一样的必要而创作《失乐园》。那是他的天性的能动表现。"[③]马克思所说的"天性"，绝非仅指个人的天然品质，同时也是指通过个人而体现的社会的、普遍的人的本质。人的"活动和享受，无论就其内容或就其存在方式来说，都是社会的，是社会的活动和社会的享受"[④]，马克思使人的美感普遍性在实

① 《马克思恩格斯全集》第1卷，人民出版社1956年版，第87页。

② 转引自[英]李斯托威尔：《近代美学史述评》，蒋孔阳译，上海译文出版社1980年版，第50页。

③ 《马克思恩格斯全集》第26卷，人民出版社1972年版，432页。

④ 《马克思恩格斯全集》第42卷，人民出版社1979年版，121～122页。

践的社会性、普遍性中得到了科学的阐释，从而同一切唯心主义的理论（如康德把美感的普遍性归结为先验的共同感）划清了界限。

艺术活动以自身为目的，还在于它无明确、直接的外在功利目的性上。马克思曾清楚地界定了自身目的与外在目的，他说："各种感觉……为着一种事物本身而使自己和该事物发生关系……因此，需要和享受都已失去了自私的性质，自然也已失去了它的单纯的功利性质，因为效用已变成了人性的效用。"[①] 这里的"单纯的功利性质"就是指伦理实践活动的直接实用目的性；而"人性的效用"，则是指艺术活动的非直接实用目的性。艺术活动只要求创造一个类似现实世界的"第二自然"，只要求对这个"第二自然"进行审美观照，以从中得到一种美的享受。它并不要求占有对象，或从中得到什么物质的和生理的满足和需要。例如人们欣赏一幅葡萄满枝的水彩画，并不是要吃掉这葡萄，而是欣然产生一种优美感；人们观看歌剧《白毛女》，并不要求对着舞台上的黄世仁开枪，而只是通过对戏剧形象的观照，激起对地主阶级的仇恨，从而去领悟生活。马克思主义相信艺术能够帮助改变世界，但只能是间接的而不是直接的，艺术只能把生活展现在人们面前，让人们去体会、理解，帮助人们塑造和调整自己的个性，然后再到现实中去改变人们的生活。

艺术活动无直接的外在目的性，但在其中已深蕴着客观的因果必然性和伦理意志的内容，就是说它已内在地具有一种导

---

① 转引自[英]李斯托威尔：《近代美学史述评》，蒋孔阳译，上海译文出版社1980年版，第50页。

向外在目的的必然性。古往今来的一切艺术活动，最终都必然要导向一种确定的目的，产生一定的社会伦理作用，这又使它必然成为一种符合一定外在目的性的活动。艺术活动是无目的地符合目的性、无目的与有目的的对立统一。在人类社会这个复杂的关系体中，在整个社会事物发展的链条中，任何一种事物都既是自身又是他者，既是目的又是手段。艺术作为这个整体的一个组成部分，作为整个发展链条的一个环节，从它被自身的特殊矛盾性所规定来说，它是自身，以自身为目的；而就一种特殊事物要服从一般事物的规律来说，它又是为其他社会事物服务的一种手段。艺术是一种意识形态的上层建筑，它当然要为决定它的经济基础及与它联系的上层建筑诸意识形态服务，它最终必然要导向这个外在目的。艺术从内在目的导向客观的外在目的，是通过艺术欣赏来实现的，艺术欣赏是人们把握艺术作品以获得思想感情上的教益和满足的必由之路。一般说来，艺术家对自己的作品会产生怎样的社会效果是难以充分预料的，正如杜勃罗留波夫所说："艺术家们所处理的……是活的形象……诗人可以把它们的内在意义——这对于自己甚至是不自觉的，远在他的理智把它们确定下来以前，就加以捕捉，加以表现。有时候，艺术家可能根本没有想到，他自己在描写着什么。"[①]艺术创作的这种本质特点，决定了艺术作品只有通过人们的欣赏过程，才能成为一个现实的艺术存在而发挥它的社会作用，这表现了艺术活动从无目的到符合一定外在目的的因果关系。由于被欣赏的作品或偏重于再现，或偏重于表现，

① ［俄］杜勃罗留波夫：《杜勃罗留波夫选集》第1卷，辛未艾译，新文艺出版社1954年版，第248页。

从事欣赏的主体或偏重于理智思维，或偏重于意志情感，这就使艺术具有两种各有偏重的社会作用：偏重于再现的艺术侧重于把人的情感导向对现实的深刻认识，启迪人们去探求生活的真理；偏重于表现的艺术则侧重于把人的情感导向实践，鼓舞人们去创造新的生活。

通过以上对艺术与科学、伦理的关系的简要论述，我们可以得出这样的结论：艺术既包含着科学认识的内容，又不是科学认识；既包含着伦理实践的内容，又不是伦理实践；而是介于科学认识和伦理实践、认识和心理、有概念和无概念、有目的和无目的之间的一个独特的意识领域。这是艺术之所以不能为科学、伦理所取代的根本原因，也是艺术之所以产生、存在和发展的必然根据。这就是我们对艺术审美本质的基本看法。

（原载《文史哲》1983年第2期）

方法论意识和问题化意识

一

世纪之交的中国文艺学的发展，开始呈现出各种文学艺术因素、理论因素，以及各种对文艺学艺术不同的理论界说整合互补的基本格局。这种整合互补，并不是各种不同理论观点的组合和混同，也不是它们相互间的排斥和否定，而是人们试图在对它们辩证否定的基础上建构出一种包含着它们各自合理因素的新的理论结构形态。虽然我们的一些理论工作者正在自觉或不自觉地从不同的理论基点出发，朝着这个方向努力，但迄今为止，真正通过各种不同文艺学理论观点的整合互补所初步建立起来的、代表当代中国文艺学发展方向的文艺学理论，仍然是当代中国的马克思主义文艺学。这既是当代文艺学体系基本结构形态的内在要求，也是由马克思主义所具有的理论品格和理论胸怀所决定的。马克思主义就是在不断地对各种不同的思想理论的辩证否定中、在与它们的整合互补中，使自己不断成长、壮大起来的。在过去，马克思主义经典作家们曾把以康德、黑格尔为代表的德国古典哲学作为自己重要的理论来源，并将其辩证否定为自己理论体系不可缺少的内容。而发展到今天的马克思主义思想理论体系，也仍然应该可以把包括当代西方哲学、美学和文艺理论在内的一切有益于自己发展的成果吸收过来，通过对它们的辩证否定来不断丰富和拓展自己的理论视野。马克思主义的这种其他任何思想理论所无法比拟的理论品格，一以贯之地体现在其理论研究的方法论意识和问题化意识上。就是说，马克思主义辩证思维的研究方法，决定着“问题化”的研究意识和“推进性”的研究态度。而与此同时，这种研究意识和研究态度又决定了对辩证思维方法的选择和运用。此二者互为前提，相辅相成，构成了当前文艺学研究真正实现整合互补、综合创新的基础，并从根本上制约着当前文艺学研究的整体水平。

二

在辩证思维的理论视野中，任何一个时代的文学艺术及其理论界说，既应该是多姿多彩、丰富多样的，又应该是一个以其所处历史时代的基本精神为灵魂的多样统一的结构整体。如果某种理论界说离开了与这个整体或这个整体其他部分的联系，只是单一地从某一个方面、某一个部分去规定文学艺术的本质，那么这种理论充其量是一种“片面的真理”。如果进而把这种片面的认识扩大和膨胀为绝对，那么这种理论就很难完整、全面地反映出文学艺术的本来面貌和客观实际。以往我国文艺学研究中曾居于主导地位的政治化的理论范式、新时期以来颇受人们关注的审美化的理论范式和近年来理论界所讨论的文化化的理论范式，虽然都具有其理论意义和价值，但还只是对文学艺术这个结构整体的某一个层面、某一个部分的个别的把握，还只是这个整体认识过程中的一个阶段、一个环节。这种研究把文学艺术的动态结构分解了开来，却没有再进行综合，静止了下来，却没有再向前运动。总之，没有把部分和整体、分析和综合、运动和静止辩证地统一起来，以至于出现了把文学艺术丰富多样的本质单一地、简单地规定为或是政治的、或是审美的、或是文化的本质的理论偏向。显然，在文艺学研究中，能否自觉地选择和运用辩证思维的方法，是能否真正实现整合互补、综合创新的基础和前提。因为这种整合或综合，既不是那种见不出概念和范畴辩证运动的过程，把各种理论学说和观点平面地、不分主次地组合、排列，也不是那种离开历史和时代的规定、离开对现实生活实践所提出的具体问题的回答，缺乏时代精神支撑和统摄的随心所欲的主观臆造。而是要通过对以往的理论研究成果进行重新审视、辨识、转换和吸收，以从中提炼出能够借以回答所研究问题的理论观点。因此，对辩证思维的理论研究方法的重新确立，强化理论研究的方法论意识，在本质上是对马克思主义文艺学的学术本位和学术立场的重新定位，是对文艺学研究的学术态度和学术路径的重新调整和选择。而这一切，又是通过对一系列文艺学基本理论问题的重新梳理和认识、对新的社会实践和文艺实践中出现的复杂而深刻的矛盾所提出的重大现实问题的准确理解和科学把握，通过建设一种新的文艺学理论形态来实现的。

三

在当前的文艺研究中，强化方法论意识和问题化意识，首先是要对一些带有倾向性的问题有一个敏锐的反应和正确的认识，以改变过去一段时间里所存在的理论脱离实际的治学方式。就目前的理论现实看，有这样两种研究倾向似值得注意：

一是在揭示人与文学艺术的关系上，试图创造一种超越历史与时空、放之古今中外文艺而皆准的文艺学范式，找到一种永恒不变的人类共同的“文学精神”和“人文精神”。持此论者把作为社会关系总和而存在的人，抽象为超社会、超实践的“人性”“主体性”，再以其为逻辑起点建构文艺学理论体系。他们或是将人的自然性存在与社会性存在分裂开来、对立起来，主张抽象“人性论”的文学本体观；或是将人的科学精神与人文精神分割开来，并将其一个方面推向极端，主张抽象“人文主义”的文学本体观。

二是在对文学艺术与现实生活关系的把握上，试图为文学艺术及其理论找到一个超脱于乃至独立于人类社会历史，特别是当代中国社会发展现实的所谓“纯艺术”“纯学术”的学科学术本位，并将这种“超然性”与“独立性”作为判定艺术与学术的真伪、优劣的标准。持此论者，不顾人类社会历史，特别是当代中国社会发展的现实，混淆不同时代、不同经济结构和社会制度下的文学艺术相互区别与联系的关系，把对传统文论的“抽象继承”和对西方现代文论的照搬和移植，作为发展当代中国文艺学的出发点。他们一方面希求用从对中国古代和西方现当代文论的诠释中所得到的抽象的“文学精神”和“人文精神”，来取代由社会主义现代化建设的理论与实践所提供的时代精神，从而颠倒了文艺及其理论产生和发展的源与流的关系；另一方面则通过强调文艺学理论专门话语的特殊性，来疏离乃至摆脱社会中心话语对其的统摄性，从而回避了当代社会现实要求文艺学理论必须回答的一系列理论问题，也背离了社会实践是最终判定学术研究的真伪与正误的唯一标准的基本原则。

应该说，这样两种较有代表性的理论脱离实际的研究倾向，在客观上向我们提出了建设当代马克思主义文艺学理论体系所面临的一系列急待解决的基本理论问题，而其中最根本的则是如何确立该体系的思想理论基础，即哲学基础的问题。因为不论是人与文学艺术的关系，还是文学艺术与现实生活的关系，归根到底都是一个存在与思维的关系问题，是一个哲学认识论的问题，是哲学认识论所规定的文艺认识论的问题。

正是在这个问题上，以辩证唯物论的认识论为基础的马克思主义文艺学的文艺认识论，表现出与经验唯物主义和唯心主义文艺观的文艺认识论的本质区别。

经验唯物主义在认识论上的突出特征，是仅仅承认自然规律在外部世界的存在，而否认人的活动与客观规律的联系和对其的影响。思维与存在的关系，被它看成是物质实体与精神实体的对立。于是，在解决自然规律与思维规律的矛盾时，它们选择了把经验作为中介将二者联系起来的途径。但规律之所以被称为规律，就在于它具有必然性、普遍性，而经验恰恰不具备这种特性，所以恩格斯在《自然辩证法》中才说："单凭观察所得的经验，是决不能充分证明必然性的。"

在经验唯物主义的另一端，唯心主义的认识论则是通过用精神去吞噬存在来解决思维与存在的统一性问题。它们在将客观规律理性化、概念化的过程中，把客观规律变成了纯粹的主体思维规律，从而抹杀了思维规律所具有的客观规律性和现实性，使其成为了无源之水、无根之木。

在解决思维与存在如何统一的问题上，辩证唯物论的认识论把客观规律与思维规律的统一放在社会实践的基础上，提出思维规律不过是在实践基础上对客观规律的反映，而反映的正确与否也要通过反复的实践来检验。这就既解决了经验唯物主义在客观世界的发展规律与人的思维如何具有一致性问题上的困惑，也解决了唯心主义无法解决的思维规律的客观性和现实性的问题，从而在对它们的辩证否定中真正实现了思维与存在、主体思维规律与客观规律具体的、现实的统一。

由此看来，那种抽象“人性论”、抽象“文学精神”和抽象“人文精神”的文艺学理论，在对人的本质和文艺本质的认识上，从不同方面离开了人的社会实践活动这个最基本的出发点，而重蹈了以往那些经验唯物主义和唯心主义文艺观的覆辙。这是当前那种试图消解文艺学的科学形态，造成文学艺术理论日趋平面化、零散化、批评化的理论研究倾向和那种试图取消文艺学的客观性和现实性，造成文学艺术理论愈来愈远离生活现实和文艺现实，使自己日趋“孤立化”“边缘化”“私人化”的理论研究倾向的哲学认识论和文艺认识论根源。前者是对理论思维能否把握文学艺术的本质和规律的怀疑和否定，企图以对个别、偶然的感性经验的描述去代替揭示文艺发展的必然性和普遍性的理论研究；后者则是用抽象空洞的主观或客观精神去吞噬活生生的人和多彩多姿的现实生活，企图用纯粹的主体思维规律去取代文艺发展的客观规律。这些历史的经验和教训以及发生在我们身边的事实告诉我们，在新的历史条件下，强化方法论意识和问题化意识，将辩证唯物论和历史唯物论的基本原则作为当代中国文艺学一以贯之的思想线索，才是推进当代马克思主义文艺学研究的根本之所在。

（原载《甘肃社会科学》2002年第4期）

对当代文学理论体系哲学基础的认识

文学犹如它赖以生存的社会生活一样，是多姿多彩的，这就要求对文学的理论阐释也应该是丰富多样的。古往今来的文学研究者们，从不同的视角（如政治的、美学的、文化的等等）对文学的审视以及所产生的种种理论界说，就客观地说明了这一点。

然而，从问题的另一个方面看，多姿多彩的文学与对其丰富多样的理论界说，又是以它们所处历史时代的基本精神，特别是哲学精神为灵魂，通过自身各种因素的相互联系和彼此渗透所组成的结构整体，来把握文学的本质和规律的。这就决定了一个时代的文学理论，从总体上讲又应该是一个多样统一的整体。如果某种理论界说离开了与这个整体和这个整体中的其他部分的联系，只是单一地从某一个方面、某一个部分去规定文学的本质，那么这种理论充其量是一种“片面的真理”。如果进而把这种片面的认识扩大和膨胀为绝对，那么这种理论就很难完整、全面地反映文学的本来面貌和客观实际，也很难把握住时代的基本精神。以往我国文学研究中曾居于主导地位的政治化的理论范式、新时期以来颇受人们关注的审美化的理论范式和近来理论界所讨论的文化化的理论范式，就都从正反两个方面说明了这个问题。

就文学与社会生活的关系来说，文学与政治、审美、文化（狭义的文化）等诸意识形态和意识形式同处于一个多层次、多侧面的关系网络之中，文学正是通过这些关系获得并展现了自己的本质特性。而就文学自身的关系结构来讲，政治、审美和文化等又是作为文学结构的有机组成要素而存在的。在这里，它们获得了文学结构所赋予它们的新的性质、功能和作用，并通过其相互间的动态关系规定着文学的本质特性。可见，我们对文学的理论阐释，把握文学的本质和规律，实际上也就是在把握从文学与社会生活的关系到文学自身各种要素的关系这样一个由多级多层关系所构成的关系结构，是在把握这个关系结构形成和发展的历史和逻辑的运动过程。因此，那种单一的对文学的、政治的、审美的或文化的研究和理论界说，虽然具有其理论意义和价值，但还只是一种对文学关系结构整体的某一个层面、某一个部分的个别的把握，还只是对文学整体认识过程中的一个阶段、一个环节。这种研究把文学的动态结构分解了开来，却没有再进行综合；静止了下来，却没有再向前运动。总之，没有把部分和整体、分析和综合、运动和静止辩证地统一起来，以至出现了把文学的本质简单地规定为或是政治的本质、或是审美的本质、或是文化的本质的理论偏向。文学与政治的关系，似不必多说，它们绝不可简单地等同起来。而文学与审美和文化虽然有着更多的共通性，但也不能简单地等同划一。文学作为人类的一种自觉的社会活动，要比带有很大的自发性、非目的性的审美活动和文化活动复杂得多，也深刻得多。文学永远担承着反映时代精神的历史重任。

基于上述看法，我比较同意一些学者提出的“综合创新”的理论主张，即运用以辩证思维为主导的研究方法，对以往的文学理论范式和观点进行辩证的分析和综合，以找到同历史进程和历史走向相一致、同时代精神相符合的中国当代文学理论一以贯之的思想线索，从而建构一个为21世纪的文学理论奠定坚实基础的新的文学理论体系框架。显然，这里所说的综合，既不同于那种把各种理论学说和观点平面地、不分主次地组合、排列，而见不出概念和范畴辩证运动过程的综合，也不同于那种离开历史和时代的规定，离开对现实生活实践所提出的具体问题的回答，而缺乏现实社会生活及其时代精神的支撑和统摄的综合，而是要通过对以往的理论研究成果进行重新审视、辨识、转换和吸收，以从中提炼出能够回答所研究问题的理论观点。因此，“综合创新”在本质上是对学术本位和学术立场的重新定位，是对文学理论研究的路径和方法的重新选择，是一种新的文学理论观念的确立。而这一切，又是通过建设一种新的文学理论形态和文学理论结构，即一个新的当代形态文学理论的体系框架来体现的。

对于当代文学理论体系的建设，不少学者都已作了潜心的研究并取得了诸多富于启发性的成果。这既为我们提供了可供吸收的学术营养，也给我们留下了可资借鉴的经验和教训。就目前的理论现实看，有这样两种理论脱离实际的研究倾向似值得注意：一是在理论的设定上，试图创造一种超越历史与时空、放之古今中外文学而皆准的理论范式，找到一种永恒不变的人类共同的“文学精神”。持此论者或是不顾人类文学发展的历史事实，把文学的具体内容抽象为孤立的概念。例如，把作为社会关系总和的人，抽象为超社会、超实践的“人性”，然后再以其为逻辑起点建构文学理论体系；或是不顾人类社会历史特别是当代中国社会发展的现实，混淆不同时代、不同经济结构和社会制度下的文学相互区别与联系的关系，把对传统文论的“抽象继承”和对西方现代文论的照搬和移植，作为发展当代中国文学理论的出发点和立脚点。以上种种，如果说主要是在理论与历史的层面上表现出理论脱离实际的研究倾向的话，那么在现实生活的层面上，则转化成了一种将文学理论的学术性与社会现实性机械地割裂开来、对立起来的理论立场和学术态度。持此立场的学者试图为当代文学理论寻找到一个超脱乃至独立于当代社会的经济、政治和意识形态诸领域所面临的各种重大的理论与实践问题的“世外桃源”式的学科学术本位，并将这种“超然性”与“独立性”作为判定学术研究真伪、优劣的标准。由此出发，这些学者一方面希求通过对中国古代和西方现当代文论的诠释所得到的抽象的“人文精神”，来替代由包括文学事业在内的社会主义现代化建设的理论与实践所提供的时代精神，从而颠倒了文学及其理论产生和发展的源与流的关系；另一方面则津津乐道于文学理论的“边缘化”状态，用强调文学理论专门话语的特殊性，来疏离乃至摆脱全社会中心话语与它的关联性和对它的统摄性。从而在回避社会实践要求文学理论应该也必须回答的一系列理论问题的同时，也否认了社会实践是最终判定学术研究及其成果真伪、正误的唯一标准的这个基本原则。

应该说，上述两种较有代表性的理论脱离实际的研究倾向，在客观上向我们提出了建设当代形态文学理论体系所面临的一系列亟待解决的基本理论问题，而其中最根本的则是如何确立该体系的思想基础和体系精神的问题。或者说当代中国的文学理论体系到底应以怎样的基本精神作为自己的灵魂，这种基本精神究竟是存在于现实生活之中，是人在社会实践中创造的结果，还是存在于学科发展的历史传统之中，是人们仅仅靠对以往的学术资料进行理论归纳和逻辑推演的产物？显然，对这些问题进行严肃认真的思考并做出相应的回答，是建设当代中国文学理论体系的基础和前提。对此，我想应从有关的哲学基础理论问题入手，以图寻找一条研究和解决问题的基本途径。

对文学的研究，有其特殊的思考和提出问题的方式，但文学理论的最深层次的问题仍然是哲学问题，是以哲学的方式对文学本质的追问。文学是一种极为复杂的社会文化现象，特别是人所特有的一种精神现象。它在处理人与世界的关系时，虽然也从客观世界的角度看人，但主要还是从人的角度看世界。在表现对象上，它主要不是表现物，而是表现人，就是在描写物的时候，也主要是通过物来表现人自身的生活，特别是人复杂的精神生活。在这个意义上，高尔基称“文学是人学”，人们也往往从“人学”的角度去探究文学存在的本体，是有一定道理的。然而，这里的问题是，文学所表现的“人”到底是什么？或者说，文学的本体是否可以因此而归结为就是“人”？或进一步归结为就是“人性”？这就涉及文学研究的两大根本性问题：文学本体论和文学认识论的问题。而这两大问题，归根到底又都必须从哲学的层面去思考和解决。

我认为，倘若离开人的社会实践活动去解决这两大问题，就失去了正确理解人的存在和文学存在的基础，就无法正确解释人与客观外部世界和人与自身的复杂关系，当然也就难以全面、完整地把握文学的本质特征。抽象“人性论”和抽象“文学精神论”的文学理论学说，往往喜欢从“文学是人学”的角度谈问题，但它们恰恰是在对人的本质和文学的本质的认识上，在最根本的哲学认识论和文学认识论的问题上，离开了人的社会实践活动这个最基本的出发点，重蹈了历史上那些旧唯物主义者和唯心主义者的覆辙。它们从不同的方面颠倒或混淆了文学所表现的人与外部世界和人自身的“存在”与“思维”的关系，或是以“追求对感性生命的体验”为目的，将人的自然性与社会性对立起来，通过否认人自身存在的同一性来否认思维与存在的同一性；或是通过提出“呼唤永恒的人文精神和文学精神”回归的口号，把存在统一于精神之中，用抽象空洞的客观或主观的精神去吞噬活生生的人和多彩多姿的现实生活，最后实现的是虚幻的精神自身与自己的同一，而不是思维与存在的现实的同一。显然，前者是对理论思维能否把握文学本质和规律的怀疑和否定，从而企图以对个别、偶然的感性经验的描述去代替揭示文学发展的必然性和普遍性的理论研究。应该说，这是造成当前文学理论“平面化”“批评化”的一个重要思想理论根源。而后者则是妄图用纯粹的主体思维规律去吞并进而取代文学发展的客观规律，从而否认文学理论的客观规律性和现实性，这是造成当前文学理论愈来愈远离生活现实和文学现实，使自己日趋“孤立化”“边缘化”的一个重要原因。今天，在我们建设当代文学理论体系的进程中，这些历史的经验和发生在身边的事实及其教训，值得我们认真记取。而这里最根本的则是在新的历史条件下如何准确阐释和重新确立辩证唯物论和历史唯物论的基本原则，以及如何将其作为中国当代文学理论一以贯之的思想线索的问题。

为什么要选择马克思主义哲学而不是其他的如西方当代哲学作为当代文学理论体系的哲学基础？这里面固然有中国社会发展的历史和现实的原因，但从学术研究的方面看，则是当代文学理论体系的基本结构形态的内在要求。当代文学理论体系的建立，应该是在各种文学因素、理论因素，以及各种对文学不同的理论界说的整合和互补中进行。而这里的整合互补，既不应该是各种不同理论观点的组合和混同，也不应该是它们相互间的排斥和否定，而应该是通过对它们的辩证否定而产生的一种包含着它们各自合理因素的新的理论结构形态。人类社会发展史和人类哲学思想史已经雄辩地证明：迄今为止，真正是在各种不同哲学思想的整合互补中建立起来的、代表着人类哲学发展方向的哲学体系，就是马克思主义的辩证唯物主义和历史唯物主义。马克思主义哲学就是在不断地对各种旧唯物主义哲学和唯心主义哲学，以及其他各种不同的哲学理论的辩证否定中，在与它们不断的整合互补中，使自己不断成长、壮大起来的。在过去，马克思主义哲学曾把以康德、黑格尔为代表的德国古典哲学作为自己重要的理论来源，并将其转化为自己理论体系中不可缺少的内容。而在今天，马克思主义哲学也仍然可以把包括西方当代哲学在内的一切有益于自己发展的成果吸收过来，以不断丰富和拓展自己的理论视野。显而易见，马克思主义哲学的这种理论品格和理论胸怀，是迄今为止的其他任何哲学理论都不能比拟和无法企及的。因此，当代中国的文学理论体系只有建立在这个坚实的哲学基础之上，才能真正形成一个不同理论层次、不同理论观点互相协调，主旋律与多样化互相补充的理论格局，才能真正建成一个面向现代化、面向世界、面向未来的，民族的、科学的文学理论体系。这就是我们选择马克思主义哲学作为当代文学理论哲学基础的根据之所在。

（原载《社会科学战线》2001年第2期）

马克思主义文论中国化当代形态的科学本性

马克思主义文艺理论中国化的当代形态即中国特色社会主义文艺理论，对它的基本性质、基本特征、理论走向与形态的讨论，始终是新时期以来文艺理论研究的核心论题。建设马克思主义文艺理论中国化的当代形态，是就其总体而言的，它并不排斥其他文艺理论形态的存在与发展，也不排斥中国特色社会主义文艺理论内部的多样化探索与争鸣。但是，这里的关键是要对马克思主义文艺理论中国化的当代形态有一个学术性质上的规约，有一个时代价值性质上的限定。因为在多种选择与多种可能的情况下，如果没有性质上与价值取向上的规定，那就可能与其他种类文艺理论形态相混淆，就可能抹杀根据我国实际赋予中国特色文艺理论的科学精神。

一

新时期的中国文艺理论，在相当一段时间内对马克思主义文艺理论陷入了认同危机。文艺理论界诸多的论争与挑战，实际上也是围绕着对哪种文艺理论加以认同的问题而展开的。向现代西方文艺理论的倾斜，一度占据了主导的位置。而马克思主义文艺理论的基本精神则有一种与我们若即若离甚至渐行渐远的趋势。产生这些现象的原因较复杂，但从研究主体这个角度说，这里面最根本的还是我们的研究者缺乏一个牢固的辩证唯物论和历史唯物论的基础，缺乏对科学的马克思主义文艺理论基本观念的研究，没有真正理解和把握马克思主义文艺理论中国化当代形态的科学本质所致。

在对新时期文艺理论发展总体进程的把握上，有论者把三十多年来文艺理论的变迁简单概括为从“政治化”到“审美化”再到“学科化”的“转型”模式，把历史上个别理论上和政策上的错误混同于整个学说，把新时期的文艺理论与新时期以前和初期的文艺理论割裂、对立起来，并将后者通称为“政治化”的文艺理论。这种概括，只是着眼于文艺理论发展的某一个方面、某一个部分，或某一个阶段、某一个环节，并试图把这个模式扩展到整个新时期的文艺理论领域，这就忽视了对新时期文艺理论更全面的把握。

对文艺审美特征的强调，一度成为某些学者判定新时期文艺理论成绩的一个基本准则。但“审美”是否就是文艺本质的唯一规定，“审美”是否能说明新时期文艺的一切方面，却是值得商榷和研究的。审美本是文艺的重要属性和功能，但当某些文艺理论出现以后，“审美”却成了文艺的基本模式，甚至被定义为人生救赎的主要途径。这就无限制地夸大了“审美”的作用，而遮蔽或抑制了对文艺其他本质性因素，如认识、伦理、政治、宗教等的认知。

追求文艺理论的“原创性”和“创新精神”，是新时期一代学人肩负的神圣使命，也是推动新时期文艺理论发展的重要动力。但是这里的“原创性”和“创新精神”则要以科学性和科学精神为前提。如果以为只要把所谓“新潮”的东西，不管它科学不科学、正确不正确都拿来展示一番，就可以作为新时期文学理论的进展与功绩，如果以为只要把当代西方文艺理论的方法和概念，不管是适用的还是不适用的都引入中国当代文艺理论体系，就认为是解决了中国文艺理论的创新问题，那么，这种想法至少是不切实际的。

在文艺理论研究中，学习和借鉴当代各种西方文论和“西马”学说是合理和必要的。作为他山之石，它们不仅是推动我国马克思主义文艺理论建设的重要参照，也是推动中国特色社会主义文艺理论建设可资汲取的成分。但是，这里的借鉴不是生吞活剥，不是不顾一切条件、地点、时间地任意拿来，更不是用硬搬进来的西方文艺思潮对马克思主义的理论概念与思维方法进行替代和转换，而是要首先鉴别它们是否科学、客观地反映了客观事物，更重要的是要将其与我们的实践经验相比较，把它们放在我们的历史和现实的大背景下来加以考察，有选择地拿来为我所用。

我们应该看到，由于当代西方资本主义发生了巨大变化，“西马”学者在相当程度上已重新定位了“马克思主义”概念，他们讲的“马克思主义”，同我们眼下讲的“马克思主义”常常不是一个等同的概念。他们所运用的方法论，也早已未必是唯物辩证法和唯物史观。我们还应该看到，当代西方文论家们所使用的概念的内涵有着其特定国情和地域的规定。比如他们讲的“现代性”就是“私人性世界”，是“语言瀑布”和“叙述怪圈”，是单纯“强调个人价值的发展和效率”，这种对“现代性”的判断，显然难以为当今中国的实践所完全接受。因之，我们在使用和借鉴“西马”文论和当代西方文论的时候，是不能不加以鉴别、区分和辨析的。实践已经证明，热衷于用“西马”文论和当代西方文论来构制中国当代文艺理论体系，迷信“西马”文论和当代西方文论的选题和研究方式，将马克思主义研究方法视为“过时”而弃如敝屣，或只口头上承认而实际上背离，这对发展当代有中国特色马克思主义文艺理论和社会主义文艺理论是极其不利的。

二

上述种种倾向在新时期以来的滋生和蔓延，明显地暴露了我们的文艺理论界长期以来在文艺理论，特别是马克思主义文论的研究和教学中，轻视基础理论研究、轻视基本理论问题、轻视基本理论研究方法，在总体上缺乏必要的理论储备的弱点。我们不能不承认，这些年来，我们的许多理论家一直没有搞清楚马克思主义文艺理论的对象、范围和方法的问题，即马克思主义文论作为一门科学的学科存在的问题。这里面有两种倾向值得思考。

一种倾向是有些人虽然对马克思主义文艺论著的相关资料作了一定的梳理，但却没有将其作为一个完整的思想理论体系来加以把握，也没有揭示出其作为一门科学而独立存在的价值和意义，尤其是没有对马克思主义文艺理论在当代中国的新发展，以及马克思主义哲学文化思想与人类现代化历史进程的关系进行更为全面深入的研究。这就在客观上限制了马克思主义文论发展的空间和理论阐释力。

另一种倾向是一些人缺乏对马列文论基本的、常识性的了解，他们不论是对中国的历史和现状、对马克思主义文艺学的基本理论，还是对西方的情况、对现代西方美学，都了解得不多。有些人习惯于抄引一些西方现代主义的“新名词”，但对这些“新名词”的出处、含义和用法却没有真正搞清楚。有些人虽然在口头上也主张“以马克思主义为指导”，其实对马克思主义经典作家的文艺学说及其文艺理论著作抱着敬而远之甚至不屑一顾的态度，明明谈的是海德格尔的存在论、谈的是萨特的主体观，却非要将其说成是马克思主义的东西；明明是在本体论上否认物质世界第一性的地位，在认识论上否认主体对客体的能动反映，却非要把它说成是对马克思主义文艺理论中国化的“创新”。于是，物质和精神、感性和理性、人与自然、个体与社会的关系被颠倒了，唯物论与唯心论、辩证法与形而上学的界限被抹杀了。这就极大地混淆了人们鉴别真假马克思主义的理论视野，让人不能不产生疑虑：如果马克思主义文艺理论赖以存在的哲学基础、方法论原则都被更移了、消解了，那还谈何马克思主义文艺理论的存在？还谈何以马克思主义为指导？

这些年来，在包括马克思主义文论在内的文艺理论研究和教学中，一些最基本的概念和范畴，如存在与思维、本质与规律、主体与客体、感性与理论等，已逐渐淡出了人们的视野；一些最基本的理论问题，如什么是文艺的本质、文艺产生和发展的规律是怎样的、文艺的意识形态性与审美性关系的原初形态究竟在哪里等，已逐渐被弃置在人们的记忆之外；一些最基本的理论研究方法，如辩证逻辑的基本原则、历史与逻辑相统一的基本内涵、从抽象上升到具体的逻辑行程等，已逐渐被湮没在历史尘埃中。于是，人们似乎忘却了文艺理论是从文学艺术事实的总和出发，去揭示文艺在历史和现实中存在和发展的普遍必然性的这一基本职能；忘却了文艺理论作为文艺观念的系统化和理论化的概括和总结，要在概念和范畴的辩证运动中体现其理性的力量、思想的力量和逻辑的力量这一基本特征；忘却了任何一种文艺理论都不是哪一个理论家头脑中固有的东西，而是在人类社会发展的历史长河中，对以往的理论继承、发展和超越的必然结果。也因此，文艺理论停止了对理性、本质和规律的追索，而成为一种超越普遍性、必然性的对感性现象和感性经验的描述，成为人们追求自我愉悦的语言游戏活动和追逐权力话语的自我膨胀方式。如此，文艺理论渐渐失去了人们可以相互讨论、互相驳难的话题，失去了与不同语境下的其他理论话语对话和交流的依据和条件。

三

所有这一切都以无可辩驳的事实说明：那种早已被实践所证明了的，把科学性作为文艺理论和马克思主义文论基本属性的规定，及体现这种属性的在概念和范畴运动中把握事物普遍必然性的基本理论特征，正在受到前所未有的挑战。有的人认为，当今的现实社会已呈现出“后现代文化语境”中的个人存在“碎片化”和个体经验“零散化”的特点，这就决定了旨在探求普遍必然性和客观规律性的基础理论研究已丧失了现实的支撑。也有人提出，以往那些似乎作为“定理”而存在的如本质与现象、主体与客体之类的范畴，不过是人们基于对它们之间关系的假设而产生的理论误区。因此，对主体与客体、本质与现象的划分是毫无必要的，对“本质”之类的研究也是徒劳的，均应予以取消。还有的人提出了文艺理论的“转型”，就是要从逻辑的论证、概念体系的建构，转向非逻辑的当下判断，转向对审美和艺术经验的描述，唯有这种学术立场和学术思路的彻底转变，才能体现出理论的现代创新。此类意见是不胜枚举的。

上述的种种观点和所提出来的问题，集中反映了人们在对文艺理论和马克思主义文论学科性质认识上的差异和分歧。而这种分歧，归根到底是由于学术界对影响人们对该问题做出判断的基础理论问题还存有不同看法造成的。那么，在当代文艺理论日呈多元化、多样化，也日显芜杂和失序的现实中，如何确认某种理论是否具有科学性，如何在多种理论的比较中判定某种理论更具有合理性，这是每一个研究者都无法回避的现实问题。为此，研究者就要致力于对文艺理论的学科概念进行清理，尤其要注重从知识的系统性和方法的可靠性的角度对文艺理论体系建构的科学性、合理性进行探讨，以期在把握文艺理论的科学性和基本理论特征方面做出新的探索。这对于当前的文艺理论研究如何确立真正的学术规范，净化学术研究的环境，以使其得以健康有序的发展，具有重要的现实意义。

我国的文艺理论研究正处在一个重要的学术转型期。人们对文艺理论的性质和功能、研究对象和方法等问题发表了各自不同的意见，已形成了一种多元论争的局面。应该肯定，理论研究的多元化格局，永远是学术研究开拓创新的基础和前提。然而，学术研究的多元化并不是无序化，更不是芜杂化。元者，乃“开端”“首要”“根本”之意。这就意味着“多元”理论格局中的任何可以称得上其中“一元”的理论，都应该首先具有它所在的这个多元整体的一般特性，即应该有其作为理论支撑点的最根本的哲学观和方法论；有其赖以生长的原理性的理论观念及其最基本的概念和范畴；有其以逻辑的起点、中介和终点所构成的严密的逻辑论证结构，以及与之相融合的所把握对象发展的历史过程；有其将理论与实际联系起来的切实可行的研究手段和研究方法；有其可以与其他相关理论互相沟通、相互辩难的共同理论话题。总之，要符合一般文艺理论所具有的普遍意义上的科学性的基本要求，这也是理论研究最基本的学术规范和学术秩序的题中应有之义。显然，这种要求和规范是任何一种理论形成“一元”和加入“多元”的最基本的条件，也是“多元”与“芜杂”、有序与无序相区别的根本标志。由此看来，那些试图用感性经验的描述去代替对本质和规律的理性探索的做法和所谓理论，其合理性和科学性就大可商榷了。其在文艺理论“多元”理论格局中所起的作用，也就可想而知了。

毋庸讳言，建构马克思主义文艺理论中国化的当代形态，是一个不断探索的过程，它需要在各种复杂的矛盾关系中开辟自己前进的道路。但不管怎样，有一点大概可以为学界所认同，那就是这种探索的途径和方式可能是多种多样的，但绝不能以牺牲文艺理论的学术性、科学性为代价，不能把理论研究最起码的学术规范和学术秩序丢掉。这就是我们今天探讨马克思主义文艺理论中国化当代形态科学性问题的意义之所在。

（原载《学术月刊》2013年第8期）

简论文艺、审美与意识形态的关系

一、新时期以来关于文艺意识形态问题的探讨

文艺意识形态理论是马克思主义文艺学的理论支点，正是由于对马克思“意识形态”概念的不同理解，才导致了文艺理论界对文艺本质的不同界说。新时期以来，文论界对于文艺意识形态问题的重新探讨，是从梳理意识形态与上层建筑之间的关系开始的。新时期伊始，朱光潜就发表文章提出意识形态与上层建筑这两个概念不应等同，他认为，“上层建筑和经济基础同属于‘社会存在’，而‘精神生活’就包括意识形态，只是社会存在的运动和变革在人们头脑中的反映”。尽管朱光潜说他“并不反对上层建筑……也可包括意识形态”，但是从他的表述来看，他是否定意识形态具有上层建筑性质的，并且据此否定文艺意识形态具有上层建筑性质。[①]虽然上述两段文字存在着逻辑矛盾，但是他从对社会存在、上层建筑等概念外延的考辨出发，从社会存在与社会意识、意识形态与主体的关系角度考察意识形态理论结构的做法，却是具有启发意义的。

---

① 参见朱光潜:《西方美学史》上卷，人民文学出版社1979年版，第12～23页。

此后，人们开始通过重新阐释马克思“意识形态”概念及其理论结构来对文艺本质做出新的规定。其中一种思路是从区分“意识形态”与“意识形式”入手，提出文艺不是意识形态，而应归属于一种社会意识形式的观点。例如，毛星认为意识形态指的是政治、宗教、艺术等的思想理论，而政治、宗教、艺术等不是思想理论，因此应归属于社会意识形式。[①]栾昌大认为意识形态至少要表现出一定的社会倾向性，“不表现一定社会倾向性的社会意识形式，就不能成为我们常说的意识形态”。因此，说文艺“是社会意识形式之一比说它是意识形态形式之一更合乎逻辑”[②]。周忠厚则认为意识形态是带有阶级自觉的思想体系，而文艺作品不是体系性、系统性的思想或理论，文艺在本质上与意识形态的上述规定并不符合，因此，文艺不是意识形态。[③]董学文早在1988年就提出文艺是意识形态和非意识形态的集合体[④]，进入21世纪后，他又连续发表文章论述了文学“应归属于一种社会意识形式”的观点。他认为意识形态“主要是指抽象化的思想”，“既不指带有‘意识形态’属性的其他存在方式或存在形态本身，也同具体的‘意识形态’存在形式，即‘意识形态的形式’如法律学、政治学、宗教学、艺术学和哲学等，不能完全等同或混淆”。他认为“要求得‘审美’性和‘观

① 参见毛星:《意识形态》,《文学评论》1986年第5期。

② 栾昌大:《文艺意识形态本性说辨析》,《文艺争鸣》1988年第1期。

③ 参见周忠厚:《关于审美意识形态的几点思考》,《河北师范大学学报》(哲学社会科学版)2003年第6期。

④ 参见董学文:《马克思主义文艺学当代形态论纲》,《文艺研究》1988年第2期。

念'性因素的融合机制，最好的办法是把'意识形态'概念换成'社会意识形式'概念，把'审美'性、'意识形态'性和其他相关特性，都作为一种特殊'社会意识形式'的属性"。据此，他得出文学不可能是一种意识形态，而"应归属于一种'社会意识形式'"的结论。[①]

另一种具有代表性的观点，是钱中文、童庆炳、王元骧等学者从20世纪80年代开始相继提出的关于审美意识形态的理论。尽管这些学者的提法有某些相似之处，但是在对意识形态理论结构的具体看法上却不尽一致。钱中文对意识形态与意识形式没有进行刻意区分，他说："现在关于意识形态的理论，被不同的人士搅得很乱……我在这里在词源的意义上使用意识形态一词，意识形态就是意识形态，或称意识形式，包括政治与其他意识形式。"[②]他还提出"文学是以艺术语言为中介的审美意识形式（或形态）"[③]，认为单独的审美或单独的意识形态都不能成为文学，只有这二者的融合才能熔铸成文学的本质特征。可见，钱中文在这里讲的，与那种"审美是意识形态的变异"[④]的观点不同。而且，他在对文艺、审美与意识形态关系的理解上，也颇具辩证色彩。

---

① 参见董学文:《文学本质界说考论》,《北京大学学报》(哲学社会科学版)2005年第5期。

② 钱中文:《文学理论:走向交往对话的时代》,北京大学出版社1999年版,第317～318页。

③ 钱中文:《文学理论:走向交往对话的时代》,北京大学出版社1999年版,第212页。

④ 童庆炳:《文学本质观和我们的问题意识》,《社会科学》2006年第1期。

王元骧在《论文艺的意识形态性》一文中对意识形态与社会心理的关系进行了分析，揭示了“以往我们对意识形态理解上的片面性和不确切性”。他指出那种“单纯强调意识形态是自觉反映一定社会存在的思想（理论）体系”的“纯理论化的倾向”，“把意识形态看成了……纯思辨的、理论形态的东西，从而使得我们对意识形态的反作用的理解只停留在抽象的理论说明上”。①

童庆炳主要是从经济基础和上层建筑的关系上来界定意识形态的，他认为社会结构由经济基础和上层建筑两个层次构成，上层建筑包括政治、法律制度和意识形态两个层面，“意识形态是与经济基础相对的一种上层建筑形式，指上层建筑内部区别于政治、法律制度的话语活动”②。这种从经济基础和上层建筑的关系出发来界定意识形态的方式，不免显得有些宽泛，没有说明不具有意识形态性质的其他社会意识形式在社会结构中的位置。这就为把审美视作一种意识形态留下了空间，并进而推演出“文学的一般意识形态性质是其普遍性质，而文学的审美意识形态性质才是其特殊性质”③的结论。以此为基础，他又强调审美意识形态是意识形态中的一个具体种类，是与哲学意识形态、政治意识形态等相并列的概念。④而“为了纯正文学的长久生存”，他“还倾向于把‘审美意识形态论’作为文艺学第一

---

① 王元骧:《论文艺的意识形态性》,《求是》2005年第15期。

② 童庆炳主编:《文学理论教程》,高等教育出版社1998年版,第83页。

③ 童庆炳主编:《文学理论教程》,高等教育出版社1998年版,第92页。

④ 参见童庆炳主编:《文学理论教程》,高等教育出版社1998年版,第65页。

原理”[①]，将文学归结为以审美为中心的自主性活动，其特殊性在于审美自律性。这就形成了一个用审美取代艺术，继而又将审美归结为意识形态，最终将文艺意识形态论置换为审美意识形态论的逻辑结构框架。

通过以上梳理不难看出，学术界对马克思“意识形态”概念的理解还没有达成共识。我们认为，随着时代的发展变化是可以赋予意识形态以新的理论内涵的，但却不可以因此而改变马克思“意识形态”概念的基本内涵及其理论结构，而应将其作为马克思主义对文艺本质的基本规定。因此，有必要“回到马克思”，通过对马克思主义文艺意识形态学说的考察，正确理解和把握文艺、审美与意识形态的关系。

二、马克思、恩格斯对文艺与意识形态关系的基本规定

“意识形态”一词，法文为“idéologie”，英文为“ideology”，在希腊文中是“观念学”的意思，最早使用这个词的是拿破仑时代的思想家德·特拉西。在《观念学原理》一书中，特拉西主要是在“观念学”的意义上来使用意识形态的。

德文“ideologie”是马克思在1842年提出的，写于1845年8月至1846年8月的《德意志意识形态》是马克思意识形态理论创立的标志。在这部著作中，马克思揭示了意识形态的内涵、外延，并且对意识形态的本质作了历史唯物主义的说明。写于1851年12月至1852年3月的《路易·波拿巴的雾月十八日》，进一步阐述了意识形态的社会基础和功能。写于1859年1月的

① 童庆炳:《审美意识形态论作为文艺学的第一原理》,《学术研究》2000年第1期。

《〈政治经济学批判〉序言》是马克思意识形态理论成熟的标志。马克思在对历史唯物主义所做的经典表述中，从经济基础与上层建筑、社会存在与社会意识的关系出发，清晰地阐明了意识态在整个社会结构中的位置和功能。恩格斯写于19世纪90年代初的几封信则对意识形态的相对独立性作了进一步阐释，并且要求研究者“根据原著来研究这个理论，而不要根据第二手的材料来进行研究”①。这为我们确立了马克思主义理论研究的基本原则。

“意识形态”一词自产生以来，虽不断被赋予新的意义，但它的基本内涵却始终是明确的，这就是马克思、恩格斯对意识形态的本质所做的完整而明晰的规定：

> 意识在任何时候都只能是被意识到了的存在，而人们的存在就是他们的实际生活过程。如果在全部意识形态中人们和他们的关系就象在照像机中一样是倒现着的，那末这种现象也是从人们生活的历史过程中产生的，正如物象在眼网膜上的倒影是直接从人们生活的物理过程中产生的一样……我们的出发点是从事实际活动的人，而且从他们的现实生活过程中我们还可以揭示出这一生活过程在意识形态上的反射和回声的发展。甚至人们头脑中模糊的东西也是他们的可以通过经验来确定的、与物质前提相联系的物质生活过程的必然升华物。因此，道德、宗教、形而上学和其他意识形态，以及与它们相适应的意识形式便失去独立性的外观。②

① 《马克思恩格斯选集》第4卷，人民出版社1972年版，第479页。

② 《马克思恩格斯选集》第1卷，人民出版社1972年版，第30～31页。

> 人们在自己生活的社会生产中发生一定的、必然的、不以他们的意志为转移的关系，即同他们的物质生产力的一定发展阶段相适合的生产关系。这些生产关系的总和构成社会的经济结构，即有法律的和政治的上层建筑竖立其上并有一定的社会意识形式与之相适应的现实基础。物质生活的生产方式制约着整个社会生活、政治生活和精神生活的过程。不是人们的意识决定人们的存在，相反，是人们的社会存在决定人们的意识……随着经济基础的变更，全部庞大的上层建筑也或慢或快地发生变革。在考察这些变革时，必须时刻把下面两者区别开来：一种是生产的经济条件方面所发生的物质的、可以用自然科学的精确性指明的变革，一种是人们借以意识到这个冲突并力求把它克服的那些法律的、政治的、宗教的、艺术的或哲学的，简言之，意识形态的形式。我们判断一个人不能以他对自己的看法为依据，同样，我们判断这样一个变革时代也不能以它的意识为根据；相反，这个意识必须从物质生活的矛盾中，从社会生产力和生产关系之间的现存冲突中去解释。[①]

从马克思、恩格斯的上述论述中可以看出，他们是同时从社会存在与社会意识、经济基础与上层建筑、意识形态与主体的关系的角度，来阐明意识形态在整个不断运动着的社会结构中的位置、功能和理论构成的。因此，至少应从以下这三个方面对马克思意识形态理论的基本内涵和理论结构做出完整表述：（1）意识形态由经济基础所决定，并能够反作用于经济基础；

① 《马克思恩格斯选集》第2卷，人民出版社1972年版，第82～83页。

(2) 意识形态有阶级性，每一个时代的意识形态都是统治阶级利益的表现；(3) 意识形态表现的领域和形式并不就是意识形态本身。

在马克思、恩格斯的相关论述中，意识形态是指在一定的社会结构中处于不同阶级地位的人的思想观念的生产方式，或者说是人反映世界的特殊方式。这种思想观念的生产，虽然被一定的社会生产方式和利益分配方式所决定，却宣称自己是唯一合理的、有普遍意义的思想观念。它往往以哲学、道德、政治、法律思想及文学艺术为载体，来反映特定阶级的利益。意识形态对反映世界的各种意识活动产生影响，但不能把意识形态等同于某种具体的意识活动领域或某种具体的意识活动形式。马克思和恩格斯把文学艺术与哲学、道德、政治、法律思想并称为“意识形态的形式”，讲的就是文学艺术是意识形态的表现领域，或者说文学艺术作为反映特定阶级利益的载体，具有意识形态性，而不是说文学艺术就是意识形态本身。

意识形态理论关注的是社会意识与社会存在的关系，作为人反映世界的一种特殊方式，它把由特定历史阶段的经济基础和阶级状况所决定的价值取向，渗透到宗数、哲学、道德、法律等思想中，使具有特定的历史烙印和阶级烙印的观念以普遍观念的面目出现。因此，马克思认为意识形态具有虚伪性。文学艺术与宗教、哲学、道德、法律思想的不同之处在于，它不是一种系统的思想观念或理论体系，但不能说文学艺术不具有意识形态性。文艺主客体关系的形成，始终要受到构成这种关系结构的各种因素的制约。不论是艺术创作还是艺术欣赏，它们所体现出的艺术理想或艺术标准都必定带有特定的历史和阶级的烙印。而这一切，正是文艺意识形态理论所着力阐释和揭示的内容，也正是这一理论的生命力之所在。

用意识形态理论来考察文学艺术，是把文学艺术放在社会总体结构当中，探索文学艺术与社会经济、政治、阶级状况的关系，把握文学艺术的意识形态特性，这是文艺研究的基本思想原则。但是，意识形态性并不能代替文学艺术的整体结构特性，也无法涵盖文学艺术的其他本质特征。在文学艺术诸要素中，意识形态理论侧重文艺与世界的关系，突出了现实世界对文艺的决定作用和文艺对现实世界的反映作用，突出了文艺的认识性、价值性和社会功能性特征。但它并没有对文艺在审美世界的创造方面做出必要的解释，也没有对文艺与审美、文化等其他意识形式的关系做出深层的揭示。从总体上看，意识形态理论应该说主要还是对文艺研究的思想理论原则的确立，还只是对文艺整体结构基础层面的把握，还只是文学整体认识过程中的一个阶段、一个环节。因此，把文艺归结为意识形态并不符合马克思主义创始人的原意，也难以达到对文艺的全面性和整体性的认识。以往那种把文艺等同于意识形态的极端政治化的理论范式留给我们的教训，就很好地说明了这一点。于是，有人提出了“审美意识形态”的理论。这种理论以“文学的一般意识形态性质是其普遍性质，而文学的审美意识形态性质才是其特殊性质”的判断为依据，以“文艺即审美”的理论预设为前提，构筑了一个将文艺意识形态置换为审美意识形态，将文艺的意识形态本质置换为审美的本质的理论框架。应该说，该理论的提出确有补正文艺意识形态理论在文艺研究上忽视文艺审美特性之不足的考虑，但也随之走向了与极端政治化的理论范式相对的，用文艺的审美特性来替代其意识形态属性的另一个极端。而最根本的是，该理论在先是用审美取代艺术，继而又将审美归结为意识形态的逻辑行程中，无限扩大了意识形态的内涵，使其成为一个失去了本质规定性的，无所不包又无所不是的象征性的符号。这种“无边”的意识形态，显然已不是马克思所说的那个意识形态了；而依此所构建的“审美意识形态”理论，也就很难说是马克思主义的文艺意识形态理论了。

三、文艺、审美与意识形态的关系

在我国以往的文艺学研究中，文艺的意识形态属性曾被片面地夸大为绝对，而其审美特性则没有得到应有的重视。因此，新时期以来理论界重视对文艺审美特性的研究，确有对以往极端政治化文艺观进行反拨的意义。但与此同时，也出现了把文艺的本质归结为审美的本质，把审美等同于文学艺术，进而否定文艺意识形态本性的极端审美化的理论倾向。诚然，在文学艺术的创造和欣赏过程中，审美是不可或缺的重要因素，创造美是文学艺术的根本目的之一。但文学艺术又不同于一般的审美，它是世界、作者、作品、读者四者交互作用的复杂的精神现象。新时期以来，理论界在探讨审美与文艺的关系时，往往过多地强调二者的一致性而忽视其本质区别。而在强调一致性时，又有意无意地提出“文学即审美”的论断。持此论者往往以康德在《判断力批判》中提出的“审美无利害性”作为文艺审美自律论的理论基础。殊不知，康德在“美的分析”里非但没有说“文学即审美”，反而强调文学不是单纯的审美。诚如朱光潜所说，“读者往往只注意到《美的分析》部分而没有充分注意到全书的后部分，就连对这‘美的分析’部分也只注意到康德所否定的东西(如美不涉及欲念、利害计较、目的、概念等)，而没有充分理解康德所肯定的东西（例如美的理性基础和普遍有效性)；只注意到纯粹美与依存美的严格区分，没有充分认识到康德从来没有把纯粹美看作理想美，恰恰相反，他说理想美只能是依存美"[1]，"审美无利害关系"，这个本用来描述审美心理意识状态的术语，竟然被人们用来说明文学的本质特征。康德将审美设定为自律的领域，是将其作为联结认识和实践的中介，而我们的一些学者却把审美作为文学的本质特征，试图建立文学审美自律论。这种理论把目光局限在审美活动本身，而没有把社会、历史因素对主体的决定作用包括在内，或者说，没有把文学艺术放在意识形态这个最根本的基点上来加以考察。而从文艺发展的客观实际看，恰恰是文艺所具有的意识形态特性，决定了文艺活动绝不是单纯的主体自我满足和自我实现的审美愉悦，而是一种具有广泛社会意义、要求得到社会承认的主体创造性活动。文艺虽然具有审美的属性，但它对于那些更多地表现出自发性和无目的性的一般审美感受活动来说，则有着更深刻的社会意义。它要求文艺家始终是一定社会责任的承担者，并决定了世界观的正确与否之于文艺创造的重要作用。显然，文艺是无论如何也不能与审美等量齐观的，这是文艺学的一个最基本的常识。任何"文艺即审美"的理论预设，其结果只能是对文艺的意识形态本性和功能的取消。

显然，作为社会心理意识形式之一的审美只是文艺整体结构中的一个元素、一个层面。单一审美的文艺本质论，根本不可能完整、科学地反映文艺的本来面貌和客观实际。那么，为什么还会出现文学是"审美意识形态"的理论界说呢？显然，它的倡导者是希望能通过"审美"与"意识形态"的嫁接，为

---

① 朱光潜:《西方美学史》下卷,人民文学出版社1979年版,第399页。

其坚持“文艺即审美”的理论预设找到马克思主义意识形态论的支撑。这就涉及对马克思主义意识形态理论的基本概念、理论结构，特别是其关于文艺、审美与意识形态关系的基本规定如何理解的问题。

在这里，我们首先需要区分意识形式、意识形态和意识活动的外化形态这三个概念。意识形态如上文所述，是指主体受经济基础和阶级状况影响而产生的反映世界的特殊方式，它作用于人类的意识活动，使意识活动及其外化形态表现出历史的和阶级的特征，但意识形态不能等同于意识活动及其外化形态。意识活动的外化形态是指意识活动通过各种媒介所呈现出来的产物，意识活动本身是内在的，只有通过一定的媒介才能够表现出来。例如，文艺活动中的审美体验是主体内在的感受，而文本则是审美体验的外化形态。而意识形式则是指意识活动把握对象的特殊方式，胡塞尔认为，意识活动是一种意向性行为，即指向对象的行为，最基本的意向性行为是“客体化行为”，也就是使客体成为对象的行为。感知、想象、情感等各种意识活动根据其质性（指意识体验的方式，分为三种情况，一是当下直观的，二是想象的，三是回忆的）、质料（指客体化行为中的立意行为，即以何种方式赋予对象以意义）的不同得以区分为不同的意识形式，审美是一种特殊的意识活动形式。对此，康德则说得更为明确：“为了分辨某物是美的还是不美的，我们不是把表象通过知性联系着客体来认识，而是通过想象力（也许是与知性结合着的）而与主体及其愉快或不愉快的情感相联系。”[①]可见，审美是一种感知、想象、情感和谐作用的意识活

① ［德］康德：《判断力批判》上卷，宗白华译，商务印书馆1964年版，第37页。

动形式，它与意识形态是不同的。把分属于社会意识形式不同层次的审美与意识形态这两个种概念组合在一起，显然缺乏必要的逻辑基础和逻辑运演的合理性与可能性。

对“审美”与“意识形态”这两个概念的整一性，“审美意识形态”论的倡导者是以苏联“审美学派”的理论家阿·布罗夫的审美意识形态论为依据进行论证的。在他们看来，审美意识形态是种概念意识形态中的一个具体种类，是与哲学意识形态、政治意识形态、道德意识形态等相并列的属概念，而文学只是意识形态中的一个具体种类——审美意识形态。对意识形态进行种、属的分类，这并不符合马克思对意识形态本质的规定，也很难在社会意识形态存在和发展的客观实际中找到根据。一方面，意识形态能够对各种意识活动产生影响，不同种类的意识活动只是意识形态的表现领域，不能根据表现领域的不同对意识形态进行划分。另一方面，把审美作为意识形态的一个种类，将其与道德、法律意识形态并列，这就使审美成为一个与道德、法律并列的领域。这也不符合文艺与审美，文艺与道德、法律等复杂关系具体存在的实际。众所周知，具有审美特征的文学艺术，与道德、法律等同属于复杂的社会现象，它既包含着内在的意识活动，又包含着外化的文本、社会机构、物质行为等。它具有反映世界的方方面面、表现各式各样的思想观念的整体功能。因此，我们说文学艺术是意识形态的表现领域，而审美在文艺中则只是作为意识形态表现领域的文学艺术活动的一种意识形式。文学艺术具有审美的特性，但不能把文学艺术等同于审美，也不能把审美当成比文艺高一层的类的范畴，更不能因此把文艺归属于审美之下，甚至把审美作为与宗教、道德、法律等并列的意识形态类型。这应该成为理解文艺、审美与意识形态关系的最基本的逻辑基础和逻辑前提。

那么，审美与意识形态的关系是怎样的呢？马克思认为，审美能力不是人的一种先天的判断能力，而是人类长期的社会实践内容积淀的结果。但这种社会内容已经内化到人的审美能力当中，因此审美带有普遍性和共通性。但是，文艺的审美性与意识形态性又不是毫不关涉的。文学艺术中的确存在着比较单纯的审美因素，如平衡和对称的形式美规律等，但大量存在的则是富含思想性和社会内容的审美现象，因此便出现了审美的价值取向问题。不可否认，审美取向受到时代、地域、阶级状况的影响，特定时代和社会的审美理想会受到社会整体权力运作的制约，历史上各种文学艺术风格的流变均包含着各种意识形态因素的渗透。阿尔都塞认为："每一件艺术作品，都是由一种既是美学的又是意识形态的意图产生出来的……因此，艺术作品与意识形态保持的关系比任何其他物体都远为密切，不考虑到它和意识形态之间的特殊关系，即它的直接的和不可避免的意识形态效果，就不可能按它的特殊美学存在来思考艺术作品。"[①]也就是说，按照审美规律进行创作的文学艺术作品，不可避免地带有意识形态性。抛开意识形态因素，寻求纯粹的文艺的审美特性的理论，是不符合文艺存在和发展的实际的。现实中的美，包括文学艺术中的美，大多不是单纯的形式美，意识形态对审美的影响主要表现在主体对审美对象意义的把握上，客体能否被看成是美的以及客体具有怎样的审美内涵都会受到特定意识形态的影响。意识形态能够或多或少地影响人的

① 陆梅林选编:《西方马克思主义美学文选》,漓江出版社1988年版,第537页。

审美取向，但这并不意味着意识形态理论能够完全解释审美的规律，单一的意识形态理论与单一的审美理论显然都有自己的局限性。这就要求我们应全面考察决定文学艺术的基本要素的复杂性，以及这些要素在怎样的动力结构关系中为文艺的产生奠定基础并推动着文艺的发展，而不是用简单的调和或嫁接的方法将它们整合为一。

马克思主义的文艺意识形态理论，在历史上第一次完整、科学地揭示了文艺的本质特性和发展规律。正是作为社会意识形式的文学艺术的强大包容性和无比丰富性，才能够真正把政治、审美、文化、认识、价值、功能等因素熔铸成一个整体结构，并通过其相互间的动态关系规定并展现着自身的本质特性。单一的意识形态理论与单一的审美理论显然都只能从一个侧面说明文艺的性质，而不可能形成对文艺完整、全面、科学的理论界说。我们只有摒弃对文艺的政治化、审美化、文化化的理论界说的片面性，对其进行辩证的综合，而不是进行简单的概念推演和嫁接，才能在社会结构的整体框架中，在复杂的意识形态结构中，达到对文艺整体关系结构的认识，进而实现对文艺多种质的综合把握。

（原载《文史哲》2007年第5期）

实践美学与实践本体论美学关系辨析

在对马克思主义美学中国化历程的总结和回顾中，有学者将其归结为是从“实践美学”到“新实践美学”，即“实践本体论美学”的历史和逻辑发展过程，并认为这是“新实践美学”论者“站在老一辈实践美学代表人物的肩上，努力开拓创新，实实在在地把实践美学推向了新的发展阶段”，“进一步将马克思主义美学中国化引向纵深发展”[①]的结果。那么，这种论断是否符合马克思主义美学中国化的实际？或者说，“实践本体论美学”到底是不是“实践美学”发展的必然结果？到底是不是马克思主义的美学？是不是真的“把中国当代美学的发展引向了一个新的高度”[②]？本文拟通过对“实践美学”与“实践本体论美学”关系的梳理，通过对“实践本体论美学”的理论结构和理论方法的分析，来谈一点自己的意见。

一

所谓“实践美学”，是新中国成立后在20世纪50～60年代

---

① 张玉能:《中国化马克思主义美学的考察》,《文艺报》2009年2月24日。

② 张玉能:《中国化马克思主义美学的考察》,《文艺报》2009年2月24日。

全国范围美学大讨论中所形成的一种以李泽厚为代表的关于美的本质的理论观点。这种美的本质观，以马克思《1844年经济学哲学手稿》中“自然的人化”“人的本质力量对象化”等论述为基础，从马克思“劳动创造了美”“美的规律”等观点出发，来阐发美是社会性和客观性的统一。在当时的历史条件下，实践美论与吕荧、高尔泰为代表的“美在主观”说，蔡仪为代表的“美在客观”说，朱光潜为代表的“美在主客观统一”说一起，为开创新中国马克思主义美学中国化的整体格局做出了自己的努力，并在奠定马克思主义美学在美学研究领域中的主导与核心地位上做出了应有的贡献。

诚然，由于历史条件的局限，这些理论在对马克思主义经典论著理解和阐释上的片面性，也导致了其在思想方法和理论观点上的某些偏误。其他观点不说，单说“实践美论”，它虽然从马克思“人类社会生活的本质是实践”这一根本观点出发，试图从主体实践对客观现实的能动关系中，论证美的客观性与社会性，但是，它在思想方法上却把一般当作了特殊，混淆了审美对象与认识对象、实践对象的区别，混淆了审美主体与认识主体、实践主体的区别。并片面强调了实践中主观见之于客观的特点，片面强调了人们的社会意识在美的创造中的作用。应该说，当时美学研究的不同学派虽然在对马克思主义经典著作的理解上存在较大分歧，由此生发的理论观点也各不相同，但他们的初衷却都是如何运用马克思主义的观点来解决美学的问题，如何坚持马克思主义指导这个基本方向。这在客观上是推进了马克思主义美学中国化的进程的。而在这一基本方向下所出现的某些思想方法和理论观点上的偏误，则是理论研究和学术发展规律的必然反映。马克思主义美学的中国化，最根本的一条就是坚持马克思主义的基本原理，坚持马克思主义的基本立场和方法论原则，否则就会走向其反面。日后“实践美学”所发生的变迁和“实践本体论美学”的更迭，就充分地证明了这一点。

改革开放三十多年的伟大事业，是和马克思主义中国化的历史进程紧密联系在一起的。这就决定了新时期美学发展的基本矛盾，始终是是否和如何坚持与发展马克思主义美学基本观念、是否和如何实现马克思主义美学中国化的问题。无论是我们所取得的成绩还是所经历的曲折，都与对这个问题所做出的不同回答相关联。

进入新时期的中国美学，伴随着思想观念的变革和研究方法的日趋丰富，理论上呈现出兼容并蓄、众声喧哗的开放性格局。在20世纪50～60年代的美学大讨论中所形成的几派关于美的本质的理论观点，由于历史条件的变化，有的已逐渐淡出人们的视野，有的则分化和演变成新的理论，其中“实践美学”的变迁较有代表性。20世纪80年代，在我国的社会科学研究领域，以美学和文艺学为先导的关于观念和方法改革的讨论，就涉及是否与如何坚持马克思主义基本观点和方法这个原则问题。在这场讨论中，“实践美学”的代表人物，又将他的哲学和美学命名为“人类学本体论哲学和美学”，亦即“主体性实践哲学和美学”，这有其特殊的含义和影响。“人类学本体论美学”虽然还留有些“实践美学”从主体实践对客观现实的能动关系中探求美的影子，但在基本概念和范畴、思维结构和思维方式上，却突破和推翻了“实践美学”的理论基础和理论框架。它将对实践的理解从认识论转向本体论，并赋予实践以本体的地位，将对马克思主义经典论著的阐释演变为“西体中用”的研究方法，从而形成了一种在学术立场、理论资源和体系精神上与“实践美学”迥异的美学理论体系，可以说，“人类学本体论美学”的提出，宣告了“实践美学”的终结和“实践本体论美学”的确立。

至于有学者将蒋孔阳先生和周来祥先生的美学理论划归为“实践美学”在新时期发展的一部分，将其作为“实践美学”发展的现实成果的观点，则是值得商榷的，蒋先生和周先生的美学理论，虽然在坚持“人类社会生活的本质是实践”这一根本观点上与以往的“实践美学”相似，但在对思想方向的选择和美的本质特性的具体规定上却与之不同。进入新时期以后，他们并不认同李泽厚“人类学本体论美学”的主张，而是在各自的理论轨道上致力于中国化马克思主义美学的建设。不论是蒋先生的“创造论美学”还是周先生的“和谐论美学”，都是具有独立学派标志的美学理论体系，把它们简单地划归为“实践美学”这一流派，显然不符合历史和学术发展的实际。

二

为什么说人类学本体论哲学和美学，即主体性实践哲学和美学宣告了“实践美学”的终结，并标志着“实践本体论美学”的确立？这是一个问题的两个方面：一是它改变了以往的实践美学试图体现马克思主义指导作用和理论意义的学术立场，而明显地表现出与马克思主义渐行渐远的理论倾向；二是确立了“实践本体论美学”的基本理论观念、理论结构和理论方法，并明确了从马克思回到康德，以康德“人的哲学”为思想基础和理论来源，再由此出发，向西方现代主义“人”学前进的基本路向。从“人类学本体论美学”对“实践本体论美学”的确立，到“新实践美学”对“实践本体论美学”的深化，它们一脉相承地朝着这个基本方向，走着这条他们所谓的“马克思主义美学中国化”的道路。

“人类学本体论美学”所确立的“实践本体论美学”的理论构成，一方面来自康德“人的哲学”，这是其思想的精髓；另一方面来自所谓对马克思主义“发展才是坚持”的基本观点及其对马克思主义实践观的另一种诠释，这是其基本的方法。而后者，恰恰是实践本体论者所致力于的“马克思主义中国化”的真实含义和基本途径之所在。

对于“人类学本体论”哲学与美学及其“实践本体论美学”的生成和发展，李泽厚将其概括为“由马克思回到康德再向前进”[①]。而在这个逻辑行程中，康德的“人的哲学”具有承上启下的转折性意义和中介作用。李泽厚毫不隐讳这两种哲学之间的血缘关系：“从哲学史的角度看，这种哲学应追溯到康德。”[②]那么，它们的共同本质又是什么呢？是人性、主体性。李泽厚认为，康德哲学的真正核心、出发点和基础是人，而康德所讲的“人”，既是感性个体的自然存在，又是以“先验”的社会理性为本质的人。他说：“康德哲学的巨大功绩在于，他超过了也优越于以前的一切唯物论者和唯心论者，第一次全面地提出了这个主体性问题，康德哲学的价值和意义主要不在他的‘物自体’有多少唯物主义的成分和内容，而在于他的这套先验体系（尽管是在谬误的唯心主义框架里），因为正是这套体系把人性

---

① 李泽厚:《美学四讲》,生活·读书·新知三联书店1989年版,第154页。

② 李泽厚:《论康德黑格尔哲学》,上海人民出版社1981年版,第8页。

（也就是把人类的主体性）非常突出地提出来了。”[①]当然，康德的时代毕竟已成为历史，产生于当今社会的人类学本体论哲学与美学及其实践本体论美学，虽然主要源于康德，但如持此论者自己所说，又是超越康德的。那么，它们在哪些方面“超越”了康德呢？这主要表现在“实践本体论”的哲学与美学具有西方现代“人”学的特性，可以说是康德哲学与西方现代主义“人”学的混合物。这里的主体性、人性，既有康德人学的特性，又具有精神分析哲学家荣格“人学”的特性和存在主义“人学”的特性。就具有普遍的精神性的人来说，他是荣格式的人，但就个体存在的人来说，又是存在主义所说的人。李泽厚说：“个体作为血肉之躯的自然存在物，在特定状态和条件上，突出地感到自己存在的独特性和无可重复性……实际上，存在主义倒恰恰表现了个体的丰富社会意义。”[②]从马克思回到康德，再由此出发向西方现代主义的人学前进，“人类学本体论哲学与美学”及其“实践本体论美学”的生成和发展的逻辑线索，不是很清楚了吗？

三

“人类学本体论美学”所确立的“实践本体论美学”的上述观点，不仅涉及对康德哲学和西方现代主义哲学的评价问题，更重要的是涉及对整个哲学，特别是马克思主义哲学的看法问

① 李泽厚：《论康德黑格尔哲学》，上海人民出版社1981年版，第3页。

② 李泽厚：《批判哲学的批判——康德述评》，人民出版社1979年版，第407页。

题。李泽厚的关于马克思主义哲学的观点，对“实践本体论美学”具有典范意义。他说：“‘人性’与‘实践’是马克思主义哲学的基本观念，也是今天哲学的中心课题，它们之间本来有密切联系，他们构成马克思从早年到暮岁基本哲学思想的主线。我以为只有在这个基础上讲存在决定意识，物质第一性精神第二性才能与旧唯物主义区别开来，才是涉及人性或人的本质的哲学。”[①]这段话讲出了实践本体论哲学和美学三个最基本的思想观点：一是从“人性”与“实践”的关系来说，提出了人性即主体性、主体即本体的思想；二是否定实践以物质的本体存在为前提，提出实践就是世界的本体存在；三是用“历史唯物主义就是实践论”来代替历史唯物主义的社会决定论。

一般来说，马克思主义的实践观包含着两层含义，即实践一方面是人们改造客观物质世界的活动，另一方面是人的存在方式，人的存在就是实践的人的存在。就前者来说，实践是人借助一定的物质手段，能动地作用于客观物质世界，使之按照自己的目的发生变化，这说明实践是人的一种功能特性；就后一个方面来说，人只有通过改造世界的活动，才能证明自己是非动物性的社会存在物，是具有社会特性的人。马克思之所以说“主体是人”，就因为只有在实践中才能证明人自身的存在。所以，毛泽东说：“无产阶级和革命人民改造世界的斗争，包括实现下述的任务：改造客观世界，也改造自己的主观世界——改造自己的认识能力，改造主观世界同客观世界的关系。”[②]这说明了实践具有改造客观世界和改造主体自身的双重目的和任

① 李泽厚：《论康德黑格尔哲学》，上海人民出版社1981年版，第8页。
② 《毛泽东选集》第1卷，人民出版社1991年版，第296页。

务，是双重的手段和目的的统一。

由此看来，李泽厚对马克思主义实践观的解释显然是不符合其原意的。首先，他把马克思主义实践观所内含的两层含义分割开来，把实践主体利用一定的工具改造客观物质世界所表现出来的功能特性，称作技术理性，或曰工具本体，而把人的存在方式，特别是主体的精神现象称作心理本体。就“工具本体”和“心理本体”的关系来说，虽然有时他也强调一下前者对后者的作用，但他认为，主体之所以为主体，人性之所以为人性，却主要不在工具本体而在心理本体，心理本体构成主体性实践哲学的本性。他说：“人类学本体论与主体性二词在本文中基本通用，但前者更着眼于包括物质实体在内的主体全面力量和结构，后者更侧重于主体知、情、意的心理结构，二者的共同点在强调人类的超生物种族的存在、力量和结构。”[①]可见，他所说的人类的本体存在即主体性，强调的仅是马克思所说的人以实践的方式证明自身存在的这个方面。但即使在这个方面，马克思也没有把主体自身的结构和力量称作本体，更不能说这种结构和力量本质上就是康德所说的知、情、意的心理结构。主体始终是对象性活动中的主体，没有特定历史条件下的主客体的对象关系，也就没有主体的存在，怎么能说主体就是本体呢？其次，主体作为与客体相对应的从事实践和认识活动的人，它是主观因素（感觉、认知、情感、意志）和客观因素（肉体、自然力、社会本质）两方面的统一，马克思曾明确界定了“主体中的主观方面”，即“与物相对立的”方面。[②]而李泽厚所说

① 李泽厚:《论康德黑格尔哲学》,上海人民出版社 1981 年版,第 8 页,

② 参见《马克思恩格斯全集》第 26 卷,人民出版社 1974 年版,第 324 页。

的主体，是一种“知、情、意”的心理结构，这只是马克思所说的“主体中的主观方面”，而不包括主体的客观方面。很显然，李泽厚把主观性混同于主体性，实质上是以康德的“知、情、意”的心理结构改造马克思主义，把马克思主义康德化了。

实践本体论哲学和美学把主体性实践视为世界的本体，这就从根本上颠覆了唯物主义的物质本体论。实践是指主体有目的、有意识地改造客观物质世界的活动，是主体与客体的统一。在人类社会出现之前，根本就没有主体的实践活动，而自然界却从来就存在着，怎么能否定自然界的优先地位，而把主体性实践看作世界的本体呢?

实践本体论哲学和美学还认为，未被人化的自然是与人无关的自然，而与人无关的自然，是一种毫无意义的存在，只有与人有关的被人改造过的自然，体现和证明人自身存在的自然，才是世界的本体，这显然是对马克思所说的“人化自然”的曲解。如前所述，物质世界的存在是不以与人有无关系为转移的，它是独立于人之外的客观存在。当然，本体是人所肯定的那个本体，是本体论者描述的那个人存在于其中的世界。正因为如此，才产生了唯物主义和唯心主义对世界本体的截然对立的两种看法。实践本体论者虽然没有公开提出世界的本体就是精神，但他们把主体性实践看作世界的本体，就与把精神说成是世界的本体在本质上是一致的，不过是精神本体论的另一种表述形式而已。诚然，“人化自然”是人的一种对象性实践活动的产物，但它只是客观物质世界同主体活动发生功能关系所涉及的领域，只是无限存在的自然界的极小的一部分。而就是对这极小一部分，人的实践活动也只是在物质本身预先存在的条件下，在某种程度上影响和改变着自然。实践并没有也不可能创造统一的物质世界。

在否认马克思主义的物质本体论的基础上，“实践本体论”者进一步把实践论说成是历史唯物论，用“主体规律论”取代历史唯物主义的社会决定论，说“历史唯物论就是实践论”，认为以前的“历史唯物论是宿命论或经济决定论”[①]，就是必然的了。

应该承认，社会规律是一种与自然规律不同的特殊规律，它的主要特点是通过调控人的实践活动决定社会历史发展的道路和方向。从这个意义上，可以说社会规律就是人的社会实践活动的规律。但是，不能由此而否认社会规律的客观性，以至引出社会发展规律是一种主体性规律的结论。历史唯物主义承认主体的目的和动机及主体性活动在社会历史发展中的作用，承认在历史规律和历史条件下所允许的限度内主体选择的多种可能性，但它反对离开历史规律的客观决定性，无限扩大主体实践的能动作用。因为在人主观的意志、目的、愿望背后，隐藏着极为深刻的客观的社会根源。所以，恩格斯才说，要发现社会的规律，就必须去“探究那些隐藏在——自觉或不自觉地，而且往往是不自觉地——历史人物的动机背后并且构成历史的真正的最后动力的动力”[②]。这个真正的最后动力就是经济条件，即物质资料生产方式。正是它决定着人的意志、目的和愿望，也决定着主体实践活动的范围和历史选择的“自由度”。主体的实践活动如果超过了它的“自由度”而随心所欲地行动，就必然会受到历史规律的惩罚。这些本来是最基本的历史唯物

① 李泽厚:《论康德黑格尔哲学》,上海人民出版社1981年版,第7页。

② 《马克思恩格斯选集》第4卷,人民出版社1995年版,第249页。

主义的常识，何以在“实践本体论”者那里，被搞得面目全非了呢？

［原载《内蒙古师范大学学报》（哲学社会科学版）2009年第4期］

文艺美学与文艺研究诸相邻学科之间的互动关系

如同大多数学科的形成和发展过程一样，文艺美学作为一门新兴学科也不可能是在无所依傍的情况下凭空出现的，而必然是在对传统的美学、文艺理论、艺术哲学和各部门艺术美学等相邻诸学科的肯定性否定中，融合了人类主体长期的审美与艺术活动的实践经验，吸收了上述诸学科发展的最新研究成果的基础上形成并逐步发展起来的。因而，作为一门以其相邻诸学科为基础发展起来的新兴学科，文艺美学与文艺研究诸相邻学科之间天然存在着各种千丝万缕的互动关系。

一、“文艺美学”与“文艺学”

在中国现代学术语境中，所谓“文艺学”，实际上指的就是研究文学现象及其发展规律的学科，中国社会科学院语言研究所编辑的《现代汉语词典》中关于“文艺学”的解释就是“以文学和文学的发展规律为研究对象的科学”[①]。因而，正如许多

---

① 中国社会科学院语言研究所词典编辑室:《现代汉语词典》(修订本),商务印书馆1996年版,第1320页。

学者所指出的，在中国，所谓“文艺学”其实质就是文学理论，甚至有人认为，“文艺学”应正名为“文学学”。[①]据毛庆耆先生考证，“文艺学”一词是在20世纪50年代由苏联引入的。《苏联大百科全书》中的“文艺学”词条，其俄文形式是由“文学”和“科学”构成的，因而正确的含义就是“文学科学”。1955年从《苏联大百科全书》选译的《文学与文艺学》中，把关于“文艺学”的内容翻译为：“文艺学——是论述文艺的学科。”[②]上海辞书出版社1979年出版的《辞海》也援引这一词条，将“文艺学”解释为“研究文艺的各种现象，从而阐明其基本规律及基本原理的科学，亦称文艺科学”[③]。

“文艺”一词，在中国古代并不多见，文献中偶有出现的“文艺”一词，含义也与现代汉语中的“文艺”相去甚远。在古代中国，常见的词语大多都是单音词（单纯词），多音词（合成词）的含义一般与构成该词的语素有着密切的关系。“文艺”一词的含义正是由“文”与“艺”二者合在一起构成的。“文”指的是“文章、文辞”，“艺”指的是“才能、技能、本领”，因而“文艺”的含义就是“写作方面的学问”。可见，在中国古代，“文艺”一词的基本含义就是文学创作方面的本领。早在南朝时期，刘勰就在《文心雕龙》一书中写道：“且夫思有利钝，时有通塞；沐则心覆，且或反常，神之方昏，再三愈黩。是以吐纳

① 近年来甚至出现了一些以“文学学”为名的专著，比如王臻中主编的《文学学原理》（江苏古籍出版社2001年版）、曹顺庆的《比较文学学》（四川大学出版社2005年版）等。

② 毛庆耆：《文艺学正名说》，《学术界》2001年第3期。

③ 毛庆耆：《文艺学正名说》，《学术界》2001年第3期。

文艺，务在节宣，清和其心，调畅其气；烦而即舍，勿使壅滞。意得则舒怀以命笔，理伏则投笔以卷怀，逍遥以针劳，谈笑以药倦，常弄闲于才锋，贾馀于文勇。使刃发如新，湊理无滞，虽非胎息之迈术，斯亦卫气之一方也。”

其中的“文艺”一词，陆侃如、牟世金两位先生的理解就是“作文的技艺”[①]。由此可见，当代学术界对“文艺学”一词中“文艺”内涵的理解，与中国文论传统中的“文艺”观念是相通的。

但在现代汉语语境中，所谓“文艺”，含义却并非只是文学。《现代汉语词典》关于“文艺”的解释是，“文学和艺术的总称，有时特指文学或表演艺术”[②]。于是，作为研究“文艺”的学科，“文艺学”似乎不只是研究文学的，还应该研究其他艺术门类。事实上，也的确有人存在这样的误解。历史地看，“文艺学”在中国学术界一直就是以文学作为研究对象的，以所有艺术门类为研究对象的学科是“艺术学”。因而，作为一门传统学科，“文艺学”的研究范围实际上只限于文学现象，并不包含对其他艺术门类的研究。

但“文艺美学”中“文艺”一词的用法，则不同于以往“文艺学”中将“文艺”等同于“文学”的用法，而是采用了现代汉语对“文艺”一词的解释，将“文艺”概括为“文学和艺术的总称”。其原因有二：一是从“文艺美学”这一学科兴起的时间看，20世纪80年代初期的中国学术界已经不再拘泥于苏联

① 陆侃如、牟世金:《文心雕龙译注》下册，齐鲁书社1988年版，第285页。

② 中国社会科学院语言研究所词典编辑室:《现代汉语词典》(修订本)，商务印书馆1996年版，第1319页。

的理论模式，而是开始以开放的眼光、宽广的胸怀接受包括西方现代哲学文化在内的一切有益的理论成果。正是在这样一种时代文化背景中，“文艺”一词可以涵盖“文学和艺术”的用法开始悄悄成为主流，文学和其他艺术门类一起成为时代关注的对象，成为新时期以来社会文化的重要组成部分，“文艺美学”在这样一种时代文化背景中出现，其所关注的对象自然不再仅仅局限于传统“文艺学”所关注的文学。二是“文化大革命”后人们迫切希望文学艺术不再只是阶级斗争的工具，希望文学艺术更能够给人们带来美的享受。因而，新时期以来，人们对文学艺术现象，在很大程度上是带着审美的眼光去关注，去欣赏，这就使得出现于新时期之初的“文艺美学”从一开始就带有明显不同于传统文艺学的特征，更为关注文学艺术的审美特征和美学规律。

但这并不意味着“文艺美学”与传统的“文艺学”之间的对立和疏离，相反，二者之间从一开始就存在着极为密切的互动关系。一方面，文艺美学的出现使对文艺学的研究开始打破单一文艺社会学的局限，以更宽广的理论视角，包括审美的角度来关注文学现象。另一方面，文艺学已经相对成熟的研究方法也逐步被文艺美学研究所借鉴，使文艺美学研究能够在较短时期内获得较为成功的理论和批评实践成果。

回顾新时期以来文艺学发展的历程，可以清楚地看到，文艺理论界一直存在一种将文艺的审美特征视为其本质特征的理论倾向，尽管这种理论倾向的出现原因非常复杂，并非文艺美学学科诞生带来的直接后果。但毋庸置疑的是，文艺美学这一新兴学科的出现对这一理论倾向的产生的确起到了极大的推动作用。当然，这种把文艺现象的审美特征视为其本质特征的理论倾向本身并不完善，还存在诸多值得商榷之处，但审美特征无疑是文学艺术的基本特征之一。尤其是艺术和美经历了“文革”期间所受到的影响之后，人们对艺术和美的追求就成为一种非常自然的社会文化潮流。

由于文艺美学本身就是在文艺学、美学等诸多传统学科基础上发展起来的，因而，文艺学已经相对成熟的研究方法自然成为文艺美学最为便捷的借鉴。纵观文艺美学诞生以来短短二十几年的历史可以发现，文艺美学几乎已经将文艺学领域中较为成功的种种研究方法，诸如社会历史研究方法、文本分析研究方法，以及人物传记、读者接受等传统的抑或是新潮的研究方法，全部借鉴过来，并成功地运用在文学之外的其他艺术门类的研究中。

二、“文艺美学”与“美学”

“美学”这一学科，是20世纪之初由西方传入中国的。由于中西文化发展模式的差异，中国古代文化中尽管存在着极为丰富的美学思想，但却并没有发展出一门独立的学科。因而，中国的“美学”学科从一开始就是由西方传入，并在西方美学的基础上发展起来的。于是，西方美学重理论轻实践的特点，也存在于我国20世纪以来的美学研究过程之中。

在西方，自鲍姆嘉通以来，美学就是哲学的一个分支。事实上，鲍姆嘉通建立“美学”的目的在于补足哲学体系的漏洞。因而，“美学”从它诞生的那一刻起就与哲学关系至为密切，历史上很多美学家都首先是哲学家，而在很多哲学家那里，“美学”也是其哲学思想中不可缺少的一个组成部分。这就导致了西方美学特别注重理论思辩而相对忽视艺术实践的特点。尽管鲍姆嘉通和其后的很多美学家都声称，艺术现象是其美学研究的一个非常重要的内容，但大多数美学家，包括鲍姆嘉通本人，实际上只是在哲学层面上抽象地探讨艺术和美之间的关系，而很少有人会认真地探讨艺术现象本身。西方美学的这一特点显然也影响到了我国美学，20世纪以来我国的美学研究中也普遍存在一种重视理论探讨而轻视乃至忽视艺术实践研究的倾向。在美学传入中国之初，我国早期的美学研究者范寿康先生就曾经在其所著的《美学概论》一书中明确指出："艺术作品实在不过是构成美的对象的材料罢了。"[①]这种看法显然并非为范寿康先生一人所有，而是代表了当时学术界的一般看法，直到今天，我国美学界重视理论研究而相对忽视艺术实践的风气依然非常严重，这不能不说是由于西方美学传统的深远影响。

而20世纪80年代以来诞生于中国的文艺美学，则以其实际的研究活动，正在有意识地改变这一情况。正如我们一再强调过的，文艺美学是在传统的美学学科，当然还包括文艺学等其他相邻学科的基础上发展起来的，这些相邻的学科都在一定程度上影响到了文艺美学的形成和发展，美学对文艺美学的影响就主要体现在其研究文艺现象的角度和方法上，而文艺美学则以其特有的实践精神弥补了传统美学对文艺实践的忽视，使传统美学的理论探讨得以在文艺研究领域中落实为对文艺现象的具体分析。

从文艺美学赖以产生的理论渊源看，文艺美学这种关注现实、注重实践的特点并非单纯是一种理论自觉的产物，而是有着深厚的传统根基的。正如我们一再强调的，中国古代的文艺

① 范寿康:《美学概论》,商务印书馆1927年版,第8页。

理论向来不太重视理论自身的建构，一方面，这种文论传统可以被认为是我国古代文艺理论研究的不足，有待汲取西方文论重视理论自身发展的特点来丰富和发展我国当代的文艺理论；另一方面，中国古代文论这种关注实践、注重现实的特点也有着非常重要的现实意义，它可以成为我们今天的美学和文艺理论研究的有益借鉴，使我们看到理论的建构必须落实为对文艺实践的批评和研究，否则就会在使理论失去存在目的的同时，也丧失其应有的生命活力。20世纪80年代以来，我国当代文艺美学的发展，正是在继承我国传统文论注重实践的长处和吸收西方美学注重思辨的优点基础上发展起来的。在这一新兴的文艺研究学科中，传统美学的理论思辨正在逐步展现为对文艺实践的透辟理解和深切关注，而对当代文艺实践的深入分析和持续关注也正在升华为一种全新的理论形态。

不可否认，在当代中国，文艺美学的出现绝非是一个偶然的、孤立的学术现象，而是在我国学术界继承中国古代悠久的文论传统，吸收各种外来理论资源的基础上，不断发展、不断完善而来的。而文艺美学的形成和不断发展，也在一定程度上改变着中国当代美学发展的面貌。20世纪90年代以来，生活美学、生命美学、生态美学等的出现，正预示着中国美学已经开始关注人生冷暖，关注民生实践。这一研究倾向的出现和持续发展，必将给我国当代美学的发展带来一个更加光明的未来。

三、“文艺美学”与“艺术哲学”

在西方，“美学”从一开始就与“艺术哲学”有着不解之缘。众所周知，作为欧洲大陆理性主义哲学的代表人物之一、“美学之父”鲍姆嘉通与他的前辈学者莱布尼茨等人最大的不同就在于他对人的感性认识能力的重视，甚至于他创立美学这一学科的目的就在于弥补莱布尼茨等前辈学者对人的感性认识能力的忽视，西语中“美学”——AESTHETICS——一词的本义就是“感性学”。而且，鲍姆嘉通对人的感性认识能力的重视，原本就是出于他对以诗歌为代表的各种艺术形式的喜爱，试图确立一个专门的学科来研究人们在艺术实践活动中的感性心理活动。因而，在他的《美学》一书中，鲍姆嘉通指出，“美学是以美的方式去思维的艺术，是美的艺术的理论”，而美学所研究的规律可以应用于一切艺术，“对于各种艺术有如北斗星”[①]，这实际上也就等于承认，在他看来，所谓美学与艺术理论基本上就是一回事，鲍姆嘉通的这种观念在西方美学史上产生了极为深远的影响，以至于有许多人干脆认为所谓“美学”实际上就是一种关于艺术研究的理论，最具有代表性的观点当然是黑格尔的说法：“这些演讲是讨论美学的；它的对象就是广大的美的领域，说得更精确一点，它的范围就是艺术，或则毋宁说，就是美的艺术。”[②]当然，在鲍姆嘉通以及黑格尔等西方美学大师那里，美学并不研究关于艺术创作与欣赏的具体问题，而是从形而上的角度研究诸如艺术的本质之类抽象的问题，这也就等同于从哲学的角度对艺术现象进行研究了，无怪乎西方很多美学家会认为，所谓美学实际上就是艺术哲学。

但在实际的研究活动中，美学与艺术哲学还是会有一些区别的。一般说来，美学研究的领域较为宽泛，举凡人世间的一切都可以用美学的眼光来观照，从而得出迥异于科学研究的结

① 转引自杨辛、甘霖：《美学概论》，北京大学出版社2003年版，第5页。

② ［德］黑格尔：《美学》第1卷，朱光潜译，商务印书馆1979年版，第3页。

论。而艺术哲学研究的领域则相对狭窄，仅仅限于对艺术现象的观照。但两者也有相通的地方，那就是都较为注重以抽象的方式对艺术现象作整体的研究，而较少关注对艺术实践活动本身的分析。

从这一意义上讲，文艺美学可以被认为是对美学和艺术哲学的一种融合与超越。融合指的是文艺美学的研究内容基本就是美学和艺术哲学相交叉的领域——在美学一方面，是保留了对艺术现象之感性内容的关注；在艺术哲学一方面，保留的则是对艺术现象之抽象本质的探讨。超越指的则是文艺美学的研究领域并不局限于美学和艺术哲学的研究对象，而是深入艺术实践活动的方方面面，真正实现了对艺术活动的全方位的观照。

四、“文艺美学”与诸部门艺术美学

作为一门不同于传统美学和文艺学的新兴独立学科，“文艺美学”创立的初衷就在于沟通涉及文学艺术的理论建设与实践活动。从学科属性上看，“文艺美学”大致可以被看作文学美学、音乐美学、绘画美学，以及戏剧美学、影视美学等部门艺术美学的“元理论”学科，它以各部门艺术美学为基础，系统研究文学艺术现象的审美特征和活动规律。“文艺美学”的这一学科定位和理论属性决定了它与各部门艺术美学之间的密切联系。

中国古代的文艺理论向来强调文学艺术的社会政治功能，文学艺术也向来被统治者当作实现自己意志的最佳工具，所谓“文以载道”或者“文以贯道”，说的就是文学艺术的这种社会政治功用特征。新中国成立以后，特别是在“文化大革命”期间，文艺的这种社会政治功用特性被推向了极端。新时期伊始，随着整个社会思想解放运动的兴起，文学理论研究也突破了以往简单的政治批判思路，在对“四人帮”推行文化专制主义的社会历史根源进行反思的基础上，开始重新思考文学的本质特征以及社会功能定位等对文学的健康发展至为关键的问题。在一系列反思中，影响最大的莫过于始于1978年的关于“为文艺正名”[①]的讨论。综观在这场讨论中出现的各种不同观点，可以看出，它们基本上都是从文艺应该具有的审美属性以及与之相关的社会功能方面来展开讨论的。

理论研究领域的热烈讨论，也带动了文艺实践领域的创作热潮，20世纪80年代初大量富于审美意味、敢于直面现实的优秀文艺作品的涌现就充分说明了这一点。伴随着这些崭新作品出现的就是诸部门艺术美学的蓬勃发展，这些都为文艺美学作为一门独立学科的形成奠定了坚实的理论和实践基础。

在回顾20世纪以来文学、戏剧、影视、音乐、绘画、舞蹈等各部门艺术美学发展史的过程中，我们发现，除了文学、戏

---

① 关于“为文艺正名”的讨论缘起于对“文化大革命”期间盛行的文化专制主义的反思。1978年6月,《上海文艺》发表了陈丹晨、吴泰昌的《评“文艺创作都要写阶级斗争”》一文,揭开了文艺界关于“为文艺正名”讨论的序幕。此后,关于这一问题的讨论文章逐渐多了起来,在这些讨论中,“文艺是政治的工具”“文艺为政治服务”等“文化大革命”中盛行的观点受到文艺理论界普遍的质疑和诘难。在这些讨论的基础上,《上海文学》1979年第4期推出了名为《为文艺正名——驳“文艺是阶级斗争的工具”说》的评论员文章,并辟出专栏开展关于文学艺术本质问题的讨论。此后,全国数十家报刊纷纷参与到这场讨论中来,在不到一年的时间里,就出现了关于这一问题的数百篇论文。在这些论文中,虽然也不乏对“工具论”“阶级论”“从属论”表示支持的声音,但大多数学者都表达了对这些观点的反对意见,从不同角度反思了文学艺术活动的本质特征以及应该具有的社会功能等问题。

剧等思想性较强的艺术门类的美学研究外，针对其他艺术门类的美学研究不惟起步较晚，发展也很不充分。大致说来，影视、音乐、绘画、书法、舞蹈等部门艺术美学的研究，基本上都是在“文化大革命”结束以后才获得较为充分的发展的。历史地看，这些部门艺术美学研究的勃兴与文艺美学作为一门新兴独立学科的出现和发展基本是同步的，这并不是一个偶然的巧合，而是由两者之间的密切关系决定的。一方面，正是由于“文化大革命”结束之初涌动于各部门艺术美学研究领域的审美倾向，改变了当时人们对文艺本质的认识，逐步摆脱直至抛弃了“文化大革命”中盛行的“从属论”和“工具论”观念，转而强调文学艺术的审美功能，这种观念的变化最终促成了“文艺美学”这一新兴学科的出现；另一方面，也正是“文艺美学”作为一门新兴独立学科的诞生，使文艺工作者清醒地认识到在诸部门艺术理论研究领域强调艺术之审美本性的重要性，这种认识对于“文化大革命”结束后诸部门艺术美学研究的蓬勃兴起无疑起到了极强的助推作用。

与作为哲学研究分支之一的“美学”学科一样，我国的诸部门艺术美学研究也都是从西方辗转引入的。因而，在我国的诸部门艺术美学研究中，西方学科观念的影响也极为深远，这一方面使我国在这些学科的研究中可以有所借鉴，不至于白手起家；另一方面也使我国学术界在这些研究领域中难以超越西方学者的局限，从而极大地限制了我国诸部门艺术美学的发展。

如前所说，在西方，“美学”自诞生的那一刻起就与艺术理论关系极为暧昧。自鲍姆嘉通时代以来，许多部门艺术美学家实际上就是把各部门艺术美学看作该部门艺术的理论研究的总称。比如，出版于1806年的德国音乐学家舒巴尔特（Daniel Schubart）的一本名为《论音乐美学的思想》的著作，实际上就只是一部音乐通论式的著作。如同鲍姆嘉通的《美学》一书对后世美学研究所产生的深刻影响，舒巴尔特的这本著作对音乐美学的学科定位，也给后世音乐美学的研究带来了深远的影响。尽管此后的音乐美学研究者们一再强调音乐美学相对于音乐通论的独立性，但多数以“音乐美学”命名的著作在理论体系的构造方面依然很难摆脱对音乐通论的依赖，仍然沿袭着与舒巴尔特大致相似的理论思路展开他们对音乐美学的研究。

这样一种将诸部门艺术美学视为各部门艺术之理论研究总称的观念也在我国美学界，尤其在诸部门艺术美学界产生了极为深远的影响。20世纪以来，大多部门艺术美学研究者所从事的，实际上就是其所涉及的部门艺术的一般理论研究，而与“美学”并没有多少直接的关系。

然而，新时期以来，伴随着“文艺美学”的出现，以及整个文艺美学界对文学艺术之审美特征的强调和重视，各部门艺术美学的研究者也已经开始将所涉及的部门艺术之审美特征的研究作为主要的研究对象了。比如，在音乐美学研究领域，尽管有许多研究者的研究对象依然涉及整个音乐艺术的理论研究，但他们在使用“音乐美学”这一概念时，已经逐渐将关于音乐艺术之审美特征的研究作为其最为重要的研究对象之一。而在绘画美学研究领域，这一现象就更为明显。早在1981年，郭因先生在他所著的《中国绘画美学史稿》《中国古典绘画美学中的形神论》等论著中，就已经将“绘画艺术美”作为主要的研究对象来探讨了。这些都说明了文艺美学学科的诞生与诸部门艺术美学研究中对艺术审美特征的重视之间存在着一种极为密切的关系。

当然，将诸部门艺术美学领域中这种重视各门艺术之审美特征的潮流，完全归功于“文艺美学”学科的创立并不符合实际。事实上，这种潮流的出现与文艺美学的诞生，乃至整个文艺理论领域对文学艺术之审美特征的重视基本是同步的，它们同样都是“文化大革命”结束之后日趋开放和自由的时代思潮的产物。因此，我们才有理由相信，文艺美学研究的健康有序发展，与诸部门艺术美学研究的持续深入之间必然存在着深刻联系。而这一点也提醒我们，文艺美学的研究对象既不单纯是对抽象规律的研究，也不单纯是对具体经验的归纳，而是以各部门艺术美学为基础，系统研究文学艺术现象的审美特征和活动规律。因而，文艺美学学科的出现，既不能归结为传统美学的现代形态，也不能归结为诸部门艺术美学的升级版本，而是存在于那些相对抽象的美学理论与那些相对具体的部门艺术美学之间的一个中介性学科，这也是我们将“文艺美学”看作文学美学、音乐美学、绘画美学，以及戏剧美学、影视美学等部门艺术美学之“元理论”学科的重要原因之一。

（原载《山东社会科学》2008年第12期）

对文艺学的性质和发展趋势的认识

——与金元浦同志商榷

1994年第1期《文学评论》发表的金元浦先生《论我国当代文艺学范式的转换》一文，提出了关于我国当代文艺学发展的一些颇值得思索和进一步讨论的问题，文章是有其学术价值的。其中最根本的是对我国当代文艺学的基本性质和历史发展趋势的认识问题。这就不能不引起人们的关注和重视。那么，该文所提出的“范式转换”理论的内涵究竟是什么？我国当代文艺学发展和变革的本质与机制到底应如何认识和把握？本文拟就此谈一点自己的看法。

一

《论我国当代文艺学范式的转换》（简称《转换》）一文，其表层的意义是试图通过对我国当代文艺学范式的理论界定和历史分期，来说明提出“范式转换”论的逻辑和历史的必然根据。这当然是一种可行的研究问题的方法，但这里的关键是这种理论界定和历史分期是否符合所把握对象的实际。作者是以“我们面临着传统文艺理论的终结，面临着旧范式的终结”（引自《论我国当代文艺学范式的转换》，以下凡引此文，不另注明）作为探讨问题的起因和出发点的，而且在引用恩格斯“一种新的、富有生命力的现实的东西就会起来代替正在衰亡的现实的东西”的论断时，似乎在说这种终结与路德维希·费尔巴哈和德国古典哲学的终结具有同样的历史必然性。那么，这种“正在衰亡的”“传统文艺理论”是指什么而言？作者并没有直接说出来，而是让读者循着他所勾勒的逻辑和历史的线索去解读其真正的含义。

对于我国当代文艺学所走过的历程，作者作了这样的描述：“四十年代形成了政治—社会批评的文艺学体系，五十年代定型为苏联模式的工具论、从属论的文艺学范式，到‘文化大革命’发展为政治专制与文化专制的邦文艺的极左政治批评模式。”这种“政治—社会批评的文艺学体系”或“文艺学范式”给我国文艺学发展所造成的后果，是使文学在历史和现实中呈现的多级多层本质被简单地规定为政治意识形态本质，文学失去了其作为文学的本体存在；是“以一统的权威的政治灌输方式形成的统一的（也是唯一的）文学共同体”，是让“这种范式作为一种唯一性原则制约、决定、甚至强制全体理论与批评工作者的研究活动”。作者为我们展现的可以说是一个没有真正的文艺、没有真正的文艺学研究，当然也就没有真正的文艺学的时代。那么，是什么力量在规范和统摄着这个时代？谁才具有形成和管理这个“文学共同体”的“一统权威”呢？文章说：“毛泽东文艺思想是毛泽东政治哲学和阶级斗争学说的一部分，是那一时代党的文艺政策学和文艺管理学。它从政治斗争、阶级斗争的视点去决定、规范、统摄文艺，从而以政治和阶级斗争的本质来代替对文艺自身本质的探讨。”“它是政治的文艺学或文艺的政治学。”这就告诉人们，毛泽东文艺思想是作为文艺政策学和文艺管理学而不是本来意义的文艺学而存在的，它揭示的并不是文艺自身的本质，而是文艺所体现的政治和阶级斗争的本质。它之于文艺研究、文艺工作者的关系也不是一种与文艺学观念和方法的自由契合和自觉认同，而是对维护“一统权威”的政策和法规的不容争辩的顺从和执行。就是说，那个时代中所发生的一切都可以在毛泽东文艺思想这里找到最终的原因。而且，直至今日这种状况仍然在继续着，作者对新时期以来文艺研究的一些情况作了这样的分析：“一部分人固守原有的范式……思维方式依旧，寻章摘句、演发微言大义的研究方法依旧，唯我独革的‘马列主义’教师爷的姿态依旧，甚至大批判的文风和社论式的文体依旧。”这里“依”的显然是前面所说的毛泽东文艺思想之“旧”，而且再加上“‘马列主义’教师爷”的注释，其含义就显得更加清楚了。

上述分析如果与文章的原意基本符合的话，我们就可以对其所说的那个面临终结的“传统文艺理论”的真正所指，做出明白无误的判断了。它指的就是在我国当代文艺运动中，始终处于主宰地位的以毛泽东文艺思想为代表的马克思主义文艺学，并且是指它的整体结构体系和发展的全过程，而不是它的个别结论和局部的发展阶段。这样看来，作者为《转换》一文所寻找的立论基础就大可以商榷了。人们不禁要问：把毛泽东文艺思想以及在它的指导下的我国当代文艺学研究的基本性质，单纯归结为“政治—社会批评的文艺学体系”或“文艺学范式”是否科学？

客观地说，在特定的历史时代的决定下，毛泽东文艺思想确实具有较浓重的政治化、社会化的色彩。对文艺的本质，它也尤为重视对其政治意识形态方面的揭示。而且，它的某些观点在具体的历史环境和条件下是适用的，但条件变化后，这些观点却仍然被教条主义地推广和套用，甚至被推向了极端。因此可以说，在我国当代文艺学发展的过程中，“政治—社会批评的文艺学范式”作为一种文艺思想倾向，作为在一定的时间和阶段中所形成的相对固定的研究模式，确实是存在的。但是，当作者把它作为一种文艺理论体系、作为毛泽东文艺思想的代名词，并以此来涵盖毛泽东文艺思想的本质和全貌的时候，就明显地脱离了所把握对象的客观实际，而陷入了片面和偏颇之中。以作者对现实主义的有关论述为例，作者是把“现实主义典型论的陈说”、把“形象性、典型性、真实性的概念体系”，作为“政治—社会批评”的范式来加以规定的，但现实主义的典型论在本质上却是一种古而有之的对再现艺术加以概括的艺术和美学理论，把它纳入具有特定含义的“政治—社会批评”范式，无论如何都是不妥当的。如果说毛泽东文艺思想注重现实主义的典型论，这恰恰说明了把毛泽东文艺思想仅仅归结为“政治—社会批评”的体系或范式，仅仅归结为“文艺政策学和文艺管理学”是不全面的。毛泽东文艺思想虽然在一定的条件下更多地表现出其“政治—社会批评”的特征，但它同时也注重对文艺特殊规律的揭示和概括，它对文艺的主客观关系问题、对创作主体的性质和作用问题、对艺术形式及语言问题、对坚持民族化与学习外国先进文化的统一问题等一系列基本的文艺理论和美学问题，都作了科学的阐述，从而确立了有中国特色的马克思主义文艺学体系的基本理论框架和逻辑基础，为人们提供了不断探索、不断发展的广阔的理论视野。然而，应该指出的是，长期以来人们对毛泽东文艺思想的研究往往缺乏应有的探索性，这或是表现为仅满足于对它的介绍和描述上，或是表现为只限于把它作为文艺政策的条文来加以引用和解释，这就不能不削弱甚至损害作为科学的文艺学体系的毛泽东文艺思想的理论活力和应有的理论地位。这种后果，在《转换》一文对毛泽东文艺思想的评价中已反映得十分明显。有趣的是，《转换》的作者同持上述倾向的研究者们，在这个问题上竟表现出惊人的一致。当作者称“政治—社会批评的范式”把文学的“多级多层本质”“简单地规定为政治意识形态本质”的时候，他自己却在做着把毛泽东文艺思想的丰富内涵简单地规定为“政治—社会批评的文艺学范式”的工作。只抓住毛泽东文艺思想整体结构中“政治—社会批评”的这个层面和部分，并将其扩大和膨胀为绝对，这就是《转换》一文在思想方法上的基本特征。而由此所引出的研究成果，也就很难全面、完整地反映所研究对象的客观实际。

二

上述《转换》一文对“传统文艺理论”终结的必然性的揭示，主要是以对对象自身逻辑的分析为主。与此同时，该文还通过对对象的理论渊源关系的分析，对这种必然性作了进一步的论证。

对于如何认识毛泽东文艺思想在历史上的产生和发展，作者在方法上作了这样的说明：“任何理论观照都是历史运演的某一节点上该思想者依照其前理解，从某一视点出发解释、理解、把握历史对象的结果。毛泽东文艺思想同样是历史的传释之链上的一个环节。”把毛泽东文艺思想作为“历史的传释之链上的一个环节”来加以考察，这就肯定了它赖以存在和发展的特定的理论渊源关系。那么，这个链条“传释”给它的和由它继续“传释”下去的内容是什么？这个链条的基本性质是怎样的？这显然对把握毛泽东文艺思想的本质及其历史发展趋势具有根本性的意义。

《转换》的作者是从两个方面对这个“历史的传释之链”进行规定的。在作者把他所说的“政治—社会批评”的文艺学体系或范式，规定为中国几千年的文学理论在五四时期发生历史转折的结果时，显然是在试图勾勒一条20世纪中国文艺学独立自足的发展线索。文章说：“本世纪以来，我国文艺学进行了两次文艺学范式的巨大而深刻的转变。第一次是五四前后开始的建立我国科学的文艺学范式的革命。”“政治—社会批评的文艺学范式是在五四以来极其尖锐复杂的阶级斗争、民族斗争的社会历史背景中诞生、成长、发展的。”准确地说，作者所勾勒的与其说是我国当代文艺学发展的线索，倒不如说是五四以来我国社会历史发展的线索，因为这里面几乎没有涉及中国文艺学理论自身的继承和发展的问题。那么，20世纪的中国文艺学真正的理论发展线索又是怎样的呢？作者明确地将其规定为是“四十年代形成”，“五十年代定型”，“借鉴了西方19世纪批判现实主义的成果”的“苏联模式的文艺学框架”。这无疑是在说，我国当代文艺理论从理论源上讲是从苏联舶来的东西。如果把作者上述所说两个方面结合起来，那就是作为“政治—社会批评的文艺学体系”或“范式”的毛泽东文艺思想以及以其为代表的我国当代文艺学，乃是在“阶级斗争、民族斗争的血与火中”发生的“文艺学范式革命”的实践与“苏联模式的文艺学框架”相结合的产物。把“苏联模式的文艺学框架”“西方19世纪批判现实主义文学的现实主义概念体系”作为毛泽东文艺思想的逻辑基础和理论框架，作为毛泽东文艺思想赖以存在和发展的理论母体，这是否符合客观实际？

《转换》的作者把毛泽东文艺思想规定为毛泽东政治哲学和阶级斗争学说的一部分，这种通过整体来把握部分的方法本身当无可非议。但是，当作者做这种规定的时候，显然有意或无意地忽略了这样一个常识性的问题，即毛泽东思想作为一种思想体系、一介结构整体，它是马克思主义的普遍真理与中国革命的具体实践相结合的产物，是马克思主义这个“历史的传释之链上的一个环节”。作为毛泽东思想体系有机组成部分的毛泽东文艺思想，它必然地要把马克思主义文艺学的基本原理运用于中国文艺运动的实践之中。因此，不论是它的理论框架，还是它的概念体系，其基本性质都只能是马克思主义的，都来源于由马克思、恩格斯所开创的马克思主义文艺学这条历史长河，又汇入这条长河之中。面对这个毋庸争辩的历史事实，作者却把毛泽东文艺思想的理论来源说成是“苏联模式的文艺学框架”和“批判现实主义文学的现实主义概念体系”，这就不能不使人感到他所说的“苏联模式”，不过是马克思主义文艺学的另一种说法而已。这样看来，作者对“苏联模式”的认识和评价，也就是对马克思主义文艺学的认识和评价了。

不容否认，我国文艺理论界在相当一段时间里，是把《转换》一文所说的“苏联模式”当作马克思主义文艺学来加以接受的。有些人也确实很少把马克思主义经典作家的某些论述放在具体的实践中理解，以至于把它们当成了抽象的公式去使用。这些现象的产生，比较集中地反映了如何坚持和发展马克思主义文艺学基本观念的这一我国当代文艺学发展的基本矛盾。正是在这把马克思主义文艺学的基本原理与中国文艺运动的具体实践相结合的过程中，由于各种“左”和右的思想倾向的干扰，与马克思主义文艺学基本观念相背离的思想倾向时有滋长和漫延。这主要表现为理论与实际相脱离、主观与客观相分裂的主观主义思想倾向，那种对所谓“苏联模式”的照抄照搬就是一个典型的例证。这种倾向在“文化大革命”中的恶性发展，使我国的文艺事业受到了灾难性的重创，这是我们没有真正解决好坚持和发展马克思主义文艺学基本观念问题的一个沉痛的历史教训。认真总结和记取这些历史的教训，对发展我国的文艺学当然是十分必要和有益的。但是，如果把这种在对待和接受马克思主义文艺学上的失误，当成是马克思主义文艺学本身所固有的属性，如果因为那段把“苏联模式”当成马克思主义文艺学来加以接受的历史，就推演出马克思主义文艺学等同于“苏联模式”的结论，并因此而隔断中国当代文艺学与整个马克思主义文艺学理论体系的联系，那么，用这种推导方式所得出的对马克思主义文艺学体系的认识和评价，就很难说是全面和科学的。毛泽东文艺思想是包容在马克思主义文艺学体系的整体结构之中的，是这个特定的“历史的传释之链”上的一个环节。按作者的说法，既然这个整体结构、这个总的链条已经处于“总体原则的失效和批评话语的断裂”状态，丧失了存在的价值和意义，那么作为这个整体的一个部分、这个链条的一个环节的毛泽东文艺思想还怎能继续存在下去？它的终结也就是顺理成章的事了。看来，作者所说的那个面临“终结”的“传统的文艺理论”，已不是单就毛泽东文艺思想而言，而说的是整个马克思主义文艺学了。这就是作者似乎含而不露，却又让明眼人一看便知的，真正所要表达的意义之所在。

三

《转换》一文，在深层的意义上是试图提出一种用以取代“传统文艺理论”体系或范式的文艺学“新范式”，这是与作者对我国当代文艺学发展的基本矛盾和历史趋势的论述联系在一起的。

诚如我们前面所说，从作者对我国当代文艺学发展历程的回顾看，“传统文艺理论”是造成文学本体失落、艺术审美本质丧失，造就了一个漫长的非文艺学时代的终极原因。这就决定了我国当代文艺学发展的基本矛盾，是“向文学自身返归”与“文学失去了其作为文学的本体存在”的矛盾；是“文学的审美特质”与其“被简单地规定为政治意识形态本质”的矛盾；是我国当代文艺学“重建自身”“重新确立自身”与“从政治斗争、阶级斗争的视点去决定、规范、统摄文艺”的“文艺的政治学”“文艺政策学和文艺管理学”之间的矛盾。正是基于这种认识，作者明确地把走出“以马克思主义为指导的当代政治文化传统”确定为中国当代文艺学发展的历史趋向，并以此规定了“范式转换”的基本性质和途径。

作者首先通过对当前我国文学界基本状况的估价，说明了这种“范式转换”的基本性质。“当范式失范、经典范例失效后，不可避免地带来了我国文学界的分化与重建……一部分人则随着社会现实的变革或迟或早地打破了范式的思想牢笼，不再迷信旧范式，而是勇于创新，更新观念，清醒地面对文学范式转换的历史潮流，创立和建设更符合当代文学实践的理论话语和预备范式。”既然作为转换对象的“旧范式”是一个“思想牢笼”，那么对其非但不应“固守”，就是连“重新解释或修补原范式的部分内涵”的必要也不存在，而是要彻底“打破”之，来一次理论体系和理论框架的推倒重建。在这个问题上，不能搞“黑格尔式的辩证综合或折衷主义的调合混合”。

接着，作者具体说明了进行这种转换的途径和方法。“新时期方法论热带来的术语大爆炸，是中国当代美学文艺学发生语言论转向的标志。它开创了中国文艺学研究的新的历史时期。”这种“方法热带来的术语大爆炸”所具有的重要作用，一是“深刻地改变了整个文艺学的思维方式”，“特别是在思维方式的革命上，动摇、震撼了中国传统思维方式，极大地改变了中国文化的当代样态”。二是“语言、语义、符号、结构、功能、意义以及本文、读者等新的批评范畴和批评对象造成了旧范式的断裂与失范”，致使“从语言、文学的本质观到文艺学的核心范畴、概念系统、价值标准、语言文体、逻辑运演程序都发生了根本性的变革”。作者何以把“思维方式”和“范畴、概念系统”的变革看得如此重要？这涉及了文艺学发展和变革的本质和机制的问题。一般的文艺学理论的形成，大致要经历这样一个过程，即从审美与艺术实践出发，通过对大量事实的观察分析，形成观点、找出规律，然后再概括上升为一个由概念和概念间的关系所构成的逻辑体系。在这个过程中有两个最基本的要素，一个是人们运用思维去把握感觉经验所必须借助的一些最基本的概念，一个是人们确定这些概念间的基本关系所体现出来的基本思维结构和思维方式，这两个要素紧密结合在一起，构成了文艺学理论体系得以建立的逻辑基础和基本的结构框架。可见，正是这两个要素的存在，它们在实践中的确立、发展和变革，才是文艺学理论体系得以确立、发展和变革的本质动因，它们就是所谓的文艺学基本观念或文艺学观念。由文艺学观念所制约和决定的，在一定的历史条件下文艺学研究所呈现的具体形态，就是一般所说的文艺学研究模式或称文艺学范式。一个是最基本的概念和范畴，一个是最根本的思维结构和思维方式，只要将它们一一“打破”，那么由它们所构成的文艺学体系或范式当然也就不复存在了。《转换》一文把“语言论转向”“术语大爆炸”看成是“文学范式新旧交替、变革转换的重要标志”的真正意义，就在于通过对被称作“政治—社会批评”范式的毛泽东文艺思想和被称作“苏联模式的文艺学框架”“西方19世纪批判现实主义文学的现实主义概念体系”的马克思主义文艺学在思维方式和概念体系上的变革，来实现对整个马克思主义文艺学体系的转换。

在说明了转换的目的和途径之后，作者提出了对“创立和建设更符合当代文学实践的理论话语”“重建自身，实现范式转换”的基本构想：“从总体上把握，我们看到，中国当代文化与文艺学变革的走向，是与西方当代哲学文化的语言论转向趋同的。”这里的“趋同”，是指由“语言论革命”所决定的整个研究方向和方法的趋同，即所谓“传统的理性哲学视为根基的一些基本立场，随着语言论的革命发生了根本性的动摇”。这些“基本立场”包括“批评中心的消解及多种对立范式的话语多元并陈”，“反元话语、反中心、反体系”，对“永恒不变的‘第一原理”、对“重新建立涵溶一切、具有绝对权威的‘元话语’理论体系”的怀疑，等等。这种“前现代、现代与后现代文化杂然并陈、纠结交错的现实景观”，看似“反中心、反体系”，实则是以“新的历史主义”的中心、“西方当代哲学文化”的中心，来代替所谓的“马克思主义为指导的当代政治文化传统”

这个中心；看似“多元并陈”，实则是一元中的多元，是一个文学共同体中的不同成员。不论是这里的“以弗洛伊德精神分析为主的各种心理批评、原型批评”，还是“形式批评、语义批评、结构主义批评与叙事学批评”以及“现象学、解释学与接受美学批评”，作为西方现代文艺批评大家庭的成员，它们不过是以不同角色组成了代替那个“延续军事共产主义时代遗风的大一统的文学共同体”的另一个“大一统”的文学共同体，在协同运演着一个用“新的批评话语”代替“原范式的概念术语”的统一的操作程序而已。走出“以马克思主义为指导的当代政治文化传统”，“走出五四、走出新时期”，走向“与西方当代哲学文化的语言论转向趋同的”“极为广阔的前景”，这就是作者所规定的“中国当代文化与文艺学变革的走向”。

通过上述对“范式转换”论理论内涵的基本把握，我们可能会更加清醒地认识到：对我国当代文艺学的研究，无论如何也无法回避马克思主义文艺学在当代中国的历史命运问题。或者说，我国当代文艺学发展的过去、现在乃至未来，都是与这个最根本的问题紧密地联系在一起的。因此，《转换》一文把这个问题作为自己的中心和主题，是不足为怪的。

我们不同意作者对马克思主义文艺学的一些基本看法，这种分歧的关键是在对我国当代文艺学发展的客观历史事实的不同态度上。其实，对于马克思主义文艺学在我国当代文艺学发展中的历史地位和作用，特别是它的科学性的问题，似可不必多说，因为历史已经对此做出了最好的回答。而且，邓小平同志继承和发展毛泽东思想，对党的基本路线的有关论述，对我们的文艺事业同样是适用的。而对于以马克思主义文艺学为代表的我国当代文艺学发展的历史趋势，作者所提出的“趋同”

说，也似乎是一种早已被新时期以来文艺学发展的实践所否定的陈说。谢冕先生在评断新时期文学的得失时说过的一些话，倒是客观地反映了这个事实，谢先生说："多种多样的试验和引进，惊心动魄的论争和批判；刊物如林，作者如潮；'主义'盛行，名家辈出……所有的高潮都有落潮的时候，弦绷得太紧便要断裂……新时期文学的'疯长'状态最后导致创新的失控；作家主体意识的过度张扬把创作和批评推向无节制……文学这只"创新的狗'终于把无休止狂奔的脚步收了回来，我们终于有可能在痛苦面前检讨过去从而设计明天。"[①]是的，中国有自己特殊的土壤，中国要根据自己的实际来判断和选择所面临的一切。可能有的人会痛苦地面对从西方照抄照搬来的"新的批评话语"那昙花一现的生命，但现实是无情的，把已经被中国的现实否定了的东西作为"趋同"的对象，这恐怕只能是一种情感寄托的方式吧！

诚然，马克思主义文艺学需要发展和变革，需要汲取包括西方当代哲学文化在内的一切人类优秀文化成果为自己所用。它从来不以"不可通约性"来排斥对自己有益的东西，它也从来不让自己的脚步落后于时代前进的步伐，这恰恰是它的科学性、真理性之所在，也是它内在的生命力的必然要求。然而，所有这一切又是立足于其自身的发展和完善、立足于繁荣和发展有中国特色的社会主义文艺事业这个基点的。马克思主义文艺学绝不会与任何欲使其"终结"和"消亡"的潮流"趋同"，绝不会背离自己的信念和理想，这又是它的革命性、战斗性之所在。坚持马克思主义文艺学的基本品格，建设有中国特色的

① 谢冕：《新时期文学的转型》，《文学自由谈》1992年第4期。

当代形态的马克思主义文艺学，迎接邓小平同志所预示的“我国文学艺术蓬勃繁荣、争奇斗艳的新阶段”[①]，这就是中国当代文艺学发展的历史趋势。

（原载《文学评论》1995年第2期）

① 邓小平:《邓小平论文艺》,人民文学出版社1989年版,第10页。

对西方马克思主义美学理论指向的辩证思考

厘清西方马克思主义美学、当代西方文论与中国当代文艺理论体系的关系及相互间的交集，是一个亟须研究和解决的重大问题。毋庸讳言，新时期的中国文艺理论，在相当一段时间内对马克思主义文论陷入了认同危机，而向西方马克思主义美学、现代西方文艺理论倾斜，后两者一度占据了主导的位置。有些文艺理论研究打着追求“原创性”的招牌，编造一些模糊的、歧义的、虚假的、反常识的概念，且多以“西马”美学对“审美”“现代性”等的片面、抽象的理解为理论指向。应该说，在我们的文艺理论研究中学习和借鉴当代西方文论和“西马”学说是合理和必要的。它们的许多观点，已经成为推动我国马克思主义文艺理论建设的重要参照。但是，这里的借鉴不是生吞活剥，不是不顾一切条件、地点、时间地任意拿来乱用，更不是用硬搬进来的西方文艺思潮对马克思主义的理论概念与思维方法进行代替和转换，而是要首先鉴别它们是否科学、客观地反映了客观事物。更重要的是，要把它们放在我们历史和现实的大背景下来加以考察，将其中符合于我们实际情况的部分拿来为我所用。那些离开了中国现实土壤、不符合中国国情的东西，只能是无源之水、无本之木。实践已经证明，热衷于用“西马”文论和当代西方文论来构制中国当代文艺理论体系，迷信“西马”文论和当代西方文论的选题和研究方式，将马克思主义研究方法视为“过时”而弃如敝屣，或只口头上承认而实际上背离，这些对发展当代有中国特色马克思主义文艺理论是极其不利的。目前急需的是对“西马”文论和当代西方文论进行客观的理性的分析，实事求是地辨别其中错综交织的各种观念，防止简单化地将它们的一些观点和方法直接移植到我国文艺理论的建构中来。我们只有对它们进行批判性的借鉴，消化和提升其理论的话语功能，才能科学地汲取其有益的滋养成分，推动我国文艺理论健康发展。

西方马克思主义美学的辩证法思想

辩证法是马克思主义最基本的理论方法和哲学观念，可以说，对辩证法的理解正确与否从根本上决定着对马克思主义理论的理解正确与否。而西方马克思主义恰恰在这个问题上与所谓的“正统马克思主义”相对立，乃至偏离了经典作家的本义，这就使西方马克思主义的美学思想存在很大局限。

西方马克思主义的辩证法思想的一个突出特点，就是把唯物辩证法分割为相互对立的两个部分，即社会、历史辩证法与自然辩证法。又由于自然辩证法主要是由恩格斯阐发的，因而将马克思的辩证法与恩格斯的辩证法对立起来，并对恩格斯的自然辩证法持批判和否定的态度。“西马”的创始人卢卡奇在其代表作《历史与阶级意识》一书中认为，马克思的辩证认识论区别于传统认识论的关键，在于它不是以主客体的二元对立而是以主客体的辩证统一或者相互变换为基础的。他说，由于“辩证法的决定性因素，即主体和客体的相互作用、理论和实践的统一、在作为范畴基础的现实中的历史变化是思想中的变化的根本原因等等，并不存在于我们对自然界的认识中”[①]。卢卡奇的这一观点，对后来的西方马克思主义产生了重要影响，很多“西马”代表人物都认为马克思与恩格斯的差别就在于恩格斯接受了自然辩证法和传统认识论哲学的反思理论。在此基础上，卢卡奇进一步强调马克思主义辩证法是一种社会理论，是一种对社会实践有指导作用的社会辩证法；而自然辩证法则撇开人的主体性和社会性，孤立地探讨自然界的运动规律，这就降低了马克思主义辩证法的实践性、革命性。

卢卡奇及其后继者之所以反对自然辩证法，看似由于他们将马克思主义理论看成是一种单纯的社会历史领域的理论，而其实质却是在根本的哲学立场上不认可唯物主义。他们认为马克思主义哲学的根基只能是历史主义的。柯尔施曾经明确地说过：马克思主义虽然承认相对于人和他创造的历史，客观的自然世界具有发生上的优先性，但它的研究重心只是在历史社会领域。葛兰西甚至把马克思主义称为“绝对的历史主义”[②]。马尔库塞也认为，马克思的辩证法是一种历史方法，是对黑格尔的法哲学和历史哲学的辩证法思想的继承。并认为，历史是人的创造物，而人的认识能力只能局限在历史领域，即自身的创造领域之中；本体论意义上的自然是外在的东西，它只能通过

① ［匈］卢卡奇：《历史与阶级意识》，杜章智、任立、燕宏远译，商务印书馆1992年版，第51页。

② ［意］葛兰西：《实践哲学》，徐崇温译，重庆出版社1990年版，第161页。

人的实践以某种形式进入人的领域，因此人们对自然本体的认识只能是相对的。梅洛·庞蒂则明确指出，恩格斯将辩证法引入自然领域，等于把人的存在方式与自然的存在方式等同起来。

从西方马克思主义者对辩证法的看法中，我们可以看出，一方面，他们认为马克思主义从人与自然、自然与社会的统一性的角度，将自然界看作是历史的一个重要部分，马克思主义哲学区别于传统认识论哲学的关键在于它的唯物辩证法，这种观点无疑是正确的。但另一方面，他们又据此否定自然辩证法，将马克思的辩证法建立在社会历史本体上，这显然没有领悟到马克思主义辩证法的真谛。首先，马克思的研究固然集中在社会历史方面，但作为其哲学根基的唯物辩证法，绝不能被理解为单纯的社会历史领域的法则。马克思唯物辩证法的先进性不完全在于对历史发展规律的辩证把握，也不完全在于对传统哲学观念的批判，而在于从根基上对传统形而上学进行摧毁，从而实现哲学革命。那些将客观世界当作一种异质的东西排斥在主体的世界之外或者将它当作主体活动的附属物的观点，都是回到了马克思所反对的形而上学立场。其次，马克思的辩证法是具有批判性的，但我们不能将其仅理解为批判的方法，通过辩证法进行社会批判和哲学批判，是为了掌握社会历史发展的真正规律，从而对人的社会实践进行指导。西方马克思主义者过分强调辩证法的批判性而忽视其建设性，这也导致了他们自身理论的缺失。最后，恩格斯的《自然辩证法》将辩证法引入自然领域，从而凸显了辩证法的客观性，的确对苏联和我国的马克思主义理论产生过深远影响，使“东方马克思主义”哲学出现了某种偏重客观性的倾向。西方马克思主义针对“东方马克思主义”哲学的这种客观性倾向，主张高扬主体性，具有一定纠偏的意义。但它们过分重视人的主体作用，结果却使自己陷入了“主观唯心论”的泥淖。我国美学界近年关于“实践本体论”问题的讨论，可以说就反映了“西马”关于辩证法问题讨论的基本面貌。其中的关于主张用“实践本体论”取代“物质本体论”的观点，明显地可以在“西马”那里找到根据，体现了它们在理论指向上的一致性。实践，的确是马克思主义哲学的基本概念，但实践与物质并不必然是对立的。我们不应该把实践理解为与物质存在对立的人的主观性活动。

西方马克思主义美学对工具理性的批判

虽然西方马克思主义反对主客体二元对立的哲学思维模式，但在实际的理论研究中，他们却明显受到了极端主体性哲学的影响。这一方面体现在他们对人本主义立场的张扬上，另一方面则体现在他们对主体性哲学的理性主义，特别是工具理性的批判上。

主体性哲学的理性主义倾向主要表现在两个方面：一是它强调理性观念的客观性，将理性观念视为现实存在的基础，只有符合理性的才是有意义的，这种倾向集中体现在实证主义哲学以及自然科学当中；二是认为理性主义是与主体性原则结合在一起的，它没有忽视人的主体性地位，相反，它的主要任务就是为主体存在奠定基础。西方马克思主义者所批判的主要是以科学技术为代表的思维模式和社会组织模式。这种模式极端规范和严格，乃至将人自身也视为现代化进程的工具，因此是一种工具理性。他们认为，在现代化过程中，工具理性确立了对人本身的支配地位，但工具理性本身缺乏总体性的视域，它不能创造出一种新的社会整合机制，由于工具理性自身的缺陷导致现代社会日益片面化、狭隘化，从而排除了人的价值存在，致使工具理性成为支配整个社会生活的主导力量。

不可否认，西方马克思主义者对工具理性的批判有其合理之处。从理论上说，科学技术所体现出来的理性主义是一种纯客观的思维方式，没有将人的存在价值包括在内。正如卢卡奇在《历史与阶级意识》一书中指出的，自然科学所追求的是纯粹的事实，“自然科学的‘纯’事实，是在现实世界的现象被放到（在实际上或思想中）能够不受外界干扰而探究其规律的环境中得出的”①。自然科学的根本性不足，正在于“它忽略了作为其依据的事实的历史性质”②。只是把现象和本质抽象地加以区别，忽视了具体的现象在历史中的发展过程，脱离了历史的总体性。此外，工具理性只重事实而不重人的存在价值，它所关注的“事实”是观念层面上的意义，而不是价值层面上的意义，从而把人的存在方式片面化、工具化。从现实上说，科学技术和工具理性对现代社会和人自身也的确具有极强的控制力，比如技术进步所带来的分工细化，必然导致人与自身创造物的日益分离，人被局限在极端片面的、机械性重复的操作当中。更严重的是这种社会组织方式会渗透人的内心，从而使人也日益物化，丧失自身的完整性。工具理性在现实社会中的确会导致整个社会日益成为一部严密的机器，而人则成为这个机器当

① ［匈］卢卡奇：《历史与阶级意识》，杜章智、任立、燕宏远译，商务印书馆1992年版，第53页。

② ［匈］卢卡奇：《历史与阶级意识》，杜章智、任立、燕宏远译，商务印书馆1992年版，第54页。

中的零件，不论是西方还是我国的现代化进程的历史，都能够证明这一点。弗洛姆说过："由于片面地强调工艺与物质消费，人丧失了与他自己、与生命的接触。他丧失了宗教信仰以及与此相关的种种人道主义的价值，他倚重于技术和物质的价值，丧失了深层的情感体验的能力，也丧失了与这些体验相伴随的喜悦与悲伤。"[①]马尔库塞也指出："科学技术成就和日益提高的生产力都证明了现实的合理性，因而它使得一切超越成为泡影。""技术还为人的不自由提供了很大的合理性，并且证明，自主、自己决定自己的生活在'技术上'是不可能的。"[②]

我们可以看出，西方马克思主义者对工具理性的批判和对自然辩证法的批判有着相通之处，都体现了一种反科学和反客观化的倾向。这些看法，实际上是不符合马克思主义基本观点的。首先，马克思主义对科学技术的看法是全面和辩证的，是将其放在社会历史发展的整体背景之下的，充分肯定它对推动生产力发展和社会进步的巨大作用。西方马克思主义者所指出的现代社会的不合理之处确乎存在，但将其归咎到科学技术身上并不合理，因为科学技术作为生产力自身是不会导致这些弊病的，对社会结构起到决定作用的不是单纯的生产力，而是生产力与生产关系的辩证联系，是生产关系在生产力推动下的自身调整才导致了畸形的社会结构。当代西方社会，一方面科学技术迅速发展，另一方面社会问题层出不穷，表面上看好像是

① [美]埃里希·弗洛姆著，黄颂杰主编：《弗洛姆著作精选——人性·社会·拯救》，上海人民出版社1989年版，第478页。

② [德]马尔库塞：《单向度的人》，张峰译，重庆出版社1988年版，第135页。

科技的力量导致了社会问题，但问题的根源还是在生产关系上，资本主义生产关系的自身调整在一定程度上刺激了生产力的发展，这既不意味着科学技术成为一种负面的因素，也不意味着资本主义克服了自身的局限，对这个问题还是应当以历史唯物主义和辩证唯物主义的方法来分析。其次，对工具理性的批判包含着一个潜台词，即否认马克思主义是一种科学理论，否认马克思主义是对社会历史发展客观规律的科学分析，简言之，就是否认马克思主义的客观性和科学性。他们把马克思主义的研究对象转换成了人的本质和存在价值，使其从一种科学的社会理论转变成了一种带有形而上学意味的哲学伦理学。我们承认马克思主义绝不仅是研究社会历史客观规律的科学，人的解放等伦理学问题也是马克思主义的重要课题，但这两者并不是对立的，只有掌握了社会历史的发展规律并以之指导我们的实践，促进整个社会的变革，人的解放才能够实现，马克思主义的科学性与其对人的关注并不矛盾。

因此，我们不应该全盘接受“西马”的批判立场。即使认识到工具理性不具有为我们理解历史和社会奠基的能力，也不能回到主体性哲学的立场上去，更不能将工具理性和科学技术看成与人自身的存在价值相对立的东西。各种社会问题出现的根源不在于工具理性自身，而在于我们没有为工具理性找到一个更合理的基础。

西方马克思主义美学人本主义的立场

西方马克思主义对工具理性批判的根本目的是张扬人的主体性，希望以人的能动性和创造性来克服机械的、僵化的社会结构对人的扭曲和伤害，这就使其哲学立场转移到了人本主义上来。绝大多数“西马”论者都重视人的主体性地位，反对将人理解为社会结构的部件。他们对马克思主义的各种解释，就是要把人、主体性等范畴补充到马克思主义哲学中来。为了将马克思主义落实到人本主义基础之上，很多“西马”论者力图把马克思主义哲学与西方一些非马克思主义哲学流派“结合”起来。这是西方马克思主义的一个重要特征。例如，法兰克福学派作为“西马”最具影响力的一个流派，它的主要倾向之一就是力图把马克思主义和弗洛伊德主义相结合，从而形成“弗洛伊德—马克思主义”；还有一派是以让·萨特和梅洛·庞蒂为代表的“存在主义的马克思主义”，他们则是将马克思主义与存在主义结合起来。应当承认，马克思主义是一种不断发展的理论，是经典作家在吸收了全人类最优秀的思想资源基础上建立起来的。当代马克思主义的发展也需要不断借鉴新的哲学和科学成果。但这种借鉴必须以马克思主义的基本方法和哲学立场为基础，而不能以其他哲学立场修正乃至取代马克思主义为代价。法兰克福学派和存在主义的马克思主义等流派，就存在着以人本主义取代历史唯物论和辩证唯物论的问题。

正如我们强调的，马克思主义既不只是单纯研究社会结构和历史因果的科学，也绝不是片面强调人的主体性的哲学，它与人本主义还是有着本质的区别。“西马”和马克思主义关于人性、人的本质和人的价值的认识有着根本的不同。马克思指出：“人的本质不是单个人所固有的抽象物。在其现实性上，它是一切社会关系的总和。”[①]对这一论断的理解，往往存在许多偏颇。

① 《马克思恩格斯选集》第1卷，人民出版社1995年版，第60页。

比如将其理解为现实的社会关系决定着人的本质，或者更直接的，人的经济地位或阶级地位决定着人的本质。这些理解显然是片面的。人的本质固然不是单个人固有的抽象物，但马克思的意思也不是人的本质由现成的社会关系所决定，而是说人的本质既不是抽象的也不是固定的，而是在社会历史发展中不断生成的，人类的产生就是它的实践或者说生产劳动的结果，而实践从根本上就是一种客观的、社会性的实践，通过社会实践活动，社会历史不断发展变革，人的本质也不断生成。我们不能将人的本质作僵化的理解，但同时也不能走向另一个极端，将人的本质看成一种超越社会阶级关系的抽象的“人性”。这是因为，人本主义的立场正是马克思所反对的抽象的、形而上学的立场。不论是弗洛伊德的“本能说”，还是存在主义的“生存论”，都没有把人放在具体的社会历史发展中来考察，都或多或少地带有形而上学的色彩。“西马”将其引入马克思主义理论，带有非常明显的目的论色彩，即以人的本质或人的解放为目的。马克思同样强调人本身是目的，但这个目的或人的本性不是某种固定的东西，而是说人的本质也是在社会历史中不断发展、走向完善的。此外，我们不能用阶级性取代人的本质，但在阶级社会中考察人的本质，又不能无视阶级性，因为阶级的产生正是人自身实践活动的产物，人在阶级社会中进行实践活动，不可能不受到阶级地位的制约，从而使人在其生存的各个方面带有阶级的烙印。

“西马”的人本主义立场，承袭了西方哲学的主体性哲学传统。人本主义的基础就是近代哲学中的主体性原则，它强调人的主体地位，不仅强调主体理性在认识活动中的决定作用，更强调它在伦理道德和政治活动中的决定作用；而客观世界则被理解为意识主体的附属物，或者自在的世界本身是不可知的。对于人本身的理解，人本主义认为人既是历史的主体，人自身的完善也是社会历史发展的最终目的。因此，对社会历史发展进行判断的标准，不是客观的历史规律，而是抽象的人性。主体性的高扬是西方近代哲学的主流，从笛卡尔开始，主体就逐渐被推到了至上的地位，而启蒙主义又将人的价值、人的理性进一步抬高，形成了现代民主社会的主流意识形态。但在当代，主体性原则不论在哲学上还是在现实生活中，都遇到了严峻挑战。在哲学上，主体性原则无法解决交互主体的问题，主体性哲学所要求的自明性，无法从根本上得到保证，从而使整个现代社会的知识体系失去了根基；在现实中，主体性原则所导致的人类中心主义等，使人类社会无节制地以自身利益为中心，不断攫取各种资源，造成了人与自然、人与人的冲突。因之，强调交流和沟通的交互主体性原则正在成为主流的思维方式。

西方马克思主义者自身也在反思其人本主义立场。哈贝马斯认为，法兰克福学派虽然对启蒙理性和工具理性进行了批判，但其立足点仍然是主体性哲学的理性主义立场，这就使他们的批判没有找到自明的基础。因而他强调，需要以一种新型的交往理性来取代传统理性作为批判的基础。他引进了现象学的“生活世界”和“交互主体性”理论，扩展了法兰克福学派的人学视野。至于深受后现代主义思潮影响的所谓“后马克思主义”，对早期西方马克思主义和法兰克福学派、存在主义马克思主义等也进行了深刻的批判，然而这种批判却使他们更加彻底地离开了马克思主义。“后马克思主义”者批判的基本思路是反对“逻各斯中心主义”，反对“总体化”而强调“差异性”，反对“一元论”而强调“多元论”。人本主义的马克思主义思潮则站在主体性哲学立场上，对人本身和社会的理解，仍带有总体化、理性化的倾向，强调人的自我解放力量。但在1968年西方学生运动失败之后，这一思潮受到了严重挫败。在20世纪70年代之后，一种反主体、反总体性、强调碎片化的思维得以发生、发展。阿多诺的《否定的辩证法》具有明显的后现代思维色彩，对所谓的“后马克思主义”有重要的影响。在阿多诺看来，“矛盾是从同一性方面来看的非同一性”，因此，“辩证法是始终如一的对非同一性的意识”。[①]也就是说，辩证法不是肯定现实世界的统一性，而是否定统一性。因此，阿多诺试图以否定的辩证法打破以主体—客体辩证法为中心的总体性理论。可以看出，阿多诺的否定的辩证法不仅对于所谓正统马克思主义，就是对于传统的西方马克思主义来说也是一种反动。

在这种思潮影响之下，西方学者对马克思主义进行了进一步的修正、否定。比如，利奥塔认为，马克思所揭示的历史的辩证发展逻辑已经不适用于当代资本主义现实。马克思主义的理论方法仍然站在传统理性主义的立场上追求统一性。这实质上是对马克思主义的一种否定理论形态。鲍德里亚对马克思主义也持一种批判态度，认为马克思主义以生产理论作为分析批判资本主义社会的理论基础，实际上本身就是资本主义意识形态的一种体现，马克思并没有彻底脱离资本主义政治经济学的立场。这就否定了马克思主义的科学性。

而德里达从后现代主义出发，力图建立一种“解构的马克思主义”，“这种尝试将马克思主义激进化的做法可以被称做是

① 参见[德]阿多尔诺:《否定的辩证法》,张峰译,重庆出版社1993年版,第3页。

一种解构”，“除了是一种激进化之外，解构活动根本就没有什么意义或主旨”。[①]这就把马克思主义的批判精神同解构主义的解构思想完全等同了。

西方不同时期人本主义思潮的涌入，对我国理论上的人本主义倾向产生了推波助澜的作用。譬如，近些年的“后实践美学”，以“生命”“生存”“超越”等概念取代“实践”概念，强调人的感性存在和精神生命的价值，实际上就是受存在主义、精神分析学等西方人本主义理论影响的结果，并在这一点上与西方马克思主义有相近之处。不过，与“西马”将人本主义与马克思主义嫁接相比，“后实践美学”具有更为强烈的背离马克思主义的倾向。这在一定程度上源于长期以来人们对马克思主义的片面理解。因为人在社会实践中的主体性地位，并不是绝对的主体性地位。人不是社会历史的原因而是它的结果，他的感性生命、精神生活等，不是超越于社会实践之上而是奠基于社会实践之中的。只有在社会实践之上才能对人有一个全面的理解，否则片面强调人的某种存在特性，看似强调了人的存在价值，实际上反而把人抽象化了。

（原载《文艺争鸣》2012年第11期）

① ［法］雅克·德里达：《马克思的幽灵》，何一译，中国人民大学出版社1999年版，第129页。

四

美学方法论和艺术本质观

——从东、西方古典美学看艺术的审美本质

艺术的审美本质问题是一个重大的美学课题，千百年来，无数的美学家和艺术家从各自的美学观和方法论出发对它做出了种种不同的回答和规定，在美学史上做出了程度不同的贡献。我们今天对艺术本质的认识，应该在总结前人研究成果的基础上，结合当今文学艺术的实践，进行新的开拓，努力探索艺术审美本质的真谛。本文试图从美学方法论的角度，探索一下东西方古典美学对艺术本质的认识，进一步阐述我们关于艺术本质的看法。

一

美学观和方法论是不可分割的统一体。黑格尔说，辩证法便是严整的哲学体系本身，抽掉构架体系的方法，体系便不复存在。从东西方古典美学体系来说，西方是偏重再现的美学，东方是偏重表现的美学。追究这两大美学体系形成的原因，固然与政治、经济、文化发展和审美心理不同休戚相关，但思维方法的不同却是不容忽视的一个极为重要的原因。西方古典美

学考察和研究艺术本质的方法大体有两种倾向：一是以哲学认识论的经验或思辩（归纳和演绎）的方法考察艺术；二是以社会学的方法探求艺术（心理学的方法虽然已引入艺术研究的领域，但还没有完全独立出来，仍然分属以上两种方法）。这两种方法制约着对艺术本质的认识。

西方古典美学家大多是哲学家。作为哲学家的美学家，他们大都以哲学认识论的方法来研究艺术。柏拉图是第一个潜心研究美的一般、以思辨的方法思考艺术本质的人。柏拉图开创的研究美和艺术的方法有一大串继承者，古罗马的普洛丁、中世纪的奥古斯丁·阿奎那，以及德国理性派，都与柏拉图有同宗同源的关系。在古希腊，同柏拉图对立的亚里士多德则以经验的方法研究美和艺术，形成了从亚氏到启蒙学派人数更多的经验派美学潮流。理性派蔑视感性经验，否认具体感性美的事物，从抽象的思辨原则演绎出某些美学规律；经验派则从感性的客观事物出发，通过广泛的观察、比较客观的经验领域的事物，做出种种关于美的经验性的规定。但不论是经验的方法还是思辨的方法，都不过是哲学认识论的方法，因而理性派和经验派对艺术本质的认识又有共同的方面：他们都把艺术规定为对客观对象的摹拟，是一种求知的认识活动。所不同的只是经验的方法肯定美的客观性，注重从主体的生理、心理的体验出发，对审美感受和美的事物的感性特征作经验的描绘，把艺术规定为对感性事物的集中概括和形象的认识；而理性派则否认具体事物为认识对象，把理性观念视为认识的实体，把艺术规定为理性观念的映象或理念的感性显现。所以，经验派和理性派是从不同的角度采用哲学认识论的方法来把握艺术，把艺术的本质规定为认识。

柏拉图之前，苏格拉底便已提出艺术是再现、认识的观点，柏拉图把老师的思想进一步系统化，提出的著名的“影子”说，就是一种典型的再现理论。因为作为影子的影子的艺术，它的底蕴是实体性的理念。到德国理性派，被称作美学之父的鲍姆嘉通，第一次把美学确立为一门独立的科学，他同样是以抽象思辨的方法来建立其美学体系的。他把人的科学认识活动分为三个方面：理性认识是逻辑学研究的对象；意志道德是伦理学研究的对象；美学以感性认识为研究对象，它研究感性认识及其规则，是“低级认识论”，这种思想与柏拉图显然是一脉相承的。以经验的方法研究美和艺术的亚里士多德，把对客观对象的摹仿看成是一种求知，即认识的活动，认为摹仿给人以知识。他说：“人和禽兽的分别之一，就在于人最善于摹仿，他们最初的知识就是从摹仿得来的。”审美快感就是建立在对对象认识活动的基础上，“我们看到那些图像所以感到快感，就因为我们一方面在看，一方面在求知，断定每一事物是某一事物，比方说，‘这就是那个事物’”[①]。美感是求知，艺术是种认识活动，这就是亚里士多德对艺术的基本看法。正因为这样，亚氏才把最富有表现力的音乐，也说成是“最富摹仿的艺术”。亚氏的摹仿理论是西方古典美学的奠基石，“他的概念竟雄霸了两千余年”（车尔尼雪夫斯基语）。18世纪法国启蒙学派领袖狄德罗的思想就是亚氏思想的继承和发扬，他说：“艺术中的美和哲学中的真理有着共同的基础。真理是什么？就是我们的判断符合事物的

---

① ［古希腊］亚里斯多德、贺拉斯：《诗学·诗艺》，罗念生、杨周翰译，人民文学出版社1962年版，第11页。

实际，摹仿的美是什么？就是形象与实体相吻合。”[①]所不同的只是狄德罗的思想开始趋向理性，趋向主体，趋向社会，明显地表现出受到理性派思想的影响。狄德罗与在理性的基础上开始更多地注重感性的鲍姆嘉通一道，开了德国古典美学的先河。

由康德开创的德国古典哲学和美学，从根本上来说就是要解决思维和存在、感性与理性的关系问题，解决英国经验派和大陆理性派美学的对立和矛盾。动摇于唯心主义和唯物主义之间的康德，提出了一个与他的认识论基本命题（物自体不可知）相矛盾的重要的哲学命题：直观的感性和感性的直观。在康德看来，人的知性（认识）和感性（直观）在根本上是分离的，知性来自人的主体，它普遍却空洞，直观来自感性对象，它具体却被动，人要进行认识就要把二者结合起来。但康德以物自体为中心环节的二元论体系却把这种统一人为地分割开了，在认识的此岸界物自体不可知，认识不能转化为存在，因果现象界和本体界形成了两座相互对峙的山峰。但康德在把二者分离开的同时竭力寻求的却是二者的统一。自然因果的现象界怎样才能达到“意志自由”的本体界呢？康德在它们之间设立了一个中介环节，这个中介环节就是审美判断。康德的整个《判断力批判》，就是要在感性的自然中寻求到一种与超感性自然即伦理道德相联系的中介，艺术被规定为在“无目的目的性”的形式中表达出理性内容。“无目的目的性”，就是康德把人与自然、感性与理性、必然与自由、认识与伦理统一起来的一种特殊的

① ［法］德尼·狄德罗：《狄德罗文集》，王雨、陈基发编译，中国社会出版社1997年版，第237页。

形式。可以说康德在这里比经验派和理性派都更为深刻地把握到了艺术的特质，他对美和艺术的考察所采用的方法，已经既不是单纯的抽象思辨的方法，也不是单纯经验的归纳方法，而是一种经验和思辨、归纳和演绎的对立和统一相结合的综合的方法。席勒、谢林、黑格尔对美和艺术的哲学思考都是沿着康德的方向前进的。席勒把美规定为“活的形象”，比康德的思想向前跨进了一步。黑格尔把艺术看作理念认识的感性阶段、绝对精神自我发展的初级形态，他对艺术本质的思考不是静止的、平面的，而是流动的、立体的，他把美和艺术放在自己整个哲学体系之中进行考察，并把逻辑的思考和历史的思考统一起来，因而在体系的严整性和对艺术本质思考的深刻性方面是康德不可比拟的。但过于注重理性而轻蔑感性和心理的黑格尔，把感性、个别完全淹没于理性总体之中，把艺术和美等同起来，他的美学变成了一部思辨的艺术哲学史或艺术的哲学思辨史。

艺术是历史发展的成果，艺术带有鲜明的时代印记。19世纪的俄国，正处于农奴制度濒临崩溃，革命民主主义解放运动方兴未艾、蓬勃发展的时期，如何把艺术变为认识现实、变革现实的有力武器，便成为有进步思想的美学家和艺术家们的神圣使命。因而，当时卓越的革命民主主义者、天才的理论家赫尔岑、别林斯基、车尔尼雪夫斯基、杜勃罗留波夫，坚定地站在革命的立场上，把社会学引入艺术研究领域，用社会学的观点和方法考察艺术，把艺术与伟大的革命事业联系起来，要求艺术成为革命斗争事业的一部分，他们比任何时候都更强调艺术的认识功能。别林斯基明确提出艺术形象思维的概念，把艺术和哲学、科学视为一体，主张二者只有形式的差异，而无反映对象、内容的不同。他说："人们看到，艺术和科学不是同一件东西，却不知道，它们之间的差别根本不在内容，而在处理特定内容时所用的方法"，"哲学家用三段论方法，诗人则用形象和图画说话，然而他们说的都是同一件事"。[①]车尔尼雪夫斯基、杜勃罗留波夫作为别林斯基未竟事业的继承者，更看重艺术的认识价值和社会功利效果。杜勃罗留波夫认为"艺术作品的主要价值是它的生活的真理"，对生活真理揭示的广度和深度是"决定每一种文学现象的价值等级和意义底尺度"[②]车尔尼雪夫斯基则把艺术看作认识判断生活的"教科书"，他的长篇小说《怎么办》，就是一部活生生的革命教材。艺术是革命斗争的工具，这是俄国革命民主主义理论家最为鲜明的思想，也是他们为人类留下的极其宝贵的精神财富。

纵观西方古典美学，我们会清楚地看到：从古希腊至俄国革命民主主义美学，虽然各种观点林立，斗争十分激烈，但它们在不同之中却表现出一个共同之处：运用不同的思维方法，从各种不同的角度，揭示了艺术是一种特殊的认识活动，而且越到后来越看重艺术的认识价值，以至于把艺术抬高到同哲学、科学平起平坐的地位。这就是西方古典美学和艺术思想的根本特征。

---

① [俄]别林斯基：《别林斯基选集》第2卷，满涛译，时代出版社1997年版，第428页。

② [俄]杜勃罗留波夫：《杜勃罗留波夫选集》第1卷，辛未艾译，新文艺出版社1954年版，第174页。

二

对艺术本质的探求和思考，东方不同于西方，我国不同于欧洲。西方主要以纯哲学和社会学的方法研究艺术，而我国古代则主要以伦理学与哲学的辩证统一、艺术哲学与艺术心理学统一的方法观察和研究艺术。对艺术观察思考的方法不同，对艺术本质的认识也就不同。如上所说，摹拟、再现、认识是西方古典美学家对艺术本质的基本观点，而我国则以抒情、写意为艺术的基本特征，把情感看作艺术的特质。

我国古代对美和艺术本质的思考，早在殷商典籍中便有记载了，但较系统的研究却开始于先秦诸子，他们对艺术本质的考察，同西方一样也立足于各自的哲学思想和方法论。但我国古代哲学与西方古代哲学相比却有其鲜明突出的特点，即它不像西方哲学那样侧重于本体规律的探求、实体性范畴的研究，离开人世间的生活作抽象的玄思，而是哲学与伦理道德相结合，把理性精神引导和贯彻到日常现实生活、伦理情感和政治观念之中，侧重于人生意义的探求、功能性范畴的研究。因此，我国古代哲人对美和艺术本质的考察，就不是以纯哲学的而是以哲学和伦理学相结合的方法。

我国先秦诸子既是卓越的哲学家又是伦理学家，哲学和伦理学在他们那里本来就是结合在一起的。他们从社会伦理的观点研究美和艺术，把对人性的思考和对艺术本质的思考融合在一起。主要不在于再现客观规律，追求客观真理，给人以认识，而主要是在于对人生意义的求索，给人以伦理道德的教育和情感的陶冶。这一显著的特点集中表现在两个方面：一方面是以孔子为代表的儒家，以中庸之道为其哲学基础，突出强调理智与情感、伦理与心理的和谐，以道德法则规范人的行为，制约人的情感。他们注重艺术的实用功利，要求艺术为社会政治服务，发挥其道德教化作用。另一方面是以老子和庄子为代表的道家，它同儒家有所不同，不太注重艺术的人工制作和外在功利，而主张“无为而治”，“天地有大美而不言”。强调艺术的自然天成和人与对象的超功利的审美关系及其内在的、精神的、实质性的美，即艺术的独立地位和自身价值。强调审美和艺术创造的非认识性的规律、艺术的自身目的性。庄子言：“得之于手而应于心，口不能言，有数存焉于其间。”（《庄子·天道》）讲的是艺术不能强而为之，它妙就妙在有意无意之间，无目的而又有目的。从表面上看，道家和儒家的艺术观是对立的，但追其本，探其源，儒家和道家在对立之中却有着内在的一致性。道家尽管避弃现实，但它并不否定人生，老庄对自然生命都抱着爱惜和极为珍贵的态度，而不像西方哲学那样强调禁欲性的官能压抑，把情感导向异化了的神学大厦和人格化了的偶像符号。因而，道家和儒家的思想是互相渗透、相互补充的。可以说，中国古典主义表现美学基本来源于儒、道两家。儒家对后世文艺的影响主要表现在思想内容和艺术外在的功利目的方面，道家的影响主要在审美规律、艺术的自身目的性方面。这两方面的结合可谓基本上抓住了艺术的审美本质。

如果说，我国先秦和两汉对艺术审美本质的考察还没有完全从哲学、伦理学中分离出来，艺术理论仍从属于一般哲学和伦理学理论的话，那么，从魏晋开始，艺术的研究便从哲学和伦理学中分离出来，逐渐成为一门独立的学科。鲁迅说：“曹丕的一个时代，可以说是文学自觉的时代，或如近代所说，是为艺术而艺术的一派。”[①]从魏晋一直到五四前夕，我国古典美学有一个显著特点，就是它大都是艺术创造实践经验的直接总结，极少是哲学家抽象的理性概括，其理论形态是经验性的、直观性的，而不像西方美学那样具有深刻的分析性和系统性。但由于这种理论来自艺术家和鉴赏家的经验之谈，他们是有感而发，一言一语都包蕴着艺术家创作的甘苦和对艺术规律的内在追求，因而感性经验的理论却洞幽烛微，闪烁着古典主义理性精神的光芒。

这一时期的美学思想可以以中唐为界分为前后两个时期。从魏晋至中唐为前期，这一时期主要以艺术哲学的方法研究艺术，考察艺术的本质，着重研究形与神的关系，揭示艺术再现、写实的本质方面。如《典论·论文》《文赋》《文心雕龙》《古画品录》《历代名画录》，就是这方面的代表。陆机《文赋》讲“诗缘情而绮靡，赋体物而浏亮”，首先区分了艺术中的再现和表现，但他注重的仍然是艺术中的再现、写实，“笼天地于形内，挫万物于笔端”。顾恺之提出“以形写神”“形神兼备”，在形似中求神似。刘勰讲“神用象通，情变所孕，物以貌求，心以理应”（《神思》），追求神与貌、理与情、心与物的自由和谐、形与神的辩证统一。到唐代，杜甫讲“别裁伪体亲风雅”，李白讲“垂衣贵清真”，白居易讲“以似为工”“以真为师”，以至司空图讲“思与境偕，乃诗家之所尚”，都表现出写实、再现一直是中唐之前普遍的艺术美的理想。

中唐之后诗风大变，艺术从再现走向表现，从写实走向抒情写意，对艺术理论的研究也从艺术哲学的方法转向艺术心理

① 鲁迅:《而已集》,人民出版社1973年版,第84页。

学的方法。《林泉高致》《传神记》《沧浪诗话》以至公安派、前后七子的理论，就是这方面的代表。司空图是我国古典美学史上首先采用艺术心理学的方法研究艺术，开创写意诗风的举足轻重的大美学家。早在司空图之前，钟嵘虽已提出“滋味”说（“使味之者无极，闻之者动心”），要求诗要“吟咏情性”。皎然也提出“采奇于象外状飞动之句”，“但见性情，不睹文字，盖诣道之极”（《诗式》），把咏怀感喟、抒发主观之情提高到十分突出的地位。但如许印芳所说，“首揭味外之旨”的却是司空图。司空图“辨于味而后可以言诗”（《与李生论诗书》）的思想影响十分久远。苏轼说：“唐末司空图崎岖兵乱之间，而诗文高雅，犹有承平之遗风，其论诗曰：‘梅止于酸、盐止于咸，饮食不可无盐梅，而其美常在咸酸之外。’盖自列其诗之有得于文字之表者二十四韵，恨当时不识其妙。”（《书黄子思诗集叙》）并效仿司空图明确提出自然天成、超然、简远的艺术理想。“诗画本一律，天工与清新。”“论画以形似，见与儿童邻。”（《书鄢陵王主薄所画析技》）“文以达吾心，画以适吾意而已。”（《书朱象先生画后》）“观士人画，如阅天下马，取其意气所到。”（《又跋汉杰画山》)要求诗歌和文人画都要以写心达意为主。严羽与司空图一脉相承，继“诗味”说进一步提出了“兴趣”说：“诗者，吟咏性情也。盛唐诸人唯在兴趣，羚羊挂角，无迹可求。故其妙处透彻玲珑，不可凑泊，如空中之音，相中之色，水中之月，镜中之象，言有尽而意无穷。”（《沧浪诗话》）严羽虽然以盛唐诗人为本提出“兴趣”说，但他对艺术与生活关系的看法却与盛唐诸诗人的观点大相径庭。唐朝诗人认为“兴趣”主要由生活的触发而生，杜甫说：“云山已发兴，玉佩仍当歌。”（《陪李北海宴历下》）“东阁官梅动诗兴。”

（《和裴迪登蜀州东亭送客逢早梅相忆见寄》）但严羽的“兴趣”说却与他的“妙悟”论相联系，要求“不涉理路，不落言筌”，竭力反对“以才学为诗”，“以议论为诗、以文字为诗”，突出强调“味在妙悟”。张宗泰说严羽“别材别趣者，正谓真性情所寄”（转引自郭绍虞《沧浪诗话校释》），可谓一语道破了沧浪“兴趣”说的真谛。到明中叶李贽提出“童心”说，“夫童心者，真心也……绝假纯真，最初一念之本心也”（《童心说》）。公安派高高扬起李贽的旗帜，别具一格地提出“性灵”说：“独抒性灵，不拘格套，非从自己胸臆流出，不肯下笔。”“真人所作，故多真声，不效颦于汉魏，不学步于盛唐，任性而发，尚能通于人之喜怒哀乐，嗜好情欲，是可喜也。”（《袁中郎全集序小修诗》）汤显祖进一步把情与理对立起来，强调情而看轻理，“第云理之所必无，安知情之所必有邪”（《牡丹亭记题词》），并把“志”说成就是“情”，“言志即言情”，“志也者，情也”。王士祯倡“神韵”说，“表至论诗，有二十四品，予最喜‘不着一字，尽得风流’之说……诗至此，色相俱空，政如羚羊挂角，无迹可求，画家所谓逸品是也”（《分甘余话》）。可见“神韵”说的根子就是司空图的“诗味”说和严羽的“兴趣”说，只是“神韵”说更远离客观，要求活脱脱地表现主观，把诗画只是看作“性”“神”在万象中的投影。

可见，中国古典美学与西方迥然不同，西方重再现，中国重表现，重视情与理的结合，或以理节情（先秦至中唐），或以情表理（中唐以后），达到社会性、伦理性的心理感觉与情感的满足，这可以说是我国古典美学的基本特点。这与注重艺术的认识摹拟功能，给人以理智认识愉快的西方古典美学相比，应该说既是它的长处，也是它的短处。因为从根本上来说，对艺术的把握不应该是以上两种艺术审美本质观的分离，而应该是二者辩证的统一。

三

艺术是什么？东西方古典美学对此作了不同的回答。这两种回答谁更接近客观真理呢？从某一方面来说，二者都有其合理性，但从根本上来说又都失之偏颇。西方古典美学注重对客观对象的摹拟、再现，把艺术的本质规定为形象的认识，这从艺术的最终根源上来说是正确的。因为任何光怪陆离、虚无缥缈的艺术现象，都不是天外来客，都有其存在的客观依据。但艺术之所以是艺术，却不仅仅因为它能逼肖原物，给人提供真理性的认识，让人学会理解和判断生活。因为追求客观真理，给人提供规律性的认识，这是哲学和科学的使命。以个体为基础的艺术，它是艺术家提供的一种想象的假定的供人观照的审美对象，它虽然包含着认识论的内容，但它绝非仅仅是一种理智认识，它还有其难以被人所认识、所穷尽、所直言的更多的东西。如果把对真理的追求视为艺术所应达到的目标，那就抹杀了艺术与科学、哲学的界限，等于取消了艺术。西方古典美学的弊端就在这里。任何一种自然和社会现象发展到它的顶点就会向其反面转化，艺术思想也不例外。西方再现艺术美学发展到俄国民主主义者社会学的艺术观，深刻揭示了艺术与社会历史条件的必然联系，为艺术的发展开拓了广阔的天地。但把艺术规定为思维（形象思维）、“直观形式中的真理”（别林斯基语），却使艺术和哲学、科学的界限更加模糊，使艺术失去了自身质的规定性，把理智主义美学推向了极端。因而在19世纪末

20世纪初，西方出现了一种与理智主义尖锐对立的现代表现主义美学，虽然这种理论有它更为明显的弊端，但它作为一种新的美学思潮却有它的历史必然性。它是对西方再现美学的否定，它从反面说明艺术不只是认识，它的主要价值不只是提供生活的真理，艺术还有其不同于理智认识活动更为深刻的东西。

艺术不同于科学认识的是什么呢？是情感，是心理的形式。我国古典美学所注重和发挥的正是这个方面。如前面所说，我国古典美学虽然也注重艺术的再现、写实，但它着重强调的却是抒情、表意，而且愈到后来这种倾向表现得愈加突出。对于艺术来说，情感与知性认识相比，似乎情感更加重要，因为有无认识性的艺术，却没有无情的艺术。例如建筑、书法这些偏重于表现的艺术，它们以线条、色彩诸形式因素组合而成，它们并无再现摹拟的客观对象，也不给人提供可供认识的客观真理，但它们却是艺术，而且有的是经久不衰的艺术珍品。其原因就在于它们洋溢着令人陶醉的情感，能给人以审美的愉悦。情感是一种飘忽不定的、难以准确捕捉的东西，它不像理性思维那样有固定的法规，可以明白地晓之于口，授之于人。因而艺术作为一种情感活动并无刻板的规律可循，它要靠艺术家的自由创造。但是艺术活动又不能完全脱离理智思维的制约，因为情感虽然不同于思维，不是对客观对象和纷纭杂沓的生活现象的直接反映，但情感的产生却要基于对客观对象的认识，没有对客观事物本质的认识就没有情感的萌发。只是基于认识的情感不属于认识论的范畴，而属于心理学的范畴，是一种特殊的心理结构形态。客观对象只有与人的主观欲求、意志目的相联系，情感才能应运而生。因此情感是人的主客观关系的反映，它的形态是感性的，但内容是理性的，它是在感性形式中暗合着对客观意义的理解，潜伏着社会功利目的，积淀着逻辑理智思考，这就是艺术能给人以审美愉悦的根本原因和艺术欣赏的根本特点。我国偏重情感抒发的表现艺术对于艺术不是理而是情，但情又不能脱离理是深有体察的。“礼以节乐”“发乎情，止乎礼义”（《诗大序》），“诗有别材，非关书也；诗有别趣，非关理也。而古人未尝不读书，不穷理。所谓不涉理路，不落言筌上也”（《沧浪诗话·诗辨》），“情必依乎理”“情理交至”（叶燮语）等，都较准确地把握住了情与理的辩证关系。古典美学讲的理，既指客观事物的内在规律，又指社会伦理规范，情就以二者为基础。因此，我国古典主义表现美学与否认和摒弃情感中的理性内容的西方现代表现主义美学是有原则区别的。但是也毋庸否认，我国古典主义表现美学中也有把情与理对立起来，片面地强调艺术就是独抒胸臆、表达主观之情的倾向。如袁中郎的“独抒性灵”、汤显祖的重情轻理、王士祯色相俱空的“神韵”，就有表现主义的色彩。现代西方表现主义中有人提出要学习中国，他们注重的往往也是后者。中国现当代理智主义美学思潮，从它的变革关系来说是对我国古典主义表现美学的直接否定，说明艺术的表现主义理论虽然把握住了艺术本质的一些十分重要的方面，但从总体上讲，却仍然是片面的。我国现当代理智主义美学（包括鲁迅的美学思想）对它的否定和扬弃，应该说既有历史的必然性又有其理论的根据。

分析西方古典再现主义美学和我国古典主义表现美学的合理性和片面性，以及当今东西方艺术发展的趋势，说明对艺术本质的全面思考和探求，既不能单纯执着于表现主义，也不能固守于理智主义，而是应该摒弃其各自的片面性，保留其各自的合理的方面，对东西方古典艺术本质观进行辩证的综合：艺术具有认识论的内容，从某种意义上来说它是一种特殊的认识形式，但它却不仅仅是一种认识。艺术是情感，没有情感就没有艺术，但它又不仅仅是一种情感。艺术之所以为艺术就在于它是认识又不只是认识，是情感又不单纯是情感，而是理智与情感、感性与理性、理智与意志、认识论的内容与心理学形式的统一。

这种统一的存在方式是多方面的，集中表现在既相互联系又相互区别的两个方面。

（一）艺术是自身的目的和外在目的的统一

从哲学方面讲目的，它包括两个方面：或者是外在的目的，如功用、效能、利害；或者是内在的目的，如伦理的完善。这两方面都以一定的概念为依据。艺术的目的也包括自身的目的和外在的目的这两个方面，但艺术虽然蕴含着认识论的内容，却不以概念为中介，没有明确的概念逻辑活动，因而它似乎与任何特定的目的无关，它自身的完美可以说就是它的目的。庄子言："天地有大美而不言""可以言论者，物之粗也。可以意致者，物之精也。言之所不能论，意之所不能察致者，不期精粗焉。"（《庄子·秋水》）道家所强调的就是艺术的内在目的，艺术的精神的、实质的美，艺术自身的目的性。在西方，最早提出艺术以自身为目的这一美学思想的是英国经验派美学家，康德以唯心主义形式把它提升到哲学的高度并予以总结和发展。康德在《判断力批判》中说："美的艺术是一种意境，它只对自身具有合目的性。""艺术有别于手艺。艺术是自由的，手艺是被雇佣的。人把艺术仿佛看作一种游戏，这本身就是愉快的一种活动，达到了这一点，就算是符合目的。"康德的这一思想在我国多年来受到无情的攻讦，认为它是"梦呓般的昏话"，与马克思主义是格格不入的。殊不知它包含着深刻的哲理，它较准确地抓住了艺术的审美特征：艺术的目的不在本身之外，它本身就是一种高于客观必然性的自由活动，是自然向人生成，是人获得自己的自由本质的标志。因而它并不像有些人理解的那样肤浅，也不是同马克思主义冰火不同炉的，而是马克思艺术思想的一个重要观点。马克思就曾经以更为明确的语言说过类似康德的话。他说："作家绝不把自己的作品看做手段，作品就是目的本身，无论对作家或其他人来说，作品根本不是手段，所以在必要时作家可以为了作品的生存而牺牲自己个人的生存。"①

艺术以自身为目的，但并不否认艺术具有外在的目的性，实质上，艺术是自身目的和外在目的的统一。艺术自身的目的对它的外在目的来说，便是无意识、无目的。艺术妙就妙在目的是在无目的的目的性中展示，或者用康德的话说是"无目的的目的性"。也就是说，艺术是无目的的，艺术自身便是目的，但艺术确有提高人的精神境界的外在效用，它要服从于外在目的，它要发挥启迪人的灵魂、满足人的理性要求的功能。《二十四诗品》说"不著一字，尽得风流，语不涉难，若不堪忧"，就是无意之中达到有意，无目的之中符合某种目的性。倘若处处只强调艺术的目的性、意识性，而否认艺术有自身的目的、艺术无目的性的一面，那便会把艺术混同为科学，使艺术丧失其独立存在的价值。西方古典美学就有这样的弱点。而如果只强调艺术以自身为目的，否认艺术的外在目的性，否认艺术的认识价值、工具作用，就会使艺术脱离社会，脱离政治，脱离时代前

① 《马克思恩格斯全集》第1卷，人民出版社1956年版，第87页。

进的步伐，变为为艺术而艺术。为艺术而艺术是现代西方表现主义的文艺口号，在我国当代美学中也出现过这种理论倾向。因此，艺术在有目的和无目的之间、有意和无意之间，可以偏重于某一方面，但不能偏废。艺术的本质就在于这二者的统一，而它们对立统一的基础就是审美情感。

（二）艺术的社会理性内容凝结于审美心理形式之中

艺术是审美意识（审美情感）的物化形态。从审美意识的角度看艺术，艺术的特质就是审美情感。一谈情感是艺术的特质，有人就不以为然，认为它是一种唯情主义理论。殊不知审美情感作为一种心理结构，它是以情感为焦点的，包括感知、想象、思维在内的各种心理功能的和谐统一的活动。康德说，“所谓审美理念，是指能唤起许多思想而又没有确定的思想，即无任何概念能适合于它的那种想象力所形成的表象，从而它非语言所能达到和使之可理解”，“在这场合，想象力是创造性的，并且把知性诸理念（理性）的机能带进了运动，以致于在一个表象里的思想（这本是属于一个对象的概念里的），大大地多过于在这表象里所能把握和明白理解的”。[①]康德在这里所讲的审美理念不同于理性理念的这种综合性、整体性的结构形态，就类似我们所讲的审美情感的心理结构形态。审美情感虽然是一种心理形式，但它却是在情感形式中包含着感知、理解的因素，并通过想象活动，把感知、表象和思维联结和沟通起来。在情感想象中，表象深化为典型，情感导向理性规律，在有限的感性形式中展现出无限的理性内容。也正因为社会理性内容凝结

① ［德］康德:《判断力批判》上卷，宗白华译，商务印书馆1964年版，第160、161页。

在心理情感的形式中，所以它不像理性观念那样确定。审美情感中包含的概念，是游动的、不确定的，它并不要求概念完全与客观对象相符合，它只是朦胧的、不自觉的暗合着客观规律，从而造成了艺术无意而有意、无目的而符合目的性的根本特点。

（原载《山东大学学报》（哲学社会科学版）2002年第4期）

孔子和亚里士多德共同的美的理想

在漫长的人类美学发展史上，孔子和亚里士多德是两位奠基者，由他们所开掘的东西方古典美学这两条宽阔的美学长河，并驾齐驱地奔腾了几千年。也正是在他们各具特色的美学思想中，鲜明地体现着东西方古典美学的共同规律和特殊规律。因此，对孔子和亚里士多德美学思想的比较研究，是一项很有意义的工作。

孔子和亚里士多德的美学思想都产生于奴隶制社会这个共同的基础上，它们又具有共同的性质，体现着共同的规律，即在本质上都属于古典主义美学的范围，都把和谐作为美的理想。和谐作为一个哲学范畴，其本质的含义是讲在矛盾的对立中强调双方的相互依存、相互平衡，即“中和”的思想。孔子讲“中庸之为德也，其至矣乎？民鲜久矣”（《论语·雍也》），亚里士多德讲“美德乃善于求适中的中庸之道”（《尼科马科伦理学》），都说的是这个意思。这种和谐的思想是孔子和亚里士多德共同的哲学基础、美学思想的共同灵魂，从而形成了他们美学的一个共同倾向，即都认为美在于对立的统一，都以和谐为美、不和谐为丑。黑格尔在论及古希腊人的意识时说过：“希腊人以自然与精神的实质合一为基础，为他们的本质；并且以这种合一为对象而保有着它、认识着它……希腊人的意识所达到的阶段，就是‘美’的阶段。”[①]这一观点既适用于亚里士多德，同样也适用于孔子。他们以和谐为共同的美的理想，可从三个方面加以考察。

一、把美看作真与善的和谐统一

以和谐为美在西方和中国都是一个古老的传统，而非始于孔子和亚里士多德。西方早在毕达哥拉斯学派就提出和谐为美的思想，赫拉克利特则从对立统一的角度对和谐美作了进一步的规定。他说：“互相排斥的东西结合在一起，不同的音调造成美的和谐，一切都是斗争所产生的。”亚里士多德在《论世界》中曾大段地摘引了赫拉克利特关于“对立的东西产生和谐”的话，表示对这位晦涩哲人观点的赞同。在我国，早在远古神话中就产生了阳神造天，阴神造地，阴阳相济，化生万物的思想。《尚书·尧典》所讲的“八音克谐”“人神以和”，就是以宗教形式表达的一种和谐美的理想。孔子赞同和谐美的理想，同样源于古老的文化传统。孔子和亚里士多德都是在古老传统的基础上推陈出新，赋予了和谐美以更深刻的内涵和更具体的规定，这便是从真与善的关系上规定美的本质。

在亚里士多德以前，理智认识、伦理实践和审美活动，作为人与现实世界的三种不同的对象性关系还是混沌为一的，没有严格的区别。亚里士多德对之也缺乏明确的界定，但已直观地觉察到三者各有一定的质的规定性。他把纯粹认识活动划归

① ［德］黑格尔：《哲学史讲演录》第1卷，生活·读书·新知三联书店1957年版，第160页。

理论性科学，把具有直接实用目的的“政治学”和“伦理学”划归实践性科学，而把与审美活动有关的“诗学”和“修辞学”划归创造性科学。亚氏认为，一切事物之创生，或出于自然，或由于技术，自然之物变动出于事物本身，而技术的变动则出于受动事物之外，即具有创造性的艺术家，他说：“艺术就是创造能力的一种状况，其中包括真正推理的过程。一切艺术的任务都在生产，这就是设法筹划怎样使一种可存在也可不存在的东西变为存在的，这东西的来源在于创造者而不在所创造的对象本身；因为艺术所管的既不是按照必然的道理既已存在的东西，也不是按照自然终须存在的东西——因为这两类东西在它们本身里就具有它们所以要存在的来源。创造和行动是两回事，艺术必然是创造而不是行动。”[①]这就是说，在亚里士多德看来，艺术活动既不同于只追求事物必然性的科学认识，以把握“真”为目的，又不同于只要求满足人的意志需要的伦理实践，以“善”为目标，而是通过艺术家的制作使“一种可存在也可不存在的东西变为存在的”，体现“如此”（即一般性质）的“这一个”，也就是一般和个别相统一的典型形象、一种活灵活现的美的事物。美虽然不同于真和善，但美与真善并不是绝缘的。亚氏十分注重美与真、善的内在联系，并从真与善两个方面规定美的本质。他一方面对理智、实践、审美三种活动作了初步的划分，另一方面又把三者都称作“科学”，它们的共同任务就是求知，审美就其本质意义而言也是一种求知活动。他说：“我们看见那些图象所以感到快感，就因为我们一面在看，一面在求

① 转引自朱光潜：《西方美学史》上卷，人民文学出版社1979年版，第70页。

知，断定每一事物是某一物，比方说‘这就是那个事物’。”[①]亚氏之所以看重艺术，就因为艺术比历史更有“哲学意味”。因此，他认为在艺术创造活动中，理性始终起支配和诱导的作用。“艺术……是在真正的理性指导之下的某种生产的心情；相反，如果在虚伪的理性指导之下，那就没有艺术。”亚里士多德一方面认为美离不开真，另一方面还认为美与善相联系。亚氏在《伦理学》中从社会分工的角度提出，任何一种活动都有其追求的目标，都可以说是在于求得某种“善”。他把善规定为一切事物的目的之所在，审美和艺术作为人的正常活动，目的也是求“善”。他在《伦理学》中说：“美是一种善，其所以引起快感，正因为它是‘善’。”亚里士多德明确指出善属于行动的范畴，艺术不属于行动，但他又说艺术也是一种善，岂不自相矛盾？辩证地分析起来，这正是亚氏思想的深刻之处。艺术不是行动，但并不意味着美和艺术不内含着善。他说：“目的也有多种，有时候，目的是活动，有时候，结果却超出于纯活动之外。具有超出于行动之外的某种目的，其结果自然是优于活动。”艺术所达到的，就是这种优于活动的目的。在这里，亚氏既划清了美和艺术同伦理实践的区别，又揭示了美和艺术同善的内在联系。在差异性中把握共同性，正是亚里士多德辩证思想的闪光之处。正是从对美与善的辩证分析入手，亚氏正确地解决了艺术和政治的关系。他在《政治学》中说：“在一切科学和艺术里，其目的都是为了善，而最大的善，最高的善、一切善当中最有权威的善——这就是政治科学里的善——善就是正义，换句话说，

---

① ［古希腊］亚里斯多德、贺拉斯：《诗学·诗艺》，罗念生、杨周翰译，人民文学出版社1962年版，第11页。

就是共同利益。”可见，在亚里士多德看来，美既不是真，又不是善，但却离不开真和善，美就是真与善的和谐统一。

孔子论美，也偏重于美与善的区别和联系，但并非像某些同志所说的，他完全否认真，否认美同客观规律的联系。孔子所讲的真包括两个方面：一是指世道的变迁、风俗的盛衰，也就是社会的真。如他观“乐”发出热烈的赞叹：“大哉，尧之为君也！巍巍乎！唯天为大，唯尧则之。荡荡乎！民无能名焉。巍巍乎！其有成功也。焕乎！其有文章。”（《论语·泰伯》）这就是孔子回想起那已逝去的唐尧时代的风俗而感发出来的情感态度。孔子要求构成美的事物的内容应该蕴含着社会的“真”，《乐记》中的“治世之音安，以乐其政和；乱世之音怨，以怒其政乖；亡国之音，哀以思，其民困”，就是对孔子这一思想的具体发挥。二是自然的真。孔子说：“志于道，据于德，依于仁，游于艺。”（《论语·述而》）这里的“艺”，虽然要比我们现在所使用的艺术概念广泛得多，但包括艺术在内。孔子强调君子在志道、据德、依仁之外还要做到“游于艺”，就在于他已经意识到“艺”不完全等于善，它还与真相联系。根据孔子的言论和儒家后学的解释，可以基本断定“艺”就是指的“六艺”，六艺中不论哪一种，都与主体熟练掌握特定的物质材料和性能的“技艺”有关。而对一切物质技能的掌握都暗含着对客观自然规律（真）的把握和运用，都是一种自由的获得。“游于艺”中的“游”字强调的正是这种自由感。美在某种意义上可以说是一种自由的形式。孔子在这里所揭示的“艺”同客观规律的关系，实质上也就是美与真的关系，只是他不像亚里士多德说得那样明确。但对美和善的关系，孔子却说得很清楚，从而成为我国美学史上第一个自觉把美和善分开和联系起来的人。“子谓《韶》尽美矣，又尽善也；谓《武》尽美矣，未尽善也。”（《论语·八佾》）由此可以看出，孔子认为未“尽善”的东西也可以是“尽美”的，美具有区别善的特征，即引起审美愉快和享受的感性形式，也就是朱熹说的“美者，声容之盛”，这是善所不具备的，美和善有着质的界限。美不同于善，但不是说美可以脱离善。《武》乐的尽美是以不脱离善为前提的，“人而不仁，如乐何?”（《论语·八佾》）《武》乐不是不善，而是没有达到“尽善”。所以它不是孔子追求的最高理想，《武》乐与《韶》乐相比，他更崇尚《韶》乐。在孔子看来，理想的美是美与善的和谐结合。可见孔子与亚里士多德一样，也是在真与善之间把握美的特殊本质。

二、主张美和艺术是再现和表现的统一

以古典主义和谐美为理想的孔子和亚里士多德，都主张艺术和美是再现和表现的统一，再现艺术有表现的内容。孔子论艺术主要是论“诗”和“乐”，而诗和音乐又都是偏于表现的艺术，因此他十分注重艺术的表情特征。《尚书·尧典》中早有“诗言志，歌永言”之说。所谓“志”在《尧典》中是“帝”以“典乐教胄子：直而温，宽而栗，刚而无虐，简而无傲”。也就是说，“志”是属于道德范畴的概念。孔子也讲“诗言志”，但他是以“仁”来解释“礼”，把外在的强制性的伦理道德规范变为个体的社会心理情感（仁），从而便对“诗言志”说灌注了情感的内涵，把情感视为艺术的本质。《论语·阳货》记载：“孺悲欲见孔子，孔子辞以疾，将命者出户，取瑟而歌，使之闻之。”孺悲原是奉鲁哀公之命去学“士丧礼”的，孔子为什么不

教之以礼而让其闻之歌呢?《礼记·檀弓》说:“子路曰:‘吾闻诸夫子:丧礼,与其哀不足而礼有余也,不若礼不足而哀有余也。’”子路的话与孔子同宰我论辩“三年之丧,期已久矣”时所说的“予之不仁也!子生三年,然后免于父母之怀。夫三年之丧,天下之通丧也,予也有三年之爱于其父母乎!”(《论语·阳货》)是一致的,都是强调把丧礼这种导源于氏族社会“祖宗崇拜”的原始宗教仪式,变为亲子之爱的世俗伦常的心理活动。礼不再是向彼岸世界的超自然力顶礼膜拜的外在的强制规范,而是向现实人生抒发爱的情感的内在欲求,因为只有这种“感发志意”的情,才更能唤起个体向善的自觉;“克己复礼”才能变成人的自觉的行动,以抒发“情志”为本的“乐”(艺术)也才能够成为把人的内在目的(仁)变为外在目的(礼)的中介和手段。这也就是孔子把“情”“志”熔为一炉,把“诗言志”演化为缘情的妙用所在。孔子强调诗的本质特征是表现,但并不反对再现,“情”“志”是内在的、主观的,它只有借助外物、景象使之客观化、对象化,把主观情感与理智、想象结合在一起,才能构成有理智而又包含着情感的艺术。因此,孔子在主张表情的同时并不反对“象成”。“象成”不仅指再现情感赖以产生和变化的社会政治状况,而且包含直接摹拟客观生活的特定对象,反映现实生活中的人物和事件。郑玄注释“象成”时说:“成谓已成之事也。”孔颖达注说:“夫乐者,象成者也,言作乐者放象其成功者也。”《乐记》所言《武乐》“象成”之说,虽然不出自孔子之口,但从孔子称道《武乐》“尽美矣”来看,他是主张艺术以表现为本,但要求把表现再现化,要做到表现与再现的统一。要求把表现再现化,将兴与赋、比结合,抒情和状物结合,这是儒家美学思想的根本特点,也是中国古代美学的根本特点。

古希腊最发达的艺术是悲剧和雕塑。亚里士多德的《诗学》所研究的主要是悲剧，因此亚氏的美学可以称为戏剧美学、再现美学。强调摹拟、认识是亚氏美学思想的根本特点。但如同亚氏把美规定为真与善的和谐统一一样，他也总是把再现和表现朴素和谐地结合在一起，强调在悲剧和史诗中洋溢着浓重的主观表情因素，把再现表现化。亚里士多德强调再现与表现的统一，主要表现在三个方面。首先，他反对柏拉图扼杀人的情欲，而肯定人的情感的合理性、必然性。柏拉图在《理想国》中把情感当作人性中“卑劣的部分”“无理性部分”，攻击诗人“逢迎”人性中这些卑劣和无理性的部分，认为诗“摧残理性”，使人失去对情感的理性控制（但柏拉图并不否认诗有情感，相反，他认为诗的创造要陷入“迷狂”，就是说作为古典主义美学家的柏拉图，也不能否认古典艺术是再现和表现的统一）。亚里士多德则认为，本能、情感、欲望之类心理功能是人的本性所固有的，情感与理性并不矛盾，情感中沉淀着理性。悲剧引起怜悯和恐惧之情，但观众怜悯某些人物或不怜悯某些人物，发生恐惧之情或不发生恐惧之情，却是受理性控制的，而不是像柏拉图所说的是一种“哀怜癖”。因此情感不但对人无害，而且对理想人格的全面和谐的发展是必需的。其次，艺术创造离不开情感。艺术创造是摹拟，但摹拟的对象主要不是物而是人，人不仅有外形和行动，而且有丰富的精神生活和感受。因此，要把一个人摹拟得惟妙惟肖，使人的行动焕发出精神的风采，就不仅需要观察和想象，而且要设身处地地去体验，与人物同愁共喜。亚里士多德说：“因为人们都具有同样的天然倾向，唯有最真实的生气或忧愁的人，才能激起人们的愤怒和忧郁。”[①]艺术摹拟的对象是客观的，但艺术家对对象的摹拟却不是纯客观的，而是以主体的自我意识为中介去摹拟和反映客观对象，也就是说，对客体的再现要通过主体的表现来完成，因此艺术创造不是冷冰冰的，而是充满激情。亚里士多德认为摹拟者必须为摹拟的对象所激动，而且带有几分疯狂，甚至在情感激动中忘掉自己。在他看来，“天才”是和带有几分疯狂状态的情绪激动分不开的。孔子强调艺术以表情为主，因此要求“以礼节情”，以理导情；亚里士多德则强调摹拟再现，故要求情感的体验，艺术创作要忘我，这正是从不同角度说明了古典主义艺术要求中和平衡，情感和理智不能走向极端，再现和表现必须融为一体。最后，艺术的功能就是陶冶人的情致。亚里士多德说：“摹仿方式是借人物的动作来表达，而不是采用叙述法，借引起怜悯与恐惧来使这种情感得到陶冶。”[②]所以，强调再现中有表现是亚里士多德《诗学》的宗旨。

三、以“中和”作为判断美丑的尺度和艺术自身的目的

孔子和亚里士多德的古代美学，不同于把真和善、理智和情感、再现和表现尖锐对立起来的近代美学。不像现实主义那样片面强调真，以真为美，执着于对丑恶现实的痛快淋漓的批判和揭露，把艺术看成是生活的教科书，把艺术的目的归于对

---

① [古希腊]亚里斯多德、贺拉斯：《诗学·诗艺》，罗念生、杨周翰译，人民文学出版社1962年版，第56页。

② [古希腊]亚里斯多德、贺拉斯：《诗学·诗艺》，罗念生、杨周翰译，人民文学出版社1962年版，第19页。

社会本质必然的认识，也不像浪漫主义那样片面强调善，以善为美，狂热追求现实之外的理想，认为情感和想象之外没有诗，艺术的目的就是把意志情感导向直接的行动。这是因为古典主义以“中和”为美，认为离开真的善，或离开善的真，离开情感的理智或离开理智的情感，都是不合理的，都不是美而是丑。因而，“中和”是孔子和亚里士多德判断美丑的一个基本尺度。同时，古代社会所要求的不是人与自然、个体与社会的分离，而是人与自然、个体与社会的统一，在孔子和亚里士多德看来，艺术恰恰是实现或达到人与社会统一的一种手段。因此，使人达到理智和情感的平衡、适中、和谐，就成为艺术的目的。

孔子和亚里士多德都从哲学的角度提出了中庸的概念。“中庸”的基本内涵是要求矛盾的双方处于和谐的统一体中，它不否认矛盾，但强调的却不是矛盾双方的对立，而是矛盾双方的统一，本质上是讲“中和”。孔子和亚里士多德把作为哲学概念的“中庸”用于美学，便使之成了一种方法论，成了判断美与丑的基本尺度。孔子说：“礼之用，和为贵，先王之道斯为美。”（《论语·学而》）“先王之道”之所以美，就在于通过礼治使社会达到了和谐的统一。这种和谐统一的社会如同在《论语·先进》篇中孔子问他的学生如何礼乐治国时，曾点所回答的那样：“暮春者，春服即成，冠者五六人，童子六七人，浴乎沂，风乎舞雩，咏而归。”这是一种自由和顺的境界。这种社会理想正是“中庸”原则的体现，因此孔子表示“吾与点也”。而孔子对诗乐的要求也是如此。孔子指出雅颂和郑声的区别，就在于雅颂是和乐，郑声是“淫”声，不和谐。孔子评价《诗经》说：“《关雎》乐而不淫，哀而不伤。”（《论语·八佾》）这是“中庸”原则在美学批评上的具体运用。在孔子看来，真正称得上美的艺术，必须以礼节情，保持理智和情感的平衡和谐。情感的表达如果超越适当的应有的限度，欢乐的情感就会变成歇斯底里的放纵，悲哀就会变成无节制的哀伤，这都不能称其为美和艺术。孔子的这一思想对后世影响极深，以后的美学家几乎没有人能够逾越它。它既是批评标准，同时也是创作原则。亚里士多德在这方面与孔子是一致的，所不同的是孔子更重内容的和谐，亚氏则偏重于形式的和谐。亚里士多德对美是形式的看法是以“中庸”原则为尺度的。他说：“一个活东西，或一个由许多部分组成之物，如果要它美，不但要把它的各部分安排好，而且要使它有相当的广度；因为美要依靠广度与安排。一个太小的形象不能算美（因为一眼看尽，辨认不清）；一个太大的形象，譬如一个一千里长的活东西，也不能算美（因为不能一览而尽，看不出它的一致性和完整性）。因此布局也须有相当的长度（以易于记忆者为限），正如物体和活的东西，须有相当的广度（以易于观察者为限）。”（《诗学》）这里所强调的完整性、适度性都内含着“中和”的原则。可见，中和之美是亚里士多德的审美理想，和谐适度是他判断美丑的标准和艺术创作的原则。

孔子和亚里士多德不但把“中和”当作鉴别美丑的准则，而且把它看作艺术的目的。孔子在中国思想史上的地位之所以无人与其匹敌，就因为他以理性主义精神重新解释我国古代原始文化的“礼”和“乐”，以亲子之爱作为他仁学的基础，把传统的礼制归结和建立在亲子之爱这种普遍的心理基础和原则上，使外在强制性的伦理规范化为内在的情感欲求，外在目的（礼）转化为内在目的（仁），“克己复礼为仁”。但孔子的根本目的还是复礼，“人而不仁，如礼何？”（《论语 · 八佾》）孔子要求内在目的也要转化为外在目的。“礼”与“仁”、外与内如何才能达到统一呢？孔子认为其中应该有个沟通的环节，这就是美和艺术。因此艺术作为主体与客体、理智与情感、个体的感性心理欲求和社会伦理道德规范的和谐统一，恰恰可以把“礼”和“仁”联结和沟通起来。也正因为孔子把艺术看成使社会的伦理规范和个体内在的心理情感联结起来的精神载体，因此他特别强调以礼节乐，以理导情，“人而不仁，如乐何?”（《论语·八佾》）但理不能脱离情，礼又离不开诗和乐。孔子说：“礼也者，理也；乐也者，节也；君子无理不动，无节不作，不能诗于礼谬，不能乐于礼素，薄于德于礼虚。”（《礼记·仲尼燕居》）总之，礼和乐不可分，情和理不相悖，要求自然的情感充满、渗透、交融着社会的理性内容。只有这样艺术才能以理性化了的情感去感染、陶冶个体，使强制性的社会伦理规范变为个体自觉的心理欲求，从而达到个体与社会的和谐统一、天下大治。这是孔子的政治理想，也是强调的美和艺术的目的。同样，亚里士多德也强调情感和理智的平衡，人与自然、人与社会的和谐，而且认为实现这种和谐统一的途径就是由道德而审美。亚里士多德说：“如果美德比任何技艺更精确更好，正如自然比任何技艺更精确更好一样，那么美德也必善于求适中。我所指的是道德上的美德，因为这种美德与情感及行动有关，而情感有过强、过弱与适度之分。例如恐惧、勇敢、欲望、忿怒、怜悯以及快感、痛苦，有太强太弱之分，而太强太弱都不好；只有在适当的时候、对适当的事物、对适当的人、在适当的动机下、在适当的方式下所发生的情感，才是适度的最好的情感，这种情感即是美德。”[①]无论在中国还是在古希腊，道德和美都是相通的，由道德而审美，正是亚里士多德和孔子所共同追求的最高境界（而不像西方中世纪以后所共同追求的最高境界）。就是在这种中和、适度的审美理想制约下，亚里士多德要求悲剧所产生的恐惧和怜悯之情，既不能太强也不能太弱，要求适中。但正如马克思所说，古希腊艺术创造是以远古神话为土壤的，激烈的迷狂的宗教感情是古希腊人的共同特点，而不像中国情感的抒发与日常心理生活的满足联系在一起，因此要达到理智和情感的平衡，就不能用一般的节制，而是要对难以抑制的激烈迷狂的宗教情感加以宣泄，进而达到情感的“净化”，恢复理智和情感的平衡，实现人与自然、个体与社会的和谐统一。因此亚里士多德要求艺术作品要引起人们怜悯与恐惧之情，要激起人们强烈的情感，甚至能够“惊心动魄”，以求其情感的宣泄，进而达到所谓“净化”的效果，这同孔子所讲的“以礼节乐”一样，都是为了实现和谐美的理想（也是人生的理想），只是手段和途径不同而已。

（原载《江汉论坛》1985年第6期）

---

① 转引自[古希腊]亚里士多德、贺拉斯:《诗学·诗艺》,罗念生、杨周翰译,人民出版社1962年版,第118～119页。

对文艺本质研究的历史反思

文艺活动作为人类的一种特殊活动，是由具有各种不同功能的艺术因素和关系构成的，艺术的本质就内含于这些因素和关系的整体联系之中。对于如何认识艺术的整体结构，按照雷·韦勒克和奥·沃伦的说法："一部文学作品，不是一件简单的东西，而是交织着多层意义和关系的一个极其复杂的组合体……现代的艺术分析方法要求首先着眼于更加复杂的一些问题，如：艺术品的存在方式，它的层次系统等。"①文学艺术的本质是由文学艺术整体结构所规定的，而不是由结构中的这个或那个因素所规定的。孤立地考察文艺的某一构成因素，进而将其看成整个文艺的本质，或许也能揭示文艺的某一层面的本质，但从整体上看，则是片面的。以上的几种艺术本质理论，如单一的客观反映论或单一的主体表现论，虽然也包含一定的合理性，但却常常以自身理论的相对正确性来排斥和否定其他理论的合理性，以对文艺的某一构成因素的分析来代替对其他因素乃至对整个关系结构的分析。这就要求对文艺本质的研究，应该跳出只对单一因素和关系进行研究的模式，而通过对文艺

① ［美］韦勒克、沃伦：《文学理论》，刘象愚等译，生活·读书·新知三联书店1984年版，第16～17页。

的整体关系结构的把握，从各种构成因素和关系的区别和联系中探讨文艺的本质；要求对已往的艺术本质理论进行综合的辩证分析，以找到一条把它们既辨析开来又融会贯通起来的新的研究途径。

一

迄今为止，对文艺本质的研究有两种主要的模式，或者说有两种主要的理论学说：一种是客观论的模式，它坚持文艺是对客体对象的再现和认识，强调文艺的理智、客观、再现的特征；一种是主体论的模式，它坚持文艺是主观情感的表现，强调文艺的主观、心理、情感的特征。

客观论模式或者说艺术再现说，是一种源远流长的艺术本质观。它之所以历经磨难而生命力至今不衰，就在于它相对正确地回答了艺术的来源问题。可以说，它所奠定的文艺来源于现实生活这个文艺研究的基础，是不可动摇的。

西方古代客观论的主要代表是柏拉图和亚里士多德，都坚持艺术是现实的摹仿的理论。论述诗歌的起源时，亚里士多德说："一般说来，诗的起源仿佛有两个原因，都是出于人的天性。人从孩提的时候起就有摹仿的本能（人和禽兽的分别之一，就在于人最善于摹仿，他们最初的知识就是从摹仿得来的），人对于摹仿的作品总是感到快感。"①在亚里士多德看来，艺术之所以为艺术，不仅在于它摹仿了自然，而且还在于人为什么能

① ［古希腊］亚里斯多德、贺拉斯：《诗学·诗艺》，罗念生、杨周翰译，人民文学出版社1962年版，第11页。

摹仿自然和对摹仿自然的作品产生快感。亚里士多德把这两点都归结为人的“天性”，因此可以说他的艺术本质论是“摹仿”说和“天性”说的结合，是认识的内容与心理形式的统一。亚里士多德的艺术摹仿论是以柏拉图的艺术摹仿论为基础的。通过对客体对象的肯定来肯定主体自身，在主体心理功能的实现中追求艺术的“本真”，是他们二者的共同点。不同的是亚里士多德把所面对的自然看作世界的本体，以主体对客体的心理认同来建立他的摹仿论；而柏拉图则把客观理念作为世界的本体，通过主体狂热的激情去追求世界的“本真”，这似乎比亚里士多德更注重艺术的心理情感因素。柏拉图把艺术说成是由神凭附着向人说话，认为艺术创造“不是凭技艺而是凭神的灵感”，是“心灵的迷狂”。[①]这种理解不是置身局外冷静观察的结果，而是对艺术情感的投入和体验，并试图通过对这种心灵迷狂的体验，找到一条通向客观理念的路。柏拉图的艺术摹仿说虽然带有一种虚幻的色彩，但是它所闪现的艺术辩证法思想却一直给后人以启迪。

近代客观论的代表人物很多，最有代表性的当推文艺复兴时期的达·芬奇、德国古典美学中的黑格尔和俄国民主主义思想家别林斯基。他们的理论学说虽然各有特点，但根本观点却是一致的：都用科学或哲学的方法研究艺术，把艺术依附于哲学认识。

文艺复兴时期文艺理论的历史功绩，在于把真实世界从天堂拉回了人间，并运用当时自然科学的成果和实验的方法观察

---

① [古希腊]柏拉图：《柏拉图文艺对话集》，朱光潜译，人民文学出版社1959年版，第12页。

和分析艺术，把古希腊的艺术摹仿说演化为具有自然科学特色的“镜子”说。达·芬奇是一位杰出的艺术家，但他却不从艺术本身看艺术，而是从科学的角度看艺术。他提倡艺术家要虚心向自然学习，应凭借最敏锐的视觉观察自然和人生，主张把透视、明暗、比例、解剖等知识作为艺术家的必修课。这突出了自然科学的发展对艺术的影响，体现了艺术发展之必然。但他在对艺术本质的揭示上，显然缺少柏拉图和亚里士多德的辩证法思想，带有更多的机械反映论色彩。黑格尔和别林斯基是在比达·芬奇更高的哲学层次上，创立了他们客观论的文艺学说的。黑格尔给予理性以至高无上的地位，视理性为整个世界的主宰，也是艺术的灵魂。但是，作为辩证法大师的黑格尔却深知只靠理性并不能解决全部艺术问题，他把艺术看作生气灌注的生命体，认为艺术的理性内容，必须通过有血有肉、具体可感的形象展现出来。他通过引用歌德的“意蕴”概念，试图把感性与理性、内容与形式融贯为一个整体。从感性与理性相统一的辩证关系中揭示文艺的本质，这是黑格尔对客观论的文艺学的最卓越的贡献，也使这种理论获得了当时最完备的形态。别林斯基及其后来的艺术客观论者，都没有从整体上超越他。别林斯基那段关于艺术与科学关系的论述，“人们看到，艺术和科学不是同一件东西，却不知道，它们之间的差别根本不在内容，而在处理特定内容时所用的方法。哲学家用三段论法，诗人则用形象和图画说话，然而他们说的都是同一件事”[①]，以及被后人由此而演绎出来的“文艺是对现实生活的形象反映”的

① [俄]别林斯基：《别林斯基选集》第2卷，满涛译，时代出版社1952年版，第428～429页。

著名命题，都可以说是黑格尔有关思想的延伸。

当然，从根本上说，黑格尔重视理性胜过重视感性，他的哲学在本质上就是把感性个体淹没在理念发展的历史长河中。这种从哲学认识论的角度对艺术本质的把握，必然要把艺术看成是对现实的认识。毋庸置疑，这种哲学化了的艺术论所包含的思想是深刻的，它天才地揭示了艺术作为人类的活动方式之一，不能脱离人普遍的认识活动，阐明了艺术在本质上具有认识性、反映性的重要特征。因此，客观论的文艺理论所包含的真理性及其历史功绩是不容抹杀的。

我们在对文艺的客观论特别是近代科学化、哲学化的文艺客观论肯定的同时，也包含着对它的某种否定。文艺虽然不能脱离人类的“感性世界”，但文艺之所以为文艺，却不在它反映的“感性世界”本身，而是在于它是在对感性世界认识和感受的基础上所创造出来的一种“感性的精神世界”。在这个意义上，文艺就不单纯是对人类感性世界的反映和认识，而是对它的一种精神超越，一种精神产品的创造活动。这又使文艺活动与人类的物质实践活动有着本质的内在联系。可见，对文艺本质的探讨，可以有更深广的范围。依附于科学和哲学的文艺客观论，实际上是在肯定文艺认识价值的时候，忽略了文艺相对独立存在的地位。黑格尔预言艺术必然走向消亡，并终将被哲学所取代的原因正在于此。

这里有必要着重指出，马克思主义文艺学对文艺本质的把握与上述客观论的模式有着质的区别。有一种较为普遍的偏见，把马克思主义文艺学的文艺本质论等同于历史上的文艺客观论，把发端于别林斯基、车尔尼雪夫斯基，成型于20世纪30年代的“苏联模式”及其所谓的“文艺反映论”误加在它的头上。实际上，马克思主义文艺学只是把历史上包括客观论在内的一切有价值的成果，作为进一步把握文艺本质的思维环节和历史资料，并确立了不同于以往的、其他的文艺理论的科学的文艺本质论。我们认为，马克思主义文艺学的文艺本质论是审美反映与建构的统一，它肯定现实生活是文学艺术的唯一源泉，同时又强调现实生活并不直接就是文学艺术的对象和内容本身。审美主客体的本质在特定的审美关系中进行对应交换，即在客观的生活现实经过主体的同化变为客观的主体性现实时，主体的心理现实也经过客体的同化变为主观的客体性现实。这种反映与建构的统一才构成了文艺的内容和表现对象，才是文艺独特本质之所在。可见，这种艺术本质论是对“客观论”模式的历史性超越，把文艺客观论作为马克思主义文艺学对艺术本质的理解并不符合它的实际情况。客观地讲，包括“苏联模式”在内的客观论文艺学中有许多合理的东西，我们不能简单丢弃。问题在于，无鉴别和分析地对其加以接受和使用，就不能不削弱甚至损害马克思主义文艺学的活力及其应有的理论地位及声誉。反过来，如果把这种在对待和接受马克思主义文艺学上的失误，当成是马克思主义文艺学本身所固有的属性；如果由那段把“苏联模式”当成马克思主义文艺学来加以接受的历史，就推演出马克思主义文艺学等同于“苏联模式”的结论，那么由此而得出的认识和评价就很难说是全面、科学和公正的了。

二

中国古代的文学艺术，总的来说是偏重于主体内在情感的自由抒发与表现的。由于占主导地位的是素朴的、和谐美的理想，所以中国古代文艺理论并不把对客体对象的反映同主体情感的抒发对立起来，也不排斥在艺术表现中的客观再现因素。这正是它不同于西方表现论模式特点之所在。就其自身发展的过程来说，中国古代文艺理论大体包括“言志、缘情、写趣”三个方面的内容。“言志”，偏重于表现主体情感中社会性、共性的内容，往往体现于雄心勃勃、开拓事业、改造社会的宏伟抱负和历史使命，在艺术上崇尚阳刚之美。青铜饕餮的狞厉之美、秦代建筑的昂扬韵味、汉赋的凌云浩气、建安文学的雄浑奔放，都体现了这种倾向。“言志”说正是作为对这种艺术潮流的理论反映而形成的。“诗者，志之所之也，在心为志，发言为诗”[①]，相当准确地揭示了这种以“言志”为基本倾向的文艺潮流的特征。“缘情”既有社会主体进取探索、清醒理智的一面，又有面对现实矛盾无可奈何、焦忧彷徨的一面。李白的诗以亢奋昂扬为主调，自信多于彷徨；而苏轼的作品则与超然物外、安然处世的佛老思想相契合，虽时有牢骚发泄，但更多是自我安慰，是偏于主体情感意趣的抒发。“缘情”说的提出，显然更注意艺术要求自由抒发主体情感的实际，在“言志”说的基础上前进了一大步，体现了中国古代文艺理论的不断丰富和发展。“写趣”则明显偏于表现主体内在情感意念中独特性、个体性的内容。随着封建社会制度的腐朽没落，人们的精神、心理、意识、信念不断地迎受着愈来愈强烈的冲击，经历着一个痛苦的裂变过程。这就导致了文艺偏于主体情感抒发的传统，必然向偏重于抒发主体的意趣性灵方向发展，那些突出自我、标榜个

① 《毛诗序》，郭绍虞主编:《中国历代文论选》第1册，上海古籍出版社1979年版，第63页。

性、不拘格套、任性而发的艺术理论和实践，把对主体内在心灵的表现几乎推向了极端。王世贞论画推崇真趣，论诗提倡格调。李贽则把作品归为创作主体的“童心”之流露，称“天下之至文，未有不出于童心焉者也”[①]。汤显祖说：“凡文以意、趣、神、色为主。”[②]公安三袁认为创作的源泉在心灵，出自性灵为真诗。王渔洋以清淡闲远的风神韵致为诗的最高境界，追求兴会神到，得意忘言。他们前后相继，形成了一种强调自由地表现主体主观情感和性灵的思潮，并与“言志”“缘情”说一脉相承地体现了中国古代文艺理论在整体上偏于主体内在情感表现的基本特征。

中国古代文艺理论偏重于主体情感的表现，但又不像西方主体论那样把情感与理智、表现与再现绝对地对立起来，而是经常把艺术客观论的观点作为自己的补充。明中叶以后，随着资本主义生产关系萌芽的产生，曾出现一种具有近代写实色彩、强调艺术应真实地摹物状景、再现客观对象的文艺客观论思潮。李渔强调戏剧只当求于耳目之前，不当索诸闻见之外；叶燮明确地把客观的理、事、情作为艺术创作的本源；曹雪芹等则坚持“按迹循踪，不敢稍加穿凿”地去写人间悲欢离合的创作原则。然而，这种客观论思潮又深受中国古代文艺思想偏重主体情感表现的影响，总是在强调客观描绘的同时，不忘融入主体情感表现的成分，而不把客观论绝对化。只是到19世纪40年代

① 李贽：《童心说》，郭绍虞主编：《中国历代文论选》第3册，上海古籍出版社1980年版，第118页。

② 汤显祖：《答吕姜山》，郭绍虞主编：《中国历代文论选》第3册，上海古籍出版社1980年版，第149页。

前后，文艺中才逐渐透视出了具有近代特征的审美意识。于此，王国维的思想具有开拓的意义。关于艺术的本质，他说："美术之务，在描写人生之苦痛与其解脱之道，而使吾侪冯生之徒于此桎梏之世界中，离此生活之欲之争斗而得其暂时之平和，此一切美术之目的也。"①在对西方近代主体论文艺学的接受中，把中国古代偏重主体情感表现的文艺学推向了极致。当然，王国维还不可能从根本上冲决古典美和艺术的和谐模式，而只是用寻求纯粹内在心灵的暂时平和，来躲避主体和客体、个体和社会、伦理和心理的对立和冲突。真正自觉地把西方客观论和主体论引进我国文艺学领域的，只能从五四前后的新文化运动算起。

三

一般说来，西方文学艺术是从偏重于对客体对象的再现和认识向偏重于主体情感的表现转化的。因此，对于文艺的研究也是从偏重于客观论的模式向偏重于主体论的模式转化的。就是说，文艺主体论虽然在西方古代文艺思想中并不占主导地位，是在近现代才得以确立和成熟并逐渐取代了客观论的主导地位的。但是，就其产生和发展的过程来说，与客观论一样也是源远流长的。德谟克利特就十分看重人类童年时代那种自由创造的本质力量，认为若没有一种心灵的火焰、没有一种狂热的灵感，就不能成为真正的艺术家。苏格拉底也对艺术创造性活动中的那种主观因素深有感触，认为艺术家不应该奴隶般地临摹

① 刘刚强辑：《王国维美论文选》，湖南人民出版社1987年版，第36页。

自然，而应表现出其心灵的状态。柏拉图既把艺术的特征解释为对“理式”的“摹仿的摹仿”，即“影子的影子”，又把艺术创作中的“灵感”说成是主体心灵的迷狂，是主体的一种精神状态的体现。亚里士多德虽然坚持艺术客观论，但其摹仿说却是强调按照事物应有的样子去摹仿，这显然在其中注入了主体对客体的主观理解成分。贺拉斯对艺术的理解，较前人更为突出了主体性的地位和特征，这与罗马艺术带有浓重的主体倾向有关。罗马时代的艺术，无论是对现实的歌颂还是诅咒，都采取了非现实的扭曲形式。琉善认为，审美和艺术既不是对客体对象的感性直观，也不是主体的抽象思索，它需要借助主体自由地想象，使理性去掉自己的抽象性，融合到感性的形象中去。朗吉弩斯从修辞学与诗学的角度探讨崇高的问题，认为崇高的本质在于崇高的心灵，艺术的目的在于表现崇高的心灵。普洛丁在某种程度上实现了西方古代文艺美学思想与宗教的结合。他在突出艺术内在的主体性特征的时候，使神几乎成了人类主体的精神主宰。西方中世纪的艺术，在主体内在情感的表现上采取了极为曲折的形式。

从文艺复兴开始的西方近代艺术，神的灵光消减，人的理性觉醒。艺术家们开始用主体的坚定自信去驱逐精神领域中神的幽灵，从真实的感觉出发去面对客观世界。当然，感觉和感觉经验应该是主体感知客体对象世界的起点，但由此出发，既可以走向客观论，把艺术看作对客体对象的反映和再现，也可以走向主体论，视艺术为主体内在情感和主观心灵的表现。随着人的精神心理不断地发生着裂变，西方近现代的文艺学也随之不断地进行变革。就其总的倾向而言，是从对客体对象的认识，折回到对人类主体自身的探求，沿着“存在就是被感知”

的方向，先把世界变成了“我”的表象，进而使表象的世界演化为意志的世界，然后在主体意志中寻找事物的根源。这就显示出了其越来越突出主体地位和作用的发展趋势。到了20世纪，这种趋势终于发展成了以现代主义为旗帜的遍及全球的哲学、美学和文艺潮流。主体论的模式就是这样逐渐发展和成熟起来并终于取代了客观论的主导地位。

在现代主义美学与文艺学的发展过程中，克罗齐的观点有着重要的地位。他认为，艺术或美，无非是直觉，而直觉也就是表现。直觉的表现本质使艺术不同于物质的现实，不同于道德的行为，也不同于概念的知识，而只是对心灵、情欲、感情和人格的各种境界的表现。正是在此基础上，叔本华称世界是我的表象，尼采主张权力意志是世界的本质，他们都认为人是自然规律的创造者，科学定律与其说是外部世界的事实，不如说是心灵的产物。而到了柏格森，则公开举起非理性主义的旗帜，提出依靠本能理解自我，以主体的意志与理性相抗衡。此后，詹姆斯的“彻底经验主义”主张意识之流亦即主观生活之流，胡塞尔的现象学则提出本质直觉，如此等等，都弥漫着非理性主义的色彩。随着西方哲学转向研究人类自身，以个人存在为本体的人类本体论哲学以及研究人的意识和心理的心理学得到了迅速的发展，文艺学上也呈现出表现主义各种流派层出不穷、花样翻新的局面。从印象派主张表现主观感觉和朦胧的情绪，到未来派、立体派、野兽派、超现实主义、心理现实主义……从心理批评、原型批评、语义学和结构主义，到解释学与接受美学……这些流派和学说虽然千差万别，各有特点，但在对人自身的观照和对个体存在的本源的探求上，在狂热追求个性主体情感表现的自由上，却是共同的。它们认为艺术家表现的不是被感知的外在事物，而是自身感知自身的东西。用伍尔夫的话说，文学就是“把这种变化多端、不可名状、难以解说的内在精神——不论它显得多么反常和复杂——用文字表达出来”[①]。

表现主义的文艺学突出个性主体在人类活动中的地位，在一定程度上推进和开拓了人类精神和文化意识，但个性主体无论如何也不可能理解自己的存在与自我意识，因而必然陷入主体内在情感与心灵的矛盾之中。尼采曾对人生的孤独大加赞扬，海德格尔提出存在主义应描绘人生的烦躁、畏惧、沉沦和死亡，萨特则以此为基础宣扬“他人即地狱”的思想。这种存在主义的理论，把忧郁、恐惧、痛苦看成是人存在的基本状态，认为人生是偶然的、荒诞的、不可捉摸的。但是，人对此并非完全无能为力，而是可以自己造就自己，并因此而提出“问题在于理解自我”的命题，即在于寻找一个真正关于我的真理，寻找我们为其生、为其死的观念。这实际上已经从对存在主义的本体论的论述，走向了对伦理价值观和社会价值观的探讨。表现主义的文艺观除突出个性主体的孤独感之外，还十分强调个性主体受制于本能的活动与潜意识，把人的行为归结为内在的心理力量的结果。弗洛伊德的“精神分析”说和马尔库塞的“新感性”论，堪称这方面的代表。

西方现代文艺学的产生和发展，是西方现代社会生活的必然产物。它们所表现的主体内在情感与心灵的矛盾和惶恐，鲜明地反映了西方现代社会的矛盾所造成的主体精神心理的躁动

① ［英］弗吉尼亚·伍尔夫：《论小说与小说家》，瞿世镜译，上海译文出版社1986年版，第8页。

和分裂，反映了主体面对诸多社会问题所必然产生的迷茫和忧虑。而且，正是因为西方现代文艺学对作为客体的现实生活失去了信心和兴趣，所以才更加重视主体内在心灵的表现，强调个体潜意识的作用，才以更加盲目的非历史、非理性、非社会的形式去狂热追求个性主体情感的自由表现。这就形成了与客观论完全对立的、强调艺术活动要以主体为尺度、否定对客观对象的再现和认识的主体论的文艺研究模式和理论倾向。

我国的文艺学研究，在相当长一段时间里，主体论倾向没有得到长足发展，而且经常受到排斥和责难。20世纪80年代以来，随着改革开放的深入，在中西文化和艺术的碰撞和交流中，人们开始逐渐认识到心理、情感等之于文艺的重要作用，并注意对西方表现论模式的介绍和引进。这对推动文艺学研究、深化人们对文艺本质的理解，具有积极的意义。与此同时，也出现了一种不顾中国国情盲目照抄照搬西方现代主义条文和范式的理论倾向。客观地说，植根于西方社会生活和文化传统土壤的主体论模式，与我国文学艺术发展的实际，毕竟有一个如何结合的问题，有一个与在中国居主导地位的历史唯物主义文艺观的关系问题。那种不顾中国国情和文化背景照抄照搬的做法，是必然要被实践所否定的。以马克思主义文艺学为主导的当代中国文艺学，在本质上是人类一切优秀文艺学成果的辩证综合，它需要在与西方现代文化的碰撞和交流中，汲取其积极的因素，使自己不断得到丰富和完善。因此，主体论的模式作为一个逻辑和历史发展的必然环节，对我们进一步科学地把握文艺的本质将愈加显示出不可忽视的意义。

（原载《吉林大学社会科学学报》2005年第3期）

西方古代美学和艺术的基本结构特征

西方古代美学和艺术的哲学基础

人类古代哲学是一种自然本体论(物质、宇宙)哲学。一般来说，在古代自然本体论哲学中，主客体还没有严格地区别开来，它往往将世界直接理解为主客体统一的本体世界。古希腊哲学就是一种自然本体论哲学，它是在主客体混沌统一的基础上对客体作客观研究的哲学，主体对客体来说处于从属的地位。古希腊哲人很早就在探求宇宙万物的“始基”，认为宇宙、社会、人具有统一性，具有共同的构成因素。赫拉克利特就说：“承认一切是一，那就是智慧的。”[①]因此他们认为自然是大宇宙，人是小宇宙。大宇宙是天神主宰，而主宰小宇宙的是人的灵魂。因此，人与神是相通的。毕达哥拉斯学派就认为人可以通过净化灵魂达到人神合一。这是一种颇带神秘色彩的大宇宙统治小宇宙、天统治人的理论。这种富有神秘色彩的理论，导致了后来柏拉图的宗教迷狂说。宗教迷狂说并不像有人所说的那样，

---

① 北京大学哲学系外国哲学史教研室编译:《古希腊罗马哲学》,生活·读书·新知三联书店1957年版,第23页。

是后来西方表现艺术理论的滥觞，而是作为小宇宙的人对神秘的大宇宙涌喷出来的一种宗教情感。它是向外的而不是向内的，是人对神秘的宇宙终极本体和绝对界限的追求，而不是主体自我的表现。柏拉图说得很清楚，艺术创作“是由神凭附着来向人说话”[①]，艺术不是人的理性的创造，而是“心灵的迷狂”，不是执着于对尘世的现实美的静穆的观照，而是“见到尘世的美，就回忆起上界里真正的美”，“昂首向高处凝望，把下界一切置之度外”。[②]因此，离开柏拉图宇宙学本体论孤立地研究“迷狂”说，把它说成是一种艺术表现理论，就难免南辕北辙。柏拉图从人神相通来考察文艺主客体的结构关系，要求主体的人统一于神秘的外界客体，把神秘的外界客体看作艺术的终极本体。正因为柏拉图把神秘的外界客体当作艺术的终极本体，在他谈到美和艺术的关系时，很自然地便把美和客观理念联系起来，说美就是理念本身，是最高的真，从而柏拉图使永恒的“美”和理念的“真”在客观唯心主义基础上实现了统一。在柏拉图那里，“美”和“理念”都是人追求的终极本体，也是文学艺术追求的终极目标。美作为文学艺术的对象，也就有了客观理念的性质。主体的神秘的宗教情感仅仅是人追求这一终极本体的中介，而不是文艺的目的本身。柏拉图的“理念”，是对客观自然的抽象化、概括化、凝固化，是舍弃了个别现象的一般本质。它是古希腊哲学和美学宇宙本体论的一种特殊形态，它

---

① ［古希腊］柏拉图：《文艺对话集》，朱光潜译，人民文学出版社 1983 年版，第 9 页。

② ［古希腊］柏拉图：《文艺对话集》，朱光潜译，人民文学出版社 1983 年版，第 125 页。

并不代表古希腊哲学和美学的主流。

在古希腊，神灵对人虽然是一种巨大的震慑力量，但古希腊人并没有一个统一的神作为崇拜的对象，至高无上的神也有人的性灵，或者说，神是人化的神。这种不完全受神统治的人的自由，使他们并不过于沉醉于宗教迷狂的世界里，而是在主体意识和对象世界的对立中，把探索的目光投向外部世界，掌握自然的“逻各斯”、它的内在的规律，也就是把物质世界作为研究的对象、认识的对象。在古希腊人看来，“智慧就在于说出真理，并且按照自然行事，听自然的话”[①]。古希腊人认为，人的一切活动都是按自然来行事，模仿自然是人的一种天性。亚里士多德就是根据人的这种本性，提出了文学艺术是对自然的模仿。亚里士多德的美学思想在西方雄霸了几千年，模仿说[②]也成了一种传统的理论，模仿说似乎也就成了艺术本质说。应该说，后人把亚氏的模仿说完全等同于他的艺术本质论是不全面的。其实，自然模仿说只是亚氏艺术的本体论，而并不就是他的艺术本质论，亚氏的艺术本质论要比他的艺术本体论丰富得多。不容否认，亚氏是从人对自然的模仿解释种种艺术现象的，他甚至按照模仿对象和媒介的不同对各种艺术进行了分类。但他在谈到人为什么能模仿自然时，或者说人为什么会有模仿自然的能力时，他并没有把模仿的能力归结为人的认识，而是归结为人的“天性”。就是说，天性论是模仿论的理论基础。亚里士多德说，艺术起源于“模仿的本能”，人的“音调和节奏感”

---

① 北京大学哲学系外国哲学史教研室编译:《古希腊罗马哲学》,生活·读书·新知三联书店1957年版,第29页。

② 也作“摹仿说”。

都是出于人的天性。从人的天性、本能和自身的需要论文艺，文艺就不仅仅是自然的模仿，具有反映、再现的认识论意义，而且与人的主体有关，包含着主体的心理内容。亚里士多德说："人对于模仿的作品总是感到快感。"①既然艺术创造的快感主要不是源于主体对客体自然的认识，它主要源于主体的模仿天性(人的本质力量)，模仿说重点强调的就不是艺术形象与客观物象是否完全一致，是否完全符合客观事物的本性，具有多么大的客观真实性，而是是否符合情理，在心理情感上是否得到认可。亚里士多德的艺术真实论可以说是一种"可信论"。他说："一桩不可能发生而可能成为可信的事，比一桩可能发生而不可能成为可信的事更为可取；但情节不应由不近情理的事组成……但是，如果已经采用了不近情理的事，而且能使那些事十分合乎情理，甚至一桩荒诞不经的事也是可以采用的。"②可见，亚里士多德在这里对科学所要求的真实(符合事物的事实)和艺术所要求的真实(使生活中不近情理的事变得符合情理，从而使人信以为真)作了明确的区分。同时，亚里士多德为了进一步阐明他这种"可信论"的艺术真实论的理论基础，他精炼地将其概括为"把谎话说得圆"。就是说，艺术明明是虚构，但它只要让人感到合情合理，就是在某些地方违背了现实生活的逻辑，也使人觉得可信，甚至不如此就不可信。亚里士多德这种建立在心理经验基础上的主客体认同关系上的艺术本质观，是不同于后

① [古希腊]亚里斯多德、贺拉斯：《诗学·诗艺》，罗念生、杨周翰译，人民出版社1962年版，第11页。

② [古希腊]亚里斯多德、贺拉斯：《诗学·诗艺》，罗念生、杨周翰译，人民出版社1962年版，第89～91页。

来人们用哲学认识的观点对亚氏模仿说所做的解释的，特别是不同于近代现实主义理论家所说的“再现”说。近代现实主义与近代自然科学的发展和思维方式相联系，它要求艺术像科学那样忠实地再现，精确地描绘客观对象，明白无误地揭示对象的外部特征和内在的本质。再现说虽然与亚里士多德的模仿说有联系，但再现说本质上已不同于亚里士多德的艺术本质论，再现说的哲学基础是形而上学的唯物主义的反映论，亚氏艺术本质论则主要是朴素唯物主义的反映论基础上的心理经验论。再现论强调审美主体被动地摹拟客体，亚氏的模仿说则是主客体关系的认同论。

西方古代人的宇宙观是自然本体论的宇宙观，他们对文艺的看法离不开对于宇宙本体的探求。亚里士多德从自然本体论出发，把古希腊艺术看成是一种自然客体性艺术而不是非客体性的主体性艺术，是基本上符合西方古代人的审美特点的。他虽然从主客体之间的关系规定艺术的本性，但在论述上又把两者割裂开来，容易引起人的误解(后人就误解了他)。我们把西方古代艺术说成是自然客体性的主体艺术，以主客体结构论的方法研究艺术。这个结构不但突出了西方古代艺术是一种客体性艺术，而且界定它是一种自然客体性艺术。这就不但同现代主体艺术划清了界限，而且也与中国古代社会客体性主体艺术划清了界限。也就是说，在这个结构中，主客体的关系是一种自然客体与文学主体的关系，主体在这种关系中的能动作用的发展，是以理解和把握宇宙自然的本体为极限的，主体很难超越客体独立自主地表现自身。但这并不是说自然客体性主体艺术中没有主体，否认主体的能动作用或者看不到主体的能动作用的发挥。如果是那样，便又违背了亚里士多德的艺术本质说。我们强调西方古代艺术是自然客体性主体艺术，就是为了突出主体在艺术中的能动性地位，在自然客体性主体艺术中的主体的能动作用。

自然客体性的主体艺术的美学特性是主客体的和谐统一，也就是说，它是一种古典主义的和谐美的艺术。这就如黑格尔在《哲学史讲演录》一书中所说的，古希腊人强调人与自然的实质性合一并以这种实质性的合一为对象，为自己的本质，为自己的理想。黑格尔认为："希腊人以自然与精神的实质合一为基础，为他们的本质；并且以这种合一为对象而保有着它，认识着它——不过并非沉没在对象之中，而是回复到自身之内(主体之内——引者）——他们并没有退回到形式主观性的极端，而是与自身为一体，因此是自由的主体，仍以那最初的合一为内容、本质与基质——作为自由的主体，将其对象陶铸为'美'。希腊人的意识所达到的阶段，就是'美'的阶段。"[①]这也就是亚里士多德所说的："不论这个被认为我们的自然的统治者和指导者、并思考着高贵和神圣的事物的因素是理性还是别的东西，不论它本身也是神圣的或只是我们之中最神圣的因素，总之，这因素的符合于其本身的美德的活动，将是完满的幸福。"[②]

西方古代艺术的主体与客体的关系

西方古代艺术从主体与客体的关系来说，主要是一种偏于

① ［德］黑格尔：《哲学史讲演录》第1卷，贺麟、王太庆等译，商务印书馆1959年版，第160页。

② 北京大学哲学系外国哲学史教研室编译：《古希腊罗马哲学》，生活·读书·新知三联书店1957年版，第326页。

科学认识的关系。也就是文学艺术家主要以科学认识的眼光看待自然，在主客体形成的对象性关系中，客体既是一种审美的对象，也是一种认识的对象，认识的对象和审美的对象并没有严格地分开。亚里士多德就是把审美建立在主体对客体的认同关系上，他虽然看到了审美不同于一般的认识，但他仍然把审美的快感看作是一种求知的愉快。正因为亚里士多德把审美的对象看作认识的对象，所以他把艺术活动作为一种认识活动来论述，甚至认为艺术的认识价值远超过科学和哲学。他说："诗人的职责不在于描述已发生的事，而在于描述可能发生的事，即按照可然律或必然律可能发生的事"，"写诗这种活动比写历史更富于哲学意味，更被严肃地对待，因为诗所描述的事带有普遍性，历史则叙述个别的事"。[①]因此，亚里士多德的模仿说虽然重点在于强调主体心理功能的实现，但他在具体的论证中仍然把文艺主客体关系看作认知关系，这可以说是亚氏艺术理论自身的矛盾。这是因为，文艺客体是什么性质的客体，不仅仅取决于对象是不是自然物，更重要的是主体以什么态度对待这个事物，它与主体构成的是一种什么关系。如果把文艺主客体关系看作是一种认识关系，它就要求文艺主体像科学认识主体那样对待对象，像科学认识主体探求客观真理那样把握客观事物的真。后人多从认识的方面单一地理解亚里士多德的艺术观，特别是近代哲学家、美学家大都以自然科学的态度或认识论的态度看艺术，这就更容易把文艺主客体关系等同于认知关系。黑格尔关于"美是理念的感性显现"的定义，就是从美与

---

① [古希腊]亚里斯多德、贺拉斯:《诗学·诗艺》,罗念生、杨周翰译,人民出版社1962年版,第28～29页。

真的关系提出来的。他说："美就是理念，所以从一方面看，美与真是一回事。这就是说，美本身必须是真的。但是从另一方面看，说得更严格一点，真与美却是有分别的。说理念是真的，就是说它作为理念，是符合它的自在本质与普遍性的，而且是作为符合自在本质与普遍性的东西来思考的。所以作为思考对象的不是理念的感性的外在的存在，而是这种外在存在里面的普遍性的理念。但是这理念也要在外在界实现自己，得到确定的现前的存在，即自然的或心灵的客观存在。真，就它是真来说，也存在着。当真在它的这种外在存在中是直接呈现于意识，而且它的概念是直接和它的外在现象处于统一体时，理念就不仅是真的，而且是美的了。美因此可以下这样的定义：美就是理念的感性显现。"①黑格尔在这里力图把理性与感性、本质与现象统一起来，并把这种感性与理性相统一的事物作为美的对象。他认为，艺术的特征就在于以感性显现理性，以现象表现本质。这虽然比亚里士多德的直观的模仿自然更辩证，也更深刻，但仍然是把文艺主客体关系规定为一种认识关系。在古代西方，人们就是基于文艺结构中主体与客体的这种认知性关系，提出了文艺的镜子理论。达·芬奇说："画家的心应该象一面镜子，永远把它所反映事物的色彩摄进来，前面摆着多少事物，就摄取多少形象。"又说："画家应该研究普遍的自然，就眼睛所看到的东西多加思索，要运用组成每一事物的类型的那些优美的部分。用这种办法，他的心就会象一面镜子真实地反映面前的一切，就会变成好象是第二自然。"②这种从主客体的认知关系来规定审美关系的艺术论，或者说以对主客体的认识关系

① [德]黑格尔：《美学》第1卷，朱光潜译，商务印书馆1979年版，第142页。

② 伍蠡甫主编：《西方文论选》上卷，人民文学出版社1964年版，第183页。

作为对美和艺术关系的规定，它所揭示的主要是文学艺术的客观性质，或者说，给予自然客体性的艺术以客观定性。但任何文学艺术的本质都是由审美主客体的对象性关系规定的，就算是自然客体性艺术的客体性质也不能仅仅以认识客体的性质来规定，而要以审美客体的性质来定性，客体的认识性因素要融化在感性的审美因素中、主体的心理因素中。但这已超出了主客体的认识性关系的范围，而要研究主客体的审美关系的构成，应当深入文学艺术主体自身，特别是在双重主体的相互交感的关系中来分析这个问题。

西方古代艺术的主体自身结构

马克思在《1844年经济学哲学手稿》一书中说："如果把工业看成人的本质力量的公开的展示，那么，自然界的人的本质，或者人的自然的本质，也就可以理解了；因此自然科学将失去它的抽象物质的或者不如说是唯心主义的方向，并且将成为人的科学的基础。"[①]这是人的思维和自然科学研究的重大转向，也是美学研究的重大转向。它标志着人从客体自然本身看自然，转向从主体角度看自然。自然科学被理解为对人的本质的揭示，自然科学成了人的科学的基础。人们把文艺看作是对自然的模仿，文艺是一种科学认识，这是典型的从客体自然本身看自然，把自然客体的本质当成文艺的本质，它与人的本质没有必然的联系，这严格来说讲的并不是艺术。而把西方古代艺术规定为自然客体性的艺术，则是从主客体的关系来研究艺术，是主体

① 《马克思恩格斯全集》第42卷，人民出版社1979年版，第128页。

以对自身的本质的理解来理解自然客体。主体对客体的描绘是主体自身领悟的、看到的东西，并对所描绘的事物灌注于生命的外观，而不限于事物的特性。但主体所描绘的东西，又不是飘忽不定的，它有相对的确定性。这正如维特根斯坦所说："艺术家生产某种东西——艺术作品——它不应像潮湿的花岗石和鸭兔变形图那样可作多种解释，而应被看作是某种确定的东西。"①这就是所说的自然客体性艺术的特性。

西方古代艺术从本质上讲不是对自然的模仿，不是主体对客体的静态反映，它是一种主客体的艺术结构。对古代艺术的这种看法，既是对亚氏模仿说的继承，又是对模仿说的改造。由于亚氏主要以直观的方式看自然，没有也不可能概括出文艺主客体之间的关系，因而在具体表述中，一会儿强调艺术是主体心理功能的实现，一会儿又强调模仿就是对客体的认识，使自己的理论常常陷入矛盾中。因此，应该从亚氏理论的矛盾中解放出来，更准确地揭示西方古代艺术的本性。罗素曾说过："关于希腊人，传统的看法是他们表现了一种可钦可敬的静穆，这种静穆使得他们能置身于局外地来观赏热情，来观察热情所表现的一切美妙，而他们自己却不动感情，有如奥林匹克的神明一般。这是一种非常片面的看法。"②这种"非常片面的看法"，就是指后人只看到西方古代哲学家（包括亚氏）静观地看自然的一面，强调客体的一面，而没看到他们强调主体的一面，

---

① [美]奥尔德里奇:《艺术哲学》,程孟辉译,中国社会科学出版社1986年版,第72页。

② [英]罗素:《西方哲学史》,何兆武、李约瑟译,商务印书馆1963年版,第44页。

没有全面地把握古希腊哲学家的理论。罗素认为："在希腊有着两种倾向，一种是热情的、宗教的、神秘的、出世的，另一种是欢愉的、经验的、理性的，并且是对获得多样事实的知识感到兴趣的。"①因此，从主体与客体的关系来看西方古代艺术，它的主体不是向内的，而是向外的，是面对自然客体的。但它不是以纯静观的态度观察和认识自然，而是以情感和理性对立统一的方式感受和领悟对象，在主客体的双向同构关系中把握对象。这种感性和理性、情感和理智的冲突就涉及西方古代自然客体性艺术中主体自身的结构，也就是双重主体的关系问题。尼采对古希腊艺术的研究不同于前人对古希腊艺术的研究，可以说尼采是从前人重视对象客体的研究转向对主体自身的研究。尼采的"酒神精神"和"日神精神"，并不是非人类化的自然或上帝，它恰恰是人类精神的象征、人类生存的本源和动力。也就是说，尼采不是从自然本体研究艺术，而是从人类学本体论研究艺术。尼采的"酒神精神"和"日神精神"的关系，颇似我们所说的西方自然客体性艺术中主体自身的关系，也就是表现主体和理性主体的关系。尼采在《悲剧的诞生》中说："艺术的持续发展是同日神和酒神的二元性密切相关的……这酷似生育有赖于性的二元性，其中有着连续不断的斗争和只是间发性的和解。"②酒神和日神的二元性，是主体自身的二元性，并不是笛卡尔的物质与精神的二元性、主体与客体的二元性。尼采

① ［英］罗素：《西方哲学史》，何兆武、李约瑟译，商务印书馆1963年版，第46页。

② ［德］尼采：《悲剧的诞生——尼采美学文选》，周国平译，生活·读书·新知三联书店1986年版，第2页。

说：“日神……他是‘发光者’，是光明之神，也支配着内心幻想世界的美丽外观。”[①]尼采引用叔本华在《意志与表象的世界》一书中的说法，“喧腾的大海横无际涯，翻卷着咆哮的巨浪，舟子坐在船上，托身于一叶扁舟；同样地，孤独的人平静地置身于苦难世界之中，信赖个体化原理”。尼采接着说：“关于日神的确可以说，在他身上，对于这一原理的坚定信心，藏身其中者的平静安坐精神，得到了最庄严的表达，而日神本身理应被看作个体化原理的壮丽的神圣形象，他的表情和目光向我们表明了‘外观’的全部喜悦、智慧及其美丽。”“在这惊骇之外，如果我们再补充上个体化原理崩溃之时从人的最内在基础即天性中升起的充满幸福的狂喜，我们就瞥见了酒神的本质，把它比拟为醉乃是最贴切的。”[②]可见，日神和酒神是两种不同的主体精神。沉醉迷狂的酒神狄奥尼索斯，它表现为人以感性情感对个体存在的无条件的肯定；静穆明智的日神阿波罗，表现为对沉醉迷狂的狄奥尼索斯精神的一种控制、对个体存在的一种限制，要求个体行为的自我抑制和适度。尼采说：“个人，即对个人界限的遵守，希腊人所说的适度。作为德行之神，日神要求它的信奉者适度以及——为了做到适度——有自知之明。于是，与美的审美必要性平行，提出了‘认识你自己’和‘勿过度’的要求；反之，自负和过度则被视为非日神领域的势不两

---

① ［德］尼采：《悲剧的诞生——尼采美学文选》，周国平译，生活·读书·新知三联书店1986年版，第4页。

② ［德］尼采：《悲剧的诞生——尼采美学文选》，周国平译，生活·读书·新知三联书店1986年版，第5页。

立的恶魔。”[①]

我们说西方古代艺术是一种自然客体性的艺术，这种艺术的主体结构——表现主体和理性主体的关系，就是“酒神精神”和“日神精神”的对立和融合。我们认为，西方古代艺术与中国古代艺术相比，它更充满着一种沉醉迷狂的情绪、一种原始的内在冲动，即一种狄奥尼索斯精神。就古希腊悲剧来说，悲剧人物大多要遭受厄难和不幸，充满痛苦和死亡。俄狄浦斯无法逃脱杀父娶母的命运，最后不得不忍痛自刺双目离开心爱的祖国，悲惨地流浪于异乡，这可以说与作为内在表现主体的狄奥尼索斯精神有关，这是静观的自然模仿说永远也无法解释的。但在西方古代自然客体性的艺术中，这种沉醉迷狂的狄奥尼索斯精神，是不允许无休止地发泄的，它要受理性主体——静穆明智的阿波罗精神的控制，没有这种控制，就像尼采所说的，这种“自负和过度则被视为非日神领域的势不两立的恶魔，因而是日神前泰坦时代的特征，以及日神外蛮邦世界的特征”[②]。所以在西方古代艺术中，作为理性主体的阿波罗精神对表现主体的狄奥尼索斯精神的控制是不可缺少的。正是这种理性对感性的控制，理智对情感的控制，俄狄浦斯才得以解开人面狮身兽之谜，并使得他自己卷入了罪恶的旋涡之中。正是这种理性主体对表现主体的控制，才使《拉奥孔》雕像中的拉奥孔父子虽然被大蛇缠绕，但他们并没有过度地表现出临死前的痛苦的

① [德]尼采:《悲剧的诞生——尼采美学文选》,周国平译,生活·读书·新知三联书店1986年版,第15页。

② [德]尼采:《悲剧的诞生——尼采美学文选》,周国平译,生活·读书·新知三联书店1986年版,第15页。

挣扎，而仍然镇静自持。这就是温克尔曼所说的“高贵的单纯，静穆的伟大”。这种静穆的氛围，就是来自理性主体对表现主体的控制和调节。当然，理性主体对表现主体的控制和调节不是强制性的，而是通过理性主体和表现主体之间的“整体性交感”和“互渗”来实现的。所谓“整体性交感”，是一种“弥漫于整个宇宙之中的呼吸给予一切事物以一种张力，靠着这种张力这些事物被结合在一起”[①]，古希腊斯多葛派哲学家力图利用这种理论调和神话思想和哲学思想，使理性哲学与原始神话相内通。希腊神话是古希腊艺术的土壤。激烈的、迷狂的宗教情感需要经过难以抑制的情感发泄，进而达到情感的净化，来恢复情感与理智的平衡，也就是狄奥尼索斯精神和阿波罗精神的暂时和解。这种暂时的和解就需要理性主体和表现主体的互渗。狄奥尼索斯精神和阿波罗精神作为西方古代艺术的表现主体和理性主体的主要特性，它们既对立又融合，形成了西方古代艺术主体的整体结构。

但是，在由狄奥尼索斯精神和阿波罗精神的相互对立和交感中构成的西方古代艺术主体的整体性结构中，起着主导作用的仍然是阿波罗精神。日神精神作为一种理性精神，它构成了西方古代艺术主体的特性。在这一点上，我们的观点不同于尼采。尼采说：“个人带着他的全部界限和适度，进入酒神的陶然忘我之境，忘掉了日神的清规戒律。”[②]而在我们看来，西方古

① ［德］恩斯特·卡西尔：《人论》，甘阳译，上海译文出版社1985年版，第121页。

② ［德］尼采：《悲剧的诞生——尼采美学文选》，周国平译，生活·读书·新知三联书店1986年版，第15～16页。

代人仍然主要以阿波罗精神看世界，表现出一种积极的探索精神、对宇宙本原的不顾一切的追求。所以西方古代艺术不论以什么形式出现，总是把美、艺术同客体、自然、科学认识联系在一起，强调真与美的统一。亚里士多德是西方古代美学的奠基人，他的《诗学》的基本精神就是强调模仿，强调美与真的统一。贺拉斯的《诗艺》强调指出，艺术“必须切近真实；戏剧不可随意虚构，观众才能相信”[①]。法国新古典主义的布瓦洛在其《诗的艺术》中，仍然把“理性”奉为诗的准则，提出首先必须爱理性。他认为“一切文章永远只从理性获得价值和光辉”，因为“只有真才美，只有真才可爱，真应该到处统治”。[②]应该说，这种把艺术等同于科学认识、把科学认识的本质当作艺术的本质的观点不免失之于片面。今天，我们从主客体的结构关系探讨西方古代艺术的特性，就是为了打破这种对西方古代艺术的传统看法。

（原载《方法论意识与问题化意识》，山东大学出版社2006年版）

① [古希腊]亚里斯多德、贺拉斯：《诗学·诗艺》，罗念生、杨周翰译，人民文学出版社1962年版，第155页。

② 转引自朱光潜：《西方美学史》上卷，人民文学出版社1979年版，第170～171页。

儒道交融与中国古代和谐美的思想

对于中国古代美学的基本性质，我们同意这样的观点：中国古代美学与西方古代美学一样，同属于古典主义美学，在美的形态上都主张和谐美。这一历史形态的形成，同儒道两家的哲学思想、伦理思想和美学思想的互相离异和互相吸收有特别密切的关系。尽管他们在各自的发展过程中又分化为不同的学派，但总的来说，儒家偏重于人的哲学，着眼于人对社会的义务，强调善与美的统一，道家偏重于自然哲学，着眼于人对自然的认识，强调真与美的统一。两家各有偏重又相互补充，相反相成地融合为共同的和谐美的理想。事实上，无论是三教九流、诸子百家的各派学说，还是各民族、各地区不同的文化传统，都是异中有同、同中有异，它们在相互论辩和影响、相互补充和交融中对形成具有中国民族特色的美学思想都做出了自己的贡献。本文拟从先秦儒、道两家美学异同比较和相互交融的角度，对中国古代和谐美的思想做一简论。

人与自然的和谐统一

殷周以来，占统治地位的思想是宗教神学。奴隶主贵族利用当时人们对自然现象的无知，按照自己的意志创造出“上帝”这一超自然的精神力量来主宰一切，人同自然的关系被歪曲颠倒了，自然之天变成了有意志的造物主。在这种神学天道观的统治下，人同自然的关系完全是对立的，除了“人神以和”的宗教幻想之外，没有真正的自由和谐可言。在同这种宗教神学天道观的斗争中，老子创立的道家学说做出了杰出的贡献，它撕下了披在“天”上的神秘外衣，恢复了其物质性的本来面目，提出了以“道”为体，以“德”为用，以“法自然”为基本原则的思想体系，从而为正确解决人与自然的关系奠定了基础。虽然老子之后的道家分成了稷下黄老学派和庄子学派两大分支，但在人与天地自然的关系上，二者观点却是一致的，即都强调人与自然的和谐统一，都认为这种和谐统一是美的理想境界。

老子把人与自然的和谐建立在“法自然”的原则上。他认为，广大而无限的宇宙是一个统一整体，是由道、天、地、人四个主要元素组成的大系统，即所谓“道大，天大，地大，人亦大。域中有四大，而人居其一焉”（《老子》第二十五章，以下凡引此书只注章次）。这“四大”之间既不是相互冲突，也不是杂乱无章，而是井然有序、和谐统一的，这集中表现在“人法地，地法天，天法道，道法自然”（第二十五章）这一根本原则上。这个被人、地、天、道依次效法的“自然”是什么呢？综观老子全书，它有两层含义：一是指本来如此、天然而成的性质，如“功成事遂，百姓皆谓‘我自然’”（第十七章）；二是指整个天地宇宙的存在状态，如上述“域中”，也就是泛指整个大自然。这两层含义其实是一回事，总起来就是后人讲的“清水出芙蓉，天然去雕饰”。老子认为，道和天地都效法自然，人也应当如此，即仿效自然的状态和性质，按照自然规律行事，只有这样才能实现人与自然的和谐统一，实现这种统一就叫“得道”。老子认为得道的人是最自由的，表现在摄生方面，能够“长生久视”，能够“陆行不遇兕虎，入军不被甲兵。兕无所投其角，虎无所措其爪，兵无所容其刃”（第五十章）；表现在言行方面，能做到“善行，无辙迹；善言，无瑕谪；善计，不用筹策；善闭，无关键而不可开；善结，无绳约而不可解”（第二十七章）。而这种得道之人的杰出代表就是圣人。由于圣人完全认识和掌握了自然的无知、无欲、无争、无为等性质以及柔弱胜刚强等规律，所以能够“处无为之事，行不言之教”，做到“无为，故无败；无执，故无失”“慎终如始，则无败事”“为无为，则无不治”，即自由自在地治理天下。从老子对人与整个自然界的统一、对这种统一性的体现者的赞美、对人与自然的和谐以及对得道之圣人的赞美来看，他始终把和谐统一当作美的理想，把主体对必然性的取得的自由当作最理想的境界。这种把美建立在合规律性的基础上、强调真与美统一的思想是很深刻的，他从人与自然的关系上把握了美的本质。

稷下黄老学派则在精气论的基础上把人与自然的统一直接建立在“和”的规律上。他们改造了老子的“道”，吸收了它的“其中有精”“冲气以为和”的基本内核，认为宇宙万物都是由精气构成的，而“道”主要是指精气的属性、功能本质和运动规律。其中最核心的问题就是“和”。这一派的代表著作《管子》中《心术》《内业》《白心》等篇认为，“凡人之生也，天出其精，地出其行，合此以为人。和乃生，不和不生”（《管子·内业》），强调了由天地而生人的关键是“和”，并把这一规律称为“种之道”。又说：“凡物之精，比则为生。”“比”与“和”都是不同事物间的结合，即对立统一。他们认为，万物只有按照“和”的规律运动变化，才能生生不息，永无止境，所以“和则能久”。万物如此，人心也不例外。“彼心之情，利安以宁，勿烦勿乱，和乃自成。”（《管子·内业》）人们只要保持内心的和谐并且按照“和”的规律认识和对待事物，不但可以“其外安荣”“浩然和平”“四体乃固”“九窍遂通”，而且“乃能穷天地，被四海，中无惑意，外无邪灾，心全于中，形全于外，不逢天灾，不遇人害”。还可以“戴大圆而履大方，鉴于大清，视于大明”。“偏知天下，穷于四极。”（《管子·内业》）这也就是“圣人”“得道之人”所达到的自由境界，即人与自然和谐统一的最高理想。由此可见，稷下黄老学派把老子的单纯“法自然”，发展成为认识和运用人与自然共同具有的“和”的规律，这就把人与自然的和谐建立在更深刻的层次上了。与此相联系，他们的气化学说和精、气、神统一的思想，以及从万物的本质、属性、功能和普遍规律的意义上来把握“道”的理论，对美学思想的发展都产生了巨大影响。

道家的另一著名代表庄子却继承了老子思想中某些消极因素，把老子的“玄同”发展为物我“齐一”，从而把人与自然的和谐夸大成绝对的自由。他认为，事物之间的差别都是相对的，“莛与楹，厉与西施，恢恑憰怪，道通为一。其分也，成也；其成也，毁也。凡物无成与毁，复通为一”（《庄子·齐物论》）。又说：“以差观之，因其所大而大之，则万物莫不大；因其所小而小之，则万物莫不小”，“以趣观之，因其所然而然之，则万物莫不然；因其所非而非之，则万物莫不非”（《庄子·秋水》）。既然事物的性质和人的认识都是相对的，不存在什么差别，所以“天地与我并生，而万物与我为一”（《庄子·齐物论》）。人与自然的和谐发展到极端，把它绝对化了。然而，这正是庄子所追求的“道”的理想境界。在他看来，有形的万物都是有成有毁的，只有道才是“无为无形”“无成无毁”的天下大全才是超出一切相对的万物之上的绝对。庄子认为，只有认识了道，即与道同体的“圣人”“真人”“至人”，才能“独与天地精神往来而不敖倪于万物，不谴是非以与世俗处”（《庄子·天下》），才能“乘天地之正，而御六气之辨，以游无穷”（《庄子·逍遥游》），这也就是“无己”“无待”的“逍遥游”。怎样才能达到这种绝对自由呢？庄子说，必须经过一番“坐忘”的功夫，“堕肢体，黜聪明，离形去知，同于大通。此谓坐忘”（《庄子·大宗师》），即把物和自己都彻底忘掉，完全无知、无欲、无虑、无为。显然，庄子在人与自然的关系上追求的这种绝对的自由和谐是不存在的。但是在这些唯心主义谬论中却包含着一个深刻而被歪曲了的美学思想，即人与自然的自由和谐作为一种美的理想，是合目的性与合规律性的统一，也就是人在认识必然的基础上，把有目的变为无目的，即以自身为目的的时候，才能达到出神入化的美的最高境界。这一思想对中国古典美学，诸如“神韵说”“意境说”等理论都产生了深远的影响。

庄子的“坐忘”是对老子“法自然”的恶性发展，有否定人对自然的主观能动性之嫌，所以被荀子批评为“蔽于天而不知人”。道家的这一弱点却正是儒家特别注意纠正和弥补的。孔子看待人与自然的关系完全是从他的“仁学”着眼的，他的“智者乐水，仁者乐山”的观点就是从人的精神品质出发的。孔子赞成“暮春者，春服既成，冠者五六人，童子六七人，浴乎沂，风乎舞雩，咏而归”的自由境界（《论语·先进》），也正是人与自然的这种和谐融洽的关系，才充分体现了人生理想，即实现了天下大治的愿望。继承孔子思想的思孟学派比孔子较多地谈到人与自然的关系。子思认为“中”“和”是宇宙最根本的最普遍的规律。他说：“中也者，天下之大本也；和也者，天下之达道也；致中和，天地位焉，万物育焉。”（《中庸》）表面看来，这与稷下黄老学派的观点是相同的，其实却同中有异。子思的观点是孔子“中庸之道”的引申扩大，是由人道引出天道，再用天道论人道，而道家则是直接从“道法自然”立论。子思还把人的真诚、专一等主观精神概括为“诚”的概念，然后又把它夸大为宇宙精神的天道，说：“诚者，天之道也；诚之者，人之道也？”（《中庸》）以此说明“天人合一”。孟子进一步发展了子思的思想，他说：“尽其心者，知其性也；知其性，则知天矣。”（《孟子·尽心上》）他认为人的心性与天本为一体，天是有道德属性的，天的道德属性包含在人性之中，天人是相通的。由此他得出结论：“万物皆备于我矣，反身而诚，乐莫大焉。”（《孟子·尽心上》）他体会到人与自然达到和谐的快乐，美在于人与自然的统一。但这种审美感受却是建立在唯心主义的基础上的，在这一点上孟子与庄子又是相通的。

另一名儒家大师荀子则在唯物主义基础上发展了人与自然和谐的思想，实现了儒道两家在这个问题上的交融。他站在儒家的立场，却充分吸收了道家思想的积极因素。他认为自然界是井然有序的、有规律的，而这些规律又是客观的、不以人的意志为转移的，他说：“天行有常，不为尧存，不为桀亡。”（《荀子·天论》）这些规律中最根本的是“和”，“列星随旋，日月递照，四时代御，阴阳大化，风雨博施，万物各得其和以生，各得其养以成，不见其事而见其功，夫是之谓神”（《荀子·天论》）。自然规律既然有迹象可寻，因此是可以被人认识的，“所志于天者，已其见角之可以期者矣；所志于地者，已其见宜之可以息者矣；所志于四时者，已见其数之可以事者矣；所志于阴阳者，已其见知之可以治者矣”（《荀子·天论》）。荀子的这些观点显然是对老子的“法自然”的道论和稷下黄老学说的批判继承。但是荀子没有到此为止，他吸收了思孟学派强调人的主观精神的合理因素，同时克服了道家消极无为的缺点，提出了“制天命而用之”的光辉思想，从而把人与自然的和谐建立在积极的自然天道观的基础上。荀子认为，自然界是有秩序的，存在着和谐，因而存在着美，例如有“山林川谷美”“兰槐之美”“珠玉之美”“响万物之美”等。但是自然界之所以有美，是因为和人有关，能为人“致其用”，他说：“故天之所覆，地之所载，莫不尽其美，致其用，上以饰贤良，下以养百姓而安乐之。”（《荀子·王制》）人与自然的这种和谐，不仅是因为体现了能“致其用”的功利目的，而且还因为人们在自然物上看到、想到人的某些优美品质，从而产生审美感受。《荀子》说：“孔子观于东流之水。子贡问于孔子曰：‘君子之所以见大水必观焉者，是何？’孔子曰：‘夫水，大徧与诸生而无为也，似德。其流也埤下，裾拘必循其理，似义。其洸洸乎不淈尽，似道。若有决行之，其应佚若声响，其赴百仞之谷不惧，似勇。主量必平，似法。盈不求概，似正。淖约微达，似察。以出以入，以就鲜洁，似善化。其万折也必东，似志。是故君子见大水必观焉。’”（《荀子·宥坐》）可见君子之所以观赞美水，是因为他把水这一自然物与人的德、义、道、勇等优美品质联系起来，使人与自然产生了共鸣。这就是说，美的合目的性的一面，即美与善的统一，是儒家一贯强调的观点。荀子说：“以赞稽之，万物可兼知也。身尽其故则美。”（《荀子·解蔽》）“故”就是事物的道理、规律，只有“兼和”并且亲自遵循事物的规律，才能达到美。他认为圣人把这种合规律性，即“天道”，与合目的性，即“人道”结合得最好，所以说“圣人备道全美者也”（《荀子·正名》）。由此可见，先秦儒道两家在人与自然的和谐统一问题上，由各执一端，通过互相争辩、相互影响，逐步达到了相互补充、相互交融，荀子在这方面起了决定性的作用。

个体与社会的和谐统一

道家尊重自然，强调天道，向往人与自然的和谐统一。在个体与社会的关系上，他们也同样强调一种自然的和谐，而反对人为的统一。对于维持个体与社会之间关系的道德、法律，他们有的完全否定，有的用天道加以重新解释，使其从属于自然法则。他们不像儒家那样偏重于美的社会功利的目的性，而仍然在法自然合规律性的基础上，把有目的变为无目的性，实现无目的的合目的性与合规律性的统一，即美与真的统一。

老子反对儒家提倡的忠、孝、仁、义之类的伦理道德，认为这些道德规范的产生正是个体与社会不和谐、不统一的表现，他说：“大道废，有仁义；慧智出，有大伪；六亲不和，有孝慈；国家昏乱，有忠臣。”（第十八章）要想恢复“大道”，即个体与社会和谐的理想，必须摒弃这些伦理规范和功利，这样才能“无为而无不为”，即“绝圣弃智，民利百倍；绝仁弃义，民复孝慈；绝巧弃利，盗贼无有”（第十九章），这是对社会的要求。对于作为个体的人来说，老子提出了“见素抱朴，少私寡欲”（第十九章）的主张，要求恢复到人的自然本性，像“婴儿之未孩”那样天真无邪、素朴无瑕，认为如果每个人都做到了这一点，就铲除了个体与社会的矛盾，天下就可以实现“无为而治”了。于是，老子提出了他的美好的社会理想：“小国寡民，使有什伯之器而不用，使民重死而不远徙。虽有舟舆，无所乘之，虽有甲兵，无所陈之，使人复结绳而用之。甘其食，美其服，安其居，乐其俗。邻国相望，鸡犬之声相闻，民至老死，不相往来。”（第八十章）从历史的发展来看，这是一种历史的倒退，当然是不可能实现的。但这种自然主义和谐美的理想，却对根植于自然经济基础的中国古代美学思想，特别是在政治舞台上失意的知识分子产生了极大影响。

庄子的社会理想，如同他幻想“逍遥”于“无何有之乡”的绝对自由一样，是向往一种“绝圣弃知”“擲玉毁珠”“焚符破玺”“掊斗折衡”，即取消一切文化制度的社会，他称这种社会为“至德之世”。他赞美说：“夫至德之世，其德不离；同乎无欲，是谓素朴。素朴而民性得矣。”（《庄子·马蹄》）其实这是一种无知无欲、没有文化、没有阶级，甚至人兽同居的原始社会，这比老子的“小国寡民”时代倒退得更远。可见，庄子关于个体与社会的和谐思想，同样是建立在他的虚无主义理论基础上的。

同老庄这种避世弃俗的思想相反，稷下黄老学派把个体与社会的和谐建立在积极治世的基础上，其思想特点是“因道全法”，即用道家的自然天道观来解释法治的理论，主张用儒道兼蓄、礼法并用的方法来协调人与社会的关系，他们说：“虚无无形谓之道，化育万物谓之德，君臣父子人间之事谓之义，登降揖让，贵贱有等，亲疏之体，谓之礼。简物，小未一道，杀戮禁诛谓之法。”（《管子·心术上》）又进一步解释说：“义者，谓各处其宜也。礼者，因人之情，缘义之理，而为之节文者也。故礼者，谓有理也：理也者，明分以谕义之意也。故礼出乎义，义出乎理，理因乎宜者也。法者，所以同出，不得不然者也。”（《管子·心术上》）这套理论明显地体现了儒道两家的融合。值得注意的是，他们是把道、德、义、礼、法这些社会规范和制度看作一环扣一环、井然有序的统一体，以此发挥着对个人与社会之间的维系作用。他们还从积极的方面继承了老子“无为”思想，提出“君道无为，臣道有为”的理论。他们描绘这种美好的社会是：“为人主，南面而立。臣肃敬，不敢敝（蔽）其主。下比顺，不敢敝（蔽）其上。万民和辑而乐为其主上用，地广人众兵强，天下无适（敌）。”（《黄老帛书·经法·六分》）之所以有这样的上下左右自由和谐的社会景象，乃是以“道”治国的结果，“道行于世，则贫贱者不怨，富贵者不骄，愚弱者不慑，智勇者不陵，定于分也”（《尹文子·大道上》）。显然，这是为剥削阶级设计的一种维持阶级统治秩序的幻想，比起老、庄的消极无为来，它体现了新兴地主阶级那种积极向上的精神。但从美学思想来看，他们关于和谐美的理想却是共同的。无为而治——这是无目的合目的性；道行于世——这是合规律性；以道治国——这是合规律性与合目的性的结合，也就是实现自由和谐的根本途径。

如果说道家偏重于合规律性，而将有目的变为无目的，那么儒家则偏重于合目的性，并把社会的外在目的变为个体的内在目的。儒家创始人孔子提出的以“仁”为本、以“礼”为用的思想体系，集中体现了他在个体与社会关系问题上的这一美学倾向。

孔子所处的春秋末期，是由奴隶制向封建制过渡的社会动荡时期。当时“礼崩乐坏”，维护奴隶主贵族统治的一套典章文化制度不灵了。“父杀子”“臣杀君”“陪臣执国命”等“犯上作乱”的事成为普遍现象，阶级矛盾通过人与人之间、个体与社会之间的激烈冲突明显地暴露出来。孔子站在保守的立场上却把这种历史的必然性看作“天下无道”的丑恶表现。他理想的美好的社会即“天下有道”的社会，是“和”——人与人、个体与社会之间的高度和谐统一。他说：“礼之用，和为贵，先王之道斯为美。”（《论语·学而》，以下凡引此书只注篇名）这种贵而美的“先王之道”，究竟是什么样子呢？他曾引用《诗经》描绘说：“不竞不絿，不刚不柔，布政优优，百禄是遒，和之至也。”（《左传·昭公二十年》）即一切都协调适中，恰到好处。因此，在这样的政治环境里，能使“老者安之，朋友信之，少者怀之”（《公冶长》）。在这种各得其所的社会里，君王也不用多操劳，他认为舜就是一个先王的典型，他称赞道：“无为而治者，其舜也与？夫何为哉？恭己正南面而已矣。”（《卫灵公》）在这里我们又看到了儒道两家理想中的共同点，不过仍然是同中有异：道家强调的是“至柔”，而儒家却主张“不刚不柔”——中庸之道。孔子认为，造成社会不和谐的重要根源就是失去了中庸的原则，他说：“中庸之为德也，甚至矣乎，民鲜久矣。”（《雍也》）所谓中庸，并不是无原则地调和折中，而是注意对立双方的互相依存、和谐统一，无“过”无“不及”，即《礼记·中庸》所云：“执其两端，用其中于民。”郑玄在该篇题解中说："名曰中庸者，以其记中和之为用也。"可见中庸就是中和思想的具体运用，它是实现社会和谐的根本道路。质言之，"和"是社会理想，是"至道"，"中"是思想方法，是"至德"，一外一内，合起来又称"中和"。

"中"和"和"体现了美的事物普遍具有的某些规律性，所以孔子说"和为贵""斯为美"，这是他关于美的合规律性一面的认识。但他更强调的却是和、同的一面，他说："知和而和，不以礼节之，亦不可行也。"（《学而》）因此，他重视礼的规范调节作用，他一生奋斗的志向就是恢复已被破坏了的周礼。他呼吁为君的要"上好礼"，为臣的要"事君尽礼"，做到"君君，臣臣，父父，子子"，人人都"非礼勿视，非礼勿听，非礼勿言，非礼勿动"（《颜渊》），整个社会都"齐之以礼"，就可以达到上下左右和谐一致。然而，面对当时"礼崩乐坏"的局面，只靠强制手段使人们遵守周礼已经不可能了，于是孔子便提出了"仁"作为"礼"的思想根据。什么是"仁"呢？孔子用自己的话来概括，就是"爱人"。首先，"仁"是一种对待上下左右各种人的友爱善良的基本态度，表现为"入则孝，出则悌，谨而信，泛爱众，而亲仁"（《学而》）。其中最根本的是亲子之爱，"孝悌也者，其为人之本与？"（《学而》）孔子认为，如果人人都能做到这种亲子之爱，就不会再发生违礼的行为。"其为人也孝悌，而好犯上者，鲜矣；不好犯上而好作乱者，未之有也。"（《学而》）这样社会秩序就可以稳定。如果把亲子之爱推广到周围的人"谨而信"，对所有的人"泛爱众而亲仁"，"博施于民而能济众"，"四海之内皆兄弟"，于是个体与社会就可以完全达到和谐统一。其次，"仁"是一种发自人的本性的内在欲求和自觉行动。它不是靠外力强制的，“为仁由己，而由人乎哉?”（《颜渊》）只要自觉努力都可以做到，“我欲仁，斯仁至矣”（《述而》）。而这种自觉性的集中表现就是“克己复礼”。“颜渊问仁。子曰：‘克己复礼为仁。一日克己复礼，天下归仁焉。’”（《颜渊》）这样孔子就把“复礼”的外在目的变成了“欲仁”的内在目的，继而又把这种内在目的转化为“天下归仁”的外在目的。最后，“仁”是一种独立完美的个体人格修养的理想境界。孔子认为，人是应该有点独立精神的，“三军可夺帅也，匹夫不可夺志也”（《子罕》）。比起礼、乐来，作为精神修养的“仁”是更为重要的。“人而不仁，如礼何？人而不仁，如乐何?”（《八佾》）因此，君子在任何情况下都应该不违背“仁”，“君子无终食之间违仁，造次必于是，颠沛必于是”（《里仁》），并以行“仁”为最大快乐。“志士仁人，无求生以害仁，有杀身以成仁。”（《卫灵公》）他认为“里仁为美”，断定“苟志于仁矣，无恶也”（《里仁》），即把仁者作为个体人格修养的完美境界。这种思想境界乃是实现个体与社会和谐的最重要的内在条件，在这里作为内在目的的个体自觉修养，与作为外在目的的社会功利达到了有机的统一，即通过“仁”实现了真与善的统一。

孔子的继承者孟子进一步发展了儒家关于个体与社会和谐统一的思想。首先，他把孔子的“仁”发展为“仁政”学说和“仁义之道”。而对战国大国兼并、争城夺地、杀人盈野的动乱局面，他主张天下“定于一”。他认为统一天下不是靠掠夺性的战争，而是靠人心归向，靠上下一心的“人和”，他说：“天时不如地利，地利不如人和。”（《孟子·公孙丑下》，以下凡引此书只注篇名）怎样才能达到人和呢？一方面，他要求统治者实行“仁政”，让人民有自己的“恒产”，能“乐岁终身饱”，即得到起码的生活条件，从而能安居乐业；另一方面，他要求每个人都遵守“仁义之道”，即履行自己的社会责任，他说：“老吾老，以及人之老；幼吾幼，以及人之幼。”（《梁惠王上》）人相亲相爱，“岂以仁义为不美也”（《公孙丑下》），这就把孔子的“里仁为美”扩大为整个社会人与人之间的和谐美。其次，他提出性善论作为仁义之美的理论根据。他说：“仁、义、礼、智非由外铄我也，我固有之也。”（《告子上》）认为仁义等美德是人们天生固有的一种内在要求。他指出这是人与禽兽的根本区别，不过一般人经不起外物的引诱而失掉了，即所谓“人之所以异于禽兽者几希，庶民去之，君子存之”（《离娄下》）。但失掉了的善性美德还是可以收回来的，关键是个人自觉的努力，“求则得之，舍则失之”（《告子下》），所以说“人皆可以为舜尧”。孟子这种强调人的自我实现、自我肯定，即把善这种外在目的自觉地变为内在目的的思想，是对人与社会和谐美的本质的深刻认识。再次，他肯定了人类美感的共同性，进一步从审美主体方面论证了个体与社会的和谐统一。孟子用性善论把人与动物区别开来，继而又从人与动物族类的区别上论证了人类美感的共同性。他说：“凡同类者，举相似也，何独至于人而疑之。圣人与我同类者。”（《告子上》）人类美感的共同性就是这种“举相似”的东西，“口之于味也，有同耆焉；耳之于声也，有同听焉；目之于色也，有同美焉”（《告子上》）。孟子的这一观点在一定意义上承认了共同美的问题，亦即肯定了美的普遍性和绝对性，这同老庄只强调美的差异性、相对性的观点形成了鲜明的对立。儒道两家分别强调的这两个方面，正好就是审美本身所包含的二重性的辩证统一，在这里我们又看到了儒道两家的相互补充。最后，他提出了“与民同乐”的观点，从审美活动方面强调了人与社会的和谐，他在同齐宣王的对话中指出，个人的“独乐乐”不如与别人的同乐；“少乐乐”不如“与众乐乐”，他认为审美活动不是个体的单独活动，只有与他人、与众人共赏、共鸣，才能得到最大的审美愉快。在这里他谈的是审美活动的社会性，同时也就从一个重要方面论证了个体与社会的和谐统一。

荀子在个体与社会的关系上同样强调“和”，强调“一”，强调“天下之大齐”。但其立论的根据与孔孟又有所不同，他把孟子的“人之所以异于禽兽者几希”的观点发展为人能“合群”的理论。他说：“人，力不若牛，走不若马，而牛马为用，何也？曰：人能群，彼不能群也，人何以能群？曰：分。分何以能行？曰：义。故义以分则和，和则一，一则变力，变力则强，强则胜物。”（《荀子·王制》，以下凡引此书只注篇名）这就是说，人之所以比禽兽强胜，是因为人能结成群，即组织起来。而人能组织成群，又因为人能“分”，即有社会分工和等级差别，分的必要条件则是“义”，即政治制度和道德规范。由于分工合作，才能和谐一致，才能强大有力。在这里，荀子在直观的水平上猜测到人的社会性问题，接触到人的社会本质问题。但由于剥削阶级的偏见，他却把封建性的等级制度看作社会和谐的前提，他说：“分莫大于礼”“礼者，贵贱有等，长幼有差，贫富轻重皆有称者也。”（《富国》）同时，又把这种封建社会关系看作天经地义，“君臣、兄弟、夫妇，始则终，终则始，与天地同理，与万世同久”（《王制》）。荀子把封建地主阶级的善建立在自然规律的基础上，以美化封建社会，这说明他认识到和谐美应是真与善、合目的性与合规律性的统一。这也是他站在儒家的立场上吸收道家美学的结果。

荀子的人性论是他上述思想的理论根据，他在人性论问题上同样体现了儒道交融。与孟子性善论相对立，他主张人性恶，他说：“人之性恶，其善者伪也。”（《性恶》）又说：“性之和所生，精合感应，不事而自然，谓之性。性之好、恶、喜、怒、哀、乐，谓之情。情然而心为之择，谓之虑。心虑而能为之动，谓之伪。”（《正名》）这种精气合和、感应生性、“不事而自然”的思想，显然是继承了稷下黄老学派的观点。但关于性与情的区分、自然与人伪的关系，却是他的创造，他说：“性者，本始材朴也。伪者，文理隆盛也。无性，则伪之无所加。无伪，则性不能自美。性伪合，然后圣人之名一，天下之功，于是就也。”（《礼论》）在这里，他想通过本性与人伪的对立统一关系，论证圣人推行礼义道德对于维护社会制度的重要性，但同时也表明了“性不能自美”的个体与“文理隆盛”的社会之间的辩证关系。作为个体的人，生而有“好利”“疾恶”“好声色之欲”等恶性，必然导致“争夺”“淫乱”等恶果，这是个体与社会不和谐的根源。为了克服这一矛盾，必须靠“师法之化”“礼义之道”等人为的教化手段，而圣人对此起了决定性的作用。因为“圣人备道，全美者也，是县天下之权称也”。（《正论》）由于圣人推行礼义教化，才能达到“政令行，风俗美”（《王霸》），即实现个体与社会的和谐统一。

总之，从孔子的“仁学”，到孟子的性善论和荀子的性恶论，都为个体与社会的和谐美寻找着理论根据。当然，由于他们所处时代不同，代表的阶级利益不同，对于个体与社会的和谐的理解也就有所偏重，但在把人与社会的和谐作为儒家的美学理想这一点上，他们的观点却是一致的。

［原载《儒家文化》（新加坡）2007年创刊号］

山东大学中文专刊目录

《杨振声文集》
《萧涤非文集》
《高兰文集》
《刘泮溪文集》
《关德栋文集》
《袁世硕文集》
《钱曾怡文集》
《董治安文集》
《郭延礼文集》
《中国诗史》（陆侃如、冯沅君）
《诗经考索》（王洲明）
《出土文献与先秦著述史研究》（高新华）
《战国至汉初的黄老思想研究》（高新华）
《蔡伦造纸与纸的早期应用》（刘光裕）
《刘光裕编辑学论集》（刘光裕）
《挚虞及其〈文章流别集〉研究》（徐昌盛）
《王小舒文集》
《苏轼诗文评点研究》（樊庆彦）
《黄孝纾文集》
《殷孟伦文集》
《殷焕先文集》
《孙昌熙文集》
《牟世金文集》
《刘乃昌文集》
《葛本仪文集》
《张可礼文集》
《曾繁仁学术文集》

《中国小说互文与通变研究》（李桂奎）
《中国当代戏曲论争史述》（刘方政）
《中国电影新生代的轨迹探寻》（丁晋）
《莫言小说叙事学》（张学军）
《景石斋训诂存稿》（路广正）
《古汉字通解500例》（徐超）
《战国至汉初简帛人物名号整理研究》（王辉）
《瑶语方言历史比较研究》（刘文）
《语音学田野调查方法与实践——黔东苗语(新寨)个案研究》（刘文）
《石学蠡探》（叶国良）
《因明通识》（姜宝昌）
《袁昶年谱长编》（朱家英）
《孙吴文学系年》（徐昌盛）
《明代文学论丛》（孙学堂）
《立言明道——战国士人的语言观念与思想表达》（刘书刚）
《姜宝昌语言学、墨学论文集》（姜宝昌）
《基于人工神经网路和向量空间模型的汉语体貌系统研究》（刘洪超）
《面向构式知识库构建的现代汉语“A+一+X，B+一+Y”格式研究》（刘洪超）
《众包与词汇计量研究》（王世昌）
《梁启超与中国文学的转变》（李开军）
《欧美文学的讽喻传统》（刘林）
《清华简集释》（侯乃峰）